化学核心教程立体化教材系列

无机化学核心教程学习指导

（第二版）

张丽荣　王　莉　宋晓伟　刘松艳　于杰辉　编

吉林大学化学学院

科学出版社

北　京

内 容 简 介

本书是《无机化学核心教程(第二版)》(科学出版社，徐家宁，2015)的配套学习参考书。

本书共16章，各章顺序与主教材完全相同。第1～9章为化学基本原理，第10～16章为无机元素化学。在内容结构上，每章包括两部分：第一部分为内容提要，将各章的重点和难点进行总结和归纳；第二部分为习题解答，按照主教材中各章习题的顺序，对每一个习题的解题思路、方法和过程都进行了详尽的阐述。

本书可以作为各类高等院校化学类及相关专业的学生学习无机化学、普通化学等课程的参考书，以及相关课程的考研参考书。

图书在版编目（CIP）数据

无机化学核心教程学习指导 / 张丽荣等编. —2版. —北京：科学出版社，2017.3

化学核心教程立体化教材系列

ISBN 978-7-03-052226-9

Ⅰ. ①无…　Ⅱ. ①张…　Ⅲ. ①无机化学-高等学校-教学参考资料　Ⅳ. ①O61

中国版本图书馆 CIP 数据核字（2017）第 054219 号

责任编辑：赵晓霞 / 责任校对：刘亚琦
责任印制：吴兆东 / 封面设计：迷底书装

科学出版社出版
北京东黄城根北街16号
邮政编码：100717
http://www.sciencep.com
北京凌奇印刷有限责任公司印刷
科学出版社发行　各地新华书店经销
*
2012年6月第　一　版　开本：787×1092　1/16
2017年3月第　二　版　印张：17 1/4
2024年7月第七次印刷　字数：428 000

定价：49.00 元

（如有印装质量问题，我社负责调换）

第二版前言

本书是《无机化学核心教程(第二版)》(科学出版社，徐家宁，2015)的配套学习参考书。2015 年 6 月《无机化学核心教程(第二版)》的编写工作完成并出版发行，书中不仅对相应的知识内容进行了补充和修改，同时对每章书后的习题也做了适当的调整和补充；在保留大部分第一版习题内容的基础上，第二版的习题在数量、难易程度和广度上都有了合理的编排和补充。

做习题是课程学习的必要环节，通过对课堂学习内容的实践和应用，检验学生对知识的掌握情况，并进一步补充和巩固学习内容，提高学生分析和解决问题的能力。作为配套参考书，本书的各章顺序与《无机化学核心教程(第二版)》完全相同。在内容结构上仍保留了第一版的形式：第一部分为内容提要，将各章的重点和难点进行总结和归纳；第二部分为教材各章习题的解答。在习题解答的过程中，我们对每道习题的解题思路、方法和过程都进行了详尽的阐述，期望能够帮助学生解惑并加深对知识内容的理解。

参与本书编写的均为工作在教学一线的教师，先后讲授过无机化学及多门相关的课程，具有丰富的教学经验和方法，对无机化学教学内容有较深刻的理解，能够从不同的角度和深度对问题进行阐述，循循善诱，使学生融会贯通。

本书由宋晓伟(第 1、2、3 章)，王莉(第 4、5、6、12、13 章)，张丽荣(第 7、8、9、10、11、14、16 章)，刘松艳(第 15 章)，于杰辉(第 2、3、4、12、13、14 章部分习题解答)编写，并由张丽荣统一修改、定稿。

由于编者水平所限，书中难免存在疏漏和不妥之处，诚请广大读者和专家不吝赐教和指正，使本书不断完善。

张丽荣

2016 年 11 月于吉林大学化学学院

第一版前言

做习题是课程学习的必要环节，通过做习题的过程检验课程学习的效果，从而加深对无机化学基本内容的深入理解，提高学生分析问题和解决问题的能力。

本书是为配合《无机化学核心教程》(科学出版社，2011 年)学习编写的配套学习指导书，既可作为综合性大学、师范院校及其他理工类院校无机化学、普通化学等课程学习的参考书，也可作为无机化学、普通化学等课程考研复习的参考书。

本书共 16 章，各章顺序与《无机化学核心教程》完全相同。每章都包括两部分内容：第一部分为内容提要，对本章的重点和难点内容进行总结和归纳；第二部分为习题解答，对主教材中的全部习题进行详细解答。

参加本书编写的几位编者都是无机化学教学第一线的教师，都承担过无机化学、无机及分析化学、普通化学、无机化学实验等课程的教学，有丰富的教学经验，对无机化学教学内容有较为深刻的理解。

本书由张丽荣主编。参加编写的人员有：王莉(第 1、9、15、16 章的习题解答)，于杰辉(第 2、3、4、12、13、14 章的习题解答)，张丽荣(第 5、6、7、8、10、11 章的习题解答)，徐家宁(各章的内容提要)，最后由张丽荣统一修改、补充、定稿。

由于编者水平所限，疏漏和不妥之处在所难免，诚请广大读者批评指正，使本书在重印时进一步完善。

编　者

2012 年 4 月于吉林大学化学学院

目　　录

第 1 章　化学基础知识

一、内 容 提 要

1.1　气　　体

1.1.1　理想气体

理想气体是在实际气体的基础上抽象出的理想化模型，是忽略了气体分子之间的引力和气态分子所占体积的气体。也就是说，理想气体分子之间、分子与器壁之间所发生的碰撞没有能量损失，气体体积可无限压缩。在高温、低压条件下实际气体可近似看作理想气体。

理想气体状态方程为

$$pV = nRT$$

在不同条件下，理想气体状态方程有不同的表达形式。

当 n 一定时，有

$$\frac{p_1V_1}{T_1} = \frac{p_2V_2}{T_2}$$

当 n、T 一定时，有波义耳定律

$$p_1V_1 = p_2V_2$$

当 n、p 一定时，有盖 · 吕萨克定律

$$\frac{V_1}{T_1} = \frac{V_2}{T_2}$$

当 T、p 一定时，有阿伏伽德罗定律

$$\frac{n_1}{n_2} = \frac{V_1}{V_2}$$

将 $n = \frac{m}{M}$，$\rho = \frac{m}{V}$ 代入理想气体状态方程，可求气体的摩尔质量

$$M = \frac{mRT}{pV} = \frac{\rho RT}{p}$$

1.1.2　实际气体

当理想气体分子之间的相互引力不可忽略时，实际气体分子与器壁碰撞所产生的压力要比相同质量的理想气体的压力小；而当实际气体分子自身的体积不可忽略时，只有将实际气体的体积 V 减去其分子自身的体积，才能得到相当于理想气体的自由空间(气体分子可以自由运动且体积可以无限压缩)。实际气体的状态方程为

$$\left[p+a\left(\frac{n}{V}\right)^{2}\right](V-nb)=nRT$$

式中，a 和 b 为气体的范德华常数。

1.1.3 气体分压定律

当某组分气体单独存在并占有总体积时所具有的压力，称为该组分气体的分压，用 p_i 表示，则

$$p_iV=n_iRT$$

当某组分气体单独存在且具有总压时所占有的体积，称为该组分气体的分体积，用 V_i 表示，则

$$pV_i=n_iRT$$

某组分气体的物质的量占混合气体物质的量的分数称为摩尔分数，用 x_i 表示。

$$x_i=\frac{n_i}{\sum n_i} \quad 或 \quad x_i=\frac{n_i}{n}$$

当 p、T 一定时，混合气体中某组分气体的摩尔分数等于体积分数(某组分气体的分体积占混合气体总体积的分数)。

$$x_i=\frac{n_i}{\sum n_i}=\frac{V_i}{\sum V_i}$$

混合气体的总压等于各组分气体的分压之和，也称道尔顿分压定律。

$$p=\sum p_i$$

由气体分压的概念，得

$$p_i=px_i$$

1.1.4 气体扩散定律

同温同压下，气体的扩散速率与其密度的平方根成反比。

$$\frac{u_{\mathrm{A}}}{u_{\mathrm{B}}}=\sqrt{\frac{\rho_{\mathrm{B}}}{\rho_{\mathrm{A}}}}$$

气体的扩散速率也与摩尔质量的平方根成反比。

$$\frac{u_{\mathrm{A}}}{u_{\mathrm{B}}}=\sqrt{\frac{M_{\mathrm{B}}}{M_{\mathrm{A}}}}$$

1.2 液　　体

1.2.1 溶液的浓度

物质的量浓度：在 1 dm^3 溶液中含有溶质的物质的量，称为该溶质的物质的量浓度，也称为体积摩尔浓度。

质量摩尔浓度：在 1000 g 溶剂中含有溶质的物质的量，称为该溶质的质量摩尔浓度，用符号 b 表示。

$$b_{质}=\frac{n_{质}}{m_{剂}/1000}$$

质量分数：溶质的质量 $m_{质}$ 与溶液的质量 m 之比称为溶质的质量分数，用 w 表示。

$$w_{质}=\frac{m_{质}}{m}$$

摩尔分数：溶液中溶质的物质的量 $n_{质}$ 与溶液的总物质的量 n 之比，称为溶质的摩尔分数，用符号 $x_{质}$ 表示。

$$x_{质}=\frac{n_{质}}{n}=\frac{n_{质}}{n_{质}+n_{剂}}$$

对于稀的水溶液，其质量摩尔浓度与摩尔分数之间的关系近似为

$$x_{质}=\frac{b}{55.56}$$

1.2.2　液体的气化与凝固

液体的气化只在液体的表面进行，称为蒸发；液体的气化在液体的表面和内部同时进行，称为沸腾。

纯溶剂的饱和蒸气压：在密闭容器中，纯溶剂分子的凝聚速度和蒸发速度相等时，体系达到动态平衡，蒸气的压力不再改变，所产生的压力称为该温度下纯溶剂的饱和蒸气压。

溶液的饱和蒸气压：单位时间内在溶液表面凝聚的分子数目与蒸发的分子数目相等时的蒸气压，称为溶液的饱和蒸气压。

拉乌尔定律：在一定温度下，稀溶液的饱和蒸气压 p 等于纯溶剂的饱和蒸气压 p^* 与溶剂在溶液中所占的摩尔分数 $x_{剂}$ 的乘积。

$$p=p^*x_{剂}$$

1.2.3　稀溶液的依数性

难挥发的非电解质稀溶液的某些性质只与溶液的浓度有关，称为稀溶液的依数性，包括蒸气压降低、凝固点(冰点)降低、沸点升高和渗透压。

蒸气压降低：稀溶液的饱和蒸气压的降低值与溶液的质量摩尔浓度成正比。

$$\Delta p = kb$$

沸点升高：难挥发、非电解质的稀溶液的沸点升高值 ΔT_b 与其质量摩尔浓度成正比。

$$\Delta T_b = k_b b$$

凝固点降低：难挥发、非电解质的稀溶液的凝固点降低值 ΔT_f 与其质量摩尔浓度成正比。

$$\Delta T_f = k_f b$$

式中，k_b、k_f 分别为沸点升高常数、凝固点降低常数，单位为 $K \cdot kg \cdot mol^{-1}$。

渗透压：稀溶液的渗透压与溶液的浓度、温度的关系和理想气体状态方程相似。

$$\Pi V = nRT$$

二、习题解答

1. 下列实际气体中，哪种气体的性质最接近理想气体？为什么？

$$H_2，He，N_2，O_2，Cl_2，NO，CO_2，NO_2$$

解 理想气体是在实际气体的基础上抽象出的理想化模型，是忽略了气体分子之间的引力和气态分子所占体积的气体。同样，根据实际气体的范德华方程，可以得出结论，实际气体的分子体积越小，分子间的作用力越小，气体越接近理想气体。在本题所给出的实际气体中，单原子分子 He 的体积和分子间作用力均最小，其性质最接近理想气体。

2. 127 ℃时，体积为 10.0 dm^3 的密闭真空容器中充入 1.0 mol H_2、0.5 mol O_2 和分压为 150 kPa 的 Ar。求：

(1) 容器内混合气体的总压；

(2) 在容器内以电火花引燃，使 H_2 和 O_2 发生反应直至完全，冷却至 25 ℃，求此时容器中气体的总压(忽略水的蒸气压)。

解 (1) 由混合气体的分压定义可知

$$p_{Ar}V = n_{Ar}RT$$

$$150\times10^3\ Pa\times10\times10^{-3}\ m^3 = n_{Ar}\times8.314\ J\cdot mol^{-1}\cdot K^{-1}\times(127+273)\ K$$

则 $n_{Ar}=0.451\ mol$。

根据道尔顿分压定律

$$\frac{n_{Ar}}{n_{H_2}}=\frac{p_{Ar}}{p_{H_2}} \qquad \frac{n_{Ar}}{n_{O_2}}=\frac{p_{Ar}}{p_{O_2}}$$

将 $p_{Ar}=150\ kPa$，$n_{Ar}=0.451\ mol$，$n_{H_2}=1.0\ mol$，$n_{O_2}=0.5\ mol$ 代入上式，求得

$$p_{H_2}=332.59\ kPa \qquad p_{O_2}=166.30\ kPa$$

则

$$p_{总}=p_{Ar}+p_{H_2}+p_{O_2}=150\ kPa+332.59\ kPa+166.30\ kPa=648.89\ kPa$$

(2) H_2 与 O_2 按物质的量比 2∶1 完全反应，生成 H_2O，25 ℃为液体，由题意知此时容器内只有 Ar 气体，则此时总压为 Ar 气体压力。

由理想气体状态方程 $pV=nRT$，得

$$p\times10\times10^{-3}\ m^3=0.451\ mol\times8.314\ J\cdot mol^{-1}\cdot K^{-1}\times(273+25)\ K$$

$$p=111.74\ kPa$$

3. 在 40 ℃时，使 10.0 g 氯仿($CHCl_3$)在真空容器中蒸发为气体，容器的体积应为多大？相同温度下，将 101.3 kPa、3 dm^3 空气缓慢通过足量的氯仿时，氯仿将失重多少？已知液态氯仿在 40 ℃时的饱和蒸气压为 49.3 kPa。

解 (1) 将 $n=\dfrac{m}{M}$ 代入 $pV=nRT$，得

$$V=\frac{mRT}{pM}$$

真空容器的体积为

$$V=\frac{mRT}{pM}=\frac{10.0\ \text{g}\times 8.314\times 10^{3}\ \text{Pa}\cdot\text{dm}^{3}\cdot\text{mol}^{-1}\cdot\text{K}^{-1}\times(40+273)\ \text{K}}{49.3\times 10^{3}\ \text{Pa}\times 119.35\ \text{g}\cdot\text{mol}^{-1}}=4.42\ \text{dm}^{3}$$

(2) 空气通过氯仿后，温度和空气的物质的量不变，则空气与氯仿混合气体的体积为

$$V_2=\frac{p_1V_1}{p_2}=\frac{101.3\times 10^{3}\ \text{Pa}\times 3\ \text{dm}^{3}}{(101.3-49.3)\times 10^{3}\ \text{Pa}}=5.84\ \text{dm}^{3}$$

空气通过氯仿时，带走氯仿的质量为

$$m=\frac{pV_2M}{RT}=\frac{49.3\times 10^{3}\ \text{Pa}\times 5.84\ \text{dm}^{3}\times 119.35\ \text{g}\cdot\text{mol}^{-1}}{8.314\times 10^{3}\ \text{Pa}\cdot\text{dm}^{3}\cdot\text{mol}^{-1}\cdot\text{K}^{-1}\times(40+273)\ \text{K}}=13.2\ \text{g}$$

4. 在 25 ℃和 100 kPa 时，于水面上方收集 10 dm^3 空气，然后将其压缩到 200 kPa。已知 25 ℃时水的饱和蒸气压为 3167 Pa，求压缩后气体的质量和水蒸气的摩尔分数。

解 (1) 气体压缩前空气的分压为

$$(100\times 10^{3}-3167)\ \text{Pa}=96\,833\ \text{Pa}$$

将 $n=\frac{m}{M}$ 代入混合气体的分压定律，得空气的质量为

$$m_{\text{空}}=\frac{p_{\text{空}}V_{\text{总}}M}{RT}=\frac{96\,833\ \text{Pa}\times 10\ \text{dm}^{3}\times 29.0\ \text{g}\cdot\text{mol}^{-1}}{8.314\times 10^{3}\ \text{Pa}\cdot\text{dm}^{3}\cdot\text{mol}^{-1}\cdot\text{K}^{-1}\times 298\ \text{K}}=11.33\ \text{g}$$

气体压缩后空气的分压为

$$(200\times 10^{3}-3167)\ \text{Pa}=196\,833\ \text{Pa}$$

气体压缩后的体积为

$$V=\frac{96\,833\ \text{Pa}\times 10\ \text{dm}^{3}}{196\,833\ \text{Pa}}=4.92\ \text{dm}^{3}$$

气体压缩后水蒸气的质量为

$$m_{\text{水}}=\frac{p_{\text{水}}V_{\text{总}}M_{\text{水}}}{RT}=\frac{3167\ \text{Pa}\times 4.92\ \text{dm}^{3}\times 18.0\ \text{g}\cdot\text{mol}^{-1}}{8.314\times 10^{3}\ \text{Pa}\cdot\text{dm}^{3}\cdot\text{mol}^{-1}\cdot\text{K}^{-1}\times 298\ \text{K}}=0.11\ \text{g}$$

压缩后气体的质量为

$$m_{\text{气}}=m_{\text{空}}+m_{\text{水}}=11.33\ \text{g}+0.11\ \text{g}=11.44\ \text{g}$$

(2) 压缩后水蒸气的物质的量为

$$n_{\text{水}}=\frac{p_{\text{水}}V_{\text{总}}}{RT}=\frac{3167\ \text{Pa}\times 4.92\ \text{dm}^{3}}{8.314\times 10^{3}\ \text{Pa}\cdot\text{dm}^{3}\cdot\text{mol}^{-1}\cdot\text{K}^{-1}\times 298\ \text{K}}=6.29\times 10^{-3}\ \text{mol}$$

压缩后气体总的物质的量为

$$n_{\text{气}}=\frac{p_{\text{总}}V_{\text{总}}}{RT}=\frac{200\times 10^{3}\ \text{Pa}\times 4.92\ \text{dm}^{3}}{8.314\times 10^{3}\ \text{Pa}\cdot\text{dm}^{3}\cdot\text{mol}^{-1}\cdot\text{K}^{-1}\times 298\ \text{K}}=3.97\times 10^{-1}\ \text{mol}$$

压缩后水蒸气的摩尔分数为

$$x_{\text{水}}=\frac{n_{\text{水}}}{n_{\text{总}}}=\frac{6.29\times 10^{-3}\ \text{mol}}{3.97\times 10^{-1}\ \text{mol}}=1.58\times 10^{-2}$$

5. 在相同的温度和压力下，同时打开分别充有 NH_3 和气体 A 的长颈瓶瓶塞。一段时间后测得，盛有 NH_3 的气瓶减重 0.17 g，盛有气体 A 的气瓶减重 0.37 g。求气体 A 的相对分

子质量。

解　设 NH_3 和气体 A 的相对分子质量分别为 $M_r(NH_3)$ 和 $M_r(A)$，扩散速率分别为 u_{NH_3} 和 u_A，扩散时间为 t，根据气体扩散定律，得

$$\frac{u_{NH_3}}{u_A}=\sqrt{\frac{M_r(A)}{M_r(NH_3)}}$$

所以

$$\frac{0.17\ g/M_r(NH_3)t}{0.37\ g/M_r(A)t}=\sqrt{\frac{M_r(A)}{17}}$$

$$M_r(A)=80.5$$

6. 在 25 ℃时，将 C_2H_6 和过量 O_2 充入 2.00 dm^3 氧弹中，压力为 200 kPa。点燃并完全燃烧后将气体通入过量的 $Ca(OH)_2$ 饱和溶液中，过滤、洗涤、干燥，得 4.00 g 沉淀。求原混合气体的组成($CaCO_3$ 的摩尔质量为 100 $g\cdot mol^{-1}$)。

解　生成 CO_2 的物质的量为

$$n_{CO_2}=\frac{m_{CO_2}}{M_{CO_2}}=\frac{m_{CaCO_3}}{M_{CaCO_3}}=\frac{4.00\ g}{100\ g\cdot mol^{-1}}=0.0400\ mol$$

生成 CO_2 的反应为

$$2C_2H_6+7O_2=\!=\!=4CO_2+6H_2O$$

则生成 CO_2 所消耗的 C_2H_6 的物质的量为 0.0200 mol。

原混合气体的物质的量为

$$n=\frac{pV}{RT}=\frac{200\times10^3\ Pa\times2.00\ dm^3}{8.314\times10^3\ Pa\cdot dm^3\cdot mol^{-1}\cdot K^{-1}\times298\ K}=0.161\ mol$$

原混合气体中 O_2 的物质的量为

$$n_{O_2}=0.161\ mol-0.0200\ mol=0.141\ mol$$

原混合气体的组成为：C_2H_6　0.0200 mol, O_2　0.141 mol 。

7. 将一定量的 $KClO_3$ 加热分解，反应结束后固体质量减少 0.64 g，生成的 O_2 用排水集气法收集。计算常温常压下所收集气体的体积(水的饱和蒸气压为 3.17 kPa)。

解　分解反应为

$$2KClO_3=\!=\!=2KCl+3O_2$$

损失的质量全部生成 O_2，则生成 O_2 的物质的量为

$$n_{O_2}=\frac{0.64\ g}{32\ g\cdot mol^{-1}}=0.020\ mol$$

气体中 O_2 的分压为

$$p_{O_2}=101.3\ kPa-3.17\ kPa=98.13\ kPa$$

收集气体的体积为

$$V_{O_2}=\frac{0.020\ mol\times8.314\times10^3\ Pa\cdot dm^3\cdot mol^{-1}\cdot K^{-1}\times298\ K}{98.13\times10^3\ Pa}=0.505\ dm^3$$

8. 实验室欲配制 1.0 dm^3 浓度为 2.5 $mol\cdot dm^{-3}$ 的 H_2SO_4 溶液，现已有 300 cm^3 密度为

1.07 $g \cdot cm^{-3}$ 的 10% H_2SO_4 溶液，求向此 H_2SO_4 溶液补加密度为 1.84 $g \cdot cm^{-3}$ 的 98% H_2SO_4 的体积。

解　设所需 H_2SO_4 总质量为 $m_{总}$，总体积为 $V_{总}$。

300 cm^3 密度 1.07 $g \cdot cm^{-3}$ 的 10% H_2SO_4 质量为 m_1，需增补的 H_2SO_4 质量为 m_x，体积为 V_x。

$$m_{总} = 2.5\ \text{mol} \cdot \text{dm}^{-3} \times 1.0\ \text{dm}^3 \times 98.0\ \text{g} \cdot \text{mol}^{-1} = 245.0\ \text{g}$$

$$m_1 = 300\ \text{cm}^3 \times 1.07\ \text{g} \cdot \text{cm}^{-3} \times 10\% = 32.1\ \text{g}$$

$$m_x = m_{总} - m_1 = 245.0\ \text{g} - 32.1\ \text{g} = 212.9\ \text{g}$$

$$1.84\ \text{g} \cdot \text{cm}^{-3} \times V_x \times 98\% = 212.9\ \text{g}$$

则 $V_x = 118.07\ \text{cm}^3$。

9. 在一个密闭钟罩内有两杯水溶液，甲杯中含 0.213 g 尿素 $CO(NH_2)_2$ 和 20.00 g 水，乙杯中含 1.68 g 非电解质 A 和 20.00 g 水，在恒温下放置足够长的时间达到平衡，甲杯水溶液总质量变为 16.99 g。求 A 的相对分子质量。

解　水从甲杯向乙杯转移，至平衡时，两溶液的饱和蒸气压相等，即

$$p_{甲} = p_{乙}$$

由拉乌尔定律知，$b_{甲} = b_{乙}$。

根据 $b_B = \dfrac{n_B}{m_A}$，得

$$\frac{0.213\ \text{g}}{60 \times (16.99 - 0.213)\ \text{g}} = \frac{1.68\ \text{g}}{M_r(\text{A}) \times [20.00 + (20.00 + 0.213 - 16.99)]\ \text{g}}$$

$$M_r(\text{A}) = 341.74$$

10. 将 0.100 dm^3 $CuSO_4$ 溶液蒸干后，得 4.994 g 水合晶体，再将其于 300 ℃加热脱水至恒量，得 3.192 g 无水固体。已知 $CuSO_4$ 的摩尔质量为 159.6 $g \cdot mol^{-1}$。试确定水合硫酸铜晶体的化学式、原 $CuSO_4$ 溶液的物质的量浓度。

解　无水硫酸铜的物质的量为

$$n_{CuSO_4} = \frac{3.192\ \text{g}}{159.6\ \text{g} \cdot \text{mol}^{-1}} = 0.02\ \text{mol}$$

水合硫酸铜晶体的结晶水的物质的量为

$$n_{H_2O} = \frac{4.994\ \text{g} - 3.192\ \text{g}}{18\ \text{g} \cdot \text{mol}^{-1}} = 0.1\ \text{mol}$$

水合硫酸铜晶体的结晶水的数目为

$$\frac{0.1\ \text{mol}}{0.02\ \text{mol}} = 5$$

所以水合硫酸铜晶体的化学式为 $CuSO_4 \cdot 5H_2O$。

原 $CuSO_4$ 溶液的物质的量浓度为

$$\frac{3.192\ \text{g} / 159.6\ \text{g} \cdot \text{mol}^{-1}}{0.100\ \text{dm}^{-3}} = 0.2\ \text{mol} \cdot \text{dm}^{-3}$$

11. 在密闭容器中放入 2 个容积为 1 dm^3 的烧杯，A 杯中装有 300 cm^3 水，B 杯中装有 500 cm^3 10% NaCl 溶液。最终达到平衡时将会呈现什么现象？为什么？

解　最终达到平衡时，A 杯中的水将会全部消失，B 杯溶液的体积达到 800 cm^3。由于 A 杯中纯水的饱和蒸气压大于 B 杯 NaCl 溶液的饱和蒸气压，水的蒸气压对 NaCl 溶液是过饱和的，因此 NaCl 溶液表面不断有 H_2O 分子凝结进入溶液中，A 杯中的水不断蒸发变成水蒸气以维持水表面的水蒸气和水的平衡。足够长的时间后，A 杯中的水将会全部消失，转入装 NaCl 溶液的 B 杯中。

12. 四氢呋喃、甘油、乙二醇和甲醇都可用作汽油防冻剂，你认为选用哪种物质更合适？简要说明原因。

解　乙二醇更合适。四氢呋喃价格偏高，从经济效益考虑不合适；甲醇价格便宜，相对分子质量小，但甲醇毒性大，易挥发，不适合用作防冻剂；从价格和相对分子质量大小进行综合考虑，甘油和乙二醇都可作防冻剂，但甘油黏度大，使用起来不如乙二醇方便。

13. 把一小块 0 ℃的冰放在 0 ℃的水中，另一小块 0 ℃的冰放在 0 ℃的盐水中，现象有什么不同？为什么？

解　把 0 ℃的冰放在 0 ℃的水中，冰水共存，冰不会融化；而 0 ℃的冰放在 0 ℃的盐水中，冰会融化。冰的凝固点是 0 ℃，此温度冰和水可以共存；根据稀溶液依数性，盐水的凝固点低于 0 ℃，0 ℃的冰吸热融化为 0 ℃的水，盐水温度降低，因此只要冰不是太多，温度降低不会使盐水结冰，故冰将融化。

14. 试判断下列各组物质中哪种制冷效果最好，并解释原因。

冰，冰+食盐，冰+$CaCl_2$，冰+$CaCl_2 \cdot 6H_2O$

解　冰制冷的最佳效果为 0 ℃，效果差；食盐(NaCl)溶解度较小，且解离出的离子少，因而(冰+食盐)制冷效果不如(冰+$CaCl_2$)；而无水 $CaCl_2$ 溶解过程伴随水合反应，水合放热，反而会影响制冷效果。综上所述，(冰+$CaCl_2 \cdot 6H_2O$)制冷效果较为理想。

15. 浓度相同的 NaCl 和 $AlCl_3$ 溶液，哪种溶液的凝固点高？为什么？

解　浓度相同的溶液，解离出的粒子数越多，凝固点降低值越大，则溶液的凝固点越低。NaCl 解离出的粒子数少，因此溶液的凝固点高。

16. 将 3.24 g 硫溶于 40 g 苯中，该苯溶液的沸点升高 0.81 K，请给出硫在苯溶液中的分子式。已知苯的沸点升高常数 k_b=2.53 K · kg · mol^{-1}。

解　溶液的质量摩尔浓度为

$$b_{硫} = \frac{n_{硫}}{m_{苯}/1000} = \frac{m_{硫}/M_{硫}}{m_{苯}/1000}$$

由

$$\Delta T_b = k_b b = k_b \cdot \frac{m_{硫}/M_{硫}}{m_{苯}/1000}$$

得

$$M_{硫} = k_b \cdot \frac{m_{硫}}{\Delta T_b \times m_{苯}/1000} = 2.53\ \mathrm{K \cdot kg \cdot mol^{-1}} \times \frac{3.24\ \mathrm{g}}{0.81\ \mathrm{K} \times (40/1000)\ \mathrm{kg}} = 253\ \mathrm{g \cdot mol^{-1}}$$

设硫在苯溶液的分子式为 S_n，则

$$n = \frac{253}{32} = 8$$

所以，苯溶液中硫的分子式为 S_8。

17. 将 3.20 g 某碳氢化合物溶于 50 g 苯中，溶液的凝固点下降了 0.256 K。已知苯的凝固点降低常数为 5.12 K · kg · mol^{-1}。

(1) 求该碳氢化合物的摩尔质量；

(2) 若上述溶液在 20 ℃时的密度为 0.920 g · cm^{-3}，求溶液的渗透压。

解　(1) 由

$$\Delta T_{\mathrm{f}} = k_{\mathrm{f}} b = k_{\mathrm{f}} \cdot \frac{m_{质} / M_{质}}{m_{剂} / 1000}$$

$$0.256 = 5.12\ \mathrm{K \cdot kg \cdot mol^{-1}} \times \frac{3.20\ \mathrm{g}/M_{质}}{50\ \mathrm{g}/1000}$$

解得

$$M_{质} = 1280\ \mathrm{g \cdot mol^{-1}}$$

(2) 该溶液的物质的量的浓度为

$$c = \frac{3.20\ \mathrm{g}/1280\ \mathrm{g \cdot mol^{-1}}}{(50+3.20)\ \mathrm{g}/(1000 \times 0.920)\ \mathrm{g \cdot dm^{-3}}} = 0.0432\ \mathrm{mol \cdot dm^{-3}}$$

由渗透压的公式 $\Pi V = nRT$，得溶液的渗透压为

$$\Pi = cRT = 0.0432\ \mathrm{mol \cdot dm^{-3}} \times 8.314\ \mathrm{kPa \cdot dm^{3} \cdot mol^{-1} \cdot K^{-1}} \times 293\ \mathrm{K} = 105.2\ \mathrm{kPa}$$

18. 将 0.570g $Pb(NO_3)_2$ 溶于 120 g 水中，其凝固点为−0.080 ℃，相同质量的 $PbCl_2$ 溶于 100 g 水中，其凝固点为−0.0381 ℃。通过计算试判断这两种盐在水中的解离程度。

解　(1) 对于 $Pb(NO_3)_2$ 溶液，其溶质的质量摩尔浓度为

$$b_1 = \frac{m_{质}/M_{质}}{m_{剂}/1000} = \frac{0.570\ \mathrm{g}/331.2\ \mathrm{g \cdot mol^{-1}}}{120\ \mathrm{g}/1000} = 0.0143\ \mathrm{mol \cdot kg^{-1}}$$

由凝固点降低值，得该溶液的质量摩尔浓度为

$$b_1' = \frac{0.080\ \mathrm{K}}{1.86\ \mathrm{K \cdot kg \cdot mol^{-1}}} = 0.0430\ \mathrm{mol \cdot kg^{-1}}$$

$Pb(NO_3)_2$ 在溶液中解离出粒子的数目为

$$\frac{0.0430\ \mathrm{mol}}{0.0143\ \mathrm{mol}} = 3.0$$

说明 $Pb(NO_3)_2$ 在水中完全解离为 Pb^{2+} 和 NO_3^-。

(2) 对于 $PbCl_2$ 溶液，其溶质的质量摩尔浓度为

$$b_2 = \frac{0.570\ \mathrm{g} / 278.2\ \mathrm{g \cdot mol^{-1}}}{100\ \mathrm{g} / 1000} = 0.0205\ \mathrm{mol \cdot kg^{-1}}$$

由凝固点降低值，得该溶液的质量摩尔浓度为

$$b_2' = \frac{0.0381\ \mathrm{K}}{1.86\ \mathrm{K \cdot kg \cdot mol^{-1}}} = 0.0205\ \mathrm{mol \cdot kg^{-1}}$$

$PbCl_2$ 在溶液中解离出粒子的数目为

$$\frac{0.0205\ \mathrm{mol}}{0.0205\ \mathrm{mol}} = 1.0$$

说明 $PbCl_2$ 溶解在水中后几乎不解离，基本以分子形式存在。

第 2 章　化学热力学基础

一、内 容 提 要

2.1　热力学第一定律

2.1.1　热力学基本概念

1. 体系和环境

热力学将研究的对象称为体系，体系以外的其他相关部分称为环境。

按照体系与环境之间的物质和能量的交换关系，通常将体系分为以下三类。敞开体系：体系与环境之间既有能量交换又有物质交换；封闭体系：体系与环境之间有能量交换但没有物质交换；孤立体系：体系与环境之间既无物质交换，又无能量交换。

2. 状态和状态函数

状态：由一系列表征体系性质的物理量所确定下来的体系的存在形式。

状态函数：确定体系状态的物理量。

体系的状态一定，则状态函数一定(有确定值)；体系的一个或几个状态函数发生变化，则体系的状态必然发生变化。具有加和性的状态函数称为量度性质或广度性质，如体积 V、物质的量 n 等；无加和性的状态函数称为强度性质，如温度 T、压力 p、密度ρ等。

3. 过程和途径

体系的状态发生变化，从始态变到终态，则体系经历了一个热力学过程，简称过程。

恒温过程：体系在变化过程中温度保持恒定，又称等温过程。

恒压过程：体系在变化过程中压力保持恒定，又称等压过程。

恒容过程：体系在变化过程中体积保持恒定，又称等容过程。

绝热过程：体系在变化过程中与环境之间无热量交换。

状态函数只与体系的状态有关，体系的始态和终态一定，则体系状态函数的改变量确定。

完成一个热力学过程可以采取不同的方式，这些具体方式称为途径。

过程着重于体系始态和终态，而途径着重于实现过程的具体方式。

4. 体积功

由于体积变化造成环境对体系做的功称为体积功，用 W 表示。若体积膨胀时抵抗的外压为 p，体系体积改变量为 ΔV(环境体积改变量为$-\Delta V$)，则体积功

$$W = p \times (-\Delta V) = -p\Delta V$$

5. 热力学能

热力学能也称内能，是体系内所有能量之和，包括分子或原子的动能、势能、核能，电子的能量，以及一些尚未研究的能量，用 U 表示。

虽然体系的热力学能还不能求得，但是体系的状态一定时，热力学能是一个固定值。因此，热力学能 U 是体系的状态函数。体系的状态发生变化，始态和终态确定，则热力学能变化量 ΔU 是一定值。

$$\Delta U = U_{终} - U_{始}$$

6. 反应进度

设有化学反应

$$\nu_A A + \nu_B B = \nu_G G + \nu_H H$$

则反应进行到某一时刻的反应进度 ξ 定义式为

$$\xi = \frac{n_{0A} - n_A}{\nu_A} = \frac{n_{0B} - n_B}{\nu_B} = \frac{n_G - n_{0G}}{\nu_G} = \frac{n_H - n_{0H}}{\nu_H}$$

即反应物减少的物质的量或生成物增加的物质的量与反应式中各物质的计量数之比。

2.1.2　热力学第一定律

体系热力学能的改变量 ΔU 等于体系从环境吸收的热量 Q 与环境对体系所做的功 W 之和。这就是热力学第一定律，其数学表达式为

$$\Delta U = Q + W$$

体系从环境吸热，Q 为正；体系向环境放热，Q 为负。环境对体系做功，W 为正；体系对环境做功，W 为负。功和热不是状态函数，数值与途径有关。

2.2　热　化　学

2.2.1　化学反应的热效应

在无非体积功的体系和反应中，化学反应的热效应(简称反应热)可以定义为：当生成物与反应物的温度相同时，化学反应过程中吸收或放出的热量。则热力学第一定律可表示为

$$\Delta_r U = Q + W$$

1. 恒容反应热

恒容反应，$\Delta V=0$，则 $W=0$，故

$$Q_V = \Delta_r U$$

可见，在恒容反应中，体系的热效应全部用来改变体系的热力学能。

2. 恒压反应热

恒压条件下，$\Delta p = 0$，$\Delta_r U = Q_p + W$，可以推导出

$$Q_p = \Delta_r U + p\Delta V$$

令 $H=U+pV$，则

$$Q_p = \Delta H$$

H 为焓或热焓，是具有加和性的状态函数。在恒压反应中，体系的热效应全部用来改变体系的热焓。

3. Q_p 和 Q_V 的关系

$$\Delta_r H = \Delta_r U + p\Delta V$$

$$Q_p = Q_V + p\Delta V$$

对于没有气体参加的反应，则

$$\Delta_r H \approx \Delta_r U$$

$$Q_p \approx Q_V$$

对于有气体参与的反应，由于

$$p\Delta V = \Delta(pV) = \Delta nRT$$

则

$$Q_p = Q_V + \Delta nRT$$

$$\Delta_r H = \Delta_r U + \Delta nRT$$

式中，Δn 为反应前后气体的物质的量之差。

4. 摩尔反应热

恒容反应热和恒压反应热除以反应进度得摩尔反应热。

$$\frac{\Delta_r U}{\xi} = \Delta_r U_m$$

$$\frac{\Delta_r H}{\xi} = \Delta_r H_m$$

式中，$\Delta_r U_m$ 称为摩尔恒容反应热；$\Delta_r H_m$ 称为摩尔恒压反应热。

$$\Delta_r H_m = \Delta_r U_m + \Delta \nu RT$$

式中，$\Delta \nu$ 为反应式中气相物质的计量数之差。

2.2.2 赫斯定律

一个化学反应无论是一步完成还是数步完成，其热效应相同，称为赫斯定律。赫斯定律适用条件：恒容无非体积功或恒压无非体积功。

2.2.3 标准摩尔生成热

某温度时处于标准状态的各种元素的指定单质生成标准状态的 1 mol 某物质的热效应，称为这种温度下该物质的标准摩尔生成热，简称标准生成热或生成热，用符号 $\Delta_f H_m^{\ominus}$ 表示。

由标准生成热求反应热：

$$\Delta_r H_m^{\ominus} = \sum_i \nu_i \Delta_f H_m^{\ominus}(\text{生成物}) - \sum_i \nu_i \Delta_f H_m^{\ominus}(\text{反应物})$$

2.2.4 标准摩尔燃烧热

在标准大气压下，1 mol 物质完全燃烧时的热效应称为该物质的标准摩尔燃烧热，简称标准燃烧热或燃烧热，用符号 $\Delta_c H_m^\ominus$ 表示。

由标准摩尔燃烧热求反应热：

$$\Delta_r H_m^\ominus = \sum_i \nu_i \Delta_c H_m^\ominus(\text{反应物}) - \sum_i \nu_i \Delta_c H_m^\ominus(\text{生成物})$$

2.3 状态函数 熵

2.3.1 化学反应进行的方向

本章中，化学反应方向是指各种物质均处于标准状态时化学反应自发进行的方向。

2.3.2 状态函数 熵

体系的混乱度增加是化学反应自发进行的一种趋势。

热力学上把描述体系混乱度的状态函数称为熵，用 S 表示。若用 Ω 表示微观状态数，则熵为

$$S = k \ln\Omega$$

过程的始、终态一定，ΔS 的值一定，可逆过程的热量 Q_r 最大。恒温可逆过程的熵变为

$$\Delta S = \frac{Q_r}{T}$$

在 0 K 时，完整晶体的熵值为 0。这就是热力学第三定律。

完整晶体中的原子或分子只有一种排列形式，即 Ω=1，所以 S=0。

从熵值为 0 的状态出发，使体系变化到终态(标准大气压和温度 T)，这一过程的熵变值就是过程终态体系的绝对熵值。1 mol 物质在标准状态下的熵值称为标准摩尔熵，简称标准熵，用符号 $S_m^\ominus$ 表示，其单位为 $J \cdot mol^{-1} \cdot K^{-1}$。由标准熵 $S_m^\ominus$ 求得反应的熵变为

$$\Delta_r S_m^\ominus = \sum_i \nu_i S_m^\ominus(\text{生成物}) - \sum_i \nu_i S_m^\ominus(\text{反应物})$$

2.4 吉布斯自由能

2.4.1 吉布斯自由能判据

在恒温、恒压有非体积功条件下，根据热力学第一定律可得

$$-\Delta G \geqslant -W_{\text{非}}$$

自由能的 G 定义式

$$G = H - TS$$

在恒温、恒压条件下，吉布斯自由能 G 的减少值是体系对环境所做的非体积功的最大限度，并且这个最大值只有在可逆途径中才能实现。

吉布斯自由能 G 是体系在恒温、恒压下做非体积功的能量，这就是吉布斯自由能的物理

意义。

2.4.2　热力学第二定律

在恒温、恒压无非体积功时，则化学反应方向的判据为

$\Delta G < 0$　反应自发进行

$\Delta G = 0$　反应可逆进行

$\Delta G > 0$　反应非自发进行

吉布斯自由能减小的方向是恒温、恒压无非体积功反应自发进行的方向。这是热力学第二定律的一种表述形式。

2.4.3　标准摩尔生成吉布斯自由能

化学热力学规定：某温度下处于标准状态的各元素的指定单质生成 1 mol 某物质的吉布斯自由能改变量称为这个温度下该物质的标准摩尔生成吉布斯自由能，简称标准生成自由能或生成自由能，用符号 $\Delta_f G_m^\ominus$ 表示。

由标准摩尔生成吉布斯自由能可求得反应的吉布斯自由能变为

$$\Delta_r G_m^\ominus = \sum_i \nu_i \Delta_f G_m^\ominus(\text{生成物}) - \sum_i \nu_i \Delta_f G_m^\ominus(\text{反应物})$$

由吉布斯自由能的定义，得吉布斯-亥姆霍兹方程为

$$\Delta_r G_m^\ominus = \Delta_r H_m^\ominus - T\Delta_r S_m^\ominus$$

吉布斯-亥姆霍兹方程综合了 $\Delta_r H_m^\ominus$ 和 $\Delta_r S_m^\ominus$ 对反应方向的影响，根据 $\Delta_r H_m^\ominus$ 和 $\Delta_r S_m^\ominus$ 的符号，可以预测 $\Delta_r G_m^\ominus$ 的符号，进一步可预测反应的趋势。

二、习 题 解 答

1. 1 mol 某理想气体在 200 ℃、300 kPa 下进行恒温膨胀至体积为原体积的 4 倍。求此过程的 W、Q、ΔU 和 ΔH。

解　理想气体的 U、H 是温度 T 的函数，恒温条件下 $\Delta U = 0$，$\Delta H = 0$，由理想气体状态方程 $pV = nRT$，得

$$V_{终} = \frac{1\ \text{mol} \times 8.314\ \text{J} \cdot \text{mol}^{-1} \cdot \text{K}^{-1} \times (200 + 278)\ \text{K}}{300 \times 10^3\ \text{Pa}} = 1.31 \times 10^{-2}\ \text{m}^3$$

依题意

$$V_0 = \frac{1}{4} V_{终}$$

体积功

$$W = -p\Delta V = -p\frac{3}{4}V_{终}$$

$$= -300 \times 10^3\ \text{Pa} \times \frac{3}{4} \times 1.31 \times 10^{-2}\ \text{m}^3$$

$$= -2.95\ \text{kJ}$$

由热力学第一定律 $\Delta U = Q + W$，得 $Q = 2.95\ \text{kJ}$。

2. 已知某弹式热量计与其内容物的总热容为 4.521 $\text{kJ} \cdot \text{K}^{-1}$。0.223 g 萘($C_{10}H_8$)和足量 O_2

在其中完全燃烧，所放热量使温度由 27.25 ℃升高到 29.23 ℃。求萘燃烧反应的$\Delta_r U_m$。

解　由题意知

$$C_{10}H_8(s) + 12O_2(g) \longrightarrow 10CO_2(g) + 4H_2O(l)$$

过程中的恒容反应热用Q_V表示，热容用C表示，则

$$\Delta T = (29.23 + 273)\ K - (27.25 + 273)\ K = 1.98\ K$$

$$\begin{aligned} Q_V &= -C\Delta T \\ &= -4.521\ kJ \cdot K^{-1} \times 1.98\ K \\ &= -8.95\ kJ \end{aligned}$$

即　$$\Delta_r U = Q_V = -8.95\ kJ$$

根据反应式，其反应进度为

$$\xi = \frac{n_0(C_{10}H_8,s) - n(C_{10}H_8,s)}{\nu(C_{10}H_8,s)} = \frac{\dfrac{m(C_{10}H_8,s)}{M(C_{10}H_8,s)}}{\nu(C_{10}H_8,s)} = \frac{\dfrac{0.223\ g}{128\ g \cdot mol^{-1}}}{1} = 1.7 \times 10^{-3}\ mol$$

由$\Delta_r U_m = \dfrac{\Delta_r U}{\xi}$，将求得的$\Delta_r U$和$\xi$值代入，得

$$\Delta_r U_m = \frac{-8.95\ kJ}{1.7 \times 10^{-3}\ mol} = -5264.7\ kJ \cdot mol^{-1}$$

3. 已知

(1)　$2MnO_2(s) \longrightarrow 2MnO(s) + O_2(g)$　　$\Delta_r H_m^\ominus(1) = 269.6\ kJ \cdot mol^{-1}$

(2)　$MnO_2(s) + Mn(s) \longrightarrow 2MnO(s)$　　$\Delta_r H_m^\ominus(2) = -250.18\ kJ \cdot mol^{-1}$

试求$MnO_2(s)$的标准摩尔生成热。

解　反应(2)－反应(1)，得

$$Mn(s) + O_2(g) \longrightarrow MnO_2(s) \tag{3}$$

反应(3)即为$MnO_2(s)$的生成反应，该反应的摩尔焓变即为$MnO_2(s)$的标准摩尔生成热。因此，由赫斯定律得

$$\begin{aligned} \Delta_r H_m^\ominus(3) &= \Delta_r H_m^\ominus(2) - \Delta_r H_m^\ominus(1) \\ &= -250.18\ kJ \cdot mol^{-1} - 269.6\ kJ \cdot mol^{-1} \\ &= -519.78\ kJ \cdot mol^{-1} \end{aligned}$$

4. 已知下列反应的热效应：

$2H_2(g) + O_2(g) \longrightarrow 2H_2O(l)$　　$\Delta_r H_m^\ominus(1) = -571.6\ kJ \cdot mol^{-1}$

$H_2(g) + I_2(s) \longrightarrow 2HI(g)$　　$\Delta_r H_m^\ominus(2) = 53\ kJ \cdot mol^{-1}$

$4Cu(s) + O_2(g) \longrightarrow 2Cu_2O(s)$　　$\Delta_r H_m^\ominus(3) = -337.2\ kJ \cdot mol^{-1}$

$Cu_2O(s) + 2HI(g) \longrightarrow 2CuI(s) + H_2O(l)$　　$\Delta_r H_m^\ominus(4) = -305.8\ kJ \cdot mol^{-1}$

求 298 K 时$CuI(s)$的标准摩尔生成热。

解　解法一

反应　$$Cu_2O(s) + 2HI(g) \longrightarrow 2CuI(s) + H_2O(l)$$

$$\Delta_r H_m^\ominus(4) = 2 \times \Delta_f H_m^\ominus(CuI,s) + \Delta_f H_m^\ominus(H_2O,l) - \Delta_f H_m^\ominus(Cu_2O,s) - 2 \times \Delta_f H_m^\ominus(HI,g)$$

所以

$$\Delta_f H_m^{\ominus}(CuI, s)=\frac{1}{2}\left[\Delta_f H_m^{\ominus}(4)-\Delta_f H_m^{\ominus}(H_2O, l)+\Delta_f H_m^{\ominus}(Cu_2O, s)+2\times\Delta_f H_m^{\ominus}(HI, g)\right]$$

其中

$$\Delta_f H_m^{\ominus}(H_2O, l)=\frac{1}{2}\Delta_r H_m^{\ominus}(1)=-285.8\ kJ\cdot mol^{-1}$$

$$\Delta_f H_m^{\ominus}(Cu_2O, s)=\frac{1}{2}\Delta_r H_m^{\ominus}(3)=-168.6\ kJ\cdot mol^{-1}$$

$$\Delta_f H_m^{\ominus}(HI, g)=\frac{1}{2}\Delta_r H_m^{\ominus}(2)=26.5\ kJ\cdot mol^{-1}$$

所以

$$\begin{aligned}\Delta_f H_m^{\ominus}(CuI, s)&=\frac{1}{2}\left[\Delta_f H_m^{\ominus}(4)-\Delta_f H_m^{\ominus}(H_2O, l)+\Delta_f H_m^{\ominus}(Cu_2O, s)+2\times\Delta_f H_m^{\ominus}(HI, g)\right]\\&=\frac{1}{2}\times\left[(-305.8)-(-285.8)+(-168.6)+2\times 26.5\right]kJ\cdot mol^{-1}\\&=-67.8\ kJ\cdot mol^{-1}\end{aligned}$$

解法二

由(2)$-\frac{1}{2}\times$(1)$+\frac{1}{2}\times$(3)+(4)，得反应式

$$2Cu(s)+I_2(s)=\!=\!=2CuI(s)$$

所以

$$\begin{aligned}\Delta_f H_m^{\ominus}(CuI, s)&=\frac{1}{2}\left[\Delta_f H_m^{\ominus}(2)-\frac{1}{2}\Delta_r H_m^{\ominus}(1)+\frac{1}{2}\Delta_r H_m^{\ominus}(3)+\Delta_r H_m^{\ominus}(4)\right]\\&=\frac{1}{2}\times\left[53-\frac{1}{2}\times(-571.6)+\frac{1}{2}\times(-337.2)+(-305.8)\right]kJ\cdot mol^{-1}\\&=-67.8\ kJ\cdot mol^{-1}\end{aligned}$$

5. 已知$\Delta_f H_m^{\ominus}[(NH_4)_2SO_4,s]=-1180.9\ kJ\cdot mol^{-1}$，$\Delta_f H_m^{\ominus}(NH_3,g)=-45.9\ kJ\cdot mol^{-1}$，$\Delta_f H_m^{\ominus}(NH_4HSO_4,s)=-1027.0\ kJ\cdot mol^{-1}$。求反应$(NH_4)_2SO_4(s)=\!=\!=NH_3(g)+NH_4HSO_4(s)$的$\Delta_r U_m^{\ominus}$。

解

$$\begin{aligned}\Delta_r H_m^{\ominus}&=\sum_i \nu_i\Delta_f H_m^{\ominus}(\text{生成物})-\sum_i \nu_i\Delta_f H_m^{\ominus}(\text{反应物})\\&=\Delta_f H_m^{\ominus}(NH_3,g)+\Delta_f H_m^{\ominus}(NH_4HSO_4,s)-\Delta_f H_m^{\ominus}\left[(NH_4)_2SO_4,s\right]\\&=(-45.9\ kJ\cdot mol^{-1})+(-1027.0\ kJ\cdot mol^{-1})-(-1180.9\ kJ\cdot mol^{-1})\\&=108\ kJ\cdot mol^{-1}\end{aligned}$$

根据$\Delta_r H_m^{\ominus}=\Delta_r U_m^{\ominus}+\Delta\nu RT$，得

$$\begin{aligned}\Delta_r U_m^{\ominus}&=\Delta_r H_m^{\ominus}-\Delta\nu RT\\&=(108\ kJ\cdot mol^{-1})-1\times(8.314\times10^{-3}\ kJ\cdot mol\cdot K^{-1})\times298\ K\\&=105.5\ kJ\cdot mol^{-1}\end{aligned}$$

6. 试比较下列物质标准生成热的大小，并简要说明理由。

NaF，KCl，$MgCl_2$，Na_2CO_3，Na_2SO_4

解　物质中化学键的个数越多，生成该物质时放出的热量越多，物质越稳定，标准生成热数值越小。所以标准生成热大小顺序为

$$Na_2SO_4 < Na_2CO_3 < MgCl_2 < KCl，NaF$$

离子半径越小，离子键越强，物质越稳定，标准生成热数值越小。所以标准生成热大小顺序为 $NaF < KCl$。

7. 试比较下列气体标准熵的大小，并简要说明理由。

$$H_2，N_2，O_2，O_3，NO_2，SO_2，SO_3$$

解　原子的个数越多，电子的活动空间越大，气体的标准熵越大，所以气体标准熵的大小顺序为

$$SO_3 > NO_2，SO_2，O_3 > O_2，N_2，H_2$$

原子个数相同，由不同原子组成的分子的标准熵大；某原子的半径大，其标准熵大；物质的相对分子质量大，其标准熵大，所以

$$SO_2 > NO_2 > O_3 \qquad O_2 > N_2 > H_2$$

故气体标准熵大小顺序为

$$SO_3 > SO_2 > NO_2 > O_3 > O_2 > N_2 > H_2$$

8. 解释原因：NO 与 NO_2 的标准熵相差较大，而气体 SO_2 与 SO_3 的标准熵相差较小。

解　由 NO 生成 NO_2，增加了 1 个 O 原子，原子数增加了 1/3；由 SO_2 生成 SO_3，增加了 1 个 O 原子，原子数增加 1/4。可见，由 NO 生成 NO_2 原子数增加的比例明显比由 SO_2 生成 SO_3 原子数增加的多，所以熵增加较多。

9. 将下列气体按照标准生成热由大到小的顺序排列并简要说明理由。

$$CO_2，NO_2，O_3，SO_2，SO_3$$

解　$O_3 > NO_2 > SO_2 > CO_2 > SO_3$。这是因为物质的稳定性越好，生成反应中放热越多，标准生成热越小。

10. 比较下面两个反应热效应大小，并说明两个反应热效应相差很大的原因。

(1) $2NO + O_2 = 2NO_2$

(2) $3O_2 = 2O_3$

解　(2) > (1)。NO_2 与 O_3 相比，NO_2 比单质 O_2 的能量低，O_3 比单质 O_2 的能量高；从另一角度看，O_3 氧化能力比 NO_2 强，说明 O_3 能量比 NO_2 高。

11. 通常采用金属与 CO 反应生成液态的金属羰基化合物，经与杂质分离后再分解的方法制备高纯金属。已知反应：

$$Ni(s) + 4CO(g) \underset{423\ K}{\overset{323\ K}{\rightleftharpoons}} [Ni(CO)_4](l)$$

$\Delta_r H_m^\ominus = -161\ kJ \cdot mol^{-1}$，$\Delta_r S_m^\ominus = -420\ J \cdot mol^{-1} \cdot K^{-1}$。试分析该方法提纯镍的合理性。

解　分析其提纯镍的合理性，即判断不同温度条件下反应进行的方向，由吉布斯-亥姆霍兹方程

$$\Delta_r G_m^\ominus = \Delta_r H_m^\ominus - T\Delta_r S_m^\ominus$$

323 K 时

$$\Delta_r G_m^\ominus = -161\ kJ \cdot mol^{-1} - 323\ K \times (-420 \times 10^{-3})\ kJ \cdot mol^{-1} \cdot K^{-1} = -25.34\ kJ \cdot mol^{-1} < 0$$

正向自发进行，形成镍的配位化合物。

423K 时

$$\Delta_r G_m^{\ominus} = -161\ \text{kJ} \cdot \text{mol}^{-1} - 423\ \text{K} \times (-420 \times 10^{-3})\ \text{kJ} \cdot \text{mol}^{-1} \cdot \text{K}^{-1} = 16.66\ \text{kJ} \cdot \text{mol}^{-1} > 0$$

逆向自发进行，镍的配位化合物分解。

综上所述，该方法可以进行镍的提纯。

12. 已知 $\Delta_f H_m^{\ominus}(\text{ClF,g}) = -50.3\ \text{kJ} \cdot \text{mol}^{-1}$，$E_{\text{Cl—Cl}} = 239\ \text{kJ} \cdot \text{mol}^{-1}$，$E_{\text{F—F}} = 166\ \text{kJ} \cdot \text{mol}^{-1}$，求 ClF 的解离能 $\Delta H_{解离}$。

解　设计热力学循环

$$\begin{array}{ccc} F_2(g) + Cl_2(g) & \longrightarrow & 2ClF(g) \\ \downarrow \quad\quad \downarrow & & \uparrow \\ 2F(g) + 2Cl(g) & \longrightarrow & \end{array}$$

根据赫斯定律，得

$$2\Delta_f H_m^{\ominus}(\text{CHF, g}) = E_{\text{Cl—Cl}} + E_{\text{F—F}} - 2\Delta H_{解离}$$

$$\begin{aligned} \Delta H_{解离} &= \frac{1}{2}\left[E_{\text{Cl—Cl}} + E_{\text{F—F}} - 2\Delta_f H_m^{\ominus}(\text{ClF, g})\right] \\ &= \frac{1}{2} \times \left[239\ \text{kJ} \cdot \text{mol}^{-1} + 166\ \text{kJ} \cdot \text{mol}^{-1} - 2 \times (-50.3\ \text{kJ} \cdot \text{mol}^{-1})\right] \\ &= 252.8\ \text{kJ} \cdot \text{mol}^{-1} \end{aligned}$$

13. 已知 $H_2(g)$ 的键能 $E_{\text{H—H}} = 436\ \text{kJ} \cdot \text{mol}^{-1}$，石墨的升华热为 $\Delta_v H_m^{\ominus}(\text{C,石墨}) = 716.7\ \text{kJ} \cdot \text{mol}^{-1}$，$\Delta_c H_m^{\ominus}(\text{CH}_4\text{,g}) = -890.8\ \text{kJ} \cdot \text{mol}^{-1}$，$\Delta_c H_m^{\ominus}(\text{C}_2\text{H}_6\text{,g}) = -1560.7\ \text{kJ} \cdot \text{mol}^{-1}$，$\Delta_f H_m^{\ominus}(\text{CO}_2\text{,g}) = -393.5\ \text{kJ} \cdot \text{mol}^{-1}$，$\Delta_f H_m^{\ominus}(\text{H}_2\text{O,l}) = -285.8\ \text{kJ} \cdot \text{mol}^{-1}$。求 C—C 键的键能。

解　$CH_4(g)$燃烧反应为

$$CH_4(g) + 2O_2(g) = CO_2(g) + 2H_2O(l)$$

$$\Delta_r H_m^{\ominus} = \Delta_c H_m^{\ominus}(\text{CH}_4\text{, g}) = -890.8\ \text{kJ} \cdot \text{mol}^{-1}$$

由

$$\Delta_r H_m^{\ominus} = \Delta_f H_m^{\ominus}(\text{CO}_2\text{, g}) + 2\Delta_f H_m^{\ominus}(\text{H}_2\text{O, l}) - \Delta_f H_m^{\ominus}(\text{CH}_4\text{, g})$$

得

$$\begin{aligned} \Delta_f H_m^{\ominus}(\text{CH}_4\text{, g}) &= \Delta_f H_m^{\ominus}(\text{CO}_2\text{, g}) + 2\Delta_f H_m^{\ominus}(\text{H}_2\text{O, l}) - \Delta_r H_m^{\ominus} \\ &= (-393.5\ \text{kJ} \cdot \text{mol}^{-1}) + 2 \times (-285.8\ \text{kJ} \cdot \text{mol}^{-1}) - (-890.8\ \text{kJ} \cdot \text{mol}^{-1}) \\ &= -74.3\ \text{kJ} \cdot \text{mol}^{-1} \end{aligned}$$

为求 $E_{\text{C—H}}$ 值，设计热力学循环

$$\begin{array}{ccc} C(石墨,s) + 2H_2(g) & \longrightarrow & CH_4(g) \\ \downarrow \quad\quad\quad \downarrow & & \uparrow \\ C(g) + 4H(g) & \longrightarrow & \end{array}$$

由赫斯定律

$$\Delta_f H_m^{\ominus}(\text{CH}_4\text{, g}) = \Delta_v H_m^{\ominus}(\text{C, 石墨}) + 2E_{\text{H—H}} - 4E_{\text{C—H}}$$

得

$$E_{C-H}=\frac{1}{4}\left[\Delta_v H_m^\ominus(C,石墨)+2E_{H-H}-\Delta_f H_m^\ominus(CH_4,g)\right]$$
$$=\frac{1}{4}\left[716.7\ kJ\cdot mol^{-1}+2\times436\ kJ\cdot mol^{-1}-(-74.3\ kJ\cdot mol^{-1})\right]$$
$$=415.75\ kJ\cdot mol^{-1}$$

$C_2H_6(g)$燃烧反应

$$C_2H_6(g)+\frac{7}{2}O_2(g) = 2CO_2(g)+3H_2O(l)$$
$$\Delta_r H_m^\ominus=\Delta_c H_m^\ominus(C_2H_6,g)=-1560.7\ kJ\cdot mol^{-1}$$

由

$$\Delta_r H_m^\ominus=2\Delta_f H_m^\ominus(CO_2,g)+3\Delta_f H_m^\ominus(H_2O,l)-\Delta_f H_m^\ominus(C_2H_6,g)$$

得

$$\Delta_f H_m^\ominus(C_2H_6,g)=2\Delta_f H_m^\ominus(CO_2,g)+3\Delta_f H_m^\ominus(H_2O,l)-\Delta_r H_m^\ominus$$
$$=2\times(-393.5\ kJ\cdot mol^{-1})+3\times(-285.8\ kJ\cdot mol^{-1})-(-1560.7\ kJ\cdot mol^{-1})$$
$$=-83.7\ kJ\cdot mol^{-1}$$

为求 E_{C-C} 值，设计热力学循环

$$\begin{array}{ccccc} 2C(石墨,s) & + & 3H_2(g) & \longrightarrow & C_2H_6(g) \\ \downarrow & & \downarrow & & \uparrow \\ 2C(g) & + & 6H(g) & \longrightarrow & \end{array}$$

由赫斯定律

$$\Delta_f H_m^\ominus(C_2H_6,g)=2\Delta_v H_m^\ominus(C，石墨)+3E_{H-H}-E_{C-C}-6E_{C-H}$$

得

$$E_{C-C}=2\Delta_v H_m^\ominus(C,石墨)+3E_{H-H}-6E_{C-H}-\Delta_f H_m^\ominus(C_2H_6,g)$$
$$=2\times716.7\ kJ\cdot mol^{-1}+3\times436\ kJ\cdot mol^{-1}-6\times415.75\ kJ\cdot mol^{-1}-(-83.7\ kJ\cdot mol^{-1})$$
$$=330.6\ kJ\cdot mol^{-1}$$

14. 蔗糖在人体内代谢过程中所发生的反应和相关物质的热力学数据如下：

	$C_{12}H_{22}O_{11}(s)$ +	$12O_2(g)$ =	$12CO_2(g)$ +	$11H_2O(l)$
$\Delta_f H_m^\ominus/(kJ\cdot mol^{-1})$	−2226.1	0	−393.5	−285.8
$S_m^\ominus/(J\cdot mol^{-1}\cdot K^{-1})$	359.8	205.2	213.8	70.0

若在人体内只有30%上述反应的标准自由能变可转变为有用功，则5.0 g蔗糖在体温37 ℃时进行代谢，可做多少有用功？

解　根据蔗糖在人体内代谢反应，由 $\Delta_r H_m^\ominus$ 和 $\Delta_r S_m^\ominus$ 定义可知

$$\Delta_r H_m^\ominus=11\times(-285.8)\ kJ\cdot mol^{-1}+12\times(-393.5)\ kJ\cdot mol^{-1}-(-2226.1)\ kJ\cdot mol^{-1}$$
$$=-5639.7\ kJ\cdot mol^{-1}$$

$$\begin{aligned}\Delta_r S_m^\ominus &= 12\times 213.8\ \text{J}\cdot\text{mol}^{-1}\cdot\text{K}^{-1} + 11\times 70.0\ \text{J}\cdot\text{mol}^{-1}\cdot\text{K}^{-1} - 359.8\ \text{J}\cdot\text{mol}^{-1}\cdot\text{K}^{-1}\\ &\quad -12\times 205.2\ \text{J}\cdot\text{mol}^{-1}\cdot\text{K}^{-1}\\ &= 513.4\ \text{J}\cdot\text{mol}^{-1}\cdot\text{K}^{-1}\end{aligned}$$

由吉布斯-亥姆霍兹方程

$$\begin{aligned}\Delta_r G_m^\ominus &= \Delta_r H_m^\ominus - T\Delta_r S_m^\ominus\\ &= -5639.7\ \text{kJ}\cdot\text{mol}^{-1} - (273+37)\ \text{K}\times(513.4\times10^{-3}\ \text{kJ}\cdot\text{mol}^{-1}\cdot\text{K}^{-1})\\ &= -5798.9\ \text{kJ}\cdot\text{mol}^{-1}\end{aligned}$$

$$W = 30\%\Delta_r G^\ominus = -1739.7\ \text{kJ}\cdot\text{mol}^{-1}$$

$$n_{蔗糖} = \frac{m_{蔗糖}}{M_{蔗糖}} = 0.0146\ \text{mol}$$

$$W_{有} = W\times n_{蔗糖} = -1739.7\ \text{kJ}\cdot\text{mol}^{-1}\times 0.0146\text{mol} = -25.4\ \text{kJ}$$

15. 已知键能数据：$E_{O=O} = 498\ \text{kJ}\cdot\text{mol}^{-1}$，$E_{C=O} = 708\ \text{kJ}\cdot\text{mol}^{-1}$，$E_{C—C} = 331\ \text{kJ}\cdot\text{mol}^{-1}$，$E_{C—H} = 415\ \text{kJ}\cdot\text{mol}^{-1}$，$E_{O—H} = 465\ \text{kJ}\cdot\text{mol}^{-1}$。试判断下面的反应能否自发反应。

$$CH_3COCH_3(g) + 4O_2(g) = 3CO_2(g) + 3H_2O(g)$$

解 由反应方程式

$$CH_3COCH_3(g) + 4O_2(g) = 3CO_2(g) + 3H_2O(g)$$

反应过程断裂的键有：6 个 C—H 键，2 个 C—C 键，1 个 C=O 键，4 个 O=O 键。

形成的键有：6 个 C=O 键，6 个 O—H 键。

由

$$\Delta_r H_m^\ominus = \sum E(断开) - \sum E(形成)$$

则反应的焓变

$$\begin{aligned}\Delta_r H_m^\ominus &= [6\times E_{C—H} + 2\times E_{C—C} + E_{C=O} + 4\times E_{O=O}] - [6\times E_{C=O} + 6E_{O—H}]\\ &= [(6\times 415 + 2\times 331 + 1\times 708 + 4\times 498) - (6\times 708 + 6\times 465)]\ \text{kJ}\cdot\text{mol}^{-1}\\ &= -1186\ \text{kJ}\cdot\text{mol}^{-1}\end{aligned}$$

反应的 $\Delta_r H_m^\ominus < 0$，同时该反应为气体分子数增加的反应，$\Delta_r S_m^\ominus > 0$，故 $\Delta_r G_m^\ominus < 0$，反应能自发进行。

16. 在 298 K 时，CS_2 的摩尔蒸发热 $\Delta_v H_m^\ominus$ 为 27.7 kJ · mol^{-1}，CS_2(l)的标准熵 $S_m^\ominus$(l)为 151.3 J · mol^{-1} · K^{-1}，试求该温度条件下平衡时气态 CS_2 的标准熵 $S_m^\ominus$(g)。

解 在 298 K CS_2 蒸发达平衡时，液态的 CS_2 与气态的 CS_2 的相变可以近似视为可逆过程。恒温可逆过程中 $\Delta S = \frac{Q_r}{T}$，故 CS_2(l)变为 CS_2(g)的摩尔熵变为

$$\Delta S_m^\ominus = \frac{Q_r}{T} = \frac{\Delta_v H_m^\ominus}{T} = \frac{27.7\ \text{kJ}\cdot\text{mol}^{-1}}{298\ \text{K}} 92.95\ \text{J}\cdot\text{mol}^{-1}\cdot\text{K}^{-1}$$

$$
\begin{aligned}
S_{\mathrm{m}}^{\ominus}(\mathrm{g}) &= S_{\mathrm{m}}^{\ominus}(\mathrm{g}, 298\ \mathrm{K}) \\
&= S_{\mathrm{m}}^{\ominus}(\mathrm{g}, 298\ \mathrm{K}) - S_{\mathrm{m}}^{\ominus}(\mathrm{s}, 0\ \mathrm{K}) \\
&= \left[S_{\mathrm{m}}^{\ominus}(\mathrm{g}, 298\ \mathrm{K}) - S_{\mathrm{m}}^{\ominus}(\mathrm{l}, 298\ \mathrm{K})\right] + \left[S_{\mathrm{m}}^{\ominus}(\mathrm{l}, 298\ \mathrm{K}) - S_{\mathrm{m}}^{\ominus}(\mathrm{s}, 0\ \mathrm{K})\right] \\
&= \Delta S_{\mathrm{m}}^{\ominus} + S_{\mathrm{m}}^{\ominus}(\mathrm{l}, 298\ \mathrm{K}) \\
&= 151.3\ \mathrm{J \cdot mol^{-1} \cdot K^{-1}} + 92.95\ \mathrm{J \cdot mol^{-1} \cdot K^{-1}} \\
&= 244.25\ \mathrm{J \cdot mol^{-1} \cdot K^{-1}}
\end{aligned}
$$

17\. 乙醇在其沸点温度(78 ℃)时蒸发热为 $3.95\times10^4\ \mathrm{J \cdot mol^{-1}}$。求 10 g 乙醇蒸发过程的 W、Q、ΔU、ΔH、ΔS 和ΔG。

解

$$
\begin{aligned}
W &= -p_{外}\Delta V = -\Delta p_{内}V = -\Delta nRT \\
&= \frac{10\ \mathrm{g}}{46\ \mathrm{g \cdot mol^{-1}}} \times 8.314\ \times 10^{-3}\ \mathrm{kJ \cdot mol^{-1} \cdot K^{-1}}\ \times (273+78)\mathrm{K} \\
&= 0.634\ \mathrm{kJ}
\end{aligned}
$$

$$Q = Q_{\mathrm{m}} \times \xi\ = 3.95 \times 10^4\ \mathrm{J \cdot mol^{-1}} \times \frac{10\ \mathrm{g}}{46\ \mathrm{g \cdot mol^{-1}}} = 8.59\ \mathrm{kJ}$$

$$\Delta U = Q + W = 8.59\ \mathrm{kJ} + 0.634\ \mathrm{kJ} = 9.224\ \mathrm{kJ}$$

$$\Delta H = Q = 8.59\ \mathrm{kJ}$$

$$\Delta S = \frac{Q_{\mathrm{r}}}{T} = \frac{8.59 \times 10^3\ \mathrm{J}}{(273+78)\ \mathrm{K}} = 24.5\ \mathrm{J \cdot K^{-1}}$$

$$\Delta G = 0$$

18\. 已知水的融化热为 $6.02\ \mathrm{kJ \cdot mol^{-1}}$，冰与水的摩尔体积分别为 $1.96\times10^{-2}\ \mathrm{dm^3 \cdot mol^{-1}}$ 和 $1.80\times10^{-2}\ \mathrm{dm^3 \cdot mol^{-1}}$。计算 0 ℃、100 kPa 下，1 g 冰完全融化成水的过程中 Q、W、ΔH、ΔU、ΔS 和 ΔG。

解 1 g 冰中 H_2O 的物质的量为

$$\frac{1\mathrm{g}}{18\mathrm{g \cdot mol^{-1}}} = 0.0556\ \mathrm{mol}$$

$$Q_p = 0.0556\ \mathrm{mol} \times 6.02\ \mathrm{kJ \cdot mol^{-1}} = 0.33\ \mathrm{kJ}$$

$$
\begin{aligned}
W &= -p_{外}\Delta V = -p_{外}(V_2 - V_1) \\
&= -100\ \mathrm{kPa} \times \left[0.0556\ \mathrm{mol} \times (1.80\times10^{-2} - 1.96\times10^{-2}) \times 10^{-3}\mathrm{m^3 \cdot mol^{-1}}\right] \\
&= 8.9\times10^{-6}\ \mathrm{kPa \cdot m^3} \\
&= 8.9\times10^{-6}\ \mathrm{kJ}
\end{aligned}
$$

$$\Delta U = Q + W = 0.33\ \mathrm{kJ} + 8.9\times10^{-6}\mathrm{kJ} = 0.33\ \mathrm{kJ}$$

$$\Delta H = Q_p = 0.33\ \mathrm{kJ}$$

$$\Delta S = \frac{Q_{\mathrm{r}}}{T} = \frac{0.33\times10^3\mathrm{J}}{273\mathrm{K}} = 1.21\ \mathrm{J \cdot K^{-1}}$$

$$\Delta G = 0$$

19. 已知反应中各物质的$\Delta_f H_m^\ominus$和$S_m^\ominus$

	$PbCO_3(s)$ ══	$PbO(s)$ +	$CO_2(g)$
$\Delta_f H_m^\ominus/(kJ\cdot mol^{-1})$	−699.1	−217.3	−393.5
$S_m^\ominus/(J\cdot mol^{-1}\cdot K^{-1})$	131.0	68.7	213.8

求$PbCO_3$热分解反应的最低温度。

解　反应的焓变

$$\begin{aligned}\Delta_r H_m^\ominus &= \sum_i \nu_i \Delta_f H_m^\ominus(\text{生成物}) - \sum_i \nu_i \Delta_f H_m^\ominus(\text{反应物})\\ &= \Delta_f H_m^\ominus(PbO,s) + \Delta_f H_m^\ominus(CO_2,g) - \Delta_f H_m^\ominus(PbCO_3,s)\\ &= (-217.3\ kJ\cdot mol^{-1}) + (-393.5\ kJ\cdot mol^{-1}) - (-699.1\ kJ\cdot mol^{-1})\\ &= 88.3\ kJ\cdot mol^{-1}\end{aligned}$$

反应的熵变

$$\begin{aligned}\Delta_r S_m^\ominus &= \sum_i \nu_i S_m^\ominus(\text{生成物}) - \sum_i \nu_i S_m^\ominus(\text{反应物})\\ &= S_m^\ominus(PbO,s) + S_m^\ominus(CO_2,g) - S_m^\ominus(PbCO_3,s)\\ &= 68.7\ J\cdot mol^{-1}\cdot K^{-1} + 213.8\ J\cdot mol^{-1}\cdot K^{-1} - 131.0\ J\cdot mol^{-1}\cdot K^{-1}\\ &= 151.5\ J\cdot mol^{-1}\cdot K^{-1}\end{aligned}$$

忽略温度对$\Delta_r H_m^\ominus$和$\Delta_r S_m^\ominus$的影响，当$\Delta_r G_m^\ominus \leqslant 0$时，$PbCO_3$发生分解反应，即

$$\Delta_r G_m^\ominus = \Delta_r H_m^\ominus - T\Delta_r S_m^\ominus \leqslant 0$$

则分解温度

$$T \geqslant \frac{\Delta_r H_m^\ominus}{\Delta_r S_m^\ominus} = \frac{88.3\ kJ\cdot mol^{-1}}{151.5\times 10^{-3}\ kJ\cdot mol^{-1}\cdot K^{-1}} = 582.8\ K$$

20. 反应$CaCO_3$ ══ $CaO+CO_2$。不通过计算试比较$\Delta_r H_m^\ominus$和$\Delta_r G_m^\ominus$的大小，说明原因。

解

$$\Delta_r G_m^\ominus = \Delta_r H_m^\ominus - T\Delta_r S_m^\ominus$$

$CaCO_3$的分解反应是熵增加的反应，即

$$\Delta_r S_m^\ominus = \frac{\Delta_r H_m^\ominus - \Delta_r G_m^\ominus}{T} > 0$$

故

$$\Delta_r H_m^\ominus > \Delta_r G_m^\ominus$$

21. 已知$CCl_4(l) \rightleftharpoons CCl_4(g)$的$\Delta_r H_m^\ominus$=32.5 kJ · mol^{-1}，$\Delta_r S_m^\ominus$=88 J · mol^{-1} · K^{-1}，求CCl_4的沸点。

解　沸点时，$\Delta_r G_m^\ominus$=0，则

$$\Delta_r G_m^\ominus = \Delta_r H_m^\ominus - T\Delta_r S_m^\ominus = 0$$

$$T = \frac{\Delta_r H_m^\ominus}{\Delta_r S_m^\ominus} = \frac{32.5\ kJ\cdot mol^{-1}}{88\times 10^{-3}\ kJ\cdot mol^{-1}\cdot K^{-1}} = 369\ K$$

22. 反应$A(g)+B(g) \longrightarrow 2C(g)$中A、B、C都是理想气体。在25 ℃、$1\times 10^5$ Pa条件下，体系若分别按下列两种途径发生变化，求两种变化途径的Q、W、$\Delta_r U_m^\ominus$、$\Delta_r H_m^\ominus$、$\Delta_r S_m^\ominus$和$\Delta_r G_m^\ominus$。

(1) 体系放热 41.8 kJ · mol^{-1}，而没有做功；

(2) 体系做了最大功，放热 1.64 kJ · mol^{-1}。

解　两个过程的 $\Delta_r H_m^\ominus$、$\Delta_r U_m^\ominus$、$\Delta_r S_m^\ominus$、$\Delta_r G_m^\ominus$ 相同，但 Q 和 W 不同。

(1) 体系放热 $Q_1 = -41.8\ \text{kJ} \cdot \text{mol}^{-1}$

体系没有做功

$$W_1 = W_{\text{体}} + W_{\text{非}} = 0$$

$$\Delta_r U_m^\ominus = Q + W = -41.8\ \text{kJ} \cdot \text{mol}^{-1}$$

由反应式可知

$$\Delta n = 0$$

即

$$W_{\text{体}} = \Delta nRT = 0$$

故

$$\Delta_r H_m^\ominus = \Delta_r U_m^\ominus + \Delta nRT = \Delta_r U_m^\ominus = -41.8\ \text{kJ} \cdot \text{mol}^{-1}$$

(2) 体系做了最大功，可以判断此过程为可逆过程，故

$$\Delta_r S_m^\ominus = \frac{Q_2}{T} = \frac{-1.64 \times 10^3\ \text{J} \cdot \text{mol}^{-1}}{298\ \text{K}} = -5.50\ \text{J} \cdot \text{mol}^{-1} \cdot \text{K}^{-1}$$

$$\begin{aligned}\Delta_r G_m^\ominus &= \Delta_r H_m^\ominus - T\Delta_r S_m^\ominus \\ &= -41.8\ \text{kJ} \cdot \text{mol}^{-1} - 298\ \text{K} \times (-5.50 \times 10^{-3}\ \text{kJ} \cdot \text{mol}^{-1} \cdot \text{K}^{-1}) \\ &= -40.2\ \text{kJ} \cdot \text{mol}^{-1}\end{aligned}$$

体系放热

$$Q_2 = -1.64\ \text{kJ} \cdot \text{mol}^{-1}$$

由

$$\Delta_r U_m^\ominus = Q + W$$

$$\begin{aligned}W_2 &= \Delta_r U_m^\ominus - Q_2 \\ &= (-41.8\ \text{kJ} \cdot \text{mol}^{-1}) - (-1.64\ \text{kJ} \cdot \text{mol}^{-1}) \\ &= -40.2\ \text{kJ} \cdot \text{mol}^{-1}\end{aligned}$$

或由可逆过程

$$W_2 = W_{\text{非}} = \Delta_r G_m^\ominus = -40.2\ \text{kJ} \cdot \text{mol}^{-1}$$

两种途径的计算结果填入下表：

过程	Q /(kJ · mol^{-1})	W/(kJ · mol^{-1})	$\Delta_r U_m^\ominus$/(kJ · mol^{-1})	$\Delta_r H_m^\ominus$/(kJ · mol^{-1})	$\Delta_r S_m^\ominus$ / (J · mol^{-1} · K^{-1})	$\Delta_r G_m^\ominus$/(kJ · mol^{-1})
(1)	−41.8	0	−41.8	−41.8	−5.50	−40.2
(2)	−1.64	−40.2	−41.8	−41.8	−5.50	−40.2

第 3 章　化学反应速率

一、内 容 提 要

单位时间内反应物浓度的减少或生成物浓度的增加可用来表示化学反应速率。常用的反应速率的单位是 $mol \cdot dm^{-3} \cdot s^{-1}$、$mol \cdot dm^{-3} \cdot min^{-1}$ 或 $mol \cdot dm^{-3} \cdot h^{-1}$。

3.1　反应速率的概念

3.1.1　平均速率

对于反应

$$a\,\mathrm{A} = b\,\mathrm{B}$$

若用反应物 A 的浓度的减少表示平均速率，则平均速率 $\overline{r}_A$ 为

$$\overline{r}_A = -\frac{[A]_2-[A]_1}{t_2-t_1} = -\frac{\Delta[A]}{\Delta t}$$

在同一时间间隔里，反应速率也可以用生成物 B 浓度的改变来表示

$$\overline{r}_B = \frac{\Delta[B]}{\Delta t}$$

用反应式中不同物质表示的反应速率的数值可能不相等，但由于表示的是同一个反应的速率，彼此间应该存在着一定关系，且这种关系与化学计量系数有关。

$$-\frac{1}{a}\frac{\Delta[A]}{\Delta t} = \frac{1}{b}\frac{\Delta[B]}{\Delta t}$$

或

$$\frac{1}{a}\overline{r}_A = \frac{1}{b}\overline{r}_B$$

3.1.2　瞬时速率

通常把某一时刻的化学反应速率称为反应的瞬时速率。可用数学方法来表达其定义式

$$r_B = \lim_{\Delta t \to 0}\frac{\Delta[B]}{\Delta t}$$

这种极限形式，可用微分式表示为

$$r_B = \frac{d[B]}{dt}$$

在同一时刻，用不同物质的浓度改变表示反应的瞬时速率，其数值也不相同。同样瞬时

速率与物质在反应式中的化学计量系数成反比

$$\frac{1}{a}r_A = \frac{1}{b}r_B$$

3.2　反应物浓度对反应的影响

3.2.1　反应物浓度对反应速率的影响

对于反应

$$aA + bB == gG + hH$$

的瞬时速率 r 与反应物浓度之间的关系为

$$r = k[A]^m[B]^n$$

这就是反应的速率方程。其中$(m + n)$称为该反应的反应级数，反应级数也可只对某一种反应物而言，如反应对反应物 A 是 m 级反应，对反应物 B 是 n 级反应。反应级数可以是整数，可以是分数，也可以是零，有些反应没有确定的反应级数。

k 为速率常数，是在给定温度下，各种反应物浓度均为 1 $mol \cdot dm^{-3}$ 时的反应速率；速率常数的单位与反应级数有关，若浓度单位为 $mol \cdot dm^{-3}$，对于 n 级反应则速率常数 k 的单位是

$$\frac{mol \cdot dm^{-3} \cdot s^{-1}}{(mol \cdot dm^{-3})^n}$$

用不同物质的浓度变化来表示反应速率时，速率常数间的关系为

$$\frac{1}{a}k_A = \frac{1}{b}k_B = \frac{1}{g}k_G = \frac{1}{h}k_H$$

3.2.2　反应物浓度与反应时间的关系

1. 零级反应

对于零级反应，以反应物 A 的浓度改变表示反应速率，则速率方程微分表达式为

$$-\frac{d[A]}{dt} = k$$

零级反应速率方程的积分表达式为

$$[A]_t = [A]_0 - kt$$

或

$$[A]_0 - [A]_t = kt$$

零级反应的特点是反应物浓度的改变量与时间成正比。

零级反应的半衰期与反应物的初始浓度成正比，与反应的速率常数成反比

$$t_{1/2} = \frac{[A]_0}{2k}$$

2. 一级反应

对于一级反应，以反应物 A 的浓度改变表示反应的速率，反应的速率方程微分表达式为

$$-\frac{d[A]}{dt} = k[A]$$

一级反应速率方程的积分表达式为

$$\ln[A]_t - \ln[A]_0 = -kt$$

$$\lg[A]_t = \lg[A]_0 - \frac{k}{2.303}t$$

一级反应的半衰期只与速率常数有关，与反应物的初始浓度无关

$$t_{1/2} = \frac{0.693}{k}$$

3. 二级反应和三级反应

二级反应速率方程的积分表达式和半衰期分别为

$$\frac{1}{[A]_t} - \frac{1}{[A]_0} = kt$$

$$t_{1/2} = \frac{1}{k[A]_0}$$

三级反应速率方程的积分表达式和半衰期分别为

$$\frac{1}{[A]_t^2} - \frac{1}{[A]_0^2} = 2kt$$

$$t_{1/2} = \frac{3}{2k[A]_0^2}$$

3.3 反应机理的探讨

基元反应是指反应物分子经一步直接转化为产物的反应。复杂反应是经由两个或多个步骤完成的反应。

基元反应或复杂反应的基元步骤中反应所需要的微粒数目称为反应的分子数。只有基元反应才可用反应分子数，反应分子数是微观层次的概念，反应分子数只能是正整数，不能是分数。而反应级数是反应宏观层次的概念，可以是分数。

基元反应或复杂反应的基元步骤，可直接由反应式写出速率方程：基元反应的反应速率与反应物浓度以其化学计量系数为指数幂的连乘积成正比。

研究反应机理就是探讨反应的微观过程，推导反应的速率方程。通常用平衡假设法和稳态近似法推导反应的速率方程。将复杂反应中的慢反应步骤看作整个反应的控制步骤，慢反应步骤的速率近似为整个反应的速率。

平衡假设法就是假设快反应步骤的反应物和产物处于近似的平衡态。

稳态近似法是将中间产物的生成速率与消耗速率近似看成相等，则反应达到这种稳定状态时中间产物生成的净速率为零。

3.4 反应速率理论简介

3.4.1 碰撞理论

反应物分子相互碰撞时，只有极少数碰撞是有效的，可能发生反应。分子具备足够的能量和合适取向的碰撞才是有效碰撞，真正的有效碰撞次数 Z^* 为

$$Z^* = ZfP = ZPe^{-\frac{E_a}{RT}}$$

3.4.2　过渡状态理论

过渡状态理论认为，当两个具有足够能量的反应物分子相互接近时，反应物分子先形成活化配合物作为反应的中间过渡状态。活化配合物的浓度、活化配合物分解为产物的概率、活化配合物分解为产物的速率均影响化学反应的速率。

过渡状态理论经常用反应历程-势能图讨论反应过程(图 3-1)。

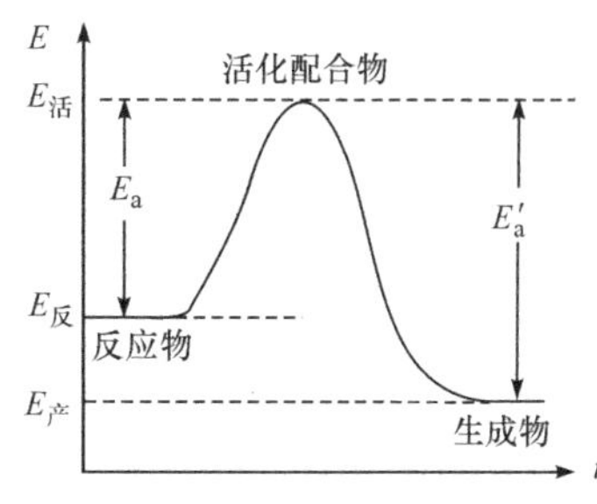

图 3-1　反应历程-势能图

反应热为正反应的活化能与逆反应的活化能之差

$$\Delta_r H_m = E_a - E'_a$$

不论是放热反应还是吸热反应，反应物分子必须先经过一个能垒(活化能)。由反应历程-势能图可知，正、逆两个反应经过同一个活化配合物中间体，这就是微观可逆性原理。

3.5　温度和催化剂对化学反应速率的影响

3.5.1　温度对反应速率的影响

1. 温度与反应速率常数的关系

范特霍夫指出，温度每升高 10 K，反应速率增加 2～4 倍。阿伦尼乌斯提出，温度对反应速率的影响表现在对反应速率常数的影响

$$k = Ae^{-\frac{E_a}{RT}}$$

$$\lg k = -\frac{E_a}{2.303RT} + \lg A$$

用阿伦尼乌斯公式讨论速率与温度的关系时，可以近似地认为活化能 E_a 和指前因子 A 不随温度的改变而变化。温度 T_1 时的速率常数为 k_1，温度 T_2 时的速率常数为 k_2，则

$$\lg\frac{k_2}{k_1} = \frac{E_a}{2.303R}\left(\frac{T_2 - T_1}{T_1 T_2}\right)$$

若已知温度 T_1 时的速率常数 k_1 和温度 T_2 时的速率常数 k_2，可以求反应的活化能 E_a。

2. 活化能对反应速率的影响

由

$$\lg k = -\frac{E_a}{2.303RT} + \lg A$$

可见，活化能 E_a 越大，温度 T 对反应速率常数 k 的影响越大。即活化能越大，反应速率受温度的影响越大。

3.5.2　催化剂对反应速率的影响

催化剂是一种能改变化学反应速率但其本身在反应前后质量和化学组成不变的物质。有

催化剂参加的反应称为催化反应，催化剂改变反应速率的作用称为催化作用。催化剂可分为正催化剂、负催化剂及助催化剂。

催化反应一般分为均相催化反应和多相催化反应。反应的某种产物对反应有催化作用而不需另加催化剂，称为自催化反应。

催化剂能使反应速率加快的原因是催化剂改变了反应的历程，使反应的活化能降低。催化剂同时降低了正反应和逆反应的活化能，使正、逆反应的速率同时加快，但催化剂并没有改变反应的始态和终态。催化剂没有改变正、逆反应活化能之差，即反应热 $\Delta_r H_m^{\ominus}$ 没有变化。因此，催化剂只改变反应速率，不改变反应平衡转化率。

二、习 题 解 答

1. 某一级反应 $2A = 4B + C$，初始速率为 $5.0\times10^{-5}\ mol\cdot dm^{-3}\cdot s^{-1}$，4000 s 时的速率为 $2.0\times10^{-5} mol\cdot dm^{-3}\cdot s^{-1}$，求

(1) 反应速率常数；

(2) 反应的半衰期；

(3) 反应物的初始浓度。

解 (1) 一级反应的速率方程

$$r = k\,[A]$$

反应开始时

$$r_0 = k\,[A]_0$$

反应 4000 s 时

$$r_1 = k\,[A]_1$$

则

$$\frac{[A]_0}{[A]_1} = \frac{5.0\times10^{-5}\ mol\cdot dm^{-3}\cdot s^{-1}}{2.0\times10^{-5}\ mol\cdot dm^{-3}\cdot s^{-1}} = 2.5$$

速率方程的积分式

$$\ln\frac{[A]_0}{[A]_t} = kt$$

反应 4000 s 时

$$\ln 2.5 = k\times4000\ s$$

得速率常数

$$k = 2.29\times10^{-4}\ s^{-1}$$

(2) 一级反应的半衰期

$$t_{1/2} = \frac{0.693}{k} = \frac{0.693}{2.29\times10^{-4}\ s^{-1}} = 3026\ s$$

(3) 由 $r_0 = k[A]_0$，得反应物的初始浓度

$$[A]_0 = \frac{r_0}{k} = \frac{5.0\times10^{-5}\ mol\cdot dm^{-3}\cdot s^{-1}}{2.29\times10^{-4}\ s^{-1}} = 0.218\ mol\cdot dm^{-3}$$

2. 在 600 K 时，测得反应 $2A(g) = 2B(g) + C(g)$的总压力随时间的变化如下：

t/s	300	900	2000	4000
p/kPa	32	35	38	40

已知 A 的初压为 28 kPa。试分别计算用 A 和 C 表示最初 300 s 内的反应速率。

解　设反应 300 s 时物质 C 的分压为 p_C。

	$2A(g) = 2B(g)$	+ $C(g)$	
初始压力 / kPa	28	0	0
300 s时压力 / kPa	$28-2p_C$	$2p_C$	p_C

反应 300 s 时总压力

$$p/\text{kPa}=(28-2p_C)+2p_C+p_C=28+p_C$$

则

$$32=28+p_C$$
$$p_C=4\ \text{kPa}$$

所以

$$p_A=28\ \text{kPa}-2\times4\ \text{kPa}=20\ \text{kPa}$$

最初 300 s 内反应平均速率

$$\bar{r}_A=\frac{-(20\ \text{kPa}-28\ \text{kPa})}{300\ \text{s}}=0.0267\ \text{kPa}\cdot\text{s}^{-1}=26.7\ \text{Pa}\cdot\text{s}^{-1}$$

$$\bar{r}_C=\frac{4\ \text{kPa}}{300\ \text{s}}=0.0133\ \text{kPa}\cdot\text{s}^{-1}=13.3\ \text{Pa}\cdot\text{s}^{-1}$$

3. 某植物化石中 ^{14}C 的含量是活植物中 ^{14}C 的 70%，已知 ^{14}C 的半衰期为 5720 年。同位素衰变为一级反应，计算此植物化石的年龄。

解　放射性衰变为一级反应，其半衰期为

$$t_{1/2}=\frac{0.693}{k}$$

则

$$k=\frac{0.693}{t_{1/2}}=\frac{0.693}{5720}=1.21\times10^{-4}(\text{a}^{-1})$$

由积分式

$$\lg[A]_0-\lg[A]_t=\frac{kt}{2.303}$$

$$t=\frac{2.303}{k}(\lg[A]_0-\lg[A])=\frac{2.303}{1.21\times10^{-4}}(\lg1-\lg0.7)=2948\ (\text{a})$$

即此植物化石的年龄为 2948 年。

4. 某反应进行 20 min 时，反应完成 20%；进行 40 min 时，反应完成 40%。求该反应的反应级数。

解　只有零级反应，反应物浓度与时间呈线性关系。

$$[A]_t=[A]_0-kt$$

$$[A]_0-[A]_t=kt$$

反应完成率

$$\frac{[A]_0-[A]_t}{[A]_0}=\frac{kt}{[A]_0}=k't$$

即反应的完成率与时间成正比。

5. 反应物 A 浓度随时间的变化情况如下所示：

t/s	0	30	60	90	120	150
$[A]/(mol \cdot dm^{-3})$	1.00	0.71	0.51	0.35	0.26	0.17

求(1) 反应的速率常数；

(2) 时间区间 30～90 s 的平均速率；

(3) 110 s 时反应的瞬时速率。

解　(1) 从表中数据可知，物质 A 的浓度衰减一半所需时间为一常数，表明该反应为一级反应，且

$$t_{1/2}=60\ \mathrm{s}$$

$$t_{1/2}=\frac{0.693}{k}$$

$$k=0.0116\ \mathrm{s^{-1}}$$

(2)
$$\bar{r}=\frac{[A]_{90\,s}-[A]_{30\,s}}{\Delta t}=-\frac{0.35-0.71}{60}=6\times10^{-3}\ (\mathrm{mol\cdot dm^{-3}\cdot s^{-1}})$$

(3)
$$\lg[A]_{110\,s}=\lg[A]_0-\frac{k}{2.303}t=0-\frac{0.016}{2.303}\times110=-0.764$$

所以
$$[A]_{110\,s}=0.172\ \mathrm{mol\cdot dm^{-3}}$$

$$r_{110\,s}=k[A]_{110\,s}=0.016\times0.172=2.75\times10^{-3}(\mathrm{mol\cdot dm^{-3}\cdot s^{-1}})$$

6. 零级反应：$2A(g) = B(g) + 3C(g)$，A 的初始浓度为 $1.0\ mol \cdot dm^{-3}$，已知反应速率常数为 $k = 2.5\times10^{-5}\ mol \cdot dm^{-3} \cdot s^{-1}$。计算：

(1) 反应 1 h 后 A 的浓度为多少？

(2) 欲使 A 完全分解需多长时间？

解　(1) 零级反应，反应物浓度和时间关系

$$c_t=c_0-kt$$

则

$$c_{1\,h}=1.0\ \mathrm{mol\cdot dm^{-3}}-2.5\times10^{-5}\ \mathrm{mol\cdot dm^{-3}\cdot s^{-1}}\times1\times60\times60\ \mathrm{s}=0.91\ \mathrm{mol\cdot dm^{-3}}$$

(2) 完全分解，则 $c_t=0\ \mathrm{mol\cdot dm^{-3}}$，由

$$c_t=c_0-kt$$

则

$$t = \frac{c_0 - c_t}{k} = \frac{1.0\ \text{mol}\cdot\text{dm}^{-3} - 0\ \text{mol}\cdot\text{dm}^{-3}}{2.5\times10^{-5}\ \text{mol}\cdot\text{dm}^{-3}\cdot\text{s}^{-1}} = 4\times10^{4}\ \text{s}$$

7. 反应温度由 27 ℃升至 37 ℃时，某反应的速率增加 1 倍。求反应的活化能。

解　由阿伦尼乌斯方程可得

$$\lg\frac{k_2}{k_1} = \frac{E_a}{2.303R}\left(\frac{T_2 - T_1}{T_1 T_2}\right)$$

则反应的活化能为

$$E_a = \frac{2.303RT_1T_2}{T_2 - T_1}\lg\frac{k_2}{k_1} = \frac{2.303\times8.314\times10^{-3}\times300\times310}{310-300}\lg2 = 53.6\ (\text{kJ}\cdot\text{mol}^{-1})$$

8. 化合物 A 在 300 K 时分解 20%需要 30 min，而在 310 K 时分解 20%需要 5 min，求 A 分解反应的活化能。

解　化合物 A 的分解百分数(即转化率)等于分解速率与时间的乘积，由于在两种温度时分解百分数相同，即

$$r_1t_1 = r_2t_2$$

$$k_1[\text{A}]^n t_1 = k_2[\text{A}]^n t_2$$

设温度改变时 A 分解反应的级数 n 不变，则有

$$k_1 t_1 = k_2 t_2$$

即

$$\frac{k_2}{k_1} = \frac{t_1}{t_2}$$

反应的活化能为

$$\begin{aligned} E_a &= \frac{2.303\,RT_1T_2}{T_2 - T_1}\lg\frac{k_2}{k_1} = \frac{2.303RT_1T_2}{T_2 - T_1}\lg\frac{t_1}{t_2} \\ &= \frac{2.303\times8.314\times300\times310}{310-300}\lg\frac{30}{5} \\ &= 138.6\ (\text{kJ}\cdot\text{mol}^{-1}) \end{aligned}$$

9. 某一级反应 300 K 时的半衰期是 400 K 时的 50 倍。求反应的活化能。

解　一级反应的半衰期

$$t_{1/2} = \frac{0.693}{k}$$

依题意

$$\frac{0.693 / k_{300\ \text{K}}}{0.693 / k_{400\ \text{K}}} = 50$$

即

$$\frac{k_{400\ \text{K}}}{k_{300\ \text{K}}} = 50$$

由

$$\lg\frac{k_2}{k_1}=\frac{E_a}{2.303\,R}\left(\frac{T_2-T_1}{T_1\,T_2}\right)$$

$$\lg 50=\frac{E_a}{2.303\times 8.314\times 10^{-3}}\left(\frac{400-300}{300\times 400}\right)$$

得

$$E_a = 39.04\ \text{kJ}\cdot\text{mol}^{-1}$$

10. 某有机物的热分解是一级反应，活化能为 200 kJ · mol^{-1}，600 K 时的半衰期为 360 min。计算在 700 K 时，将该有机物分解 70%需要的时间。

解　由一级反应的半衰期

$$t_{1/2}=\frac{0.693}{k}$$

得 600 K 时反应速率常数

$$k_1=\frac{0.693}{t_{1/2}}=\frac{0.693}{360\ \text{min}}=1.93\times 10^{-3}\ \text{min}^{-1}$$

由

$$\lg\frac{k_2}{k_1}=\frac{E_a}{2.303R}\left(\frac{T_2-T_1}{T_1\,T_2}\right)$$

得 700 K 时反应速率常数

$$k_2{=}0.593\ \text{min}^{-1}$$

由一级反应的积分式

$$\ln\frac{[\text{A}]_0}{[\text{A}]_t}=kt$$

700 K 时

$$\ln\frac{1}{1-0.7}=0.592\ \text{min}^{-1}\times t$$

解得

$$t{=}2.03\ \text{min}$$

即有机物分解 70%需要的时间为 2.03 min。

11. 已知在正常情况下煮熟鸡蛋需要 3 min，而在 3000 m 的高山上(压力为 69.9 kPa，水的沸点为 90 ℃)同样煮熟鸡蛋需 300 min，计算鸡蛋煮熟反应(即蛋白质变性)的活化能。

解　因反应速率正比于速率常数，而反应时间反比于速率常数，则

$$\frac{t_1}{t_2}=\frac{k_2}{k_1}=\frac{3\ \text{min}}{300\ \text{min}}=\frac{1}{100}$$

由阿伦尼乌斯定律，得

$$\lg\frac{k_2}{k_1}=\frac{E_a}{2.303R}\left(\frac{1}{T_1}-\frac{1}{T_2}\right)$$

$$\lg\frac{1}{100}=\frac{E_a}{2.303\times 8.314\times 10^{-3}\ \text{kJ}\cdot\text{mol}^{-1}\cdot\text{K}^{-1}}\times\left(\frac{1}{373\ \text{K}}-\frac{1}{363\ \text{K}}\right)$$

$$E_a=518.5\ \text{kJ}\cdot\text{mol}^{-1}$$

12. 某反应 400 K 时的速率常数为 0.77 $\text{dm}^3\cdot\text{mol}^{-1}\cdot\text{s}^{-1}$，450 K 时的速率常数为 1.3 $\text{dm}^3\cdot\text{mol}^{-1}\cdot\text{s}^{-1}$，求反应的活化能 E_a、反应的指前因子 A 以及 500 K 时的速率常数。

解　由

$$\lg\frac{k_2}{k_1}=\frac{E_a}{2.303\,R}\left(\frac{T_2-T_1}{T_1T_2}\right)$$

得

$$E_a=\frac{2.303RT_1T_2}{T_2-T_1}\lg\frac{k_2}{k_1}=\frac{2.303\times 8.314\times 10^{-3}\times 400\times 450}{450-400}\lg\frac{1.3}{0.77}=15.4\ (\text{kJ}\cdot\text{mol}^{-1})$$

将题中数据代入阿伦尼乌斯方程，得

$$\ln k_1=-\frac{E_a}{RT}+\ln A$$

$$\ln 0.77=-\frac{15.4}{8.314\times 10^{-3}\times 400}+\ln A$$

$$A=79.04\ \text{dm}^3\cdot\text{mol}^{-1}\cdot\text{s}^{-1}$$

500 K 时反应速率常数为

$$\lg\frac{k_{500\,\text{K}}}{0.77}=\frac{15.4}{2.303\times 8.314\times 10^{-3}}\left(\frac{500-400}{400\times 500}\right)$$

$$k_{500\,\text{K}}=1.93\ \text{dm}^3\cdot\text{mol}^{-1}\cdot\text{s}^{-1}$$

13. 有人提出反应 $2N_2O_5 = 4NO_2 + O_2$ 反应的机理如下：

(1) $N_2O_5 \underset{k_{-1}}{\overset{k_1}{\rightleftharpoons}} NO_2 + NO_3$

(2) $NO_2 + NO_3 \xrightarrow{k_2} NO + O_2 + NO_2$

(3) $NO + NO_3 \xrightarrow{k_3} 2NO_2$

试写出生成 O_2 的速率方程，并给出反应速率常数 k。

分析：生成 O_2 的速率方程只与反应步骤(2)有关，NO_3 和 NO 为反应的中间体，生成速率和消耗速率相等，由此可求出二者与反应物和生成物的关系，进一步可得到生成 O_2 的速率方程，给出反应速率常数 k。

解　生成 O_2 的速率方程

$$r_{O_2}=k_2[NO_2][NO_3]$$

NO_3 和 NO 为反应的中间体，生成速率和消耗速率相等。

$$k_1[N_2O_5]=k_2[NO_2][NO_3]+k_{-1}[NO_2][NO_3]+k_3[NO][NO_3] \tag{a}$$

$$k_2[NO_2][NO_3]=k_3[NO][NO_3] \tag{b}$$

由式(b)得

$$[NO]=\frac{k_2}{k_3}[NO_2]$$

代入式(a)得

$$[NO_3]=\frac{k_1}{2k_2+k_{-1}}\cdot\frac{[N_2O_5]}{[NO_2]}$$

代入生成 O_2 的速率方程，得

$$r_{O_2}=\frac{k_1k_2}{2k_2+k_{-1}}[N_2O_5]=k[N_2O_5]$$

速率常数为

$$k=\frac{k_1k_2}{2k_2+k_{-1}}$$

14. 光气的制备反应为 CO (g) + Cl_2 (g) ══ $COCl_2$ (g)，其可能的反应机理为

(1) $Cl_2 \underset{k_{-1}}{\overset{k_1}{\rightleftharpoons}} 2Cl\cdot$　　(快平衡)

(2) $Cl\cdot + CO \underset{k_{-2}}{\overset{k_2}{\rightleftharpoons}} COCl\cdot$　　(快平衡)

(3) $COCl\cdot + Cl_2 \xrightarrow{k_3} COCl_2 + Cl\cdot$　　(慢反应)

试推导反应速率的表达式，并指出反应级数是多少。

解　由稳态近似法可知，对于快平衡步骤(1)、(2)有

$$k_1[Cl_2]=k_{-1}[Cl\cdot]^2$$

即

$$[Cl\cdot]=\frac{k_1^{\frac{1}{2}}}{k_{-1}^{\frac{1}{2}}}[Cl_2]^{\frac{1}{2}} \tag{a}$$

$$k_2[Cl\cdot][CO]=k_{-2}[COCl\cdot]$$

即

$$[COCl\cdot]=\frac{k_2}{k_{-2}}[Cl\cdot][CO] \tag{b}$$

将式(a)代入式(b)

$$[COCl\cdot]=\frac{k_2k_1^{\frac{1}{2}}}{k_{-2}k_{-1}^{\frac{1}{2}}}[Cl_2]^{\frac{1}{2}}[CO]$$

由质量作用定律，得

$$r=k_3[COCl\cdot][Cl_2] \tag{c}$$

将[COCl·]代入式(c)，得

$$r=k_3\frac{k_2k_1^{\frac{1}{2}}}{k_{-2}k_{-1}^{\frac{1}{2}}}[Cl_2]^{\frac{3}{2}}[CO]$$

因此反应级数为 $\frac{5}{2}$。

15. 有人推测 $H_2 + Cl_2$ ══ 2HCl 的反应历程如下：

(1) $Cl_2 + M \xrightarrow{k_1} 2Cl + M$

(2) $Cl + H_2 \xrightarrow{k_2} HCl + H$

(3) $H + Cl_2 \xrightarrow{k_3} HCl + Cl$

(4) $2Cl + M \xrightarrow{k_4} Cl_2 + M$

推导用 HCl 的生成速率表示的反应的速率方程。

解　反应(2)和(3)都有 HCl 生成，则 HCl 的生成速率为

$$r_{HCl}=r_2 + r_3=k_2[Cl][H_2] + k_3[H][Cl_2]$$

作为反应的中间体，Cl 和 H 的浓度保持不变，即二者的生成速率为 0，即

$$r_H=k_2[Cl][H_2] - k_3[H][Cl_2]=0$$

得

$$k_2[Cl][H_2]=k_3[H][Cl_2]$$

$$\begin{aligned} r_{Cl} &= 2k_1[Cl_2][M]-k_2[Cl][H_2]+k_3[H][Cl_2]-2k_4[Cl]^2[M] \\ &= 2k_1[Cl_2][M]-2k_4[Cl]^2[M] \\ &= 0 \end{aligned}$$

得

$$[Cl]=\left(\frac{k_1}{k_4}\right)^{1/2}[Cl_2]^{1/2}$$

代入速率方程

$$\begin{aligned} r_{HCl} &= k_2[Cl][H_2]+k_3[H][Cl_2] \\ &= 2k_2[Cl][H_2] \\ &= 2k_2\left(\frac{k_1}{k_4}\right)^{1/2}[Cl_2]^{1/2}[H_2] \\ &= k[Cl_2]^{1/2}[H_2] \end{aligned}$$

16. 环丁烷分解反应：$(CH_2)_4 \longrightarrow 2CH_2 = CH_2(g)$，活化能 E_a=262 kJ · mol^{-1}，在 600 K 时，反应的速率常数 $k_1=6.10\times10^{-8}\ s^{-1}$。当 $k_2=1.00\times10^{-4}\ s^{-1}$ 时，计算反应温度并确定该分解反应的反应级数和速率方程。

解　由阿伦尼乌斯定律，得

$$\lg\frac{k_2}{k_1}=\frac{E_a}{2.303R}\left(\frac{1}{T_1}-\frac{1}{T_2}\right)$$

将题中数据代入上式，得

$$T_2 = 696.8\ K$$

由速率常数单位为 s^{-1} 可知，该反应为一级反应。

速率方程

$$r = k[(CH_2)_4]$$

17. 600 K 时，某化合物分解反应的速率常数 $k=3.3\times10^{-2}\ s^{-1}$，$E_a=18.88\times10^4$ J · mol^{-1}，若使反应物在 10 min 内分解 90%，则反应的温度应控制为多少？

解　根据速率常数单位可知，反应为一级反应。

设所求反应温度为 T_1，该温度下反应速率常数为 k_1。由一级反应的速率方程积分式

$$\ln[\mathrm{A}]_t - \ln[\mathrm{A}]_0 = -k_1 t$$

即

$$\ln\frac{[\mathrm{A}]_0}{[\mathrm{A}]_t} = k_1 t$$

代入相关数据

$$\ln\frac{1}{1-0.9} = k_1 \times 600\ \mathrm{s}$$

解得

$$k_1 = 3.84\times10^{-3}\ \mathrm{s}^{-1}$$

由

$$\ln k = -\frac{E_a}{RT} + \ln A$$

$$\lg\frac{k_1}{k} = \frac{E_a}{2.303R}\left(\frac{T_1 - T}{T\,T_1}\right)$$

$$\lg\frac{3.8\times10^{-3}}{3.3\times10^{-3}} = \frac{18.88\times10^4}{2.303\times8.314}\times\left(\frac{T_1-600}{600\times T_1}\right)$$

解得

$$T_1 = 602\ \mathrm{K}$$

18. 某反应的活化能为 150.5 $\mathrm{kJ\cdot mol^{-1}}$，引入催化剂后反应的活化能降低至 112.2 $\mathrm{kJ\cdot mol^{-1}}$。求反应的温度为 300 K 时反应速率增加的倍数。

解　由阿伦尼乌斯方程

$$\ln k = -\frac{E_a}{RT} + \ln A$$

得

$$\ln k_1 = -\frac{E_{a1}}{RT} + \ln A \qquad \ln k_2 = -\frac{E_{a2}}{RT} + \ln A$$

联立，得

$$\ln\frac{k_2}{k_1} = -\frac{E_{a2} - E_{a1}}{RT} = -\frac{150.5 - 112.2}{8.314\times300\times10^{-3}}$$

$$\frac{k_2}{k_1} = 4.7\times10^6$$

第 4 章 化学平衡

一、内容提要

4.1 化学平衡与平衡常数

4.1.1 化学平衡状态

化学反应都具有可逆性。某温度下一个可逆的化学反应，随着反应的进行，正反应速率逐渐减慢，其逆反应速率逐渐加快。当反应到某一时刻时，正反应的速率与其逆反应的速率相等，反应物的浓度和生成物的浓度不再随时间改变。我们称这一可逆反应达到了平衡状态。

化学平衡是一种动态平衡。在平衡状态下，虽然反应物和生成物的浓度均不再发生变化，但反应却没有停止。

4.1.2 平衡常数

1. 经验平衡常数

对于任意一个可逆反应

$$a\,\mathrm{A} + b\,\mathrm{B} \rightleftharpoons g\,\mathrm{G} + h\,\mathrm{H}$$

在一定温度下达到平衡时，若各物质的平衡浓度分别为[A]、[B]、[G]和[H]，则体系中各物质的平衡浓度间存在着如下关系：

$$\frac{[\mathrm{G}]^g[\mathrm{H}]^h}{[\mathrm{A}]^a[\mathrm{B}]^b} = K$$

式中，K 称为化学反应的平衡常数，也称经验平衡常数或实验平衡常数。

由平衡浓度(物质的量浓度)表示的经验平衡常数称为浓度平衡常数，一般用 K_c 表示。如果化学反应是气相反应，平衡常数既可以用平衡时各物质的浓度表示，也可以用平衡时各物质的分压表示。例如，气相反应

$$a\,\mathrm{A(g)} + b\,\mathrm{B(g)} \rightleftharpoons g\,\mathrm{G(g)} + h\,\mathrm{H(g)}$$

达到平衡时，经验平衡常数可以用分压表示为

$$K_p = \frac{(p_{\mathrm{G}})^g (p_{\mathrm{H}})^h}{(p_{\mathrm{A}})^a (p_{\mathrm{B}})^b}$$

虽然 K_p 和 K_c 一般来说不相等，但它们所表示的是同一个平衡状态，因此二者之间应该有确定的数量关系。由理想气体状态方程可以得出

$$K_p = K_c(RT)^{\Delta\nu}$$

其中

$$\Delta\nu = (g+h) - (a+b)$$

若浓度单位为 $mol \cdot dm^{-3}$，则 $R=8.314\times10^3\ Pa \cdot dm^3 \cdot mol^{-1} \cdot K^{-1}$。

平衡常数的表达式中，不应出现反应体系中的纯固体、纯液体以及稀溶液中的水，因为它们在反应过程中可以认为没有浓度变化。

对于同一个化学反应，如果化学反应方程式中的化学计量系数不同，平衡常数的表达式及其数值要有相应的变化。方程式中化学计量系数扩大 n 倍时，反应的平衡常数增大 n 次幂；正反应的平衡常数与其逆反应的平衡常数互为倒数；两个反应方程式相加(相减)时，所得的反应方程式的平衡常数为原来的两个反应方程式的平衡常数相乘(相除)。

2. 标准平衡常数

物质的量浓度除以标准浓度 $c^{\ominus}$ ($1\ mol \cdot dm^{-3}$)即是相对浓度。可见，相对浓度就是物质的浓度相对于其标准浓度的倍数。

将气相物质的分压除以标准压强 $p^{\ominus}$ (100 kPa，以前曾用 101.3 kPa)，则得到相对分压。

化学反应达到平衡时，各物质的相对浓度和相对分压也不再变化。

对于溶液中的可逆反应

$$a\,A(aq) + b\,B(aq) \rightleftharpoons g\,G(aq) + h\,H(aq)$$

则标准平衡常数 $K^{\ominus}$ 的定义式为

$$K^{\ominus}=\frac{\left(\frac{[G]}{c^{\ominus}}\right)^{g}\left(\frac{[H]}{c^{\ominus}}\right)^{h}}{\left(\frac{[A]}{c^{\ominus}}\right)^{a}\left(\frac{[B]}{c^{\ominus}}\right)^{b}}$$

显然，对于溶液中的反应，标准平衡常数 $K^{\ominus}$ 与经验平衡常数 K_c 存在着如下关系

$$K^{\ominus} = K_c\left(\frac{1}{c^{\ominus}}\right)^{\Delta\nu}$$

而对于气相反应

$$a\,A(g) + b\,B(g) \rightleftharpoons g\,G(g) + h\,H(g)$$

气相反应的标准平衡常数只能用相对分压表示，则 $K^{\ominus}$ 的定义式为

$$K^{\ominus}=\frac{\left(\frac{p_G}{p^{\ominus}}\right)^{g}\left(\frac{p_H}{p^{\ominus}}\right)^{h}}{\left(\frac{p_A}{p^{\ominus}}\right)^{a}\left(\frac{p_B}{p^{\ominus}}\right)^{b}}$$

对于气相反应，标准平衡常数 $K^{\ominus}$ 与经验平衡常数 K_p、K_c 间的关系为

$$K^{\ominus} = K_p\left(\frac{1}{p^{\ominus}}\right)^{\Delta\nu} = K_c\left(\frac{RT}{p^{\ominus}}\right)^{\Delta\nu}$$

溶液中反应的 K_c 与其 $K^{\ominus}$ 在数值上相等。对于气相反应，$K^{\ominus}$ 必须用相对分压来表示，$K^{\ominus}$

与 K_p 不论数值还是物理学单位一般都不相等。

4.1.3　平衡常数的应用

化学反应达到平衡状态时，反应物的浓度和生成物的浓度不再随时间改变，反应物已最大限度地转化为生成物。

化学反应达到平衡状态时，已转化为生成物的反应物占该反应物起始总量的分数或百分比称为平衡转化率。

在其他条件相同时，K 越大，平衡转化率越大。因此，体现各平衡浓度之间关系的平衡常数，能够表示反应进行的程度。

比较平衡常数 $K^{\ominus}$ 和某时刻的反应相对商 $Q^{\ominus}$ 的大小，能判断该时刻反应进行的方向。

$Q^{\ominus} < K^{\ominus}$　　反应正向进行

$Q^{\ominus} > K^{\ominus}$　　反应逆向进行

$Q^{\ominus} = K^{\ominus}$　　反应达到平衡状态

4.2　$K^{\ominus}$ 与 $\Delta_r G_m^{\ominus}$ 的关系

4.2.1　化学反应等温式

若反应

$$a\,\mathrm{A(aq)} + b\,\mathrm{B(aq)} \rightleftharpoons g\,\mathrm{G(aq)} + h\,\mathrm{H(aq)}$$

任意时刻的反应自由能变为 $\Delta_r G_m$，反应相对商为 $Q^{\ominus}$，则化学反应等温式为

$$\Delta_r G_m = \Delta_r G_m^{\ominus} + RT\ln Q^{\ominus}$$

4.2.2　$K^{\ominus}$ 与 $\Delta_r G_m^{\ominus}$ 的关系

当体系处于平衡状态时

$$\Delta_r G_m = 0 \qquad Q^{\ominus} = K^{\ominus}$$

将其代入化学反应等温式，得

$$\Delta_r G_m^{\ominus} = -RT\ln K^{\ominus}$$

此关系式建立了标准吉布斯自由能变 $\Delta_r G_m^{\ominus}$ 和标准平衡常数之间的联系，由热力学数据 $\Delta_r G_m^{\ominus}$ 可以计算化学反应的标准平衡常数 $K^{\ominus}$。

将 $\Delta_r G_m^{\ominus} = -RT\ln K^{\ominus}$ 代入化学反应等温式 $\Delta_r G_m = \Delta_r G_m^{\ominus} + RT\ln Q^{\ominus}$，整理得

$$\Delta_r G_m = RT\ln\frac{Q^{\ominus}}{K^{\ominus}}$$

该式将反应处于非标准态时的自由能变 $\Delta_r G_m$ 和反应相对商 $Q^{\ominus}$ 与标准平衡常数 $K^{\ominus}$ 之比联系起来，根据比值的大小可判断 $\Delta_r G_m$ 的符号，即可判断反应的方向：

当 $Q^{\ominus} < K^{\ominus}$ 时　　$\Delta_r G_m < 0$　　反应正向进行

当 $Q^{\ominus} = K^{\ominus}$ 时　　$\Delta_r G_m = 0$　　反应达到平衡

当 $Q^{\ominus} > K^{\ominus}$ 时　　$\Delta_r G_m > 0$　　反应逆向进行

4.3　化学平衡的移动

化学平衡体系的条件变化时，平衡状态遭到破坏，体系从平衡变为不平衡。在已改变的条件下，可逆反应将向某一方向进行直至达到新的平衡状态。可逆反应从一种平衡状态转变到另一种平衡状态的过程称为化学平衡的移动。

按照勒夏特列原理，如果对平衡体系施加外力，平衡将向着减小其影响的方向移动。

4.3.1　浓度对平衡的影响

溶液中的反应

$$a\,\mathrm{A(aq)} + b\,\mathrm{B(aq)} \rightleftharpoons g\,\mathrm{G(aq)} + h\,\mathrm{H(aq)}$$

计算结果表明，在平衡体系中增大反应物的浓度，反应相对商 $Q^{\ominus}$ 的数值因其分母的增大而减小，于是使 $Q^{\ominus} < K^{\ominus}$，反应向正反应方向进行，即平衡向正反应方向移动。同理，增大生成物的浓度，平衡向逆反应方向移动。

4.3.2　压强对平衡的影响

气相反应

$$a\,\mathrm{A(g)} + b\,\mathrm{B(g)} \rightleftharpoons g\,\mathrm{G(g)} + h\,\mathrm{H(g)}$$

当 $\Delta\nu = 0$ 时，$Q^{\ominus} = K^{\ominus}$。也就是说，对于有气体参加且反应前后气态物质的化学计量数没有变化的化学反应，压强的变化对平衡没有影响。

当 $\Delta\nu \neq 0$ 时，$Q^{\ominus} \neq K^{\ominus}$，平衡将发生移动。

(1) 若 $\Delta\nu > 0$(反应体系的气态分子计量数增加)，则 $Q^{\ominus} > K^{\ominus}$。增大压强平衡将向逆反应方向移动，即向气态分子数减少的方向移动。

(2) 若 $\Delta\nu < 0$(反应体系的气态分子计量数减少)，则 $Q^{\ominus} < K^{\ominus}$，增大压强平衡将向正反应方向移动，即向气态分子数减小的方向移动。

体积的变化对于化学平衡也有影响，通常将体积的变化归结为浓度或压强的变化，即体积的增大相当于浓度或压强的减小；而体积的减小则相当于浓度或压强的增加。

4.3.3　温度对平衡的影响

温度对平衡的影响体现在改变了平衡常数 $K^{\ominus}$ 的数值。

将关系式 $\Delta_r G_m^{\ominus} = -RT\ln K^{\ominus}$ 和 $\Delta_r G_m^{\ominus} = \Delta_r H_m^{\ominus} - T\Delta_r S_m^{\ominus}$ 联立，得

$$\ln K^{\ominus} = \frac{\Delta_r S_m^{\ominus}}{R} - \frac{\Delta_r H_m^{\ominus}}{RT}$$

若温度 T_1 时的平衡常数为 $K_1^{\ominus}$，温度 T_2 时的平衡常数为 $K_2^{\ominus}$，则

$$\lg\frac{K_2^{\ominus}}{K_1^{\ominus}} = \frac{\Delta_r H_m^{\ominus}}{2.303R}\left(\frac{1}{T_1} - \frac{1}{T_2}\right)$$

上式给出了温度 T 对平衡常数 $K^{\ominus}$ 的影响。

(1) 对于吸热反应 $\Delta_r H_m^{\ominus} > 0$，升高温度($T_2 > T_1$)时，$K_2^{\ominus} > K_1^{\ominus}$。吸热反应的平衡常数随温

度升高而增大，升高温度时平衡向正反应方向移动。

(2) 对于放热反应$\Delta_r H_m^{\ominus} < 0$，升高温度($T_2 > T_1$)时，$K_2^{\ominus} < K_1^{\ominus}$。放热反应的平衡常数随温度升高而减小，升高温度平衡向逆反应方向移动。

通过两种不同温度T_1、T_2时的平衡常数$K_1^{\ominus}$、$K_2^{\ominus}$，可求出反应的热效应$\Delta_r H_m^{\ominus}$。

$$\Delta_r H_m^{\ominus} = \frac{2.303RT_1T_2}{T_2 - T_1}\lg\frac{K_2^{\ominus}}{K_1^{\ominus}}$$

二、习题解答

1. 在一定温度下一定量N_2O_4气体分解生成NO_2气体，达到平衡时总压强为$p^{\ominus}$，测得N_2O_4转化率为50%。求N_2O_4分解反应的标准平衡常数。

解 反应前后各气体的物质的量为

$$N_2O_4 \rightleftharpoons 2NO_2$$

	N_2O_4	$2NO_2$
反应前/mol	n	0
平衡时/mol	$\frac{1}{2}n$	n

反应达平衡时总的物质的量为

$$n_{总} = \frac{1}{2}n + n = \frac{3}{2}n$$

各气体的分压为

$$p_{NO_2} = x_{NO_2}p_{总} = x_{NO_2}p^{\ominus} = \frac{n}{\frac{3}{2}n}\times p^{\ominus} = \frac{2}{3}p^{\ominus}$$

$$p_{N_2O_4} = x_{N_2O_4}p_{总} = x_{N_2O_4}p^{\ominus} = \frac{\frac{1}{2}n}{\frac{3}{2}n}\times p^{\ominus} = \frac{1}{3}p^{\ominus}$$

反应的标准平衡常数为

$$K^{\ominus} = \frac{\left(\frac{p_{NO_2}}{p^{\ominus}}\right)^2}{\left(\frac{p_{N_2O_4}}{p^{\ominus}}\right)} = \frac{\left(\frac{2}{3}\right)^2}{\frac{1}{3}} = \frac{4}{3}$$

2. 已知下列各反应的标准平衡常数

$$HCN \rightleftharpoons H^+ + CN^- \qquad K_a^{\ominus} = 6.17\times10^{-10}$$

$$NH_3 + H_2O \rightleftharpoons NH_4^+ + OH^- \qquad K_b^{\ominus} = 1.76\times10^{-5}$$

求反应$NH_3 + HCN \rightleftharpoons NH_4^+ + CN^-$的标准平衡常数。

解 解法一

$$HCN \rightleftharpoons H^+ + CN^- \quad (1)$$

$$NH_3 + H_2O \rightleftharpoons NH_4^+ + OH^- \quad (2)$$

$$H_2O \rightleftharpoons H^+ + OH^- \quad (3)$$

反应(1) + 反应(2) − 反应(3)，得

$$NH_3 + HCN \rightleftharpoons NH_4^+ + CN^- \quad (4)$$

则反应(4)的平衡常数为

$$K^\ominus = \frac{K_a^\ominus K_b^\ominus}{K_w^\ominus} = \frac{6.17\times10^{-10}\times1.76\times10^{-5}}{1.0\times10^{-14}} = 1.10$$

解法二

反应 $NH_3 + HCN \rightleftharpoons NH_4^+ + CN^-$的平衡常数为

$$\begin{aligned}K^\ominus &= \frac{[NH_4^+][CN^-]}{[NH_3][HCN]} \\ &= \frac{[NH_4^+][CN^-]}{[NH_3][HCN]}\cdot\frac{[H^+]}{[H^+]}\cdot\frac{[OH^-]}{[OH^-]} \\ &= \frac{[NH_4^+][OH^-]}{[NH_3]}\cdot\frac{[CN^-][H^+]}{[HCN]}\cdot\frac{1}{[H^+][OH^-]} \\ &= K_b^\ominus\cdot K_a^\ominus\cdot\frac{1}{K_w^\ominus} \\ &= 1.10\end{aligned}$$

3. 1000 K 时，反应 $SO_2(g)+1/2O_2(g) \rightleftharpoons SO_3(g)$的 K_c=16.8 $mol^{-0.5}\cdot dm^{1.5}$，求反应 $2SO_3(g) \rightleftharpoons 2SO_2(g) + O_2(g)$在该温度下的 $K^\ominus$ 值。

解

$$SO_2(g) + 1/2O_2(g) = SO_3(g) \quad (1)$$

$$2SO_3(g) = 2SO_2(g) + O_2(g) \quad (2)$$

根据平衡常数间的关系有

$$K_{c2} = \left(\frac{1}{K_{c1}}\right)^2$$

故

$$K_{c2} = \left(\frac{1}{K_{c1}}\right)^2 = \left(\frac{1}{16.8\ mol^{-0.5}\cdot dm^{1.5}}\right)^2 = 3.54\times10^{-3}\ mol\cdot dm^{-3}$$

由 $K^\ominus$ 与 K_c 的关系：

$$K_2^\ominus = K_{c2}\left(\frac{RT}{p^\ominus}\right)^{\Delta\nu}$$

得

$$K_2^\ominus = 3.54\times10^{-3}\ mol\cdot dm^{-3}\times\left(\frac{8.314\times10^3\ Pa\cdot dm^3\cdot mol^{-1}\cdot K^{-1}\times1000\ K}{1\times10^5\ Pa}\right) = 0.29$$

4. 1000 K 时，$CaCO_3(s)$、$CaO(s)$和 $CO_2(g)$达到平衡时，CO_2 的压力为 390 kPa；反应 $C(s) + CO_2(g) \rightleftharpoons 2CO(g)$的 $K^{\ominus}=1.9$。将 $CaCO_3$、CaO 和 C 混合后在 1000 K 的密闭容器中达到平衡时，CO 的分压是多少？

解 1000 K 时，反应

$$CaCO_3(s) \rightleftharpoons CaO(s) + CO_2(g) \tag{1}$$

达到平衡，则

$$K^{\ominus}(1) = \frac{p_{CO_2}}{p^{\ominus}} = \frac{390\ \text{kPa}}{100\ \text{kPa}} = 3.9$$

又已知反应

$$C(s) + CO_2(g) \rightleftharpoons 2CO(g) \tag{2}$$

$$K^{\ominus}(2) = 1.9$$

反应(1) + 反应(2)，得

$$CaCO_3(s) + C(s) \rightleftharpoons CaO(s) + 2CO(g) \tag{3}$$

则平衡时，该反应

$$K^{\ominus}(3) = \left(\frac{p_{CO}}{p^{\ominus}}\right)^2 = K^{\ominus}(1) \times K^{\ominus}(2) = 1.9 \times 3.9 = 7.41$$

所以

$$p_{CO} = 272.2\ \text{kPa}$$

即将 $CaCO_3$、CaO 和 C 混合后在 1000 K 的密闭容器中达到平衡时，CO 的分压是 272.2 kPa。

5. 已知 $CCl_4(l) \rightleftharpoons CCl_4(g)$的 $\Delta_r H_m^{\ominus}=32.5\ \text{kJ} \cdot \text{mol}^{-1}$，$\Delta_r S_m^{\ominus}=88\ \text{J} \cdot \text{mol}^{-1} \cdot \text{K}^{-1}$。求

(1) CCl_4 的正常沸点；

(2) CCl_4 在 338 K 时的饱和蒸气压。

解 (1)

$$CCl_4(l) \rightleftharpoons CCl_4(g)$$

$$\Delta_r G_m^{\ominus} = \Delta_r H_m^{\ominus} - T\Delta_r S_m^{\ominus}$$

沸点是相变温度 T_b，此时 $\Delta_r G_m^{\ominus}=0$，即 $\Delta_r H_m^{\ominus}=T_b\Delta_r S_m^{\ominus}$，相变温度为

$$T_b = \frac{\Delta_r H_m^{\ominus}}{\Delta_r S_m^{\ominus}} = \frac{32.5\ \text{kJ} \cdot \text{mol}^{-1}}{88 \times 10^{-3}\ \text{kJ} \cdot \text{mol}^{-1} \cdot \text{K}^{-1}} = 369.3\ \text{K}$$

(2) 338 K 时，有

$$\begin{aligned}\Delta_r G_m^{\ominus}(338\ \text{K}) &= \Delta_r H_m^{\ominus} - T\Delta_r S_m^{\ominus} \\ &= 32.5\ \text{kJ} \cdot \text{mol}^{-1} - 338\ \text{K} \times 88 \times 10^{-3}\ \text{kJ} \cdot \text{mol}^{-1} \cdot \text{K}^{-1} \\ &= 2.756\ \text{kJ} \cdot \text{mol}^{-1}\end{aligned}$$

由

$$\Delta_r G_m^{\ominus} = -RT\ln K^{\ominus}$$

得

$$\ln K^{\ominus} = \frac{-\Delta_r G_m^{\ominus}(338\ \text{K})}{RT} = \frac{-2.756\ \text{kJ} \cdot \text{mol}^{-1}}{8.314 \times 10^{-3}\ \text{kJ} \cdot \text{mol}^{-1} \cdot \text{K}^{-1} \times 338\ \text{K}} = -0.981$$

$$K^{\ominus} = 0.375$$

由

$$K^{\ominus} = \frac{p_{CCl_4}}{p^{\ominus}}$$

得 CCl_4 的饱和蒸气压

$$p_{CCl_4} = K^{\ominus} \cdot p^{\ominus} = 0.375 \times 100\ \text{kPa} = 37.5\ \text{kPa}$$

6. 反应 $2NOCl(g) + I_2(g) \rightleftharpoons 2NO(g) + 2ICl(g)$于 179 ℃在 1 dm^3 的容器中进行。已知 $[NOCl]_0 = 0.016\ mol \cdot dm^{-3}$，$[I_2]_0 = 0.0070\ mol \cdot dm^{-3}$，反应平衡时的压力为 99 kPa。

(1) 计算此反应的标准平衡常数 $K^{\ominus}$；

(2) 该温度下反应 $2NOCl(g) \rightleftharpoons 2NO(g) + Cl_2(g)$的平衡常数为 0.26 kPa，求反应 $2ICl(g) \rightleftharpoons I_2(g) + Cl_2(g)$的标准平衡常数 $K^{\ominus}$。

解 (1) 设 I_2 消耗掉 x mol，反应在 1dm^3 的容器中进行，浓度与物质的量数值相等。

	$2NOCl(g)$	$+ I_2(g) \rightleftharpoons$	$2NO(g)$	$+ 2ICl(g)$
始态时物质的量/mol	0.016	0.0070	0	0
平衡时物质的量/mol	$0.016-2x$	$0.0070-x$	$2x$	$2x$

平衡时总的物质的量为

$$n = (0.016-2x) + (0.0070-x) + 2x + 2x = 0.023 + x$$

由理想气体状态方程

$$pV = nRT$$

得

$$n = \frac{pV}{RT} = \frac{99 \times 10^3\ \text{Pa} \times 1 \times 10^{-3}\ \text{m}^3}{8.314\ \text{Pa} \cdot \text{m}^3 \cdot \text{mol}^{-1} \cdot \text{K}^{-1} \times 452\ \text{K}} = 0.0263\ \text{mol}$$

即

$$0.023 + x = 0.0263$$

所以

$$x = 0.0033\ \text{mol}$$

即平衡时

$$[NO] = [ICl] = 0.0066\ \text{mol} \cdot \text{dm}^{-3}$$

$$[NOCl] = 0.0094\ \text{mol} \cdot \text{dm}^{-3}$$

$$[I_2] = 0.0037\ \text{mol} \cdot \text{dm}^{-3}$$

$$K_c = \frac{[NO]^2[ICl]^2}{[NOCl]^2[I_2]} = \frac{0.0066^2 \times 0.0066^2}{0.0094^2 \times 0.0037} = 5.80 \times 10^{-3}\ \text{mol} \cdot \text{dm}^{-3}$$

$$K^{\ominus} = K_c\left(\frac{RT}{p^{\ominus}}\right)^{\Delta\nu} = 5.80 \times 10^{-3}\ \text{mol} \cdot \text{dm}^{-3} \times \left(\frac{8.314 \times 10^3\ \text{Pa} \cdot \text{dm}^3 \cdot \text{mol}^{-1} \cdot \text{K}^{-1} \times 452\ \text{K}}{100 \times 10^3\ \text{Pa}}\right)$$

$$= 0.218$$

(2) 反应 $2\,NOCl(g) \rightleftharpoons 2NO(g) + Cl_2(g)$ K_p=0.26 kPa

则

$$K^{\ominus} = K_p\left(\frac{1}{p^{\ominus}}\right)^{\Delta\nu} = 0.26\ \text{kPa}\times\left(\frac{1}{100\ \text{kPa}}\right) = 2.6\times10^{-3}$$

由反应 $$2NOCl(g) + I_2(g) \rightleftharpoons 2NO(g) + 2ICl(g) \quad (1)$$

$$2NOCl(g) \rightleftharpoons 2NO(g) + Cl_2(g) \quad (2)$$

反应(2) − 反应(1)，得

$$2ICl(g) \rightleftharpoons I_2(g) + Cl_2(g) \quad (3)$$

反应(3)的标准平衡常数为

$$K^{\ominus} = \frac{2.6\times10^{-3}}{0.218} = 1.19\times10^{-2}$$

7. 已知反应 $N_2(g)+3H_2(g) \rightleftharpoons 2NH_3(g)$，673 K 时 $K^{\ominus}=1.69\times10^{-4}$，773 K 时，$K^{\ominus}=1.44\times10^{-5}$，若起始分压为 $p(H_2)$=100 kPa，$p(N_2)$=400 kPa，$p(NH_3)$=2 kPa，试判断在 673 K 和 773 K 时反应移动的方向，并简述理由。

解 对于反应 $N_2(g)+3H_2(g) \rightleftharpoons 2NH_3(g)$

$$Q^{\ominus} = \frac{\left(\dfrac{p_{NH_3}}{p^{\ominus}}\right)^2}{\left(\dfrac{p_{H_2}}{p^{\ominus}}\right)^3\left(\dfrac{p_{H_2}}{p^{\ominus}}\right)} = \frac{\left(\dfrac{2\ \text{kPa}}{100\ \text{kPa}}\right)^2}{\left(\dfrac{100\ \text{kPa}}{100\ \text{kPa}}\right)^3\left(\dfrac{400\ \text{kPa}}{100\ \text{kPa}}\right)} = 1.00\times10^{-4}$$

由于 673 K 时，$K^{\ominus}=1.69\times10^{-4}$，即 $Q^{\ominus} < K^{\ominus}$，所以反应正向进行。

而 773 K 时，$K^{\ominus}=1.44\times10^{-5}$，即 $Q^{\ominus} > K^{\ominus}$，所以反应逆向进行。

8. 在 375 K 时，反应 $SO_2Cl_2(g) \rightleftharpoons SO_2(g) + Cl_2(g)$，$K^{\ominus}$=2.40。若在 1.00 dm^3 密闭容器中装有 6.70 g SO_2Cl_2，Cl_2 初始压力为 101 kPa，试计算达到平衡时各物质的分压。

解 $M(SO_2Cl_2) = 135\ \text{g}\cdot\text{mol}^{-1}$，$m(SO_2Cl_2) = 6.70\ \text{g}$，则初始时 SO_2Cl_2 的压力为

$$p_{SO_2Cl_2} = \frac{\dfrac{m}{M}RT}{V} = \frac{\dfrac{6.70\ \text{g}}{135\ \text{g}\cdot\text{mol}^{-1}}\times8.314\ \text{Pa}\cdot\text{m}^3\cdot\text{mol}^{-1}\cdot\text{K}^{-1}\times375\ \text{K}}{1.00\times10^{-3}\ \text{m}^3} = 155\ \text{kPa}$$

设反应达平衡时，SO_2Cl_2 的压力为 x kPa，则

	$SO_2Cl_2\,(g) \rightleftharpoons$	$SO_2(g)$	+ $Cl_2(g)$
初始压力/kPa	155		101
平衡压力/kPa	x	$155-x$	$256-x$

$$K^{\ominus} = \frac{\dfrac{p_{SO_2}}{p^{\ominus}}\cdot\dfrac{p_{Cl_2}}{p^{\ominus}}}{\dfrac{p_{SO_2Cl_2}}{p^{\ominus}}} = \frac{p_{SO_2}\cdot p_{Cl_2}}{p_{SO_2Cl_2}\cdot p^{\ominus}} = \frac{(155-x)(256-x)}{100x} = 2.40$$

解得

$$x = 68$$

所以，平衡时 SO_2Cl_2 的压力为 68 kPa，SO_2 的压力为 87 kPa，Cl_2 的压力为 188 kPa。

9. 已知反应 $H_2S(g) + Cu(s) \rightleftharpoons CuS(s) + H_2(g)$的 $\Delta_r G_m^\ominus = -20.2\ kJ \cdot mol^{-1}$。计算混合气体中 H_2 与 H_2S 的分压比值为多少时 Cu 可免遭 H_2S 的腐蚀。

解　根据化学反应等温式有

$$\Delta_r G_m = \Delta_r G_m^\ominus + RT\ln Q^\ominus$$

$$= -20.2\ kJ \cdot mol^{-1} + 8.314 \times 10^{-3}\ kJ \cdot mol^{-1} \cdot K^{-1} \times 298\ K \ln Q^\ominus$$

$$= -20.2\ kJ \cdot mol^{-1} + 2.48\ kJ \cdot mol^{-1} \ln Q^\ominus$$

$$\Delta_r G_m = -20.2 + 2.48 \ln Q^\ominus$$

其中

$$Q^\ominus = \frac{\dfrac{p_{H_2}}{p^\ominus}}{\dfrac{p_{H_2S}}{p^\ominus}} = \frac{p_{H_2}}{p_{H_2S}}$$

若 Cu 不被 H_2S 腐蚀，要求$\Delta_r G_m > 0$。即

$$-20.2 + 2.48 \ln Q^\ominus > 0$$

$$\ln Q^\ominus > 8.15$$

得

$$\frac{p_{H_2}}{p_{H_2S}} > 3463$$

只要混合组分中 H_2 和 H_2S 分压比大于 3463，Cu 单质可免遭 H_2S 腐蚀。

10. 若两个反应在 353 K 时的 $\Delta_r G_m^\ominus$ 相差 70 $kJ \cdot mol^{-1}$，求两个反应的平衡常数之比。

解　自由能变与标准平衡常数之间的关系为

$$\Delta_r G_m^\ominus = -RT \ln K^\ominus$$

则

$$\Delta_r G_m^\ominus(1) = -RT \ln K_1^\ominus$$

$$\Delta_r G_m^\ominus(2) = -RT \ln K_2^\ominus$$

$$\Delta_r G_m^\ominus(2) - \Delta_r G_m^\ominus(1) = -RT(\ln K_2^\ominus - \ln K_1^\ominus)$$

代入数据，得

$$70\ kJ \cdot mol^{-1} = -8.314 \times 10^{-3} kJ \cdot mol^{-1} \cdot K^{-1} \times 353\ K \ln \frac{K_2^\ominus}{K_1^\ominus}$$

得

$$\frac{K_2^\ominus}{K_1^\ominus} = 4.386 \times 10^{-11}$$

11. 反应 $2NO_2(g) \rightleftharpoons N_2O_4(g)$的 $\Delta_r H_m^\ominus = -55.3\ kJ \cdot mol^{-1}$，$\Delta_r S_m^\ominus = -175.8\ J \cdot mol^{-1} \cdot K^{-1}$，

求 300 K、100 kPa 达到平衡时 NO_2 和 N_2O_4 混合气体的密度。

解 $$\Delta_r G_m^\ominus = \Delta_r H_m^\ominus - T\Delta_r S_m^\ominus$$

300 K 时

$$\Delta_r G_m^\ominus = -55.3\ \text{kJ}\cdot\text{mol}^{-1} - 300\ \text{K}\times(-175.8)\times10^{-3}\text{kJ}\cdot\text{mol}^{-1}\cdot\text{K}^{-1} = -2.56\ \text{kJ}\cdot\text{mol}^{-1}$$

300 K 时反应的平衡常数

$$\Delta_r G_m^\ominus = -RT\ln K^\ominus$$

$$-2.56\ \text{kJ}\cdot\text{mol}^{-1} = -8.314\times10^{-3}\ \text{kJ}\cdot\text{mol}^{-1}\cdot\text{K}^{-1}\times300\ln K^\ominus$$

$$K^\ominus = 2.79$$

则 $K^\ominus = \dfrac{\dfrac{p_{N_2O_4}}{p^\ominus}}{\left(\dfrac{p_{NO_2}}{p^\ominus}\right)^2} = 2.79$，且 $p_{NO_2} + p_{N_2O_4} = 100\ \text{kPa}$。

所以，$p_{NO_2} = 44.6\ \text{kPa}$，$p_{N_2O_4} = 55.4\ \text{kPa}$。

$$\overline{M} = 46\times\frac{44.6}{100} + 92\times\frac{55.4}{100} = 71.48\ \text{g}\cdot\text{mol}^{-1}$$

$$\rho = \frac{pM}{RT} = \frac{100\times10^3\ \text{Pa}\times71.48\ \text{g}\cdot\text{mol}^{-1}}{8.314\ \text{Pa}\cdot\text{m}^3\cdot\text{mol}^{-1}\cdot\text{K}^{-1}\times300\ \text{K}} = 2.87\ \text{g}\cdot\text{dm}^{-3}$$

12. 已知反应 $N_2O_4(g) \rightleftharpoons 2NO_2(g)$ 在 298 K 时 $\Delta_r H_m^\ominus = 55.3\ \text{kJ}\cdot\text{mol}^{-1}$，$\Delta_r G_m^\ominus = 2.8\ \text{kJ}\cdot\text{mol}^{-1}$。

(1) 求室温和 100 kPa 下，N_2O_4 的解离度；

(2) 325 K 时，N_2O_4 的解离度是室温时的几倍？

解 (1) 对于反应

$$N_2O_4(g) \rightleftharpoons 2NO_2(g)$$

$$\Delta_r G_m^\ominus = -RT\ln K^\ominus$$

$$2.8\ \text{kJ}\cdot\text{mol}^{-1} = -8.314\times10^{-3}\ \text{kJ}\cdot\text{mol}^{-1}\cdot\text{K}^{-1}\times298\ \text{K}\times\ln K^\ominus$$

解得

$$K^\ominus = 0.323$$

由

$$K^\ominus = \frac{(p_{NO_2})^2}{p_{N_2O_4}}\left(\frac{1}{p^\ominus}\right) = 0.323$$

$$p_{N_2O_4} = p^\ominus - p_{NO_2}$$

$$p^\ominus = 100\ \text{kPa}$$

联立，得

$$p_{NO_2} = 42.9\ \text{kPa} \qquad p_{N_2O_4} = 57.1\ \text{kPa}$$

N_2O_4 分解使分压减小部分

$$42.9\ \text{kPa}/2=21.45\ \text{kPa}$$

N_2O_4起始分压为

$$57.1\ \text{kPa}+21.45\ \text{kPa}=78.55\ \text{kPa}$$

N_2O_4分解分数

$$\frac{21.45\ \text{kPa}}{78.55\ \text{kPa}}=0.273$$

(2) 在 325 K 时，由

$$\ln\frac{K_2^\ominus}{K_1^\ominus}=\frac{\Delta_r H_m^\ominus}{R}\frac{T_2-T_1}{T_1T_2}$$

即

$$\ln\frac{K_2^\ominus}{0.323}=\frac{55.3\ \text{kJ}\cdot\text{mol}^{-1}}{8.314\times10^{-3}\text{kJ}\cdot\text{mol}^{-1}\cdot\text{K}^{-1}}\cdot\frac{(325\ \text{K}-298\ \text{K})}{298\ \text{K}\times325\ \text{K}}$$

解得

$$K_2^\ominus=2.06$$

由

$$K_2^\ominus=\frac{(p_{NO_2})^2}{p_{N_2O_4}}\left(\frac{1}{p^\ominus}\right)=2.06$$

$$p_{N_2O_4}=p^\ominus-p_{NO_2}$$

$$p^\ominus=100\ \text{kPa}$$

联立，得

$$p_{NO_2}=73.7\ \text{kPa}\qquad p_{N_2O_4}=26.3\ \text{kPa}$$

N_2O_4分解使分压减小部分

$$73.7\ \text{kPa}/2=36.85\ \text{kPa}$$

N_2O_4起始分压为

$$26.3\ \text{kPa}+36.85\ \text{kPa}=63.15\ \text{kPa}$$

N_2O_4分解分数

$$\frac{36.85\ \text{kPa}}{63.15\ \text{kPa}}=0.583$$

N_2O_4在 325 K 时解离度是室温时的倍数

$$\frac{0.583}{0.273}=2.1(\text{倍})$$

13. 高温下 HgO 按下式分解：$2HgO(s) \rightleftharpoons 2Hg(g)+O_2(g)$。在 723 K 时，气体的总压力为 108 kPa；而在 693 K 时，气体的总压力为 51.6 kPa。计算该分解反应的$\Delta_r H_m^\ominus$和$\Delta_r S_m^\ominus$。

解　723 K 时，气体总压力为 108 kPa，则平衡时 $p_{Hg}=72\ \text{kPa}, p_{O_2}=36\ \text{kPa}$。

723 K 时，HgO 分解反应的平衡常数为

$$K^{\ominus}=\left(\frac{p_{Hg}}{p^{\ominus}}\right)^2\cdot\frac{p_{O_2}}{p^{\ominus}}=\left(\frac{72\ \text{kPa}}{100\ \text{kPa}}\right)^2\cdot\frac{36\ \text{kPa}}{100\ \text{kPa}}=0.19$$

723 K 时反应的标准摩尔自由能变为

$$\begin{aligned}\Delta_r G_m^{\ominus}&=-RT\ln K^{\ominus}\\&=-8.314\times10^{-3}\ \text{kJ}\cdot\text{mol}^{-1}\cdot\text{K}^{-1}\times723\ \text{K}\ln0.19\\&=9.98\ \text{kJ}\times\text{mol}^{-1}\end{aligned}$$

693 K 时，气体总压力为 51.6 kPa，则平衡时 $p_{Hg}=34.4\ \text{kPa}, p_{O_2}=17.2\ \text{kPa}$。

693 K 时，HgO 分解反应的平衡常数为

$$K^{\ominus}=\left(\frac{p_{Hg}}{p^{\ominus}}\right)^2\cdot\frac{p_{O_2}}{p^{\ominus}}=\left(\frac{17.2\ \text{kPa}}{100\ \text{kPa}}\right)^2\cdot\frac{34.4\ \text{kPa}}{100\ \text{kPa}}=0.01$$

693 K 时反应的标准摩尔自由能变为

$$\begin{aligned}\Delta_r G_m^{\ominus}&=-RT\ln K^{\ominus}\\&=-8.314\times10^{-3}\ \text{kJ}\cdot\text{mol}^{-1}\cdot\text{K}^{-1}\times693\ \text{K}\ln0.01\\&=26.53\ \text{kJ}\times\text{mol}^{-1}\end{aligned}$$

由吉布斯-亥姆霍兹方程 $\Delta_r G_m^{\ominus}=\Delta_r H_m^{\ominus}-T\Delta_r S_m^{\ominus}$ 得

$$9.98\ \text{kJ}\cdot\text{mol}^{-1}=\Delta_r H_m^{\ominus}-723\ \text{K}\ \Delta_r S_m^{\ominus}$$

$$26.53\ \text{kJ}\cdot\text{mol}^{-1}=\Delta_r H_m^{\ominus}-693\ \text{K}\ \Delta_r S_m^{\ominus}$$

联立得

$$\Delta_r H_m^{\ominus}=408.8\ \text{kJ}\cdot\text{mol}^{-1}\qquad \Delta_r S_m^{\ominus}=551.7\ \text{J}\cdot\text{mol}^{-1}\cdot\text{K}^{-1}$$

14. 在 550 ℃时，反应 $2MgCl_2(s)+O_2(g)\rightleftharpoons 2MgO(s)+2Cl_2(g)$，$K^{\ominus}=3.06$。在 25 ℃时，将 50 g $MgCl_2$ 置于 2.00 dm^3、O_2 的压力为 100 kPa 容器中，将容器密封后慢慢加热到 550 ℃。计算达到平衡时容器内 $p(Cl_2)$和 $p(O_2)$。

解　在 25 ℃时，O_2 的压力为 100 kPa，则在 550 ℃时，O_2 的压力为

$$p_{O_2}=\frac{100\ \text{kPa}\times(550+273)\ \text{K}}{(25+273)\ \text{K}}=276\ \text{kPa}$$

设 550 ℃时，反应达平衡时 Cl_2 的压力为 $2x$，则

$$2MgCl_2(s)+O_2(g)\rightleftharpoons 2MgO(s)+2Cl_2(g)$$

	$2MgCl_2(s)$	$O_2(g)$	$2MgO(s)$	$2Cl_2(g)$
初始/kPa		276		
平衡/ kPa		$276-x$		$2x$

$$K^{\ominus}=\frac{\left(\dfrac{2x}{p^{\ominus}}\right)^2}{\dfrac{(276-x)}{p^{\ominus}}}=3.06$$

解得　　$x=112\ \text{kPa}$

所以

$$p_{Cl_2} = 2x = 2\times112\ \text{kPa} = 224\ \text{kPa}$$

$$p_{O_2} = 276\ \text{kPa} - x = 276\ \text{kPa} - 112\ \text{kPa} = 164\ \text{kPa}$$

15. N_2O_4分解反应为$N_2O_4 \rightleftharpoons 2NO_2$。在25 ℃时将3.176 g N_2O_4置于1.00 dm^3容器中，反应达平衡时体系的总压为$p^\ominus$。计算N_2O_4的解离度α和分解反应的平衡常数K_c、$K^\ominus$。

解　反应前N_2O_4物质的量为

$$n=\frac{m_{N_2O_4}}{M_{N_2O_4}}=\frac{3.176\ \text{g}}{92.0\ \text{g}\cdot\text{mol}^{-1}}=0.0345\ \text{mol}$$

反应前后各气体的物质的量为

$$N_2O_4 \rightleftharpoons 2NO_2$$

	N_2O_4	$2NO_2$
反应前/mol	n	0
平衡时/mol	$n(1-\alpha)$	$2n\alpha$

反应达平衡时总的物质的量为

$$n_{总}=n(1-\alpha)+2n\alpha=n(1+\alpha)$$

将N_2O_4和NO_2近似看成理想气体，则

$$pV=n_{总}RT=n(1+\alpha)RT$$

得N_2O_4的解离度α为

$$\alpha=\frac{pV}{nRT}-1=\frac{100\ \text{kPa}\times1.00\ \text{dm}^3}{0.0345\ \text{mol}\times8.314\ \text{kPa}\cdot\text{dm}^3\cdot\text{mol}^{-1}\cdot\text{K}^{-1}\times298\ \text{K}}-1=0.17$$

各气体的相对分压为

$$\frac{p_{NO_2}}{p^\ominus}=\frac{x_{NO_2}\times p_{总}}{p^\ominus}=\frac{x_{NO_2}\times p^\ominus}{p^\ominus}=x_{NO_2}=\frac{2n\alpha}{n(1+\alpha)}=\frac{2\alpha}{1+\alpha}$$

$$\frac{p_{N_2O_4}}{p^\ominus}=\frac{x_{N_4O_4}\times p_{总}}{p^\ominus}=\frac{x_{N_2O_4}\times p^\ominus}{p^\ominus}=x_{N_2O_4}=\frac{n(1-\alpha)}{n(1+\alpha)}=\frac{1-\alpha}{1+\alpha}$$

反应的标准平衡常数为

$$K^\ominus=\frac{\left(\dfrac{p_{NO_2}}{p^\ominus}\right)^2}{\left(\dfrac{p_{N_2O_4}}{p^\ominus}\right)}=\frac{\left(\dfrac{2\alpha}{1+\alpha}\right)^2}{\left(\dfrac{1-\alpha}{1+\alpha}\right)}=\frac{4\alpha^2}{1-\alpha^2}$$

$$=\frac{4\times0.17^2}{1-0.17^2}=0.119$$

由$K^\ominus$与K_c的关系

$$K^\ominus=K_c\left(\frac{RT}{p^\ominus}\right)^{\Delta\nu}$$

得

$$K_c=K^\ominus\left(\frac{p^\ominus}{RT}\right)=\frac{0.119\times100\ \text{kPa}}{8.314\ \text{kPa}\cdot\text{dm}^3\cdot\text{mol}^{-1}\cdot\text{K}^{-1}\times298\ \text{K}}=4.8\times10^{-3}\ \text{mol}\cdot\text{dm}^{-3}$$

16. 已知 298 K 时，$H_2O(l)$的饱和蒸气压为 3575 Pa，下表为 298 K 相关$\Delta_f G_m^\ominus$数据。

化合物	$CaSO_4 \cdot 2H_2O(s)$	$CaSO_4(s)$	$H_2O(g)$
$\Delta_f G_m^\ominus$ /(kJ · mol^{-1})	–1797.5	–1322	–228.6

(1) 通过计算说明空气中的 $CaSO_4 \cdot 2H_2O$ 能否风化；

(2) 求室温下 $CaSO_4 \cdot 2H_2O$ 分解时 H_2O 的压力。

解　(1) 反应

$$CaSO_4 \cdot 2H_2O(s) \rightleftharpoons CaSO_4(s) + 2\ H_2O(g)$$

$$\Delta_r G_m^\ominus = (-1322\ \text{kJ} \cdot \text{mol}^{-1}) + 2\times(-228.6\ \text{kJ} \cdot \text{mol}^{-1}) - (-1797.5\ \text{kJ} \cdot \text{mol}^{-1}) = 18.3\ \text{kJ} \cdot \text{mol}^{-1}$$

$$Q^\ominus = \left(\frac{p_{H_2O}}{p^\ominus}\right)^2 = \left(\frac{3575}{10^5}\right)^2 = 1.278\times10^{-3}$$

$$\begin{aligned}\Delta_r G_m &= \Delta_r G_m^\ominus + RT\ln Q^\ominus \\ &= 18.3\ \text{kJ} \cdot \text{mol}^{-1} + 8.314\times10^{-3}\ \text{kJ} \cdot \text{mol}^{-1} \cdot \text{K}^{-1}\times298\ \text{K}\times\ln(1.278\times10^{-3}) \\ &= 1.8\ \text{kJ} \cdot \text{mol}^{-1}\end{aligned}$$

由于$\Delta_r G_m>0$，$CaSO_4 \cdot 2H_2O(s)$ 不会失水而风化。

(2) 欲使分解反应进行

$$CaSO_4 \cdot 2H_2O(s) \rightleftharpoons CaSO_4(s) + 2H_2O(g)$$

必须$\Delta_r G_m \leqslant 0$，即

$$\Delta_r G_m = \Delta_r G_m^\ominus + RT\ln K^\ominus \leqslant 0$$

$$\ln K^\ominus \leqslant -\frac{\Delta_r G_m^\ominus}{RT}$$

得

$$K^\ominus \leqslant 6.20\times10^{-4}$$

由于

$$K^\ominus = \left(\frac{p_{H_2O}}{p^\ominus}\right)^2$$

即

$$p_{H_2O} = \sqrt{K^\ominus}\,p^\ominus = 100\ \text{kPa}\times\sqrt{6.20\times10^{-4}}$$

$$p_{H_2O} \leqslant 2490\ \text{Pa}$$

室温下，若空气中 $H_2O(l)$的分压小于 2490 Pa 时，$CaSO_4 \cdot 2H_2O(s)$将分解为 $CaSO_4(s)$和 $H_2O(g)$，即 $CaSO_4 \cdot 2H_2O(s)$将风化。

17. 五氯化磷分解反应 $PCl_5(g) \rightleftharpoons PCl_3(g) + Cl_2(g)$在 250 ℃、100 kPa 达到平衡，测得混合物的密度为 2.695 g · dm^{-3}。计算：

(1) PCl_5 的解离度α;

(2) 反应的$K^{\ominus}$和$\Delta_r G_m^{\ominus}$(相对原子质量：P 31.0，Cl 35.5)。

解　250 ℃、100 kPa 达到平衡时PCl_5的转化率为α

$$PCl_5(g) \rightleftharpoons PCl_3(g) + Cl_2(g)$$

	$PCl_5(g)$	$PCl_3(g)$	$Cl_2(g)$
反应前/mol	n		
平衡时/mol	$n(1-\alpha)$	$n\alpha$	$n\alpha$

平衡时混合物的平均相对分子质量为

$$\overline{M} = \frac{M_{PCl_3} \times n\alpha + M_{Cl_2} \times n\alpha + M_{PCl_5} \times n(1-\alpha)}{n\alpha + n\alpha + n(1-\alpha)} = \frac{M_{PCl_5}}{1+\alpha}$$

$$= \frac{(31+35.5\times 5)\ \text{g}\cdot\text{mol}^{-1}}{1+\alpha} = \frac{208.5\ \text{g}\cdot\text{mol}^{-1}}{1+\alpha}$$

由理想气体状态方程

$$pV = nRT = \frac{m}{\overline{M}}RT$$

$$p = \frac{m}{V\overline{M}}RT = \frac{\rho}{\overline{M}}RT$$

$$\rho = \frac{p\overline{M}}{RT} = \frac{p\cdot\dfrac{208.5\ \text{g}\cdot\text{mol}^{-1}}{1+\alpha}}{RT} = 2.695\ \text{g}\cdot\text{dm}^{-3}$$

$$\frac{100\ \text{kPa}\cdot\dfrac{208.5\ \text{g}\cdot\text{mol}^{-1}}{1+\alpha}}{8.314\ \text{kPa}\cdot\text{dm}^3\cdot\text{mol}^{-1}\cdot\text{K}^{-1}\times(250+273)\ \text{K}} = 2.695\ \text{g}\cdot\text{dm}^{-3}$$

解得

$$\alpha = 0.779$$

各气体的相对分压为

$$\frac{p_{PCl_3}}{p^{\ominus}} = \frac{x_{PCl_3}\times p^{\ominus}}{p^{\ominus}} = x_{PCl_3} = \frac{n\alpha}{n(1+\alpha)} = \frac{\alpha}{1+\alpha}$$

$$\frac{p_{Cl_2}}{p^{\ominus}} = \frac{x_{Cl_2}\times p^{\ominus}}{p^{\ominus}} = x_{Cl_2} = \frac{n\alpha}{n(1+\alpha)} = \frac{\alpha}{1+\alpha}$$

$$\frac{p_{PCl_5}}{p^{\ominus}} = \frac{x_{PCl_5}\times p^{\ominus}}{p^{\ominus}} = x_{PCl_5} = \frac{n(1-\alpha)}{n(1+\alpha)} = \frac{1-\alpha}{1+\alpha}$$

反应的标准平衡常数为

$$K^{\ominus} = \frac{\dfrac{p_{Cl_2}}{p^{\ominus}}\cdot\dfrac{p_{PCl_3}}{p^{\ominus}}}{\dfrac{p_{PCl_3}}{p^{\ominus}}} = \frac{\dfrac{\alpha}{1+\alpha}\cdot\dfrac{\alpha}{1+\alpha}}{\dfrac{1-\alpha}{1+\alpha}} = \frac{\alpha^2}{1-\alpha^2} = \frac{0.779^2}{1-0.779^2} = \frac{0.779^2}{1-0.779^2} = 1.54$$

$$\begin{aligned}\Delta_r G_m^{\ominus} &= -RT\ln K^{\ominus}\\ &= -8.314\times 10^{-3}\ \text{kJ}\cdot\text{mol}^{-1}\cdot\text{K}^{-1}\times 523\ \text{K}\ln 1.54\\ &= -1.89\ \text{kJ}\cdot\text{mol}^{-1}\end{aligned}$$

18. 已知 $\Delta_f G_m^\ominus(Br_2，g)$=3.1 kJ · mol^{-1}，液态 Br_2 的沸点为 331.4 K。求气态 Br_2 的标准生成热和液态 Br_2 在 282.5 K 时的饱和蒸气压。

解

$$Br_2(l) \xlongequal{} Br_2(g)$$

$$\Delta_r G_m^\ominus = \Delta_r H_m^\ominus - T\Delta_r S_m^\ominus$$

沸点时

$$\Delta_r G_m^\ominus(331.4\,K) = \Delta_r H_m^\ominus - 331.4\,K \times \Delta_r S_m^\ominus = 0 \qquad (1)$$

298 K 时

$$\Delta_r G_m^\ominus(298\,K) = \Delta_r H_m^\ominus - 298\,K \times \Delta_r S_m^\ominus = \Delta_f G_m^\ominus(Br_2,g) = 3.1\,kJ \cdot mol^{-1} \qquad (2)$$

联立方程(1)和方程(2)，解得

$$\Delta_r H_m^\ominus = 30.76\,kJ \cdot mol^{-1} \qquad \Delta_r S_m^\ominus = 92.8\,J \cdot mol^{-1} \cdot K^{-1}$$

282.5 K 时

$$\Delta_r G_m^\ominus(282.5K) = 30.76\ kJ \cdot mol^{-1} - 282.5\ K \times 92.8 \times 10^{-3}\ kJ \cdot mol^{-1} \cdot K^{-1} = 4.544\ kJ \cdot mol^{-1}$$

又

$$\Delta_r G_m^\ominus = -RT\ln K^\ominus$$

$$4.544\,kJ \cdot mol^{-1} = -8.314 \times 10^{-3}\,kJ \cdot mol^{-1} \cdot K^{-1} \times 282.5\,K \ln\frac{p}{100\ kPa}$$

$$p = 14.45\ kPa$$

19. 已知水在 273 K 时的饱和蒸气压为 561 Pa，求水的气化热。

解 题中的另一个已知条件是：373 K 为水的沸点，此时水的饱和蒸气压为 100 kPa。

$$H_2O(l) \xlongequal{} H_2O(g)$$

$$K^\ominus = \frac{p_{H_2O}}{p^\ominus}$$

$$\lg\frac{K_2^\ominus}{K_1^\ominus} = \frac{\Delta H_m^\ominus}{2.303R}\left(\frac{1}{T_1} - \frac{1}{T_2}\right)$$

$$\lg\frac{100}{0.561} = \frac{\Delta H_m^\ominus}{2.303 \times 8.314 \times 10^{-3}}\left(\frac{1}{273} - \frac{1}{373}\right)$$

解得

$$\Delta H_m^\ominus = 43.89\,kJ \cdot mol^{-1}$$

20. Cd^{2+}的一级水解反应

$$Cd^{2+} + H_2O \rightleftharpoons Cd(OH)^+ + H^+$$

已知 $\Delta_r H_m^\ominus$=60 kJ · mol^{-1}，$\Delta_r S_m^\ominus$=20 J · mol^{-1} · K^{-1}。求 0.2 mol · dm^{-3} $CdSO_4$ 溶液的 pH。

解

$$\begin{aligned}\Delta_r G_m^\ominus &= \Delta_r H_m^\ominus - T\Delta_r S_m^\ominus \\ &= 60\,kJ \cdot mol^{-1} - 298\,K \times 20 \times 10^{-3}\,kJ \cdot mol^{-1} \cdot K^{-1} \\ &= 54.04\,kJ \cdot mol^{-1}\end{aligned}$$

由 $\Delta_r G_m^\ominus = -RT\ln K^\ominus$，得

$$K^\ominus = 3.37 \times 10^{-10}$$

$$Cd^{2+} + H_2O \rightleftharpoons Cd(OH)^+ + H^+$$

起始浓度/$(mol \cdot dm^{-3})$　0.2

平衡浓度/$(mol \cdot dm^{-3})$　$0.2 - x$　　x　　x

由

$$K^\ominus = \frac{x^2}{0.2 - x} = 3.37 \times 10^{-10}$$

解得

$$x = 8.2 \times 10^{-6}$$

$$pH = -\lg[H^+] = -\lg(8.2 \times 10^{-6}) = 5.09$$

21. 已知反应 $NH_4HS(s) \rightleftharpoons NH_3(g) + H_2S(g)$，$\Delta_r H_m^\ominus = 93.72\ kJ \cdot mol^{-1}$。在 298 K 时，$NH_4HS(s)$分解后的平衡压力为 59.96 kPa(设气相中只有 NH_3 和 H_2S)。

(1) 求 298 K 时该反应的标准平衡常数 $K^\ominus$；

(2) 计算 308 K 时 $NH_4HS(s)$在真空容器中分解反应达到平衡时容器中的总压力；

(3) 在 308 K 时，将 0.60 mol H_2S 和 0.70 mol NH_3 放入 25.25 dm^3 的容器中，计算生成固体 NH_4HS (s)的物质的量。

解 (1)　$NH_4HS(s) \rightleftharpoons NH_3(g) + H_2S(g)$

平衡时分压　$\frac{59.96\ kPa}{2}$　$\frac{59.96\ kPa}{2}$

$$K^\ominus = \frac{p_{NH_3}}{p^\ominus} \cdot \frac{p_{H_2S}}{p^\ominus} = \frac{\left(\frac{59.96\ kPa}{2}\right)^2}{(100\ kPa)^2} = 8.99 \times 10^{-2}$$

(2) 由公式

$$\lg\frac{K_2^\ominus}{K_1^\ominus} = \frac{\Delta H_m^\ominus}{2.303R}\left(\frac{1}{T_1} - \frac{1}{T_2}\right)$$

$$\lg\frac{K_2^\ominus}{8.99 \times 10^{-2}} = \frac{93.72\ kJ \cdot mol^{-1}}{2.303 \times 8.314 \times 10^{-3}\ kJ \cdot mol^{-1} \cdot K^{-1}}\left(\frac{1}{298\ K} - \frac{1}{308\ K}\right)$$

308 K 时，得

$$K_2^\ominus = 0.307$$

$$K_2^\ominus = \frac{p_{NH_3}}{p^\ominus} \cdot \frac{p_{H_2S}}{p^\ominus} = \frac{\frac{1}{2}p}{p^\ominus} \cdot \frac{\frac{1}{2}p}{p^\ominus} = 0.307$$

解得

$$p = 110.8\ kPa$$

(3)　$NH_3(g) + H_2S(g) \rightleftharpoons NH_4HS(s)$

反应前/mol　0.60　0.70

平衡时/mol　$0.60 - x$　$0.70 - x$　x

$$K^{\ominus}=\frac{1}{\dfrac{p_{NH_3}}{p^{\ominus}}\cdot\dfrac{p_{H_2S}}{p^{\ominus}}}=\frac{(p^{\ominus})^2}{\dfrac{n_{NH_3}RT}{V}\cdot\dfrac{n_{H_2S}RT}{V}}=\frac{(p^{\ominus}V)^2}{n_{NH_3}\cdot n_{H_2S}(RT)^2}=\frac{1}{K_2^{\ominus}}$$

$$n_{NH_3}\cdot n_{H_2S}=\frac{(p^{\ominus}V)^2K_2^{\ominus}}{(RT)^2}=\frac{(100\ \text{kPa}\times 25.25\ \text{dm}^3)^2\times 0.307}{(8.314\times 10^{-3}\ \text{kPa}\cdot\text{dm}^3\cdot\text{mol}^{-1}\cdot\text{K}^{-1}\times 308\ \text{K})^2}=0.298$$

$$(0.70-x)(0.60-x)=0.298$$

解得

$$x=0.10$$

即生成固体$NH_4HS(s)$的物质的量为0.10 mol。

22. 已知25 ℃时以下两个反应的$\Delta_r G_m^{\ominus}$，$H_2O(l)$的饱和蒸气压为3.167 kPa。

$$CuSO_4\cdot 5H_2O(s) \rightleftharpoons CuSO_4(s)+5H_2O(g) \qquad \Delta_r G_m^{\ominus}=75.2\ \text{kJ}\cdot\text{mol}^{-1}$$

$$NiSO_4\cdot 6H_2O(s) \rightleftharpoons NiSO_4(s)+6H_2O(g) \qquad \Delta_r G_m^{\ominus}=77.7\ \text{kJ}\cdot\text{mol}^{-1}$$

(1) 25 ℃时，两种无水盐中哪种是相对有效的干燥剂？

(2) 25 ℃时，两种无水盐开始潮解时空气的相对湿度分别是多少？

解 (1) 由$\Delta_r G_m^{\ominus}=-RT\ln K^{\ominus}$，得

$$\ln K^{\ominus}=\frac{-\Delta_r G_m^{\ominus}}{RT}$$

对于反应 $CuSO_4\cdot 5H_2O(s) = CuSO_4(s)+5H_2O(g)$

$$\ln K_1^{\ominus}=\frac{-\Delta_r G_m^{\ominus}}{RT}=\frac{-75.2\times 10^3}{8.314\times 298}$$

$$K_1^{\ominus}=6.6\times 10^{-14}$$

$$p_{H_2O}=231\ \text{Pa}$$

对于反应 $NiSO_4\cdot 6H_2O(s) = NiSO_4(s)+6H_2O(g)$

$$\ln K_2^{\ominus}=\frac{-\Delta_r G_m^{\ominus}}{RT}=\frac{-77.7\times 10^3}{8.314\times 298}$$

$$K_2^{\ominus}=2.40\times 10^{-14}$$

$$p'_{H_2O}=537\ \text{Pa}$$

可见，在$NiSO_4(s)$与$CuSO_4(s)$中，后者是相对有效的干燥剂。

(2) $CuSO_4(s)$开始潮解时空气的相对湿度为

$$\frac{231}{3.167\times 10^3}=7.29\%$$

$NiSO_4(s)$开始潮解时空气的相对湿度为

$$\frac{537}{3.167\times 10^3}=17.0\%$$

第 5 章　原子结构与元素周期律

一、内 容 提 要

5.1　微观粒子运动的特点

研究表明，具有波粒二象性的微观粒子的运动遵循不确定原理，不能用牛顿力学去研究，而应该研究其运动的统计性规律。

5.2　核外电子运动状态的描述

5.2.1　薛定谔方程

1926 年，奥地利物理学家薛定谔建立了描述微观粒子运动的波动方程

$$\frac{\partial^2\Psi}{\partial x^2}+\frac{\partial^2\Psi}{\partial y^2}+\frac{\partial^2\Psi}{\partial z^2}+\frac{8\pi^2 m}{h^2}(E-V)\Psi=0$$

解薛定谔方程就是要求出描述微观粒子运动的波函数 Ψ 和微观粒子在该运动状态下的能量 E。方程每个合理的解 Ψ 表示电子运动的一种运动状态，称为原子轨道，与这个解相对应的常数 E 就是电子在该状态下的能量，也是电子所在轨道的能量。

为了解薛定谔方程，要进行坐标变换，将直角坐标系转换成球坐标系，即

$$\Psi(x, y, z)\longrightarrow\Psi(r, \theta, \phi)$$

再进行变量分离

$$\Psi(r, \theta, \phi)=R(r)\cdot\Theta(\theta)\cdot\Phi(\phi)$$

其中，$R(r)$称为波函数的径向部分；$Y(\theta, \phi)=\Theta(\theta)\cdot\Phi(\phi)$，则 $Y(\theta, \phi)$称为波函数的角度部分。

薛定谔方程的解是一系列三变量、三参数的函数：

$$\Psi_{n,l,m}(r, \theta, \phi)=R(r)\cdot\Theta(\theta)\cdot\Phi(\phi)$$

5.2.2　四个量子数

在解薛定谔方程时，为使方程有合理的解，引入了三个参数(n，l，m)，这些参数只能按规定取某些特定的值，故称为量子数。

1. 主量子数 n

n 称为主量子数，取值为正整数 1、2、3、4、…，光谱学上依次可用符号 K、L、M、N、…表示。

n 的大小表示原子中电子所在的层数，即电子(所在的轨道)离核的远近，电子和原子轨道能

量的高低。对于氢原子和类氢离子等单电子体系，电子或轨道的能量只与主量子数 n 有关：

$$E = -13.6 \times \frac{Z^2}{n^2}\ (\text{eV})$$

2. 角量子数 l

角量子数 l 取值为 0、1、2、3、…、$(n-1)$，对应的光谱学符号为 s、p、d、f、…。l 取值受 n 取值的限制，对于确定的主量子数 n，l 有 n 个取值。

角量子数 l 决定原子轨道的形状。s 轨道为球形，p 轨道为哑铃形，d 轨道为花瓣形。角量子数 l 决定同一电子层中亚层(或分层)的数目。对多电子原子而言，核外电子能量不仅取决于主量子数 n，还与角量子数 l 相关。n 相同而 l 不同的各亚层其能量不同，l 越大的亚层能量越高，如

$$E_{4s} < E_{4p} < E_{4d} < E_{4f}$$

角量子数 l 决定轨道角动量的大小。

3. 磁量子数 m

磁量子数 m 取值为 0，±1，±2，±3，…，± l。m 的取值由 l 决定，对于给定的 l 值，则 m 的取值共有$(2l+1)$个。

磁量子数 m 表示原子轨道在空间的伸展方向，对于给定的 l 值，原子轨道在空间的伸展方向有$(2l+1)$个。

l 相同但 m 取值不同的轨道的能量相同，这些能量相同的轨道称为简并轨道。p 轨道为三重简并的，d 轨道为五重简并的，f 轨道为七重简并的。

磁量子数 m 决定角动量的方向。

4. 自旋量子数 m_s

自旋量子数 m_s 决定电子在空间的自旋方向，其值可取 $+\frac{1}{2}$ 或 $-\frac{1}{2}$，通常用正反箭头↑与↓来表示。电子自旋角动量沿外磁场方向的分量 M_s 的大小由自旋量子数 m_s 决定。

由以上讨论可知，描述原子轨道需要三个量子数：n，l，m，确定电子所在原子轨道离核的远近、形状和伸展方向。描述核外电子需要四个量子数：n，l，m 和 m_s，其中 m_s 确定电子的自旋方向。

5.2.3　概率和概率密度

概率是指电子在核外某一区域出现的次数的多少。概率与电子出现区域的体积有关，也与所在区域单位体积内出现的次数有关。

概率密度是指电子在单位体积内出现的概率。量子力学计算证明，概率密度与$|\Psi|^2$ 成正比，即可以用$|\Psi|^2$ 表示电子在核外出现的概率密度。

在以原子核为原点的空间坐标系内，用黑点密度表示电子出现的概率密度，所得图像称为电子云图。

电子云图中，黑点密集的区域概率密度大，黑点稀疏的区域概率密度小。电子云图与概率密度$|\Psi|^2$ 随 r 变化的趋势是一致的。所以说，电子云图是核外电子出现的概率密度的形象

化描述，也可以说是$|\Psi|^2$的图像。

5.2.4　径向分布和角度分布

1. 径向概率分布图

$D(r)$称为径向分布函数，表示距核 r 处在单位厚度的球壳内电子出现的概率。$D(r) = 4\pi r^2|R|^2$，式中，r 为球壳与核的距离。由 $D(r)$对 r 作图，可得各种状态的电子径向概率分布图(图 5-1)。

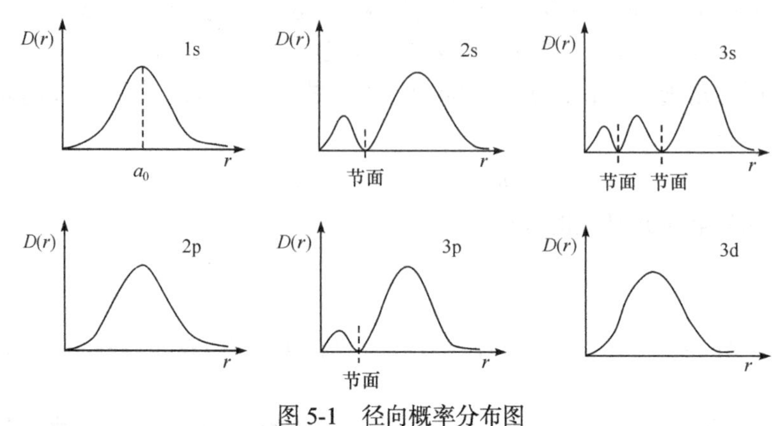

图 5-1　径向概率分布图

2. 角度分布函数

角度分布包括原子轨道的角度分布 $Y(\theta, \phi)$和电子云的角度分布$|Y(\theta, \phi)|^2$。将波函数角度分布 $Y(\theta, \phi)$对 θ，ϕ作图，得波函数(原子轨道)的角度分布图(图 5-2)；将$|Y(\theta, \phi)|^2$对 θ，ϕ作图，得到电子云的角度分布图(图 5-3)。

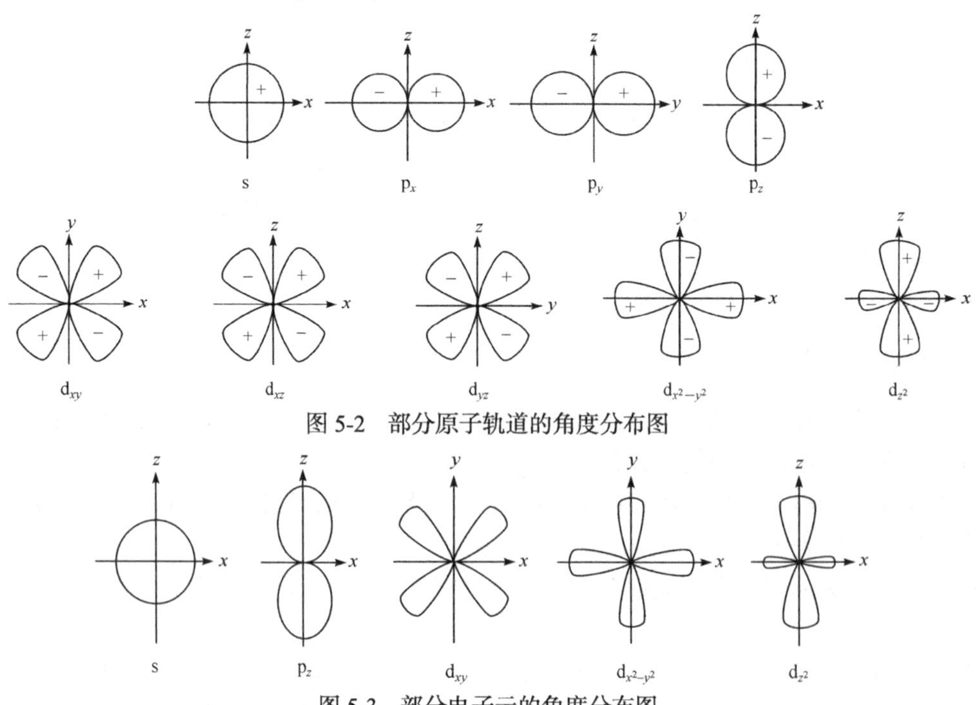

图 5-2　部分原子轨道的角度分布图

图 5-3　部分电子云的角度分布图

5.3　核外电子排布和元素周期律

5.3.1　多电子原子轨道的能级

1. 屏蔽效应

多电子体系中，电子不仅受到原子核的作用，而且受到其余电子的作用，由于内层电子抵消或中和部分正电荷，被讨论的电子受核的引力下降而能量升高，这种现象称为其他电子对被讨论电子的屏蔽效应。由于屏蔽效应的存在，多电子体系电子的能量为

$$E = -13.6 \times \frac{(Z-\sigma)^2}{n^2} \ (\mathrm{eV})$$

由于多电子体系中屏蔽效应的存在，主量子数 n 相同但角量子数 l 不同的原子轨道能量不再简并，l 越大轨道受到的屏蔽效应越大，能量越高。

$$E_{ns} < E_{np} < E_{nd} < E_{nf}$$

2. 钻穿效应

多电子体系中，n 相同而 l 不同的原子轨道发生能级分裂，可归因于电子云径向分布不同。即电子穿过内层而钻穿到核附近回避其他电子屏蔽的能力不同，从而使其能量不同。各轨道中电子的钻穿能力为 ns>np>nd>nf，因此，轨道的能量顺序为 $E_{ns} < E_{np} < E_{nd} < E_{nf}$。

电子穿过内层轨道钻穿到核附近而使其能量降低的现象，称为钻穿效应。钻穿效应也可以解释多电子体系的能级交错，如 4s 轨道能量低于 3d 轨道。

3. 原子轨道近似能级图

美国化学家鲍林根据光谱数据和理论计算结果，提出了多电子原子的原子轨道近似能级图。鲍林将原子轨道分成 7 个能级组，其中第一能级组只有 1s 轨道，其余能级组均从 ns 开始到 np 结束，能级组内能级的能量由低到高的顺序为 ns、(n−2)f、(n−1)d、np。

4. 科顿原子轨道能级图

科顿认为，不同元素原子轨道的能级次序不同，不是所有元素的原子轨道都产生能级交错现象。1～14 号元素轨道能级不发生交错，$E_{4s}>E_{3d}$；15～20 号元素原子轨道能级发生交错，$E_{4s}<E_{3d}$；21 号以后元素 4s 与 3d 轨道能级不发生交错，$E_{4s}>E_{3d}$。

科顿原子轨道能级图适用于判断原子轨道填充电子后的能量高低，能够解释元素失去电子的顺序，即先失去主量子数大的原子轨道的电子，主量子数相同时，先失去角量子数大的原子轨道的电子。但科顿原子轨道能级图不能解释电子在轨道中填充顺序。

鲍林原子轨道近似能级图的能量高低是空轨道时的能量，适用于原子轨道中的电子填充，但不能解释元素失去电子的顺序。

5.3.2　核外电子的排布

核外电子排布遵循三个原则：能量最低原理，泡利不相容原理，洪德规则。

按核外电子的排布原则和鲍林原子轨道近似能级图，可以写出多数原子的电子结构式，

只有少部分元素最高能级组电子排布反常。

电子在轨道中非正常填充的元素的电子结构，其特点是将正常应填在 *n*s 轨道或(*n*–2)f 轨道的 1 个或 2 个电子填充到(*n*–1)d 轨道上，如第四周期的 Cr($3d^54s^1$)和 Cu($3d^{10}4s^1$)；第五周期的 Nb($4d^45s^1$)，Mo($4d^55s^1$)，Ru($4d^75s^1$)，Rh($4d^85s^1$)，Pd($4d^{10}5s^0$)，Ag($4d^{10}5s^1$)；第六周期的 La($4f^05d^16s^2$)，Ce($4f^15d^16s^2$)，Gd($4f^75d^16s^2$)，Pt($5d^96s^1$)，Au($5d^{10}6s^1$)等。

5.3.3 元素周期表

1. 元素的周期

能级组的划分是导致各元素划分为周期的本质原因，每个能级组对应一个周期，到目前为止，周期表元素已排到第七周期(其中第七周期为未完成周期)。

周期表七个周期中，第一周期为特短周期，只有 2 种元素；对应第一能级组只有一个能级(1s)。第二周期和第三周期为短周期，各有 8 种元素；对应第二、三能级组各有 *n*s 和 *n*p 两个能级。第四周期和第五周期为长周期，各有 18 种元素；对应第四、五能级组各有 *n*s、(*n*–1)d 和 *n*p 三个能级。第六周期和第七周期为超长周期，第六周期有 32 种元素，第七周期为未完成周期；对应第六、七能级组各有 *n*s、(*n*–2)f、(*n*–1)d 和 *n*p 四个能级。

2. 元素的族

长式周期表中，从左到右一共有 18 列。其中 7 个主族(A 族)和 7 个副族(B 族)。主族和零族(也称ⅧA 族，稀有气体)元素，最后一个电子填入 *n*s 或 *n*p 轨道，其族数等于价电子总数。副族元素，最后一个电子一般填入(*n*–1)d 轨道；对于ⅢB～ⅦB 族元素来说，原子核外价电子数即为其族数。副族元素也称过渡元素(有时不包括ⅠB 和ⅡB 族元素)。镧系和锕系元素称为内过渡元素，最后一个电子一般填入(*n*–2)f 轨道。Ⅷ族也可称为ⅧB 族，元素的价电子数为 8、9、10。

3. 元素的区

根据原子核外电子排布的特点，人们将周期表中的元素分为五个区：s 区元素，ⅠA 和ⅡA 族元素；p 区元素，ⅢA～ⅦA 族和零族元素；d 区元素，ⅢB～ⅦB 族和Ⅷ族元素；ds 区元素，ⅠB 和ⅡB 族元素；f 区元素，镧系和锕系元素。

5.4 元素基本性质

5.4.1 原子半径

半径分为共价半径、金属半径和范德华半径。一般来说，同一元素的共价半径比金属半径小，在形成共价键时轨道重叠程度比形成金属键时大。

同一周期元素中，随着核电荷数的增加，核对电子的引力增大，原子半径趋于减小；在同族元素中，从上到下由于电子层数的增加，原子半径趋于增大。

同族副族元素，第五周期元素的原子半径大于第四周期元素的原子半径。第五周期元素的原子半径与第六周期元素的原子半径非常相近，这主要是镧系收缩造成的。

5.4.2　电离能

使 1 mol 基态的气态原子 M 均失去一个电子形成气态离子 M^+时所需要的能量称为元素的第一电离能(也称电离势)，用 I_1 来表示。同样可定义第二、第三、第四电离能等。同种元素各电离能的大小有如下规律：

$$I_1 < I_2 < I_3 < I_4 < \cdots$$

第一电离能的大小，主要取决于原子核电荷、原子半径以及原子的电子层结构。

一般来说，对同一周期的元素，第一电离能逐渐增大，原因是随核电荷数增多，半径逐步减小，原子核对外层电子的引力增加，因此不易失去电子。对同一族的元素，自上而下第一电离能逐渐减小，原因是原子半径增大，原子核对电子的引力减弱，易失去电子。

同一周期副族元素，第一电离能总的变化趋势是随着核电荷数增加而增大，但增大幅度较小，变化规律性较差。

副族元素中，只有ⅢB 族元素从上到下第一电离能逐渐减小。其他副族元素的电离能变化幅度较小而且规律性差，这是因为新增的电子填入$(n-1)$d 轨道，并且 ns 与$(n-1)$d 轨道能量比较接近。

5.4.3　电子亲和能

某元素 1 mol 基态的气态原子 A 均获得一个电子成为气态离子 A^-时所放出的能量称为元素的第一电子亲和能，用 E_1 表示。同样可定义第二、第三电子亲和能等。

在同一周期中，随着核电荷数递增，元素的第一电子亲和能增大；在同一族中，由上到下随着原子半径增大，第一电子亲和能减小。主族元素第一电子亲和能递变规律明显，而副族元素的第一电子亲和能递变规律较差。

值得注意的是，电子亲和能 O<S，F<Cl，这一反常现象是由于第二周期元素的原子半径小，电子云密集程度大，电子间排斥力很强，以致当原子结合一个电子形成负离子时，放出的能量减少。

5.4.4　电负性

元素的电负性是指原子在分子中吸引电子的能力，用符号 χ 来表示。元素的电负性数值越大，表示原子在分子中吸引电子的能力越强。

同一周期主族元素中，从左到右电负性递增且幅度较大；在同一主族中，从上到下元素电负性递减。在同一周期副族元素中，电负性总的变化趋势是随核电荷数增加而增大，但增大幅度较小且变化规律性较差。同一族副族元素的电负性变化规律差。

一般认为，非金属元素的电负性在 2.0 以上，金属元素的电负性在 2.0 以下。Mo、Ru、Rh、Pd 等金属元素的电负性在 2.0 以上，说明元素的金属性和非金属性之间并没有严格的界限，不能仅由电负性判断元素是否为金属。

二、习 题 解 答

1. 给出 Na、Cr、Cu、Pt 最外层电子的四个量子数。

解　Na、Cr、Cu、Pt 元素的最外层电子排布分别为 $3s^1$、$4s^1$、$4s^1$、$6s^1$。这四种元素最外层电子的四个量子数分别表示如下：

元素	最外层电子	n	l	m	m_s
Na	$3s^1$	3	0	0	$+\frac{1}{2}$ 或 $-\frac{1}{2}$
Cr	$4s^1$	4	0	0	$+\frac{1}{2}$ 或 $-\frac{1}{2}$
Cu	$4s^1$	4	0	0	$+\frac{1}{2}$ 或 $-\frac{1}{2}$
Pt	$6s^1$	6	0	0	$+\frac{1}{2}$ 或 $-\frac{1}{2}$

2. 请写出第一过渡系列、第二过渡系列和第三过渡系列元素的名称、符号和价电子排布式。

解　第一过渡系列元素的名称、符号和价电子排布式如下：

元素名称	元素符号	价电子排布式	元素名称	元素符号	价电子排布式
钪	Sc	$3d^14s^2$	铁	Fe	$3d^64s^2$
钛	Ti	$3d^24s^2$	钴	Co	$3d^74s^2$
钒	V	$3d^34s^2$	镍	Ni	$3d^84s^2$
铬	Cr	$3d^54s^1$	铜	Cu	$3d^{10}4s^1$
锰	Mn	$3d^54s^2$	锌	Zn	$3d^{10}4s^2$

第二过渡系列元素的名称、符号和价电子排布式如下：

元素名称	元素符号	价电子排布式	元素名称	元素符号	价电子排布式
钇	Y	$4d^15s^2$	钌	Ru	$4d^75s^1$
锆	Zr	$4d^25s^2$	铑	Rh	$4d^85s^1$
铌	Nb	$4d^45s^1$	钯	Pd	$4d^{10}$
钼	Mo	$4d^55s^1$	银	Ag	$4d^{10}5s^1$
锝	Tc	$4d^55s^2$	镉	Cd	$4d^{10}5s^2$

第三过渡系列元素的名称、符号和价电子排布式如下：

元素名称	元素符号	价电子排布式	元素名称	元素符号	价电子排布式
镥	Lu	$4f^{14}5d^16s^2$	锇	Os	$5d^66s^2$
铪	Hf	$5d^26s^2$	铱	Ir	$5d^76s^2$
钽	Ta	$5d^36s^2$	铂	Pt	$5d^96s^1$
钨	W	$35d^46s^2$	金	Au	$5d^{10}6s^1$
铼	Re	$5d^56s^2$	汞	Hg	$5d^{10}6s^2$

第三过渡系列元素 Lu 中包括 15 种镧系元素。

15 种镧系元素的原子序数、名称和符号如下：

原子序数	57	58	59	60	61	62	63	64
元素名称	镧	铈	镨	钕	钷	钐	铕	钆
元素符号	La	Ce	Pr	Nd	Pm	Sm	Eu	Gd
原子序数	65	66	67	68	69	70	71	
元素名称	铽	镝	钬	铒	铥	镱	镥	
元素符号	Tb	Dy	Ho	Er	Tm	Yb	Lu	

3. 如何解释 Fe 元素电子先排布 4s 轨道，后排布 3d 轨道；但失去电子时，先失去 4s 轨道电子，后失去 3d 轨道电子？

解 鲍林原子轨道近似能级图充分考虑电子的钻穿效应，使 3d 轨道能量比 4s 轨道能量高，能级由低到高的顺序为

$$(1s)(2s\ 2p)(3s\ 3p)(4s\ 3d\ 4p)$$

因此，Fe 元素填充电子时先填充 4s 轨道，后填充 3d 轨道。

元素失去电子的顺序要用科顿原子轨道能级图解释。根据科顿原子轨道能级图，只有少数元素的原子轨道能级发生能级交错现象。而 Fe 元素的 4s 与 3d 轨道不出现能级交错现象，即 4s 轨道比 3d 轨道的能量高，因此，Fe 失去电子时，先失去 4s 电子，后失去 3d 电子。可见，科顿原子轨道能级图能够解释失去电子的顺序，这与用斯莱特规则计算的结果相一致。

综合以上结果，元素填充电子时，按照鲍林原子轨道近似能级图的能级顺序填充电子；元素失去电子时，优先失去主量子数 n 大的轨道上的电子；若主量子数相同，则优先失去角量子数 l 大的轨道上的电子。因此，Fe 元素失去电子时，先失去 4s 电子，后失去 3d 电子。如 Fe 失去 2 个 4s 形成 Fe^{2+}，其价电子构型为 $3d^6 4s^0$；Fe 失去 2 个 4s 电子和 1 个 3d 电子形成 Fe^{3+}，其价电子构型为 $3d^5 4s^0$。

4. 写出满足下列条件的元素的名称、符号和价电子构型。

(1) 价层 n=4、l=0 的轨道上有 2 个电子；

(2) 次外层 d 轨道半充满，最外层 s 轨道有 1 个电子；

(3) M 和 M^+的价层 d 轨道电子数不同；

(4) 价电子构型为$(n-1)d^{10}\,ns^1$；

(5) M^{3+} 的 3d 轨道电子半充满。

解 (1) 钙 Ca $4s^2$；

(2) 铬 Cr $3d^5 4s^1$，钼 Mo $4d^5 5s^1$；

(3) 钯 Pd $4d^{10}$；

(4) 铜 Cu $3d^{10} 4s^1$，银 Ag $4d^{10} 5s^1$，金 Au $5d^{10} 6s^1$；

(5) 铁 Fe $3d^6 4s^2$。

5. 计算 He 的第二电离能和 Li 的第三电离能。

解 (1) He 第二电离能的过程为

$$He^{+} \longrightarrow He^{2+} + e^{-}$$

失去 $1s^1$ 电子，没有其他电子的屏蔽，屏蔽常数 σ=0，第二电离能为

$$I_2 = 0 - E_{1s} = 13.6 \times \frac{(Z-\sigma)^2}{n^2} \text{eV}$$

$$= 13.6 \times \frac{2^2}{1^2} \text{eV}$$

$$= 54.4 \text{ eV}$$

1 eV=1.602×10^{-22} kJ，电离能为失去 1 mol 电子电离所需能量为

$$I_2=54.4\times1.602\times10^{-22}\times6.02\times10^{23} =5246(\text{kJ}\cdot\text{mol}^{-1})$$

(2) Li 第三电离能的过程为

$$Li^{2+} \longrightarrow Li^{3+} + e^{-}$$

失去 $1s^1$ 电子，没有其他电子的屏蔽，屏蔽常数 σ=0，第三电离能为

$$I_3 = 0 - E_{1s} = 13.6 \times \frac{(Z-\sigma)^2}{n^2} \text{eV}$$

$$= 13.6 \times \frac{(3-0)^2}{1^2} \text{eV}$$

$$= 122.4 \text{ eV}$$

$$I_3 = 122.4 \times 1.602 \times 10^{-22} \times 6.02 \times 10^{23} = 11\,804.3\ (\text{kJ}\cdot\text{mol}^{-1})$$

6. 元素 A 在 n=5，l=0 的轨道上有一个电子，其次外层 l=2 的轨道上电子处于全充满状态，试推出：

(1) 元素 A 的电子总数；

(2) 元素 A 的名称和核外电子排布式；

(3) 指出元素 A 在周期表中的位置。

解　(1) 元素 A 的电子总数为 47；

(2) 元素 A 为银，核外电子排布为 $1s^22s^22p^63s^23p^63d^{10}4s^24p^64d^{10}5s^1$；

(3) 元素 A 位于周期表中第五周期 Ⅰ B 族。

7. 请写出电子非正常排布的非放射性元素的名称、符号和在周期表中的位置。

解　元素周期表中，前三个周期所有元素的电子都是正常排布的。

第四周期只有 Cr($3d^54s^1$)和 Cu($3d^{10}4s^1$)的电子是特殊排布的，考虑到洪德规则的特例，轨道半充满、全充满和全空时，体系的能量较低。Cr 的价电子构型($3d^54s^1$)恰好满足 3d 轨道和 4s 都半充满，能量较低，稳定；Cu 的价电子构型($3d^{10}4s^1$)满足 3d 轨道全充满而 4s 轨道半充满，能量较低。

第五周期元素中，Mo($4d^55s^1$)和 Ag($4d^{10}5s^1$)的电子排布分别与 Cr 和 Cu 的情况相似；而 Nb($4d^45s^1$)、Ru($4d^75s^1$)、Rh($4d^85s^1$)、Pd($4d^{10}5s^0$)则将正常应填在 5s 轨道的 1 或 2 个电子填充到 4d 轨道上。

第六周期元素中，Au($5d^{10}6s^1$)的电子排布与同族的 Cu 和 Ag 的情况相似；Pt($5d^96s^1$)是将正常应填在 6s 轨道的 1 个电子填充到 5d 轨道上；W($5d^46s^2$)电子属于正常排布，但考虑到同族的 Cr 和 Mo 的电子排布，若认为 Cr 和 Mo 的电子是正常排布，则 W 的电子为特殊排布，这是相对而言；La($4f^05d^16s^2$)、Ce($4f^15d^16s^2$)、Gd($4f^75d^16s^2$)都是将正常应填在 4f 轨道的 1 个

电子填充到 5d 轨道上，值得注意的是，$Gd(4f^7 5d^1 6s^2)$的这种电子排布方式使 f 轨道半充满。

8. 根据斯莱特规则，计算原子序数为 47 的元素的价层 d 轨道和 s 轨道电子的能量，并说明其形成+1 价离子时先失去哪个轨道上的电子。

解　原子序数为 47 的元素为 Ag，其电子排布式为 $1s^2 2s^2 2p^6 3s^2 3p^6 3d^{10} 4s^2 4p^6 4d^{10} 5s^1$，根据斯莱特规则，5s 电子受到的屏蔽常数为

$$\sigma_{5s} = 0.85 \times 18 + 1.0 \times 28 = 43.3$$

Ag 的 5s 电子的能量为

$$E_{5s} = -13.6 \times \frac{(47-43.3)^2}{5^2}\ \text{eV} = -7.45\ \text{eV}$$

4d 电子受到的屏蔽常数为

$$\sigma_{4d} = 0.35 \times 9 + 1.0 \times 36 = 39.15$$

Ag 的 4d 电子的能量为

$$E_{4d} = -13.6 \times \frac{(47-39.15)^2}{4^2}\ \text{eV} = -52.38\ \text{eV}$$

由于 5s 电子的能量高于 4d 轨道的能量，所以形成+1 价离子时先失去 5s 轨道上的电子。

9. 给出具有下列电子构型的元素的名称、符号和在周期表中的位置。

(1) $3d^7 4s^2$　(2) $4d^4 5s^1$　(3) $5s^2 5p^1$　(4) $5d^5 6s^2$　(5) $5d^9 6s^1$

解　(1) 钴，Co，第四周期，Ⅷ族。

由价电子构型 $3d^7 4s^2$ 可知，s 轨道和 d 轨道电子总数大于 8(共 9 个)，为Ⅷ族元素；价电子排布在第四能级组(3d 和 4s 轨道)上，应为第四周期元素。

(2) 铌，Nb，第五周期，ⅤB 族。

由价电子构型 $4d^4 5s^1$ 可知，s 轨道和 d 轨道电子总数为 5，为ⅤB 族元素；价电子排布在第五能级组(4d 和 5s 轨道)上，应为第五周期元素。

(3) 铟，In，第五周期，ⅢA 族。

由价电子构型 $5s^2 5p^1$ 可知，s 轨道和 p 轨道电子总数为 3，为ⅢA 族元素；价电子排布在第五能级组(5s 和 5p 轨道)上，应为第五周期元素。

(4) 铼，Re，第六周期，ⅦB 族。

由价电子构型 $5d^5 6s^2$ 可知，s 轨道和 d 轨道电子总数为 7，为ⅦB 族元素；价电子排布在第六能级组(5d 和 6s 轨道)上，应为第六周期元素。

(5) 铂，Pt，第六周期，Ⅷ族。

由价电子构型 $5d^9 6s^1$ 可知，s 轨道和 d 轨道电子总数大于 8(共 10 个)，为Ⅷ族元素；价电子排布在第六能级组(5d 和 6s 轨道)上，应为第六周期元素。

10. 试解释：第四周期元素从 Ca 到 Ga 原子半径的减小的幅度比第三周期元素从 Mg 到 Al 原子半径的减小的幅度小。

解　从 Mg 到 Al 原子序数增加 1，核外电子也增加一个，但该电子填充在原子最外层的 3p 轨道上，对原子核的屏蔽较小，有效核电荷增加较多，核对电子的束缚能力增大，半径减小幅度明显。

从 Ca 到 Ga 原子序数增大 11，核外电子增加 11 个。其中 10 个电子填充在次外层的 3d 轨道上，内层电子增加一个亚层，电子屏蔽作用较大，使有效核电荷增加较少，原子核对核

外电子的束缚能力增加的幅度较小，因而原子半径减小的幅度较小，小于 Mg 到 Al 原子半径的变化。

11. 比较下列原子半径大小并简要说明原因。

(1) C 和 O　(2) O 和 P　(3) Li 和 Mg　(4) Sn 和 Pb　(5) Ni 和 Cu

解　(1) C>O。同周期，随着核电荷数增加，核对电子引力增加，半径减小，故半径 C>O。

(2) O<P。O 和 P 既不同周期，又不同族，处于左下右上位置。周期数高，半径大；族数高，半径小；在这一对矛盾的影响因素中，周期数对半径的影响更大，因为 P 比 O 多了一个电子层，所以半径 O<P。

(3) Li<Mg。虽然 Li 和 Mg 处在周期表中左上右下的斜线位置，但周期对半径的影响更大，半径 Li<Mg。

(4) Sn<Pb。同族元素，随着周期数增加，电子层数增加，核对电子引力减小，半径增大，半径 Sn<Pb。

(5) Ni<Cu。一般来说，同周期元素随着核电荷数增加原子半径减小，但 Cu 价电子构型为 $3d^{10}4s^1$，3d 轨道全充满，对称性高，半径明显增大，所以半径 Ni<Cu。

12. 已知 Li、Be、B 元素的原子失去一个电子所需要的能量相差不大。判断这三个元素中

(1) 失去第二个电子最难的元素和最容易的元素；

(2) 失去第三个电子最难的元素和最容易的元素。

解　(1) 失去一个电子后离子的电子构型：

$$Li^+\ 1s^2,\ Be^+\ 1s^22s^1,\ B^+\ 1s^22s^2$$

Li 失去第二个电子是从 1s 轨道失去电子，而 Be 和 B 失去第二个电子是从 2s 轨道失去电子，从 1s 轨道失去电子比从 2s 轨道失去电子难得多。Be 和 B 失去第二个电子都是从 2s 轨道失去电子，但 Be^+的有效核电荷比 B^+小，Be^+比 B^+易失去电子。

所以，失去第二个电子最难的元素是 Li，最容易的元素 Be。

(2) 失去两个电子后离子的电子构型：

$$Li^{2+}\ 1s^1,\quad Be^{2+}\ 1s^2,\ B^{2+}\ 1s^22s^1$$

Li 和 Be 失去第三个电子都是从 1s 轨道失去电子，而 B 失去第三个电子是从 2s 轨道失去电子，从 1s 轨道失去电子比从 2s 轨道失去电子难得多，所以 B 失去第三个电子最容易。Be^{2+}的有效核电荷比 Li^{2+}高，Be 失去第三个电子比 Li 难。

所以，失去第三个电子最难的元素是 Be，最容易的元素 B。

13. 将下列原子按指定性质的大小顺序进行排列，并简要说明理由。

(1) 第一电离能：Mg，Al，P，S；

(2) 第一电子亲和能：F，Cl，N，C；

(3) 电负性：P，S，Ge，As。

解　(1) 第一电离能：P > S >Mg>Al。

一般来说，对于同一周期的元素，第一电离能逐渐增大，原因是随核电荷数增多，半径逐步减小，原子核对外层电子的引力增加，因此不易失去电子。但是由于 Al 的价电子构型为 $3s^23p^1$，失去 3p 轨道的一个电子达到 $3s^2$ 稳定结构，所以失去一个电子更容易些，因而 $I_1(Al) < I_1(Mg)$。而 P 的价电子构型为 $3s^23p^3$，p 轨道为半充满的稳定结构，失去一个电子更难些，所以 $I_1(P) > I_1(S)$。

(2) 第一电子亲和能：Cl > F > C > N。

一般来说，在同一周期中，随着核电荷数递增，元素的第一电子亲和能增大；同一主族从上到下，随着原子半径增大，第一电子亲和能减小。值得注意的是，同族中第二周期元素电子亲和能一般小于第三周期元素电子亲和能，F < Cl。这一反常现象是由于第二周期元素的原子半径小，电子云密集程度大，电子间排斥力很强，以至于当原子结合一个电子形成负离子时，放出的能量减少。N 元素的第一电子亲和能为负值，即 N 原子结合一个电子形成负离子时，需要吸收能量。

(3) 电负性：S > P > As > Ge。

同周期主族元素中，从左到右随着核电荷数增加，元素的电负性递增，同一主族中，从上到下，随着原子半径增大，元素的电负性递减。

14. 给出周期表中符合下列要求的元素的符号和名称。

(1) 半径最大和半径最小的金属元素；

(2) 第一电离能最大的元素；

(3) 第一电子亲和能最大的元素；

(4) 与 F 电负性之差最小的元素；

(5) 最活泼的非放射性金属元素和最活泼的非金属元素；

(6) 最不活泼的元素。

解 (1) 半径最大的金属元素为 Fr(钫)；半径最小的金属元素为 Be(铍)。

(2) 第一电离能最大的元素为 He(氦)；

(3) 第一电子亲和能最大的元素为 Cl(氯)；

(4) 与 F 电负性之差最小的元素 O(氧)；

(5) 最活泼的非放射性金属元素为 Cs(铯)；最活泼的非金属元素为 F(氟)；

(6) 最不活泼的元素为 He(氦)。

15. 请解释下列事实。

(1) 共价半径：Co > Ni，Ni < Cu；

(2) 第一电离能：Fe>Ru，Ru < Os；

(3) 第一电子亲和能：B < C，C < Si；

(4) 电负性：O > Cl，O < F。

解 (1) 同周期元素原子半径变化规律是：随原子序数增加，有效核电荷增加，核对电子的引力增加，半径减小，所以，半径 Co > Ni。由于 Cu 原子的 3d 轨道全充满，轨道的对称性高，半径增大，所以半径 Ni < Cu。

(2) 同族元素第一电离能变化规律是：随原子电子层数增加，半径增大，核对电子的引力减小，电离能减小，所以第一电离能 Fe > Ru。镧系收缩造成第六周期元素原子半径与同族第五周期元素原子半径相近，但第六周期元素的有效核电荷数高于同族第五周期元素，所以，与第五周期元素半径相近而有效核电荷数高的第六周期元素的第一电离能大，即第一电离能 Ru < Os。

(3) 第一电子亲和能的变化规律是：同周期元素随原子序数增加，核对电子的引力增加，第一电子亲和能增大，所以第一电子亲和能 B < C；同族元素随着电子层数增加，核对电子的引力减小，第一电子亲和能减小，但半径特殊的小的第二周期元素的核外电子密度大，核与

电子间引力减小，使其第一电子亲和能却比同族第三周期元素的第一电子亲和能小，所以第一电子亲和能 C < Si。

(4) 电负性变化规律是：同周期元素随原子序数增加，核对电子的引力增加，电负性增大，所以电负性 O < F；同族元素随着电子层数增加，核对电子的引力减小，电负性减小，O 和 Cl 价电子构型相似，而 O 的半径远比 Cl 小，所以电负性 O > Cl。

16. 在长式周期表中，元素被分成 18 列，假如把每一列看成一族，则周期表中元素共有 18 族。据此，试给出满足下列条件的元素的原子序数、名称和符号。

(1) 原子序数与族数相同；

(2) 同族中所有元素的原子序数是族数的整数倍；

(3) 主族元素中，有一半元素的原子序数是族数的整数倍。

解 (1) 共有 7 种元素原子序数与族数相同，如下所示：

原子序数	1	13	14	15	16	17	18
元素名称	氢	铝	硅	磷	硫	氯	氩
元素符号	H	Al	Si	P	S	Cl	Ar

(2) 第 1 族和第 2 族元素的所有元素的原子序数是所在族数的整数倍，如下所示：

所在族数	1	1	1	1	1	1	1	2	2	2	2	2	2
原子序数	1	3	11	19	37	55	87	4	12	20	38	56	88
元素名称	氢	锂	钠	钾	铷	铯	钫	铍	镁	钙	锶	钡	镭
元素符号	H	Li	Na	K	Rb	Cs	Fr	Be	Mg	Ca	Sr	Ba	Ra

(3) 主族元素中，第 18 族元素共有 6 种元素，其中有一半元素的原子序数是族数的整数倍，如下所示：

原子序数	18	36	54
元素名称	氩	氪	氙
元素符号	Ar	Kr	Xe

17. 原子序数依次增大的同周期四种元素 W、X、Y 和 Z，其价层电子数依次为 1、2、5、7；已知 W 与 X 的次外层电子数为 8，而 Y、Z 的次外层电子数为 18，试推断：

(1) 元素 W、X、Y、Z 的符号和名称；

(2) 四种元素中原子半径最大和最小的元素；

(3) 四种元素中氢氧化物碱性最强的元素。

解 (1) W：钾(K)，X：钙(Ca)，Y：砷(As)，Z：溴(Br)；

(2) 半径最大的是 K，最小的是 Br；

(3) 氢氧化物碱性最强的是 K。

18. 回答下列问题，并简要加以说明。

(1) 112 号元素的周期和族，该元素是金属还是非金属，最高氧化态至少是多少；

(2) 118 号元素的周期和族，预测其单质的状态和活泼性；

(3) 根据原子结构理论，预测第八周期有多少种元素，其中有几种是非金属元素；

(4) 166 号元素的周期和族，预测其氢化物的化学式，最高氧化态的氧化物的化学式。

解　(1) 第七周期，ⅡB 族元素；金属，最高氧化态至少是+2。

(2) 第七周期，零族(或ⅧA 族)元素；单质为气态，不活泼(稀有气体)。

(3) 第八周期包括第八能级组，最多可容纳 50 个电子($8s^2 5g^{18} 6f^{14} 7d^{10} 8p^6$)，即共有 50 种元素。第八周期中共有 2 种非金属。根据元素周期表的变化规律，在周期表中，第八周期ⅥA 族的元素已经成为金属元素，而ⅦA 族和零族的元素仍为非金属元素，故共有 2 种非金属元素。

(4) 第八周期，ⅥA 族，属氧族元素；假设元素符号为 A，其氢化物的化学式为 H_2A；最高氧化态的氧化物的化学式 AO_3。

按照元素周期律，各能级组(与周期对应)的原子轨道数、最多可容纳电子数(等于元素个数)如下所示：

能级组(周期)	一	二	三	四	五	六	七	八
原子轨道数	1	4	4	9	9	16	16	25
容纳电子数(元素个数)	2	8	8	18	18	32	32	50
周期首个元素/最末元素的原子序数	1/2	3/10	11/18	19/36	37/54	55/86	87/118	119/168

由上表很容易判断原子序数为 112、118、166 的元素的周期、族，预测其性质。

第6章　分子结构与化学键理论

一、内容提要

6.1　离子键与离子晶体

6.1.1　离子

带正电荷的离子称为正离子或阳离子，带负电荷的离子称为负离子或阴离子。对于简单离子，人们经常用离子电荷、离子半径、离子电子构型加以描述。

简单的负离子通常具有稳定的8电子构型，如F^-、Cl^-、O^{2-}、S^{2-}等最外层都有8个电子的稀有气体结构。

离子电子构型是对于正离子而言，包括：

(1) 2电子构型：ns^2，最外层有2个电子，如Li^+、Be^{2+}等。

(2) 8电子构型：ns^2np^6，最外层有8个电子，如Na^+、K^+、Mg^{2+}等。

(3) (9～17)电子构型：$ns^2np^6nd^{1\sim9}$，最外层有9～17个电子，如Fe^{2+}、Mn^{2+}、Cu^{2+}等。

(4) 18电子构型：$ns^2np^6nd^{10}$，最外层有18个电子，如Cu^+、Ag^+、Zn^{2+}、Hg^{2+}等。

(5) (18+2)电子构型：$(n-1)s^2(n-1)p^6(n-1)d^{10}ns^2$，次外层有18个电子，最外层有2个电子，如$Tl^+$、$Pb^{2+}$、$Bi^{3+}$等。

如果把离子看成球体，晶体中相切的正负离子的核间距d则为正离子半径r_+和负离子半径r_-之和，即$d = r_+ + r_-$。

离子晶体的核间距d由X射线衍射法很容易测得。如果已知一种离子的半径，就可以利用d值求出另一种离子的半径。离子半径的变化规律总结如下：

(1) 具有相同电荷的同一主族元素随着电子层数依次增多，离子半径也依次增大。例如

$$Li^+ < Na^+ < K^+ < Rb^+ < Cs^+ \qquad F^- < Cl^- < Br^- < I^-$$

(2) 同一周期中，正离子的电荷数越高，半径越小；负离子的电荷数越高，半径越大。例如

$$Na^+ > Mg^{2+} > Al^{3+} \qquad P^{3-} > S^{2-} > Cl^-$$

(3) 同一种离子，配位数增大，半径增大。例如，Co^{2+}，四配位，$r = 56$ pm；六配位，$r = 65$ pm；八配位，$r = 90$ pm。

(4) 同一元素，不同价态的离子，电荷高的半径小。例如

$$Fe^{3+} < Fe^{2+} \qquad Sn^{4+} < Sn^{2+}$$

6.1.2　离子键

原子得失电子后形成正负离子，正负离子靠静电引力结合形成离子键。

能形成离子键的元素间的电负性差较大($\Delta\chi$>1.7，但有很多例外)，且只转移少数的电子

就能达到稀有气体电子构型的稳定结构。离子晶体稳定，形成离子化合物时放出能量较多。

离子键没有方向性和饱和性。键的离子性百分数超过 50%则认为形成了离子化合物。

键能和晶格能可用来衡量离子键的强度。键能是指 1 mol 气态分子解离为气态原子时，断开 1 mol 某化学键所需要的能量。晶格能是指 1 mol 离子晶体解离为气态的正负离子所需要的能量，可由玻恩-哈伯循环计算晶格能。

正负离子间的静电引力大小决定离子键的强度，影响因素包括离子的电荷、离子的半径和离子的电子构型。离子的电荷数越高，正负离子间引力越大，离子键越强；离子的半径越小，正负离子间静电引力越大，离子键越强；离子的外层电子数越多，离子间的极化作用增强，离子键强度降低。

6.1.3　离子晶体

晶体分为五种类型：离子晶体、分子晶体、混合型晶体、原子晶体、金属晶体。

晶胞是指能够代表晶体的化学组成和对称性的体积最小、直角最多的平行六面体。晶胞是晶体的最小结构单元，晶胞可对称平移，晶胞并置则为晶体。

根据晶胞参数(平行六面体的三个边长 a、b、c 和由三条边所形成的三个夹角 α、β、γ)的不同可将晶体的结构特点归结为七大类，称为七大晶系(表 6-1)。

表 6-1　七大晶系的晶胞参数

晶系	晶轴	轴间夹角	实例
立方	$a=b=c$	$\alpha=\beta=\gamma=90°$	Ag、Cu、NaCl、ZnS
四方	$a=b\neq c$	$\alpha=\beta=\gamma=90°$	Sn(白)、SnO_2、MgF_2
正交	$a\neq b\neq c$	$\alpha=\beta=\gamma=90°$	I_2、S_8、K_2SO_4、$HgCl_2$
菱方	$a=b=c$	$\alpha=\beta=\gamma\neq 90°$	As、Bi、$CaCO_3$、Al_2O_3
六方	$a=b\neq c$	$\alpha=\beta=90°$，$\gamma=120°$	Mg、石英、AgI、CuS
单斜	$a\neq b\neq c$	$\alpha=\gamma=90°$，$\beta\neq 90°$	$Na_2B_4O_7$、$KClO_3$
三斜	$a\neq b\neq c$	$\alpha\neq\beta\neq\gamma\neq 90°$	$K_2Cr_2O_7$、$CuSO_4\cdot H_2O$

以离子键结合形成的晶体为离子晶体，离子最近层等距离的异号离子数称为配位数。离子晶体无确定的相对分子质量。

离子晶体的水溶液或熔融态导电。离子晶体熔、沸点较高，硬度高但延展性差。

NaCl、CsCl、立方 ZnS 属于 AB 型立方晶系离子晶体。

一般情况下，可以根据正负离子半径比规律判断 AB 型立方晶系离子晶体配位情况，以确定晶体类型(表 6-2)。

表 6-2　AB 型立方晶系晶体的离子半径比和配位数及晶体类型的关系

半径比(r_+/r_-)	配位数	晶体构型	实例
0.225～0.414	4	ZnS 型	ZnS、ZnO、BeS、CuCl、CuBr 等
0.414～0.732	6	NaCl 型	NaCl、KCl、LiF、MgO、CaS 等
0.732～1	8	CsCl 型	CsBr、TlCl、NH_4Cl、TlCN 等

6.2　共价键理论

6.2.1　路易斯理论

路易斯理论认为，原子相互结合时都有形成稀有气体电子构型的倾向，电负性差的元素的原子形成分子时可以通过共用电子对达到稀有气体的电子构型。共用电子对形成的化学键称为共价键，形成的分子称为共价分子。

路易斯理论不能说明成键的实质，更不能解释某些化合物分子中原子没有达到稀有气体电子构型的事实，如 BCl_3、PCl_5、SeF_6 等。

6.2.2　价键理论

如果两个原子各有一个未成对的电子，两个单电子所在轨道对称性一致则可以互相重叠，电子以自旋相反的方式成对，体系的能量降低，形成共价键。一对电子形成一个共价键。

如果原子有更多未成对的单电子，则可以形成更多共价键。故两原子间可以形成双键或叁键，一个原子可以与多个原子成键。形成共价键时，单电子可以由成对电子拆开而得。

共价键有方向性、饱和性。原子轨道分布有方向性，决定了轨道重叠时只能按特定方向重叠，因而形成的共价键有方向性；原子的单电子数有限决定了形成的共价键数有限。

共价键共用的电子对也可以由成键的两个原子中的一个原子提供。这种共价键称为共价配键，简称配键。

按照键轴与成键轨道之间对称性的关系，共价键主要分为 σ 键和 π 键两种键型。将成键轨道通过键轴旋转任意角度，图形及符号均保持不变，则为 σ 键，即 σ 键的键轴是成键轨道的无限多重轴。可以将 σ 键形象化描述成轨道的“头碰头”重叠。

将成键的轨道绕键轴旋转 180°，图形复原但轨道的符号变为相反，则为 π 键。可以将 π 键形象化描述成轨道的“肩并肩”重叠。也可以将 π 键描述为对通过键轴的节面呈反对称，即 π 键经过节面进行反映操作，图形复原但改变了轨道的符号。

共价键的特征经常用几个物理量来描述，主要有键能、键长和键角，这几个物理量称为键参数。其中最重要的是键角，键角决定分子的几何构型。

6.2.3　价层电子对互斥理论

AB_n 型分子或离子的几何构型取决于中心 A 的价层中电子对的排斥作用。分子的构型总是采取电子对排斥力平衡的形式。

中心原子价层电子总数等于中心的价电子数加上配体在成键过程中提供的电子数，价层电子总数除以 2 则得电子对数。非ⅥA 族元素的原子与中心之间有双键或叁键时，价层电子对数分别减 1 或 2。

若配体数和电子对数一致，所有的电子对都为成键电子对，则分子构型和电子对构型一致。当配体数少于电子对数时，一部分电子对为成键电子对，剩余电子对为孤电子对，确定出孤电子对的位置，分子构型即可确定。

电子对构型为三角双锥时，孤电子对总是位于平面三角形(三角双锥的腰)的位置，以使电子对间斥力最小。

分子的几何构型与电子对构型的关系如表 6-3 所示。

表 6-3　分子的几何构型与电子对构型的关系

中心价层电子对数	电子对构型	配体数	孤电子对数	分子的几何构型		实例
2	直线形	2	0	直线形		$BeCl_2$，CO_2，NO_2^+
3	正三角形	3	0	三角形		BF_3，SO_3，$COCl_2$
		2	1	V 字形		NO_2，SO_2，NO_2^-
4	正四面体	4	0	四面体		CCl_4，NH_4^+，$POCl_3$
		3	1	三角锥		NH_3，SO_3^{2-}，H_3O^+
		2	2	V 字形		H_2O，SCl_2，I_3^+
5	三角双锥	5	0	三角双锥		PCl_5，$AsCl_5$
		4	1	变形四面体		SF_4，$TeCl_4$
		3	2	T 字形		ICl_3，ClF_3，BrF_3
		2	3	直线形		XeF_2，I_3^-
6	正八面体	6	0	八面体		SF_6，SiF_6^{2-}，PCl_6^-
		5	1	四角锥形		ClF_5，BrF_5，$XeOF_4$
		4	2	平面四边形		XeF_4，ICl_4^-

孤电子、重键、中心的电负性、配体电负性等对键角的大小都有影响。

6.2.4　杂化轨道理论

鲍林在价键理论的基础上提出杂化轨道理论，可以解释多原子分子的空间结构，也能够解释共价分子的成键过程。

在形成多原子分子的过程中，中心原子的若干能量相近的原子轨道重新组合，形成一组新的轨道。轨道重新组合过程称为轨道的杂化，产生的新轨道称为杂化轨道。

杂化轨道的数目等于在杂化过程中参与杂化的轨道的数目。轨道杂化过程中产生新的波函数，故杂化轨道有自身的形状和角度分布。杂化轨道的能量介于参与杂化的轨道的能量之间。杂化轨道的电子云分布更集中，有利于最大重叠。

杂化轨道成键能力比未杂化的各原子轨道的成键能力强，体系能量低，这就是杂化过程的能量因素。

按参加杂化的轨道类型分类，杂化轨道分为 s-p 型(sp、sp^2、sp^3)和 s-p-d 型(sp^3d、sp^3d^2)。按杂化轨道能量是否一致分类，可分为等性杂化和不等性杂化。杂化后的轨道能量相同则为等性杂化，杂化后的轨道能量不相同则为不等性杂化。

不同的杂化方式导致杂化轨道的空间分布不同，进而决定了分子的几何构型(表 6-4)。

表 6-4　杂化轨道在空间的几何分布及实例

杂化类型	sp	sp^2	sp^3	sp^3d	sp^3d^2
等性杂化轨道空间分布	直线形	正三角形	正四面体	三角双锥	正八面体
等性杂化分子实例	$BeCl_2$ CO_2	BCl_3 SO_3	CCl_4 NH_4^+	PCl_5 $AsCl_5$	SeF_6 $SnCl_6^{2-}$
不等性杂化分子实例		NO_2　V 字形 SO_2　V 字形 O_3　V 字形	NH_3　三角锥形 H_3O^+　三角锥形 H_2O　V 字形	SCl_4　变形四面体 ICl_3　T 字形 I_3^-　直线形	IF_5　四角锥形 XeF_4　正方形 ICl_4^-　正方形

中心价层电子对数一般与轨道的杂化类型对应，即电子对构型与轨道的杂化类型对应。可先由价层电子对互斥理论判断中心原子的价层电子对数或电子对构型，进而判断中心原子的杂化类型。

如果配体数等于价层电子对数，分子中没有孤电子对，中心原子采取等性杂化，则杂化轨道分布与分子构型一致；若为不等性杂化，孤电子对占有杂化轨道但不作为顶点，确定孤电子对位置后，其余杂化轨道与配体成键，即可确定分子的结构。未参与杂化的价层轨道电子，一般形成 π 键或离域 π 键。

6.2.5　分子轨道理论

分子轨道理论认为，分子轨道由原子轨道的线性组合而成，分子轨道的数目等于参与组合的原子轨道数目。

分子轨道中，能量高于原来原子轨道者称为反键轨道(Ψ_{MO}^*)，能量低于原来原子轨道者称为成键轨道(Ψ_{MO})，能量等于原来原子轨道者称为非键轨道。

每个分子轨道都有各自的波函数和角度分布。根据线性组合方式的不同，分子轨道可分为σ轨道和π轨道。分子轨道按照能量由低到高组成分子轨道能级图。

分子中的所有电子属于整个分子，电子在分子轨道中的排布同样遵循能量最低原理、泡利不相容原理和洪德规则。

原子轨道组合成分子轨道时要满足三原则：对称性匹配，能量相近，轨道最大重叠。

同核双原子分子的轨道能级图分两种类型：一种是适合 O_2、F_2 分子或分子离子，见图 6-1(a)；另一种是适合 B_2、C_2、N_2 分子或分子离子，见图 6-1(b)。

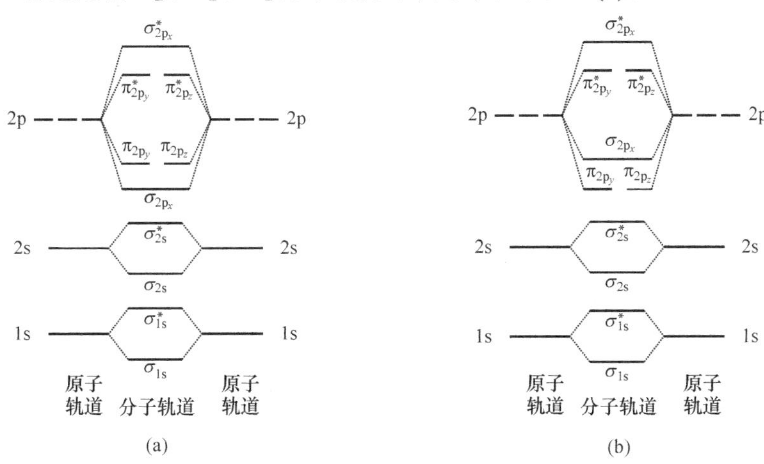

图 6-1　同核双原子分子的轨道能级图

电子在分子轨道中的排布可以用能级图表示，也可以用分子轨道式表示，前者较为直观，后者较为简便。分子轨道理论能够合理解释 O_2、O_2^+ 和 O_2^- 的顺磁性。

分子轨道理论用键级表示共价键数目，以描述分子或分子离子的稳定性。

6.2.6　离域 π 键和 d-p π 配键

离域 π 键的形成：配体与中心形成 σ 键后，多个配体原子成键未饱和，还有成键的能力即有单电子；但有单电子的配体原子间距离较远，轨道不能直接重叠成键；中心与配体间满足形成离域 π 键的条件，再形成离域 π 键能使分子更稳定。

d-p π 配建的形成：非平面分子的中心与配体原子间不能形成正常的共价键；中心与配体形成 σ 配键的基础上，进一步形成 d-p π 配键。

6.3　分子间作用力和氢键

6.3.1　分子的极性与偶极矩

正电荷重心和负电荷重心重合的分子为非极性分子，正电荷重心和负电荷重心不重合的分子为极性分子。

分子的极性大小可以用偶极矩 μ 来度量。孤电子对的存在和离域 π 键的形成有时也影响分子的偶极矩。

极性分子的正电荷重心和负电荷重心不重合，偶极矩总是存在的，故称为永久偶极，也称固有偶极。在外电场的作用下产生的偶极称为诱导偶极。分子的运动、碰撞等造成的原子核和电子的相对位置瞬间变化，使分子瞬间正负电荷重心不重合而产生的偶极，称为瞬间偶极。分子的变形性越大，瞬间偶极越大。

6.3.2 分子间作用力

分子间作用力包括取向力、诱导力和色散力，统称范德华力。一般以色散力为主。

取向力是永久偶极和永久偶极之间的作用，仅存在于极性分子之间。诱导力是诱导偶极和永久偶极之间的作用，存在于极性分子和非极性分子之间、极性分子和极性分子之间。色散力是瞬间偶极和瞬间偶极之间的作用，存在于所有分子之间。

范德华力是一种近程力，随着分子间距离的增大而迅速减小。分子间作用力是静电引力，故没有方向性和饱和性。

6.3.3 氢键

与半径小、电负性大的原子成键的氢及电负性大、半径小且有孤电子对的原子间的静电引力称为氢键。氢键是分子中的氢与分子内或分子间其他原子产生的特殊作用力。

氢键分为分子内氢键和分子间氢键。分子内氢键是指与氢成共价键的原子和与氢成氢键的原子属于同一个分子。分子间氢键则是指与氢成共价键的原子和与氢成氢键的原子不属于同一个分子。

氢键具有饱和性和方向性，但氢键的饱和性和方向性与共价键的饱和性和方向性有本质的区别。

氢键影响化合物的物理性质。分子间存在氢键时，分子间的作用力增大，使物质的熔点、沸点升高。能够形成分子内氢键时，势必削弱分子间氢键的形成，所以能形成分子内氢键的化合物的沸点和熔点较低。

6.4 离子极化作用

6.4.1 离子极化现象

离子极化现象是指离子在电场中产生诱导偶极的现象。即在电场的作用下，离子的正电荷重心和负电荷重心不再重合，产生诱导偶极。

离子作为带电微粒，自身可以起电场作用，使其他离子产生偶极而变形，即离子有极化能力；离子在其他离子的作用下产生偶极而电子云发生变形，即离子有变形性。故离子有二重性：极化能力和变形性。

离子半径、离子电荷、离子的电子构型等对离子的极化能力和变形性有影响。离子电荷相同，半径越小，则离子极化能力越强，离子的变形性越大；离子的电荷数越高，则其极化能力越强，变形性越小；离子的外层电子数越多，极化能力越强，同时变形性越大；对称性高的复杂阴离子极化能力和变形性都小。

一般情况下，对阳离子则主要考虑其极化能力，对阴离子则主要考虑其变形性。但对半径大且外层电子多的阳离子(如 Ag^+、Hg^{2+}、Pb^{2+}等)也要考虑其变形性。

既考虑阳离子对阴离子的极化作用，又考虑阴离子对阳离子的极化，总的结果称为相互极化，也称附加极化。极化能力和变形性都大的阳离子与变形性大的阴离子间有明显的相互极化作用。

6.4.2　离子极化对化合物性质的影响

离子极化作用强时，化合物的共价键成分增加，化合物的键型由离子键向共价键过渡，必然使化合物的溶解度减小，熔沸点降低。

离子极化使电荷迁移(在配位化合物一章中介绍)更容易进行，化合物的颜色加深。例如，ZnI_2为白色，HgI_2为红色。

离子极化的极端形式是电子从阴离子向阳离子转移(发生氧化还原反应)，化合物的热稳定性越低而易分解。例如，极化能力 $Pb^{4+} > Pb^{2+}$，稳定性 $PbCl_4 < PbCl_2$。

对于含氧酸盐而言，阳离子与含氧酸根的中心原子同时极化氧原子，阳离子极化能力越强，越容易从含氧酸根中夺取氧生成氧化物而含氧酸根则发生分解反应，即离子极化使含氧酸盐易分解。例如，稳定性 $HNO_3 < LiNO_3 < NaNO_3$。

若阳离子和含氧酸根的中心原子相同，则含氧酸盐的热稳定性取决于含氧酸根的中心原子的氧化数。中心原子的氧化数越高，其对氧的极化能力越强，即含氧酸根抵抗阳离子极化的能力越强，含氧酸盐的热稳定越高。例如，热稳定性 $AgNO_3 > AgNO_2$。

极化作用较强的阳离子与易挥发性酸的酸根结合形成的水合盐，受热脱水时容易发生水解而得不到无水盐。例如，$CuCl_2 \cdot 2H_2O$ 受热分解生成 Cu(OH)Cl 或 CuO，而得不到无水 $CuCl_2$。

极化作用较强的阳离子的盐溶于水或在潮湿的空气中发生水解。溶液显酸性甚至有沉淀析出。例如，$CrCl_3$溶液显酸性，$SnCl_2$溶于水时生成白色 Sn(OH)Cl 沉淀。

极化作用较强的阳离子的盐与 Na_2CO_3、Na_2S 等碱性的盐溶液作用生成氢氧化物而不生成碳酸盐。例如，$AlCl_3$与 Na_2CO_3、$NaHCO_3$、Na_2S、氨水等溶液作用都生成 $Al(OH)_3$沉淀。

6.5　金属键与金属晶体

6.5.1　金属键理论

1. 金属键的改性共价键理论

金属原子的价电子脱离原子核的束缚成为自由电子，自由电子可在金属晶体中自由运动。失去电子的自由离子通过吸引电子结合在一起，形成金属晶体。金属键的改性共价键理论可形象化描述为“失去电子的金属离子浸在自由电子的海洋中”。

金属键的强弱与自由电子的多少有关，也与离子半径、电子层结构等许多因素有关。

2. 金属键的能带理论

金属能带理论是在分子轨道理论基础上发展起来的。能量相近的能级组成能带。显然，由 s 轨道组成的能带与 p 轨道组成的能带是不同的能带。

若能带中轨道半充满，电子可以向空轨道跃迁使金属晶体导电，故轨道半充满的能带称为导带；若能带中的轨道没有填充电子，则称为空带；若能带的轨道填满电子，则称为满带；能带之间没有分子轨道，能量间隔较大，电子难以跃迁，称为禁带。

导带中电子可以跃迁进入空轨道，故金属导电。有的金属满带和空带有部分重叠，也相当于有导带，能够导电。

若晶体中没有导带，且满带和空带之间的禁带能量大($E > 5$ eV)，电子难以跃迁，则为绝缘体；若禁带能量小($E < 3$ eV)，在外界能量激发下电子可以穿越禁带从满带进入空带而导电，则为半导体。

6.5.2　金属晶体结构

金属晶体中原子可看成刚性的球，堆积方式主要有六方密堆积、立方面心密堆积、立方体心密堆积和金刚石型堆积。前三者为紧密堆积，而金刚石型堆积为非紧密堆积。

金属晶体六方密堆积的配位数为 12，晶胞中有 2 个原子，空间利用率为 74.05%。立方面心密堆积中原子配位数为 12，空间利用率为 74.05%。立方体心密堆积中，原子配位数为 8，晶胞中有 2 个原子，空间利用率为 68.02%。将立方硫化锌晶胞中所有离子换成碳原子，则得到金刚石晶胞。金刚石型堆积原子配位数为 4，晶胞中有 8 个原子，空间利用率仅为 34.01%。

六方密堆积

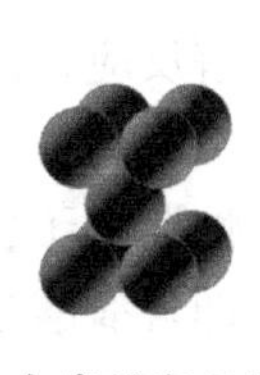
六方密堆积晶胞

立方面心堆积

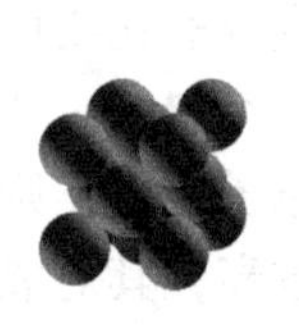
立方面心晶胞

立方体心晶胞

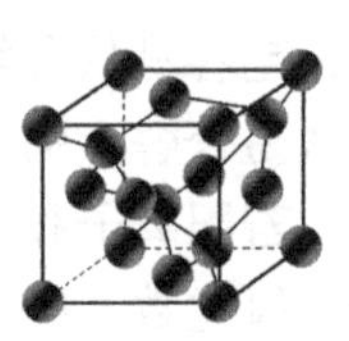
金刚石晶胞

二、习 题 解 答

1. 给出下列分子的路易斯结构式。

(1) CCl_4　(2) NH_3　(3) H_2SO_4　(4) SO_3　(5) SO_2Cl_2　(6) HCN

解　有关分子的路易斯结构如下：

```
(1)        ..
          :Cl:
       ..  ..  ..
      :Cl : C : Cl:
       ..  ..  ..
          :Cl:
           ..

(2)         ..
        H : N : H
            ..
            H

(3)           ..
             :O:
          ..  ..  ..
        H:O : S : O:H
          ..  ..  ..
             :O:
              ..

(4)          ..
        :O::S :O:
         ..    ..
           :O:
            ..

(5)          ..
            :O:
         ..  ..  ..
        :O : S : Cl:
         ..  ..  ..
            :Cl:
             ..

(6)     H:C⋮⋮N:
```

2. 下列分子中，中心原子是否符合路易斯的 8 电子结构？

(1) $BeCl_2$　(2) $SOCl_2$　(3) BCl_3　(4) SCl_4　(5) NO_2　(6) PCl_3

解　(1) $BeCl_2$分子中，中心 Be 原子含有 2 个电子，每个 Cl 原子成键时各提供 1 个电子，故中心含有 4 个电子，不满足 8 电子结构的要求。

```
 ..      ..
:Cl:Be:Cl:
 ..      ..
```

(2) $SOCl_2$：中心 S 原子含有 6 个电子；每个 Cl 原子提供 1 个电子，中心电子总数：6 + 2 = 8，满足 8 电子结构的要求。

(3) BCl_3：中心 B 原子含有 3 个电子；每个 Cl 原子提供 1 个电子，中心电子总数：3 + 3 = 6，不满足 8 电子结构的要求。

(4) SCl_4：中心 S 原含有 6 个电子；每个 Cl 原子提供 1 个电子，中心电子总数：6 + 4 = 10，不满足 8 电子结构的要求。

(5) NO_2：中心 N 原子含有 5 个电子；每个 O 原子提供 1 个电子，中心电子总数：5 + 2 = 7，不满足 8 电子结构的要求。

N 原子上未参与杂化的 p_z 轨道上有 2 个电子，每个氧原子 p_z 上含有 1 个单电子，这三个轨道相互平行形成 Π_3^4 的大π键，电子共有，故 N 原子可认为有 5 + 4 = 9 个电子，也不满足 8 电子结构。

(6) PCl_3：中心 P 原子含有 5 个电子；每个 Cl 原子提供 1 个电子，中心电子总数：5 + 3 = 8，满足 8 电子结构的要求。

3. 用价键理论解释下列分子的成键过程。

(1) CCl_4　(2) NH_3　(3) BCl_3　(4) PCl_5　(5) SF_4　(6) CO

解　(1) CCl_4 分子

C 价电子构型 $2s^22p^2$，只有 2 个单电子，C 与 Cl 形成 4 个共价键，C 的 2s 轨道一对电子须拆开。

2s　2p　激发电子　2s　2p

C 的 4 个轨道的单电子分别与 Cl 的 3p 轨道单电子配对，形成 4 个σ键。

(2) NH_3 分子

N 价电子构型 $2s^22p^3$，有 3 个单电子，3 个单电子分别与 H 的 1s 轨道单电子配对形成 3 个σ键。

(3) BCl_3 分子

B 价电子构型 $2s^22p^1$，只有 1 个单电子，B 与 Cl 形成 3 个共价键，B 的 2s 轨道一对电子须拆开。

2s　2p　激发电子　2s　2p

B 的 3 个轨道的单电子分别与 Cl 的 3p 轨道单电子配对，BCl_3 分子中有 3 个σ键。

(4) PCl_5 分子

P 价电子构型 $3s^23p^3$，只有 3 个单电子，P 与 Cl 形成 5 个共价键须有 5 个单电子，P 的 3s 轨道一对电子须拆开

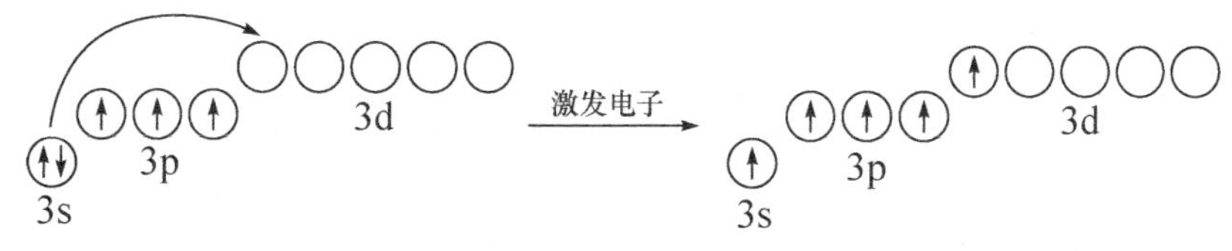

P 的 5 个轨道的单电子分别与 Cl 的 3p 轨道单电子配对，形成 5 个σ键。

(5) SF_4 分子

S 价电子构型 $3s^23p^4$，只有 2 个单电子，S 与 F 形成 4 个共价键须有 4 个单电子，S 的 3p 轨道一对电子须拆开。

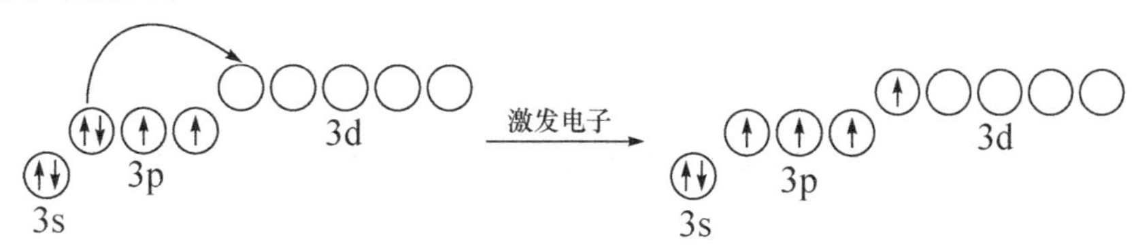

S 的 4 个轨道的单电子分别与 F 的 2p 轨道单电子配对，形成 4 个σ键。

(6) CO 分子

C 价电子构型 $2s^22p^2$，O 价电子构型 $2s^22p^4$。

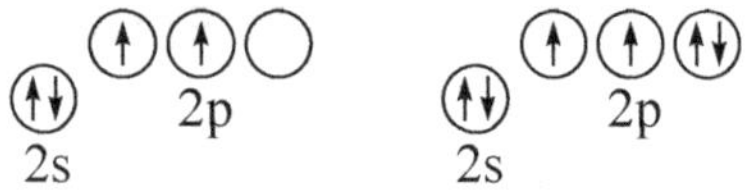

(↑↓) 2s　(↑)(↑)( ) 2p　　(↑↓) 2s　(↑)(↑)(↑↓) 2p

C 和 O 价层各有 2 个单电子，形成 2 个共价键，1 个σ键，1 个π键。事实上，CO 与 N_2 分子为等电子体，CO 分子中形成 3 个共价键(分子轨道理论很好地解释了该分子的三重键)，C 和 O 共用三对电子。其中一对电子是由 O 原子单独提供的，而 C 原子只提供空的轨道，形成 1 个共价配键(π配键)。

4. 用价层电子对互斥理论判断下列分子和离子的几何构型。

(1) I_3^+　(2) NO_2^+　(3)NO_3^-　(4) PF_5　(5) $XeOF_4$　(6) ICl_3

解　结果如下所示：

分子或离子	电子总数	电子对数	电子对构型	分子或离子构型
I_3^+	8	4	正四面体	V 字形
NO_2^+	4	2	直线形	直线形
NO_3^-	6	3	平面三角形	平面三角形
PF_5	10	5	三角双锥	三角双锥
$XeOF_4$	12	6	正八面体	四角锥形
ICl_3	10	5	三角双锥	T 字形

5. 已知下列分子或离子的几何构型，试用杂化轨道理论予以解释。

(1) SO_2　V 字形　(2) NO_2　V 字形　(3) NO_3^-　正三角形

(4) SiF_4　正四面体　(5) IF_5　四角锥形　(6) $POCl_3$　四面体

解　(1) SO_2　V 字形

SO_2 分子中心 S 原子的价电子构型为 $3s^23p^4$。形成 SO_2 分子时，中心原子 S 采取 sp^2 不等性杂化，3 个杂化轨道在空间呈正三角形分布。3 个杂化轨道中一个杂化轨道含有 1 个孤电子对，而另两个还有单电子的杂化轨道分别与两个配体 O 原子中含有单电子的 $2p_x$ 轨道形成 2 个σ键。中心 S 原子未参加杂化的 $3p_z$ 轨道与配体 O 原子中另一个含有单电子的 $2p_z$ 轨道平行重叠形成 Π_3^4 的大π键。3 个杂化轨道，2 个配体，故 SO_2 为 V 字形分子。

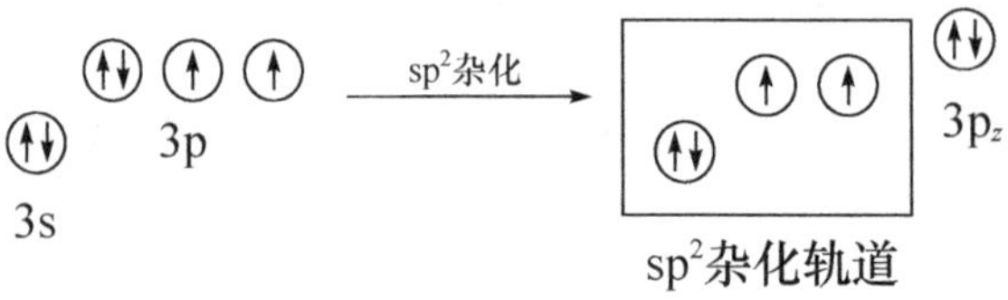

(↑↓) 3s　(↑↓)(↑)(↑) 3p　—sp^2杂化→　[(↑↓)(↑)(↑)] sp^2杂化轨道　(↑↓) $3p_z$

(2) NO_2　V 字形

中心 N 原子采取 sp^2 不等性杂化，3 个杂化轨道在空间中呈正三角形分布。

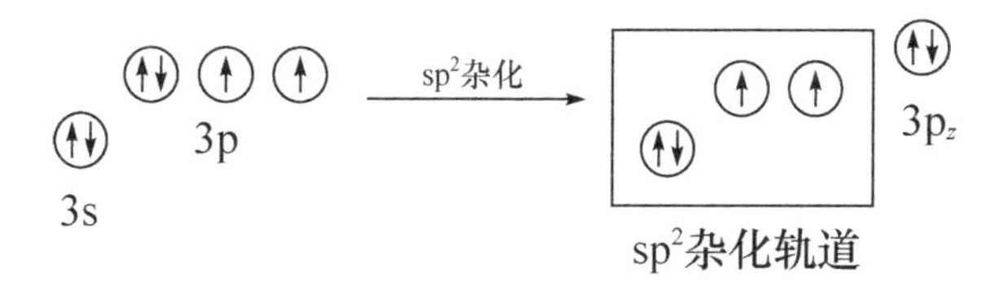

含有单电子的杂化轨道和两个氧原子各成一个 σ 键。分子为 V 字形构型。同时分子中 N 原子上未参与杂化的 p_z 轨道中有一个单电子，每个配体 O 中各有一个 p_z 电子，所以在 ONO 之间形成大 π 键 Π_3^3。

另一个观点认为，N 原子采取 sp^2 等性杂化，其中两个含有单电子的杂化轨道和两个 O 原子各成一个 σ 键，分子呈 V 字形构型。

中心 N 原子上未参与杂化的 p_z 有 2 个电子，每个配体 O 中各有一个 p_z 电子，相互重叠形成 Π_3^4 的大 π 键。

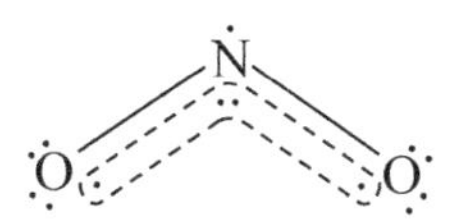

N 若采取 sp^2 等性杂化，形成 Π_3^4，造成大 π 键中电子多，一般键级低，不稳定。且杂化轨道中存在不成键的单电子，能量高，不稳定。但是该说法有利于解释 NO_2 易于二聚成为 N_2O_4 的反应。在 NO_2 的杂化轨道中有未成键的单电子，反应活性高，所以容易结合成 N_2O_4。键角 ∠ONO = 134°也支持 sp^2 等性杂化和形成 Π_3^4。

(3) NO_3^-　正三角形

中心 N 采取 sp^2 等性杂化

3 个杂化轨道在空间中呈正三角形分布，3 个杂化轨道中的单电子分别与配体 O 的单电子形成 σ 键，故分子呈平面正三角形构型。中心 N 原子未参与杂化的 $2p_z$ 轨道和 3 个配体 O 的 $2p_z$ 轨道互相平行且均垂直于分子平面，可互相重叠成键，同时离子带有一个负电荷，所以形成四中心六电子的大 π 键 Π_4^6。

(4) SiF_4　正四面体

中心 Si 原子采取 sp^3 等性杂化，4 个杂化轨道在空间呈正四面体分布，4 个杂化轨道与 4 个配体 F 成键，因此 SiF_4 分子呈正四面体构型。

(5) IF_5　四角锥形

中心 I 原子采取 sp^3d^2 不等性杂化，6 个杂化轨道在空间呈正八面体分布，5 个含有单电子的杂化轨道与五个配体 F 成键，因此 IF_5 分子呈四角锥构型。

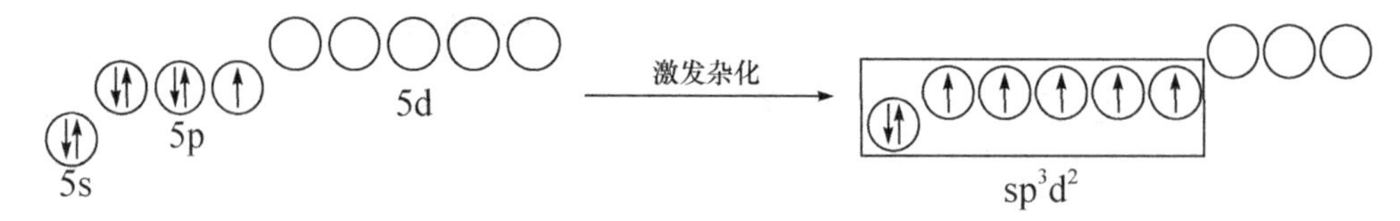

(6) $POCl_3$　四面体

中心 P 采取 sp^3 不等性杂化，4 个杂化轨道在空间呈正四面体分布。

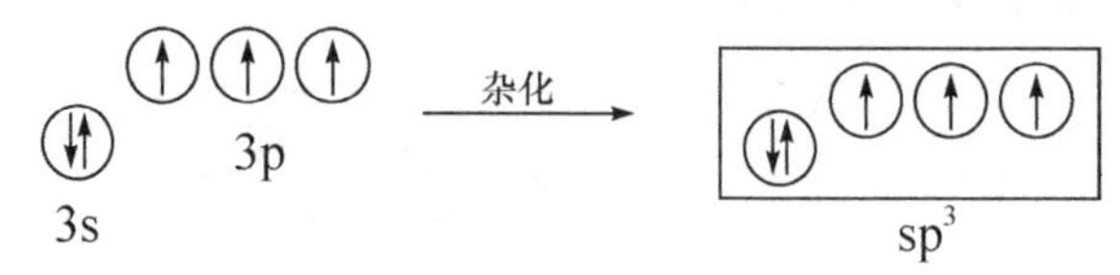

3 个杂化轨道中的单电子分别与配体 Cl 的单电子形成 σ 键；杂化轨道中的孤电子对向配体 O 进行配位形成 σ 配键，同时重排后的 O 的 p 轨道中的孤电子对向中心 P 原子的空的 3d 轨道进行配位，形成 d-p π 配键。4 个杂化轨道 4 个配体，因此 $POCl_3$ 分子为四面体构型。

6. 判断下列分子或离子的几何构型和中心原子的杂化类型。

(1) PCl_5　(2) IF_5　(3) NO_3^-　(4) SF_4　(5) XeF_4　(6) I_3^-

解　结果如下：

分子或离子	电子对数	电子对构型	分子或离子构型	中心原子的杂化类型
PCl_5	5	三角双锥	三角双锥	sp^3d
IF_5	6	正八面体	四角锥	sp^3d^2
NO_3^-	3	平面正三角形	平面正三角形	sp^2
SF_4	5	三角双锥	变形四面体	sp^3d
XeF_4	6	正八面体	平面正方形	sp^3d^2
I_3^-	5	三角双锥	直线形	sp^3d

7. SO_3 和 $SOCl_2$ 的中心原子相同、配体个数也相同，为什么二者的几何构型和中心杂化类型却不同?

解　分子的几何构型是由分子中心原子的价层电子对数及电子对在空间的分布决定的；同时，中心原子的杂化类型也与价层电子对数相对应。

S 原子的价电子构型为 $3s^23p^4$。

SO_3 分子中心 S 原子价层电子总数为 6，电子对数为 3，电子对在空间呈正三角形分布。故 SO_3 分子为平面正三角形构型，中心 S 原子采取 sp^2 等性杂化。

$SOCl_2$ 分子中心 S 原子价层电子总数为 8，电子对数为 4，电子对在空间呈正四面体分布。$SOCl_2$ 分子中有 4 个电子对，3 个配体，故 $SOCl_2$ 分子为三角锥构型，其中心 S 原子采取 sp^3 不等性杂化。

8. 用分子轨道理论讨论下列分子或离子是否有顺磁性。

(1) NO　(2) NO^+　(3) O_2　(4) O_2^{2+}　(5) B_2　(6) N_2^+

解　所有分子或离子都是由第二周期元素组成，两原子的 1s 和 2s 之间组合形成的分子轨道都填满电子，成键和反键轨道对键级的贡献互相抵消。因此，只讨论原子的 2p 轨道组合成的分子轨道的结果即可。

(1) NO：分子轨道能级图与 O_2 相同，分子轨道中排布电子情况如下所示。

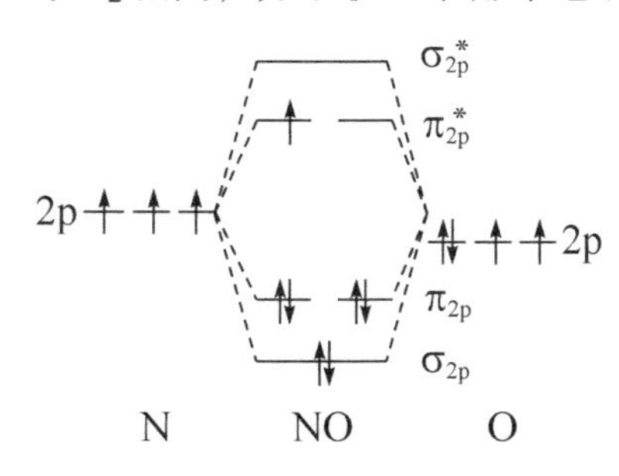

由于 NO 分子轨道中有单电子，NO 分子有顺磁性。

(2) NO^+：分子轨道能级图与 NO 相同，但比 NO 少一个电子。分子轨道中排布电子情况如下所示。

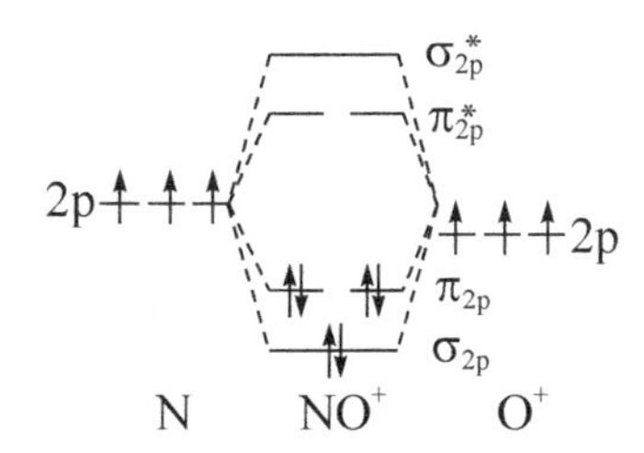

由于 NO^+分子轨道中没有单电子，NO^+没有顺磁性。

(3) O_2：分子轨道能级图及电子排布情况如下所示。

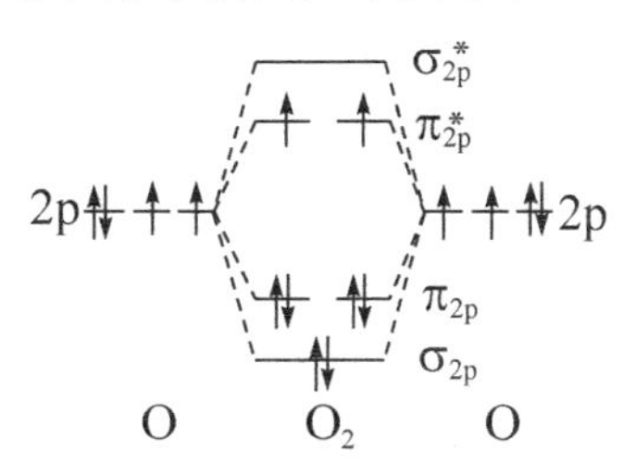

分子轨道中有两个有单电子，所以 O_2 分子有顺磁性。

(4) O_2^+：分子轨道能级图及电子排布情况如下所示。

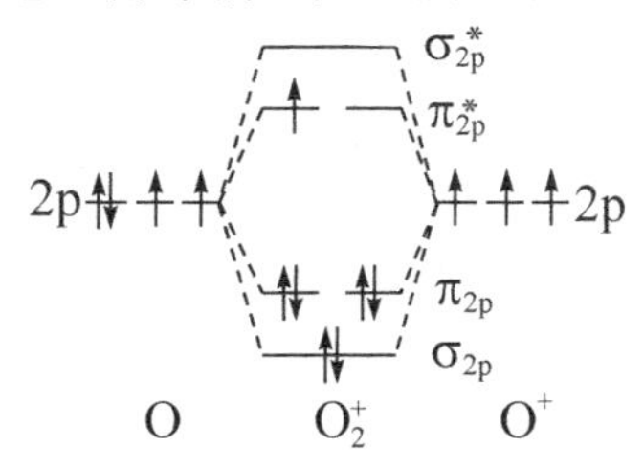

分子轨道中有一个单电子，所以 O_2^+有顺磁性。

(5) B_2：分子轨道能级图与 N_2 相同，电子在分子轨道中排布情况如下所示。

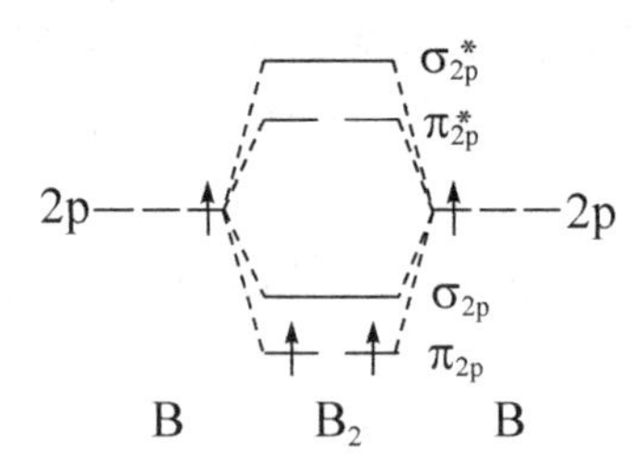

分子轨道中有两个有单电子，所以 B_2 分子有顺磁性。实验结果证实，B_2 分子有顺磁性，说明 B_2 分子轨道能级图与 N_2 相同。

(6) N_2^+：分子轨道能级图及电子排布情况如下所示。

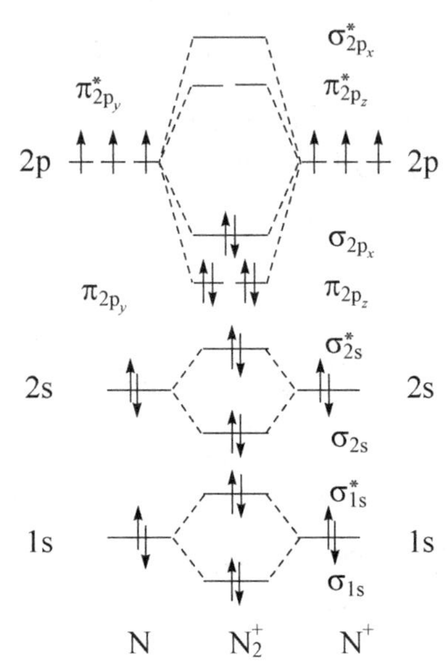

分子轨道中有单电子，所以 N_2^+有顺磁性。

9. 用分子轨道理论判断下列各对分子或离子中哪个更稳定。

(1) NO 和 NO^+　　(2) O_2 和 O_2^+　　(3) CO 和 NO　　(4) N_2^+和 N_2

解　(1) NO 和 NO^+

NO　分子轨道式[Be] $(\sigma_{2p_x})^2(\pi_{2p_y})^2(\pi_{2p_z})^2(\pi_{2p_y}^*)^1$　　键级为 2.5

NO^+　分子轨道式[Be] $(\sigma_{2p_x})^2(\pi_{2p_y})^2(\pi_{2p_z})^2$　　键级为 3

键级 NO < NO^+，稳定性 NO < NO^+。

(2) O_2 和 O_2^+

O_2　分子轨道式[Be] $(\sigma_{2p_x})^2(\pi_{2p_y})^2(\pi_{2p_z})^2(\pi_{2p_y}^*)^1(\pi_{2p_z}^*)^1$ 键级为 2

O_2^+　分子轨道式[Be] $(\sigma_{2p_x})^2(\pi_{2p_y})^2(\pi_{2p_z})^2(\pi_{2p_y}^*)^1$　　键级为 2.5

键级 $O_2 < O_2^+$，稳定性 $O_2 < O_2^+$。

(3) NO 和 CO

CO　分子轨道式[Be] $(\pi_{2p_y})^2(\pi_{2p_z})^2(\sigma_{2p_x})^2$　　键级为 3

NO　分子轨道式[Be] $(\sigma_{2p_x})^2(\pi_{2p_y})^2(\pi_{2p_z})^2(\pi^*_{2p_y})^1$　　键级为 2.5

键级 CO > NO，稳定性 CO > NO。

(4) N_2^+和 N_2

N_2^+　分子轨道式[Be] $(\pi_{2p_y})^2(\pi_{2p_z})^2(\sigma_{2p_x})^1$　　键级为 2.5

N_2　分子轨道式[Be] $(\pi_{2p_y})^2(\pi_{2p_z})^2(\sigma_{2p_x})^2$　　键级为 3

键级 $N_2^+ < N_2$，稳定性 $N_2^+ < N_2$。

10. 指出下列分子或离子中的特殊键型。

(1) HNO_3　(2) H_2SO_4　(3) SO_3　(4) BCl_3　(5) NO_2^-

(6) $SOCl_2$　(7) $HClO_2$　(8) H_3PO_4

解　(1) HNO_3 有大 π 键 Π_3^4。

N 采取 sp^2 等性杂化：

2s　2p　—激发电子→　2s　2p　—杂化→　sp^2　2p

3 个杂化轨道中的单电子分别与配体的单电子形成 σ 键。2 个端 O 原子的 $2p_z$ 轨道有单电子，都有成键的趋势，但 2 个端 O 距离较远，不能直接重叠成键。中心 N 原子的 $2p_z$ 轨道和 2 个 O 原子的 $2p_z$ 轨道互相平行且均垂直于分子平面，可互相重叠形成三中心四电子大 π 键 Π_3^4。

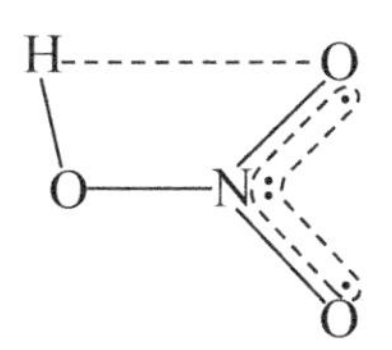

(2) H_2SO_4 有 d-p π 配键。

S 采取 sp^3 不等性杂化：

3s　3p　—杂化→　sp^3

2 个杂化轨道中的单电子分别与配体 OH 中的 O 原子的单电子形成 σ 键，2 个杂化轨道中孤电子对分别向 2 个端 O 配位形成 σ 配键。2 个端 O 的 p 轨道有未成键的电子对，分别向 S 原子空的 d 轨道配位，形成 d-p π 配键。

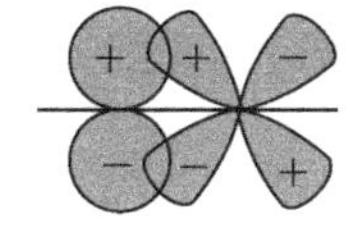

(3) SO_3 有大 π 键 Π_4^6。

S 的价电子构型为 $3s^23p^4$，为能与 3 个 O 形成相同的 σ 键，3s 轨道的 1 个电子被激发到 3d 轨道，价电子构型转化为 $3s^13p^43d^1$。

S 采取 sp^2 等性杂化：

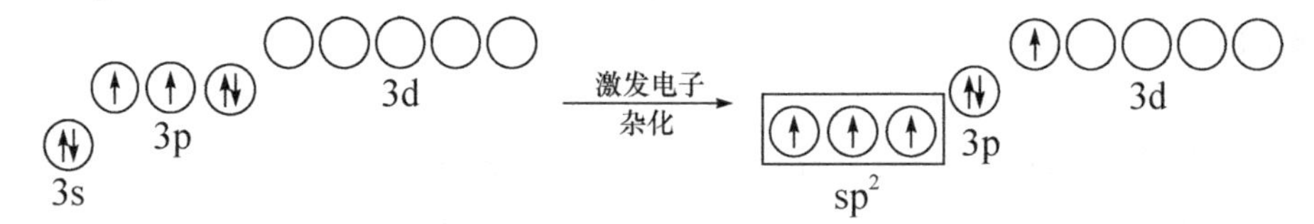

3 个杂化轨道中的单电子分别与配体 O 原子的单电子形成 σ 键，分子结构为正三角形。S 的未杂化 p_z 轨道有 2 个电子，与 3 个有单电子的 O 原子的 p_z 轨道重叠形成大 π 键，激发到 3d 轨道的电子回到能量较低的大 π 键中，4 个原子、6 个电子形成 Π_4^6 键。

(4) BCl_3 有大 π 键 Π_4^6。

B 采取 sp^2 等性杂化：

2p　2s　激发电子 杂化　2p　sp^2

3 个杂化轨道中的单电子分别与配体 Cl 的单电子形成 σ 键，分子结构为正三角形。B 有空的未杂化 p_z 轨道，与 3 个有电子对的 Cl 的 p_z 轨道重叠形成大 π 键，4 个原子的 p_z 轨道有 6 个电子，所以形成 Π_4^6 键。

(5) NO_2^- 有大 π 键 Π_3^4。

N 采取 sp^2 不等性杂化(离子的负电荷计入中心的价层电子)：

2p　2s　杂化　2p　sp^2

2 个杂化轨道中的单电子分别与配体 O 的单电子形成 σ 键，杂化轨道中的孤电子对不作为顶点，分子结构为 V 字形。N 原子未杂化的 p_z 轨道有 2 个电子，与 2 个有单电子的 O 的 p_z 轨道重叠形成大 π 键，3 个原子的 p_z 轨道有 4 个电子，所以形成 Π_3^4 键。

(6) $SOCl_2$ 有 d-p π 配键。

S 采取 sp^3 不等性杂化：

3p　3s　杂化　sp^3

2 个杂化轨道中的单电子分别与配体 Cl 的单电子形成 σ 键，杂化轨道中 1 个孤电子对向 O 配位形成 σ 配键，剩下 1 个孤电子对不参与成键而不作为顶点，分子为三角锥形。与 S 形成 σ 配键的 O 的 p 轨道有未成键的电子对，向 S 原子空的 d 轨道配位，形成 d-p π 配键。

(7) $HClO_2$ 有 d-p π 配键。

Cl 采取 sp^3 不等性杂化：

3p　3s　杂化　sp^3

1 个杂化轨道中的单电子与配体 OH 中的 O 的单电子形成 σ 键，1 个杂化轨道中孤电子对向另 1 个端 O 配位形成 σ 配键。端 O 的 p 轨道有未成键的电子对，可以向 Cl 原子空的 d 轨道配位，形成 d-p π 配键。

(8) H_3PO_4 有 d-p π 配键。

P 采取 sp^3 不等性杂化：

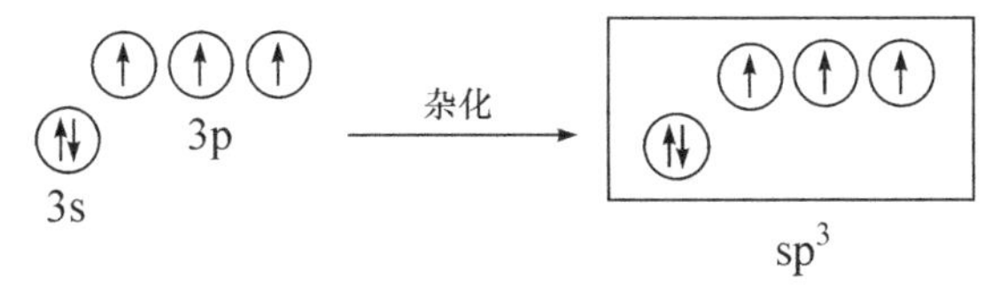

3 个杂化轨道中的单电子分别与 3 个配体 OH 中的 O 原子的单电子形成 σ 键，1 个杂化轨道中的孤电子对向另 1 个端 O 配位形成 σ 配键。端 O 的 p 轨道有未成键的电子对，可以向 P 原子空的 d 轨道配位，形成 d-p π 配键。

11. 比较下列各对物质的熔点高低，并简要说明原因。

(1) HF，HCl　(2) H_2O，HF　(3) NaCl，KCl

(4) Al_2O_3，MgO　(5) ZnI_2，HgI_2　(6) 邻硝基苯酚，对硝基苯酚

(7) HF，NH_3　(8) O_2，N_2　(9) HF，HI

解　(1) 熔点 HF>HCl。HF 分子的体积比 HCl 小，色散力比 HCl 小，但 HF 分子间形成很强的氢键，HF 分子间总的作用力比 HCl 分子间总的作用力大。

(2) 熔点 H_2O > HF。HF 分子间虽然形成最强的氢键，但 H_2O 分子之间形成氢键的数量是 HF 分子间氢键的 2 倍(H—F…H 氢键的键能为 28 $kJ \cdot mol^{-1}$，H—O…H 氢键的键能为 18.8 $kJ \cdot mol^{-1}$)。

(3) 熔点 NaCl > KCl。Na^+的半径比 K^+的半径小，Na^+与 Cl^-间的静电引力大于 K^+与 Cl^-间的静电引力，NaCl 离子键强于 KCl。

(4) 熔点 Al_2O_3 < MgO。虽然 Al^{3+}的电荷比 Mg^{2+}的电荷高，Al^{3+}与 O^{2-}间的静电引力大于 Mg^{2+}与 O^{2-}间的静电引力，但 Al^{3+}的半径小而电荷高，极化能力极强，使 Al^{3+}与 O^{2-}间共价键成分增大。静电引力和离子极化的总结果是 Al_2O_3 的熔点(2054 ℃)比 MgO 的熔点(2806 ℃)低。

(5) 熔点 ZnI_2 > HgI_2。Zn^{2+}和 Hg^{2+}的电荷相同，Zn^{2+}的半径远小于 Hg^{2+}。二者半径不同对化合物性质有两种相反的影响：一是半径小的 Zn^{2+}与 I^-的距离近，静电引力大，离子键强，熔点高；同时，半径小的 Zn^{2+}与 I^-的附加极化(相互极化)作用小，ZnI_2 化合物中共价成分少，熔点高。二是半径小的 Zn^{2+} 的极化能力比半径大的 Hg^{2+}的强，ZnI_2 化合物中共价成分比 HgI_2 化合物中多，共价成分多的 ZnI_2 熔点低。总的结果是前者是主要因素，特别是 HgI_2 的相互极化作用强而成为共价化合物，ZnI_2 比 HgI_2 熔点高。

(6) 熔点邻硝基苯酚 < 对硝基苯酚。邻硝基苯酚、对硝基苯酚都能形成氢键。对硝基苯酚只能形成分子间氢键，但邻硝基苯酚能形成分子内氢键而影响分子间氢键的形成。结果是只形成分子间氢键的对硝基苯酚的熔点高。

邻硝基苯酚的分子内氢键和对硝基苯酚的分子间氢键

(7) 熔点 HF < NH_3。HF 分子的体积小，色散力小，虽然 HF 分子间存在较强的氢键，但固态的 HF 在熔化时只需断开较少的氢键(液态 HF 仍有较高的聚合度)。而 NH_3 分子的体积比 HF 大，色散力比 HF 强，同时 NH_3 分子间也有分子间氢键存在，虽然氢键强度不如 HF，但其氢键个数比 HF 多，故 NH_3 的熔点比 HF 略高。

(8) 熔点 O_2>N_2。O_2 和 N_2 均为分子晶体，O_2 的体积比 N_2 大，分子间的色散力比 N_2 强，故熔点比 N_2 高。

(9) 熔点 HF<HI。固态的 HF 在熔化时只需断开较少的氢键(液态 HF 仍有较高的聚合度)，而半径大的 HI 间色散力较大，使 HI 熔化时需要较多的能量，故熔点较高。

12. 比较下列各对物质的热稳定性，并简要说明原因。

(1) ZnO，HgO　(2) $CuCl_2$，$CuBr_2$　(3) Na_2CO_3，K_2CO_3

(4) $NaHCO_3$，Na_2CO_3　(5) $PbCO_3$，$CaCO_3$　(6) $Na_2S_2O_3$，$Ag_2S_2O_3$

(7) Na_2SO_3，Na_2SO_4　(8) $AgNO_3$，$Cu(NO_3)_2$　(9) $PbCl_2$，$PbCl_4$

解　(1) 稳定性 ZnO > HgO。

Zn^{2+}和 Hg^{2+}电荷相同，但半径大、有效核电荷高的 Hg^{2+}与氧之间有较强的相互极化作用，使 HgO 受热很容易分解为 Hg 和 O_2，而 ZnO 热稳定性却很高。这一点也体现在 Ag_2O 热稳定性比 Cu_2O 低得多。

(2) 稳定性 $CuCl_2$ > $CuBr_2$。

二者阳离子相同，热稳定性由阴离子变形性决定。Cl^-半径比 Br^-小，变形性大的 Br^-更容易被氧化，而变形性更大的 I^-与 Cu^{2+}不能生成稳定的化合物而直接被氧化。

$$2Cu^{2+} + 2I^- = 2CuI + I_2$$

(3) 稳定性 Na_2CO_3<K_2CO_3。

二者阴离子相同，热稳定性由阳离子极化能力决定。半径 $Na^+ < K^+$，极化能力 $Na^+ > K^+$，Na_2CO_3 热分解温度低，稳定性差。

(4) 稳定性 $NaHCO_3$<Na_2CO_3。

二者阴离子相同，热稳定性由阳离子极化能力决定。半径 $H^+ < Na^+$，极化能力 $H^+ > Na^+$，故 $NaHCO_3$ 热分解温度低，稳定性差。

(5) 稳定性 $PbCO_3$<$CaCO_3$。

二者阴离子相同，热稳定性由阳离子极化能力决定。Ca^{2+}为 8 电子构型，Pb^{2+}为(18+2)电子构型，极化能力 $Ca^{2+} < Pb^{2+}$，$PbCO_3$ 分解温度低，稳定性差。

(6) 稳定性 $Na_2S_2O_3$>$Ag_2S_2O_3$。

二者阴离子相同，热稳定性由阳离子极化能力决定。半径大、外层电子多的 Ag^+极化能力强，而且与变形性大的阴离子间有很强的相互极化作用，使 $Ag_2S_2O_3$ 极不稳定，在水中即发生分解反应：

$$Ag_2S_2O_3 + H_2O = Ag_2S + H_2SO_4$$

$Ag_2S_2O_3$ 易分解也与分解产物 Ag_2S 溶解度极小而有利于平衡向分解反应方向进行有关。

(7) 稳定性 $Na_2SO_3 < Na_2SO_4$。

二者阳离子相同，热稳定性由阴离子的中心原子氧化数决定，阴离子的变形性也影响化合物的稳定性。Na_2SO_3 的阴离子中心原子氧化数为+4，Na_2SO_4 的阴离子中心原子氧化数为+6。显然，SO_4^{2-}中心的氧化数高使其抵抗 Na^+的极化能力强，Na_2SO_4 的热稳定性高；SO_3^{2-}中心的氧化数低使其抵抗 Na^+的极化能力弱，Na_2SO_3 的热稳定性低而很容易受热分解。

$$4Na_2SO_3 = Na_2S + 3Na_2SO_4$$

此外，SO_3^{2-}为三角锥形，SO_4^{2-}为正四面体，SO_3^{2-}对称性比 SO_4^{2-}低，对称性低则变形性大，稳定性差。

(8) 稳定性 $AgNO_3 > Cu(NO_3)_2$。

二者阴离子相同，热稳定性由阳离子极化能力决定。Ag^+的电荷比 Cu^{2+}低，电荷高的 Cu^{2+}极化能力强，其硝酸盐易分解。

(9) 稳定性 $PbCl_2 > PbCl_4$。

二者阴离子相同，阳离子为同种元素但电荷不同。Pb^{4+}电荷高，极化能力比 Pb^{2+}强，所以稳定性比 $PbCl_2$ 差。

13. 比较下列各组分子或离子中键角的大小，并说明原因。

(1) XeF_2，NH_3，BCl_3，CH_4　　(2) NO_2^+，NO_2，NO_2^-，NO_3^-

(3) SO_2，SO_3，SO_3^{2-}，SO_4^{2-}　　(4) I_3^+，I_3^-，ICl_3，ICl_4^-

(5) CO_2，NO_2，SO_2，ClO_2

解　(1) 键角 $XeF_2 > BCl_3 > CH_4 > NH_3$。

XeF_2 中心 Xe 原子采取 sp^3d 杂化，3 个孤电子对，2 个配体，F—Xe—F 键角 180°。BCl_3 中心原子采取 sp^2 杂化，分子构型为正三角形，键角 120°。CH_4 和 NH_3 的中心原子都采取 sp^3 杂化，CH_4 为正四面体，键角 109.5°；NH_3 为三角锥构型，N 原子的孤电子对对成键电子对的斥力使分子键角小于 109.5°。所以，键角 $CH_4 > NH_3$。

(2) 键角 $NO_2^+ > NO_2 > NO_3^- > NO_2^-$。

NO_2^+中心 N 原子采取 sp 杂化，分子呈直线形，键角 180°。NO_2 分子中 N 原子采取 sp^2 杂化，V 字形结构。3 个杂化轨道中都含有 1 个单电子，其中 2 个轨道与 O 原子的含有单电子的 p 轨道重叠成键，另 1 个含有单电子的轨道不参与成键，而未参与杂化的 p 轨道中含有 1 对电子与配体 O 原子中的 p 轨道形成三中心四电子的 Π_3^4 键。由于未成键的轨道中含有 1 个电子对成键电对的排斥作用小，故分子中 O—N—O 的键角为 134°。NO_3^-中心原子采取 sp^2 等性杂化，离子为正三角形，键角 120°；NO_2^-中心原子采取 sp^2 不等性杂化，离子为 V 字形构型，N 原子的孤电子对对成键电子对斥力大，使 NO_2^-键角小于 120°。所以，键角 $NO_3^- > NO_2^-$。

(3) 键角 $SO_3 > SO_2 > SO_4^{2-} > SO_3^{2-}$。

SO_3 和 SO_2 中心原子采取 sp^2 杂化。SO_3 为正三角形，键角 120°；SO_2 为 V 字形分子，S 的孤电子对对成键电子对的斥力使 SO_2 键角小于 120°。所以，键角 $SO_3 > SO_2$。SO_3^{2-} 和 SO_4^{2-} 中心原子采取 sp^3 杂化。SO_4^{2-} 为正四面体，键角 109.5°。SO_3^{2-} 为三角锥形，S 的孤电子对对成键电子对的斥力使键角小于 109.5°。所以，键角 $SO_4^{2-} > SO_3^{2-}$。

(4) 键角 $I_3^- > I_3^+ > ICl_4^- > ICl_3$。

I_3^-中心 I 原子采取 sp^3d 杂化，3 个孤电子对，2 个配体，离子为直线形，键角 180°；I_3^+中心 I 原子采取 sp^3 杂化，V 字形构型，由于孤电子对的排斥作用，键角略小于 109.5°；ICl_4^-中心采取 sp^3d^2 杂化，4 个配体，分子为平面正方形构型，键角 90°；ICl_3 中心采取 sp^3d 杂化，3 个配体，分子呈 T 字形，两个孤电子对斥力的作用使键角略小于 90°，故键角 $ICl_4^- > ICl_3$。

(5) 键角 $CO_2 > NO_2 > SO_2 > ClO_2$。

CO_2 为直线形分子，键角 180°；NO_2 为 V 字形分子，键角 134°。SO_2 和 ClO_2 中心原子均采取 sp^2 不等杂化，V 字形结构，孤电子对对成键电对的斥力作用使它们的键角都略小于 120°，但 ClO_2 分子中心 Cl 原子的电负性比 S 原子大，孤电子对更靠近中心，对成键电对的斥力作用大，使键角变小，故键角 $SO_2 > ClO_2$。

14. 指出下列分子或离子中的离域π键。

(1) O_3　(2) SO_3　(3) HNO_3　(4) NO_2^-　(5) NO_3^-　(6) ClO_2

解　结果如下：

分子或离子	O_3	SO_3	HNO_3	NO_2^-	NO_3^-	ClO_2
离域大 π 键	Π_3^4	Π_4^6	Π_3^4	Π_3^4	Π_4^6	Π_3^5

15. 指出下列化合物中分子间的作用力情况。

(1) ICl_3　(2) HF　(3) $SiCl_4$　(4) H_2O　(5) HNO_3

解　(1) ICl_3 为极性分子，分子间作用力有色散力、诱导力、取向力。

(2) HF 为极性分子，分子间作用力有色散力、诱导力、取向力、氢键。

(3) $SiCl_4$ 为非极性分子，分子间作用力有色散力。

(4) H_2O 为极性分子，分子间作用力有色散力、诱导力、取向力、氢键。

(5) HNO_3 为极性分子，分子间作用力有色散力、诱导力、取向力、分子内氢键。

16. 比较下列化合物在水中溶解度大小并说明原因。

(1) NH_3，HCl，HF　(2) $HgCl_2$，$HgBr_2$，HgI_2　(3) $ZnCl_2$，$CdCl_2$，$HgCl_2$

解　(1) 溶解度 $HF > NH_3 > HCl$。

HF 的极性极强，而且能够与水形成较强的分子间氢键，故可以与水互溶；NH_3 和 HCl 在水中的溶解度也很大，NH_3 也可以与水形成氢键但较弱，故溶解度比 HCl 强。

(2) 溶解度 $HgCl_2 > HgBr_2 > HgI_2$。

Hg^{2+}与 Cl^-、Br^-、I^-形成化合物时，随着离子半径的增大，离子间的相互极化作用增强，分子的共价性增强，在水中的溶解度逐渐减小。

(3) 溶解度 $ZnCl_2 > CdCl_2 > HgCl_2$。

阳离子由 Zn^{2+}到 Hg^{2+}的半径逐渐增大，离子的变形性增大，极化作用增强，故溶解度逐渐减小。

17. 试解释下列事实。

(1) Si 的电负性和 Sn 的电负性相差不大，但 SiF_4 为气态而 SnF_4 为固态；

(2) PCl_5 稳定，而 NCl_5 和 $BiCl_5$ 不存在；SF_6 稳定，而 OF_6 不存在；

(3) 石墨导电而金刚石不导电；

(4) 键角：NF_3(102.4°) < NH_3 (107.3°)，PF_3 (97.8°) > PH_3 (93.3°)；

(5) 常温下 MnO_2 为固体而 Mn_2O_7 为液体；

(6) 常温下 $SnCl_2$ 为固态而 $SnCl_4$ 为液态。

解　(1) Si 的电负性和 Sn 的电负性相差不大，但 Si^{4+}的半径(26 pm)和 Sn^{4+}的半径(55 pm)相差很大。

Si^{4+}的半径很小，极化能力很强，使变形性很小的 F^-变形，结果是 SiF_4 为共价化合物，熔沸点低，常温为气态。Sn^{4+}的半径大，极化能力不强，SnF_4 为离子化合物，熔沸点高，常温为固态。

(2) N 和 O 是第二周期的元素，只有 4 个价层轨道，价层不存在 d 轨道，所以不能形成类似 PCl_5 和 SF_6 的化合物；Bi 是第六周期的元素，$6s^2$ 电子有惰性电子对效应，Bi(V)具有强的氧化能力，而 Cl^-具有一定的还原性，故不能形成 $BiCl_5$。

(3) 金刚石是典型的原子晶体，每个 C 原子都采取 sp^3 杂化，C 原子之间以共价单键相结合，没有离域电子，因而不导电。

而石墨具有层状结构，C 原子均采取 sp^2 杂化，3 个杂化轨道的单电子与相邻的 3 个 C 原子形成σ键，每个 C 原子还有 1 个未杂化且有单电子的 p 轨道，这些 p 轨道相互重叠形成离域大π键，π电子可以在整个 C 原子形成的平面层上自由移动，故石墨有导电性。由于层内 C—C 间以共价键结合，层间则以分子间力结合，故石墨是一种混合型的晶体。

(4) 在 NF_3 和 NH_3 分子，中心原子相同，分子结构相同。由于 F 的电负性比 N 大，在 NF_3 分子中成键电子对距配体 F 近，成键电子对之间的斥力较弱，故键角较小。N 的电负性比 H 大，在 NH_3 分子中成键电子对距中心原子 N 近，成键电子对之间的斥力大，键角较大。

在 PF_3 和 PH_3 分子中，电负性对键角的影响类似于上面所述，但不同点是，中心原子 P 是第三周期元素，价层上有空的 3d 轨道，可与 F 的 p 轨道重叠形成 d-p π配键，使成键电子对向中心原子 P 迁移，成键电子对之间的斥力增大，从而使键角增大。而 H 的 p 轨道没有电子，不能形成 d-p π键。

(5) O^{2-}电负性大而半径小，变形性很小；Mn^{4+}半径不是很小(39 pm)，极化能力不是很强，MnO_2 中 Mn—O 以离子键为主，化合物熔沸点较高，故常温下 MnO_2 为固态。

而高电荷的 Mn^{7+}半径很小(25 pm)，极化能力很强，Mn_2O_7 中 Mn—O 以共价键为主，化合物熔沸点低，常温下 Mn_2O_7 为液态。

(6) 电荷高的 Sn^{4+}极化能力强，在 $SnCl_4$ 中 Sn—Cl 以共价键为主，为分子晶体，而 $SnCl_2$ 中 Sn—Cl 以离子键为主，为离子晶体，所以，$SnCl_4$ 熔沸点低，常温下为液态，而 $SnCl_2$ 熔沸点较高，常温下为固态。

18. 解释：HF 和 HI 的熔点与沸点相对高低的顺序不同。

解　沸点 HF > HI，是因为 HF 分子之间形成氢键，而 HI 分子之间没有氢键只通过范德华力结合。液态的 HF 气化时要断开较多的氢键。

熔点 HF < HI，是因为固态的 HF 在熔化时只需要断开较少的氢键(液态时 HF 的聚合度仍很高)，而 HI 之间的分子色散力大，使 HI 熔化时需要较多的能量。

19. KF 与 NaCl 具有相同的晶体结构，20 ℃时 KF 密度为 2.48 $g \cdot cm^{-3}$，计算 KF 晶胞的边长及晶胞中最相邻离子间的距离(已知 KF 的相对分子质量为 58.096)。

解　KF 与 NaCl 具有相同的晶体结构，即立方晶系，晶胞中有 4 个 K^+和 4 个 F^-。

由晶体密度 $\rho = \dfrac{m}{V}$，得

$$\rho = \frac{\dfrac{4M}{N_A}}{a^3} = \frac{\dfrac{58.096\ \mathrm{g \cdot mol^{-1}} \times 4}{6.02 \times 10^{23}}}{a^3} = 2.48\ \mathrm{g \cdot cm^{-3}}$$

$$a = 5.379 \times 10^{-8}\ \mathrm{cm} = 537.9\ \mathrm{pm}$$

由于晶胞中，$2r_{K^+} + 2r_{F^-} = a$，所以 $r_{K^+} + r_{F^-} = 268.0\,\mathrm{pm}$，即晶胞中最相邻离子间的距离为 268.0 pm。

20. 利用下列数据由 Born-Haber 循环计算 KCl(s)的晶格能。

		$\Delta_r H_m^\ominus/(\mathrm{kJ \cdot mol^{-1}})$
ΔH_1	K(s)的原子化热	89
ΔH_2	K(g)的电离能	425
ΔH_3	$Cl_2(g)$的解离能	244
ΔH_4	Cl(g)电子亲和能的相反数	–355
ΔH_5	KCl(s)的生成热	–438

解　设计 Born-Haber 循环如下：

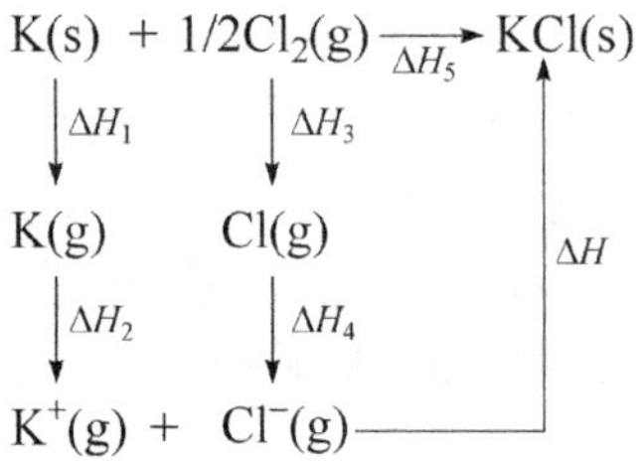

$$\begin{array}{ccccc}
K(s) & + & 1/2Cl_2(g) & \xrightarrow{\Delta H_5} & KCl(s) \\
\downarrow \Delta H_1 & & \downarrow \Delta H_3 & & \uparrow \\
K(g) & & Cl(g) & & \Delta H \\
\downarrow \Delta H_2 & & \downarrow \Delta H_4 & & \\
K^+(g) & + & Cl^-(g) & \longrightarrow & \uparrow
\end{array}$$

ΔH_1 为 K 的原子化热，$\Delta H_1 = 89\ \mathrm{kJ \cdot mol^{-1}}$；

ΔH_2 为 K 的第一电离能，$\Delta H_2 = 425\ \mathrm{kJ \cdot mol^{-1}}$；

ΔH_3 为解离能的 1/2，$\Delta H_3 = 122\ \mathrm{kJ \cdot mol^{-1}}$；

ΔH_4 为 Cl 的电子亲和能的相反数，$\Delta H_4 = -355\ \mathrm{kJ \cdot mol^{-1}}$；

$\Delta H = -U$，U 为 KCl 的晶格能；

ΔH_5 为 KCl 的摩尔生成热，$\Delta H_5 = -438\ \mathrm{kJ \cdot mol^{-1}}$；

根据赫斯定律

$$\Delta H_5 = \Delta H_1 + \Delta H_2 + \Delta H_3 + \Delta H_4 + \Delta H$$

则 KCl(s)的晶格能 U 为

$$\begin{aligned}
U = -\Delta H &= \Delta H_1 + \Delta H_2 + \Delta H_3 + \Delta H_4 - \Delta H_5 \\
&= 89\ \mathrm{kJ \cdot mol^{-1}} + 122\ \mathrm{kJ \cdot mol^{-1}} + 425\ \mathrm{kJ \cdot mol^{-1}} - 355\ \mathrm{kJ \cdot mol^{-1}} + 438\ \mathrm{kJ \cdot mol^{-1}} \\
&= 719\ \mathrm{kJ \cdot mol^{-1}}
\end{aligned}$$

21. 简要回答下列问题。

(1) 给出晶体中离子的配位数比：NaCl，立方 ZnS，CsCl；

(2) 给出金属晶体的晶胞中原子数：六方密堆积，立方面心密堆积，立方体心密堆积，金刚石型堆积。

解　(1) 晶体中离子的配位数为：NaCl 六配位，立方 ZnS 四配位，CsCl 八配位。

晶体中离子配位数比均为 1∶1。

(2) 金属晶体中，六方密堆积晶胞中有 2 个原子；立方面心密堆积晶胞中有 4 个原子；立方体心密堆积晶胞中有 2 个原子；而金刚石型晶胞中有 8 个原子。

22. 已知金属钒的密度为 5.79 $g \cdot cm^{-3}$，钒的相对原子质量为 50.94，立方晶胞参数 $a=$ 308 pm。计算晶胞中钒原子个数，指出钒晶体的晶格类型。

解　设一个晶胞中有 x 个钒原子。

由晶体密度 $\rho=\dfrac{m}{V}$，得

$$\rho=\frac{\dfrac{M\cdot x}{N_A}}{a^3}$$

则

$$\begin{aligned}x&=\frac{\rho\cdot a^3\cdot N_A}{M}\\&=\frac{5.79\ g\cdot cm^{-3}\times(308\times10^{-10}\ cm)^3\times6.02\times10^{23}}{50.94\ g\cdot mol^{-1}}\\&=2\end{aligned}$$

所以，晶胞中钒原子为 2 个，钒晶体为体心立方晶形。

23. 计算金属晶体中下列密堆积方式的空间占有率。

(1) 六方密堆积；

(2) 立方面心密堆积；

(3) 立方体心密堆积。

解　(1) 如图所示，六方密堆积晶胞中含有两个金属原子。其中，$DABO$ 为正四面体，设四面体的高为 h，则晶胞的高为 2 h。若晶胞边长为 a，金属原子半径为 r，则在正四面体中，$AB=a=2r$，$AE=AB\sin60°$，即

$$AE=\frac{\sqrt{3}}{2}a$$

而

$$AG=\frac{2}{3}AE=\frac{\sqrt{3}}{3}a$$

又

$$DG^2+AG^2=AD^2$$

得

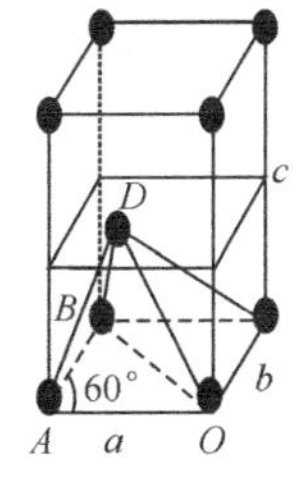

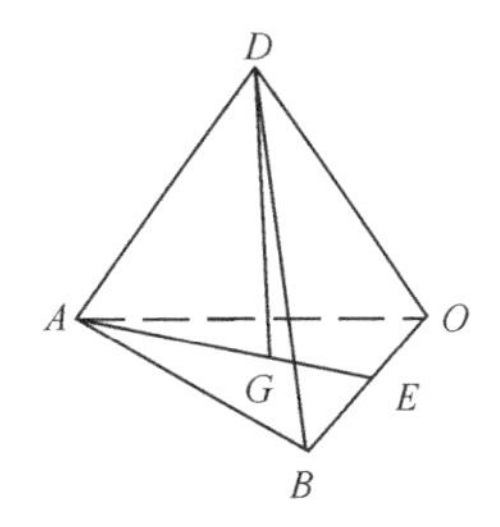

$$DG=\frac{\sqrt{6}}{3}a$$

即

$$h=DG=\frac{\sqrt{6}}{3}a$$

则晶胞的体积为

$$(a\cdot a\cdot \sin60°)\times2\times\frac{\sqrt{6}}{3}a=\sqrt{2}a^3$$

所以空间利用率，即两个金属原子的体积与晶胞体积之比为

$$\frac{\frac{4}{3}\pi r^3\times2}{\sqrt{2}a^3}=\frac{\frac{4}{3}\pi\left(\frac{a}{2}\right)^3\times2}{\sqrt{2}a^3}\times100\%=74.05\%$$

(2) 如图所示，设立方面心密堆积中金属原子半径为 r，面心立方晶胞每个面上沿对角线 AB 排列的 3 个金属原子依次相切，所以 $AB=4r$。又 $AC=a$，$AB=\sqrt{2}\,a$，故 $r=\frac{\sqrt{2}}{4}a$。

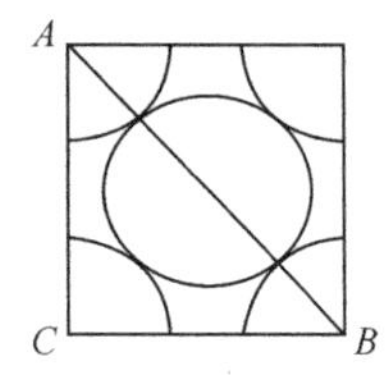

所以空间利用率，即 4 个金属原子的体积与晶胞体积之比为

$$\frac{\frac{4}{3}\pi r^3\times4}{a^3}=\frac{\frac{4}{3}\pi\left(\frac{\sqrt{2}}{4}a\right)^3\times4}{a^3}\times100\%=74.05\%$$

(3) 金属晶体的体心立方晶胞如图所示，含有 2 个金属原子。

在棱长为 a 的体心立方晶胞中，位于顶角上的金属原子和体心处的金属原子相切，因此金属原子的金属半径 r 等于晶胞对角线长度的 $\frac{1}{4}$，即 $r=\frac{\sqrt{3}}{4}a$。

所以空间利用率，即两个金属原子的体积与晶胞体积之比为

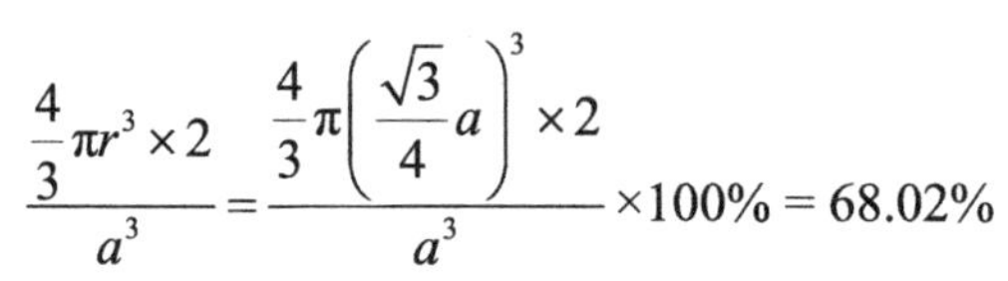

$$\frac{\frac{4}{3}\pi r^3\times2}{a^3}=\frac{\frac{4}{3}\pi\left(\frac{\sqrt{3}}{4}a\right)^3\times2}{a^3}\times100\%=68.02\%$$

24. 金属 Cu 在一定温度下与氧作用得到固体 A。A 的晶体属立方晶系，密度为 $6.00\ \mathrm{g\cdot cm^{-3}}$，其晶胞如图所示。通过计算给出 A 的化学式和 Cu—O 的距离。

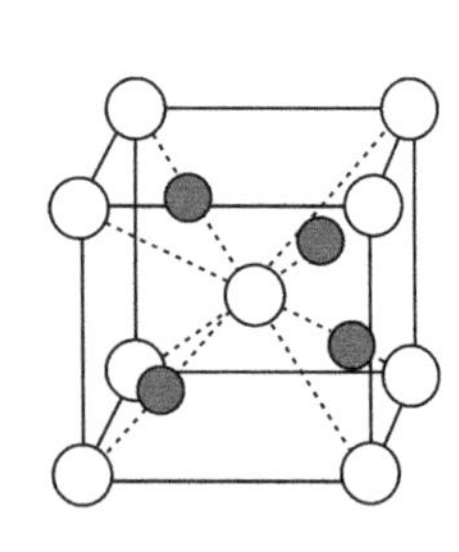

解　如图所示，在一个晶胞中有 4 个 Cu 原子和 2 个 O 原子，所以 A 的化学式为 Cu_2O。

设单胞边长为 a，由晶体密度 $\rho=\frac{m}{V}$，得

$$\rho = \frac{\dfrac{M_{Cu} \times 4 + M_O \times 2}{N_A}}{a^3}$$

$$= \frac{\dfrac{63.55\ g \cdot mol^{-1} \times 4 + 16.00\ g \cdot mol^{-1} \times 2}{6.02 \times 10^{23}\ mol^{-1}}}{a^3}$$

$$= 6.00\ g \cdot cm^{-3}$$

则

$$a = 4.30 \times 10^{-8}\ cm = 430\ pm$$

在棱长为 a 的体心立方晶胞中，位于顶角上的 O 原子和体心处的 Cu 原子之间的距离等于晶胞对角线长度的$\frac{1}{4}$，即

$$d\,(Cu—O) = \frac{\sqrt{3}}{4}a = 186.20\ pm$$

第 7 章　解离平衡和沉淀溶解平衡

一、内 容 提 要

7.1　强电解质的解离

7.1.1　离子氛

强电解质在水溶液中完全解离，由于离子间的静电作用，正离子的周围围绕着负离子，负离子的周围围绕着正离子，这种现象称为离子氛。由于离子氛的存在，电解质溶液中每个单独的离子不能发挥独立粒子的作用。

溶液的浓度越大，离子间的这种离子氛作用越强；溶液中离子所带电荷的数目越多，离子氛的作用也越强。

7.1.2　活度和活度系数

将溶液中实际发挥作用的离子的浓度称为离子的有效浓度，也称活度。活度 a 与浓度 c 的关系为 $a=fc$。影响活度系数 f 大小的因素主要是溶液的浓度和溶液中离子的电荷数。

当溶液的浓度较高时，就要考虑活度系数 f 和活度 a。然而在多数情况下，溶液中离子氛的作用较小，可使用浓度 c 代替活度 a。

7.2　弱电解质的解离平衡

7.2.1　水的解离平衡

水是弱电解质，极少部分的分子发生解离生成 H^+(以 H_3O^+形式存在)和 OH^-，并与未解离的水分子间维持解离平衡。

$$H_2O \rightleftharpoons H^+ + OH^- \qquad K_w^\ominus=[H^+][OH^-]$$

对于任何水溶液体系，H_2O、H^+和 OH^-三者总是处于平衡状态，无论体系是酸性的、碱性的，还是中性的，总是满足关系式 $K_w^\ominus=[H^+][OH^-]$。酸性溶液中，$[H^+]>[OH^-]$；而碱性溶液中，$[OH^-]>[H^+]$；溶液中，$[H^+]=[OH^-]$，溶液显中性。

通常用 pH 表示溶液酸碱性的强弱。pH 是溶液中 H^+相对浓度的负对数；而 pOH 为 OH^-相对浓度的负对数。常温时

$$pK_w^\ominus = pH + pOH = 14$$

7.2.2　弱酸、弱碱的解离平衡

1. 一元弱酸、弱碱的解离

乙酸为一元弱酸，在水溶液中部分解离。

$$HAc \rightleftharpoons H^+ + Ac^-$$

平衡时

$$K_a^\ominus = \frac{[H^+][Ac^-]}{[HAc]}$$

氨水是典型的一元弱碱。

$$NH_3 + H_2O \rightleftharpoons NH_4^+ + OH^-$$

则

$$K_b^\ominus = \frac{[NH_4^+][OH^-]}{[NH_3]}$$

一般体系中的弱酸、弱碱分子解离得很少，当 $c_0 \geqslant 400 K_a^\ominus$ (或 $c_0 \geqslant 400 K_b^\ominus$)时，可以采用近似的方法计算，有

$$[H^+] = \sqrt{K_a^\ominus c_0}$$

$$[OH^-] = \sqrt{K_b^\ominus c_0}$$

解离度 α 是指某物质已解离的量占其初始量的百分数。

$K_a^\ominus$ 、$K_b^\ominus$ 都是平衡常数，其值越大，表示弱酸或弱碱解离的趋势越大。故 $K_a^\ominus$ 、$K_b^\ominus$ 的大小可以表示弱酸、弱碱的相对强弱。

2. 多元弱酸的解离

H_2S、H_2CO_3 和 H_3PO_4 等能解离出两个或多个 H^+的弱酸称为多元弱酸。多元弱酸的解离是分步完成的，且每一步解离都存在解离平衡。

例如，H_2S 为二元弱酸，分两步解离：

第一步　$H_2S \rightleftharpoons H^+ + HS^-$　$K_{a1}^\ominus = \frac{[H^+][HS^-]}{[H_2S]} = 1.1\times10^{-7}$

第二步　$HS^- \rightleftharpoons H^+ + S^{2-}$　$K_{a2}^\ominus = \frac{[H^+][S^{2-}]}{[HS^-]} = 1.3\times10^{-13}$

H_2S 总的解离反应式为

$$H_2S \rightleftharpoons 2H^+ + S^{2-}$$

总的解离反应的平衡常数为

$$K^\ominus = K_{a1}^\ominus K_{a2}^\ominus = \frac{[H^+]^2[S^{2-}]}{[H_2S]}$$

对于多元弱酸，一般有

$$K_{a1}^\ominus \gg K_{a2}^\ominus \gg K_{a3}^\ominus$$

由于 $K_{a1}^\ominus \gg K_{a2}^\ominus$，故在多元弱酸解离中，溶液中的$[H^+]$一般由第一级解离平衡决定；$-1$ 价

酸根离子浓度近似等于溶液中的$[H^+]$；−2 价酸根离子浓度近似等于$K_{a2}^{\ominus}$。必须注意的是，对于混合酸溶液，以上结论一般不适用。

7.2.3 酸碱指示剂

能通过颜色变化指示溶液的酸碱性的物质称为酸碱指示剂，如酚酞和甲基橙等。

酸碱指示剂一般是弱的有机酸，其能够指示溶液的酸碱性是因为溶液的酸碱性不同时指示剂分子的解离平衡发生移动，未解离的分子和解离产物具有不同的颜色，从而使溶液具有不同的颜色。

不同的指示剂指示的 pH 范围不同，指示剂的变色范围是由指示剂的解离平衡常数决定的。若溶液中分子和酸根的量相等，$[HIn]=[In^-]$，溶液显二者的混合颜色。此时溶液的 pH 为指示剂的理论变色点：

$$pH = pK_a^{\ominus}$$

当$\frac{[In^-]}{[HIn]} \geqslant 10$时，指示剂主要以酸根 In^-的形式存在，溶液显酸根的颜色；

当$\frac{[In^-]}{[HIn]} \leqslant 10$时，指示剂主要以分子 HIn 的形式存在，溶液显分子的颜色。

所以，指示剂的理论变色范围为

$$pH = pK_a^{\ominus} \pm 1$$

7.2.4 同离子效应和盐效应

在弱电解质溶液中，加入与其解离反应具有相同离子的强电解质，使弱电解质的解离度降低，这种影响称为同离子效应。

在弱电解质溶液中，加入不与弱电解质解离反应具有相同离子的强电解质，从而使弱电解质解离度增大的现象称为盐效应。盐效应的实质是溶液中离子浓度的增加使离子氛作用增大，使弱电解质在水中向解离的方向移动。

7.2.5 缓冲溶液

加入少量强酸、强碱或用大量水稀释而保持体系 pH 变化不大的溶液称为缓冲溶液。缓冲溶液之所以具有缓冲作用，保持体系的 pH 基本不变，其实质是同离子效应。

缓冲溶液的缓冲范围：

弱酸-弱酸盐溶液

$$pH = pK_a^{\ominus} - \lg\frac{c_{酸}}{c_{盐}}$$

弱碱-弱碱盐溶液

$$pOH = pK_b^{\ominus} - \lg\frac{c_{碱}}{c_{盐}}$$

酸式盐及其次一级盐也可构成缓冲溶液

$$\mathrm{pH} = \mathrm{p}K_{\mathrm{a}}^{\ominus} - \lg\frac{c_{酸式盐}}{c_{次一级盐}}$$

酸式盐溶液本身也是缓冲溶液，它们既可与强酸作用，也可以与强碱作用而保持体系的 pH 基本不变。

缓冲溶液中缓冲对的浓度越大，抵抗强酸、强碱的能力越强，即溶液的缓冲容量越大。缓冲对的两种物质的浓度相同时，缓冲溶液的缓冲效果最好。一般认为，缓冲对的浓度比应控制在 10 以内。由此，溶液的缓冲范围为

弱酸-弱酸盐　　$\mathrm{pH} = \mathrm{p}K_{\mathrm{a}}^{\ominus} \pm 1$

弱碱-弱碱盐　　$\mathrm{pOH} = \mathrm{p}K_{\mathrm{b}}^{\ominus} \pm 1$

7.3 盐 的 水 解

盐解离出的离子与水解离出的离子结合成弱电解质使溶液的 pH 发生变化的现象称为盐的水解。

7.3.1 水解的计算

1. 弱酸强碱盐

水解平衡常数

$$K_{\mathrm{h}}^{\ominus} = \frac{K_{\mathrm{w}}^{\ominus}}{K_{\mathrm{a}}^{\ominus}}$$

当 $c_0 \geqslant 400\,K_{\mathrm{h}}^{\ominus}$ 时，可近似求解($c_0 = c_{盐}$)

$$[\mathrm{OH^-}] = \sqrt{K_{\mathrm{h}}^{\ominus} c_0} = \sqrt{\frac{K_{\mathrm{w}}^{\ominus} c_0}{K_{\mathrm{a}}^{\ominus}}}$$

水解度为

$$h = \frac{[\mathrm{OH^-}]}{c_0} = \sqrt{\frac{K_{\mathrm{w}}^{\ominus}}{K_{\mathrm{a}}^{\ominus} c_0}}$$

多元弱酸的盐，如 Na_2S、Na_2CO_3、Na_3PO_4 等水解是分步进行的。例如，S^{2-}的水解

$$\mathrm{S^{2-} + H_2O \rightleftharpoons HS^- + OH^-} \qquad K_{\mathrm{h1}}^{\ominus} = \frac{[\mathrm{HS^-}][\mathrm{OH^-}]}{[\mathrm{S^{2-}}]} = \frac{K_{\mathrm{w}}^{\ominus}}{K_{\mathrm{a2}}^{\ominus}}$$

$$\mathrm{HS^- + H_2O \rightleftharpoons H_2S + OH^-} \qquad K_{\mathrm{h2}}^{\ominus} = \frac{[\mathrm{H_2S}][\mathrm{OH^-}]}{[\mathrm{HS^-}]} = \frac{K_{\mathrm{w}}^{\ominus}}{K_{\mathrm{a1}}^{\ominus}}$$

由于 $K_{\mathrm{h1}}^{\ominus} \gg K_{\mathrm{h2}}^{\ominus}$，故体系中的 OH^-浓度主要由第一步水解平衡决定。

2. 弱碱强酸盐

水解常数

$$K_{\mathrm{h}}^{\ominus} = \frac{K_{\mathrm{w}}^{\ominus}}{K_{\mathrm{b}}^{\ominus}}$$

当 $c_0 \geqslant 400 K_h^\ominus$ 时

$$[H^+] = \sqrt{K_h^\ominus c_0} = \sqrt{\frac{K_w^\ominus c_0}{K_b^\ominus}}$$

水解度为

$$h = \frac{[H^+]}{c_0} = \sqrt{\frac{K_w^\ominus}{K_b^\ominus c_0}}$$

3. 酸式盐的水解

多元弱酸的酸式盐的水解过程一般较为复杂，对于 $NaHCO_3$ 溶液，有

$$[H^+] = \sqrt{\frac{K_{a1}^\ominus K_w^\ominus + K_{a1}^\ominus K_{a2}^\ominus [HCO_3^-]}{[HCO_3^-]}}$$

由于 $K_{a2}^\ominus$ 和 $K_{h2}^\ominus$ 均很小，即 $[HCO_3^-] \approx c_0$，同时 $K_{a2}^\ominus c_0 \gg K_w^\ominus$，则有

$$[H^+] = \sqrt{K_{a1}^\ominus K_{a2}^\ominus}$$

水解度为

$$h = \frac{[H^+]}{c_0} = \frac{\sqrt{K_{a1}^\ominus K_{a2}^\ominus}}{c_0}$$

4. 弱酸弱碱盐的水解

弱酸弱碱盐水解的特点是正离子和负离子在水中同时水解并相互促进使水解度增大。对于 NH_4Ac 溶液，当 $c_0 \gg K_h^\ominus$、$[NH_4^+] \approx [Ac^-] \approx c_0$，且 $c_0 \gg K_a^\ominus$，有

$$[H^+] = \sqrt{\frac{K_a^\ominus K_w^\ominus}{K_b^\ominus}}$$

表达式中 $[H^+]$ 与盐溶液的浓度 c_0 无直接关系，但要注意 $[H^+]$ 的表达式是在与 c_0 有关的近似条件下得到的，即 c_0 不能太小。

利用弱酸弱碱盐水解的 $[H^+]$ 表达式，可以得到以下结论：

若 $K_a^\ominus > K_b^\ominus$，弱酸弱碱盐正离子水解度比负离子大，水解后溶液显酸性，$pH<7$。

若 $K_a^\ominus < K_b^\ominus$，弱酸弱碱盐正离子水解度比负离子小，水解后溶液显碱性，$pH>7$。

若 $K_a^\ominus \approx K_b^\ominus$，弱酸弱碱盐的两种离子水解度接近，水解后溶液显中性，$pH \approx 7$。

7.3.2 影响水解的因素

解离常数 $K_a^\ominus$ 或 $K_b^\ominus$ 大小决定盐的水解平衡常数 $K_h^\ominus$ 的大小，$K_a^\ominus$ 或 $K_b^\ominus$ 越大，则 $K_h^\ominus$ 越小，水解进行得越不彻底。

盐的水解一般是吸热过程，当温度升高时，平衡常数 $K_h^\ominus$ 增大。因此，升高温度可以促进水解的进行。

改变反应商可以体现在浓度和酸度上。按照平衡移动原理，稀释有利于水解进行，所以溶液越稀，水解越彻底。加酸可抑制正离子水解，加碱可抑制负离子水解。

7.4　酸碱理论简介

7.4.1　酸碱解离理论(阿伦尼乌斯理论)

阿伦尼乌斯认为，在水溶液中解离产生的正离子全部是 H^+的物质为酸，在水溶液中解离产生的负离子全部是 OH^-的物质为碱。

酸碱的强弱可由解离常数的大小进行衡量，$K_a^\ominus$、$K_b^\ominus$ 值越大，相应的酸或碱越强。而酸碱反应的实质是 H^+和 OH^-反应生成水。

7.4.2　酸碱质子理论(布朗斯台德理论)

酸碱质子理伦认为，反应中给出质子的物质称为酸，在反应中接受质子的物质称为碱；而如 HCO_3^- 和 H_2O 等在反应中既能给出质子又能接受质子，称为两性物质。

酸碱质子理论认为，酸和碱不是彼此孤立的，而是有一定的依赖关系。当酸失去质子后就生成具有接受质子能力的质子碱，而碱结合质子后就变成了酸，即有如下关系：

酸 = 碱 + 质子

将满足上述关系的一对酸碱称为共轭酸碱对。酸碱反应的实质是共轭酸碱对之间的质子传递过程。酸碱的强弱可由物质给出或接受质子的能力来判断。酸给出质子的能力越强，酸性越强。碱接受质子的能力越强，碱性越强。

7.4.3　酸碱电子理论(路易斯理论)

酸碱电子理论也称路易斯理论。在反应中能接受电子对的物质称为酸，在反应中能给出电子对的物质称为碱。

酸是电子对的接受体，接受电子对的能力越强，酸性越强。碱是电子对的给予体，给出电子对的能力越强，碱性越强。

酸碱电子理论可以把反应分成两种类型，一种是酸和碱生成酸碱配合物的反应；另一种是取代反应，包括酸取代反应、碱取代反应、双取代反应。

7.5　沉淀溶解平衡

7.5.1　溶度积常数

难溶性物质通常是指在 100 g 水中溶解的质量少于 0.01 g 的物质。对任意难溶性强电解质 A_aB_b，有

$$A_aB_b(s) \rightleftharpoons aA^{b+} + bB^{a-}$$

溶度积常数为

$$K_{sp}^\ominus = [A^{b+}]^a\,[B^{a-}]^b$$

溶解度是指物质饱和溶液的浓度，它和溶度积常数都可以用来表示难溶物的溶解性。因为表示的是同一种物质的同一性质，故两者之间有一定的关系，可以进行换算。

7.5.2 溶度积规则

对于某溶液中的沉淀溶解平衡

$$A_aB_b(s) \rightleftharpoons aA^{b+} + bB^{a-}$$

某时刻沉淀溶解反应的反应商为 $Q^\ominus$

$$Q^\ominus = [A^{b+}]^a [B^{a-}]^b$$

当 $Q^\ominus > K_{sp}^\ominus$ 时，过饱和溶液，反应方向为沉淀从溶液中析出；

当 $Q^\ominus = K_{sp}^\ominus$ 时，饱和溶液，反应处于平衡状态；

当 $Q^\ominus < K_{sp}^\ominus$ 时，不饱和溶液，反应方向为沉淀物的溶解。

这就是溶度积规则，常用它来判断沉淀的生成和溶解。

7.5.3 分步沉淀

当溶液中有几种离子都能与同一沉淀剂生成沉淀时，由于生成沉淀的溶度积不同，析出沉淀的先后顺序也不同。沉淀生成的先后顺序遵循 $Q^\ominus > K_{sp}^\ominus$ 的原则，$Q^\ominus$ 先达到溶度积的物质先沉淀，这就是分步沉淀。

利用分步沉淀可对离子进行分离。一般认为，溶液中被沉淀离子的浓度低于 10^{-5} mol · dm^{-3} 时，则该离子沉淀完全。

7.5.4 沉淀的溶解和转化

根据溶度积规则，当溶液中 $Q^\ominus < K_{sp}^\ominus$ 时，沉淀将会溶解。故要使沉淀溶解就要设法使溶液中的 $Q^\ominus < K_{sp}^\ominus$，一般采取的方法有：使相关离子被氧化或还原，使相关离子生成配位化合物，使相关离子生成弱电解质等。

由一种沉淀转化为另一种沉淀的过程称为沉淀的转化。通常情况下，由溶解度大的沉淀转化为溶解度小的沉淀较为容易；相反，由溶解度较小的沉淀转化为溶解度较大的沉淀比较困难；也可以利用沉淀中的一种离子转化为弱电介质或发生氧化还原反应等来实现沉淀的转化。

二、习 题 解 答

1. 计算溶液的 pH。

(1) 0.10 mol · dm^{-3} $KHSO_4$ 溶液，已知 $K_{a2}^\ominus(H_2SO_4)=1.0\times10^{-2}$；

(2) 将 pH=5.00 和 pH=8.20 的两种强电解质溶液等体积混合。

解　(1) H_2SO_4 第一步完全解离，故 HSO_4^- 可视为一元弱酸。设 x 为解离出的[H^+]。

$$HSO_4^- \rightleftharpoons H^+ + SO_4^{2-}$$

	HSO_4^-	H^+	SO_4^{2-}
起始浓度/(mol · dm^{-3})	0.10	0	0
平衡浓度/(mol · dm^{-3})	$0.10-x$	x	x

$$K_{a2}^{\ominus}=\frac{[H^+][SO_4^{2-}]}{[HSO_4^-]}=\frac{x^2}{0.10-x}=1.0\times10^{-2}$$

由于 $c_0<400\,K_{a2}^{\ominus}$，故不能采用近似计算，解一元二次方程得

$$x=2.7\times10^{-2}$$

故平衡时

$$[H^+]=2.7\times10^{-2}\ mol\cdot dm^{-3}\qquad pH=1.57$$

(2) pH=5.00 的溶液，$[H^+]=1.0\times10^{-5}\ mol\cdot dm^{-3}$；混合后$[H^+]=5.0\times10^{-6}\ mol\cdot dm^{-3}$。

pH=8.20 的溶液，$[H^+]=6.3\times10^{-9}\ mol\cdot dm^{-3}$，$[OH^-]=1.6\times10^{-6}\ mol\cdot dm^{-3}$；混合后，$[OH^-]=8.0\times10^{-7}\ mol\cdot dm^{-3}$。

等体积混合，H^+与 OH^-反应后，有

$$[H^+]=5.0\times10^{-6}-8.0\times10^{-7}=4.2\times10^{-6}\ (mol\cdot dm^{-3})$$

$$pH=5.4$$

2. 计算下列混合溶液的 pH。

(1) 30 cm^3 0.25 $mol\cdot dm^{-3}$ HNO_2 溶液和 20 cm^3 0.50 $mol\cdot dm^{-3}$ HAc 溶液混合；

(2) 0.20 $mol\cdot dm^{-3}$ H_2SO_4 溶液与等体积 0.40 $mol\cdot dm^{-3}$ Na_2SO_4 溶液混合；

(3) 0.20 $mol\cdot dm^{-3}$ H_3PO_4 溶液与等体积 0.20 $mol\cdot dm^{-3}$ Na_3PO_4 溶液混合；

(4) 0.20 $mol\cdot dm^{-3}$ HAc 溶液与等体积 0.20 $mol\cdot dm^{-3}$ NaOH 溶液混合。

已知 $K_a^{\ominus}(HAc)=1.8\times10^{-5}$，$K_a^{\ominus}(HNO_2)=7.2\times10^{-4}$，$K_{a2}^{\ominus}(H_2SO_4)=1.0\times10^{-2}$，$K_{a1}^{\ominus}(H_3PO_4)=7.1\times10^{-3}$，$K_{a2}^{\ominus}(H_3PO_4)=6.3\times10^{-8}$，$K_{a3}^{\ominus}(H_3PO_4)=4.8\times10^{-13}$。

解 (1) HNO_2 和 HAc 溶液混合后

$$[HNO_2]=\frac{0.25\ mol\cdot dm^{-3}\times30\ cm^3}{50\ cm^3}=0.15\ mol\cdot dm^{-3}$$

$$[HAc]=\frac{0.50\ mol\cdot dm^{-3}\times20\ cm^3}{50\ cm^3}=0.20\ mol\cdot dm^{-3}$$

设由 HNO_2 解离出的$[NO_2^-]$为 x，HAc 解离出的$[Ac^-]$为 y，则溶液中

$$[H^+]=x+y$$

$$HNO_2 \rightleftharpoons H^+ + NO_2^-$$

平衡浓度/($mol\cdot dm^{-3}$)　　$0.15-x$　　$x+y$　　x

$$HAc \rightleftharpoons H^+ + Ac^-$$

平衡浓度/($mol\cdot dm^{-3}$)　　$0.20-y$　　$x+y$　　y

则

$$K_a^{\ominus}(HNO_2)=\frac{[H^+][NO_2^-]}{[HNO_2]}=\frac{(x+y)x}{0.15-x}=7.2\times10^{-4}$$

$$K_a^{\ominus}(HAc)=\frac{[H^+][Ac^-]}{[HAc]}=\frac{(x+y)y}{0.20-y}=1.8\times10^{-5}$$

解得

$$x=8.0\times10^{-3}\ mol\cdot dm^{-3}\qquad y=4.3\times10^{-4}\ mol\cdot dm^{-3}$$

$$[H^+]=8.0\times10^{-3}\ mol\cdot dm^{-3}+4.3\times10^{-4}\ mol\cdot dm^{-3}=8.4\times10^{-3}\ mol\cdot dm^{-3}$$

$$pH=2.08$$

(2) 等体积混合后 H_2SO_4 与 SO_4^{2-} 反应生成 HSO_4^-。

$$H_2SO_4+SO_4^{2-} \rightleftharpoons 2HSO_4^-$$

反应后浓度/($mol\cdot dm^{-3}$)　　0.10　　0.20

所以[HSO_4^-]=0.20 $mol\cdot dm^{-3}$，设平衡时[H^+]为 x $mol\cdot dm^{-3}$，则

$$HSO_4^- \rightleftharpoons H^+ + SO_4^{2-}$$

平衡浓度/($mol\cdot dm^{-3}$)　　$0.20-x$　　x　$0.10+x$

$$K_{a2}^{\ominus}(H_2SO_4)=\frac{[H^+][SO_4^{2-}]}{[HSO_4^-]}=\frac{x(0.10+x)}{0.20-x}=1.0\times10^{-2}$$

由于 $K_{a2}^{\ominus}(H_2SO_4)$ 较大，不能近似处理。解方程得

$$x=0.016\ mol\cdot dm^{-3}\qquad [H^+]=0.016\ mol\cdot dm^{-3}$$

$$pH=1.80$$

(3) 混合后发生反应

$$H_3PO_4+PO_4^{3-} \rightleftharpoons H_2PO_4^- + HPO_4^{2-}$$

则

$$[H_2PO_4^-]=\frac{1}{2}\times0.20=0.10\ (mol\cdot dm^{-3})$$

$$[HPO_4^{2-}]=\frac{1}{2}\times0.20=0.10\ (mol\cdot dm^{-3})$$

混合溶液 $H_2PO_4^-$-HPO_4^{2-}恰好构成缓冲溶液。故

$$pH=pK_{a2}^{\ominus}-\lg\frac{[H_2PO_4^-]}{[HPO_4^{2-}]}=pK_{a2}^{\ominus}=7.2$$

(4) 等体积等浓度的 HAc 和 NaOH 溶液混合后，生成 NaAc 溶液。

$$[NaAc]=0.10\ mol\cdot dm^{-3}$$

在水溶液中 NaAc 发生水解反应。

$$Ac^- + H_2O \rightleftharpoons HAc + OH^-$$

起始浓度/($mol\cdot dm^{-3}$)　　0.10　　0　　0

平衡浓度/($mol\cdot dm^{-3}$)　　0.10–x　　x　　x

$$K_h^{\ominus}=\frac{[OH^-][HAc]}{[Ac^-]}=\frac{K_w^{\ominus}}{K_a^{\ominus}}=\frac{x^2}{0.10}=5.56\times10^{-10}$$

解得

$$x=7.5\times10^{-6}\ mol\cdot dm^{-3}$$

故平衡时

$$[OH^-]=7.5\times10^{-6}\ mol\cdot dm^{-3}$$

$$pOH=5.13\qquad pH=8.87$$

3. 欲配制 pH=5 的缓冲溶液，现有下列物质，选择哪种合适?

(1) HCOOH，$K_a^\ominus=1.8\times10^{-4}$；

(2) HAc，$K_a^\ominus=1.8\times10^{-5}$；

(3) NH_3，$K_b^\ominus=1.8\times10^{-5}$。

解 应选 HAc。

缓冲溶液的缓冲公式为 $pH = pK_a^\ominus - \lg\frac{c_{酸}}{c_{盐}}$。缓冲对的浓度相同时，缓冲溶液的缓冲效果最好，一般认为，缓冲对的浓度比应控制在 10 以内。由此，可以计算出缓冲范围：

$$pH = pK_a^\ominus \pm 1$$

欲配制溶液的 pH=5，故有 $6>pK_a>4$，所以应选 HAc，$pK_a=4.74$。

4. 向 0.10 $mol\cdot dm^{-3}$ 草酸溶液中滴加 NaOH 溶液使 pH=7.00，则溶液中 $H_2C_2O_4$、$HC_2O_4^-$ 和 $C_2O_4^{2-}$ 哪种物质的浓度最大? 已知 $H_2C_2O_4$ 的 $K_{a1}^\ominus=5.4\times10^{-2}$，$K_{a2}^\ominus=5.4\times10^{-5}$。

解 溶液的 pH =7.00，则$[H^+] = 1.0\times10^{-7}\ mol\cdot dm^{-3}$。

溶液中各种离子的浓度满足以下平衡

$$H_2C_2O_4 \rightleftharpoons H^+ + HC_2O_4^-$$

$$K_{a1}^\ominus = \frac{[H^+][HC_2O_4^-]}{[H_2C_2O_4]}$$

$$\frac{[HC_2O_4^-]}{[H_2C_2O_4]} = \frac{K_{a1}^\ominus}{[H^+]} = \frac{5.4\times10^{-2}}{1.0\times10^{-7}} = 5.4\times10^5$$

$$[HC_2O_4^-] = 5.4\times10^5\ [H_2C_2O_4]$$

$$HC_2O_4^- \rightleftharpoons H^+ + C_2O_4^{2-}$$

$$K_{a2}^\ominus = \frac{[H^+][C_2O_4^{2-}]}{[HC_2O_4^-]}$$

$$\frac{[C_2O_4^{2-}]}{[HC_2O_4^-]} = \frac{K_{a2}^\ominus}{[H^+]} = \frac{5.4\times10^{-5}}{1.0\times10^{-7}} = 5.4\times10^2$$

$$[C_2O_4^{2-}]=5.4\times10^2\ [HC_2O_4^-]$$

可知，溶液中 $C_2O_4^{2-}$离子浓度最大。

5. 已知 0.50 $mol\cdot dm^{-3}$ 钠盐 NaX 溶液的 pH 为 8.45，试计算弱酸 HX 的解离平衡常数 $K_a^\ominus$。

解 钠盐 NaX 的水溶液中 pH =8.45，则

$$[H^+] =3.55\times10^{-9}\ mol\cdot dm^{-3} \qquad [OH^-] = 2.82\times10^{-6}\ mol\cdot dm^{-3}$$

水解反应为

$$X^- \quad + \quad H_2O \rightleftharpoons HX \quad + \quad OH^-$$

平衡浓度/($mol\cdot dm^{-3}$)　$0.50-2.82\times10^{-6}$　　2.82×10^{-6}　　2.82×10^{-6}

$$K_h^\ominus = \frac{[HX][OH^-]}{[X^-]} = \frac{K_w^\ominus}{K_a^\ominus} = \frac{[OH^-]^2}{0.50-[OH^-]} \approx \frac{(2.82\times10^{-6})^2}{0.50} = 1.59\times10^{-11}$$

所以

$$K_a^\ominus = 6.3\times10^{-4}$$

6. 计算 0.10 $mol \cdot dm^{-3}$ H_3PO_4溶液中 H^+、$H_2PO_4^-$、HPO_4^{2-}和PO_4^{3-}的浓度。已知 H_3PO_4的$K_{a1}^{\ominus}(H_3PO_4)=7.1\times10^{-3}$，$K_{a2}^{\ominus}(H_3PO_4)=6.3\times10^{-8}$，$K_{a3}^{\ominus}(H_3PO_4)=4.8\times10^{-13}$。

解　因为$K_{a1}^{\ominus} \gg K_{a2}^{\ominus} \gg K_{a3}^{\ominus}$，故溶液中$[H^+]$主要由 H_3PO_4的第一步解离反应决定，有

$$H_3PO_4 \rightleftharpoons H_2PO_4^- + H^+$$

平衡浓度/$(mol \cdot dm^{-3})$　　$0.10-x$　　x　　x

$$K_{a1}^{\ominus} = \frac{[H^+][H_2PO_4^-]}{[H_3PO_4]} = \frac{x^2}{0.1-x} = 7.1\times10^{-3}$$

由于$K_{a1}^{\ominus}$较大，不能近似计算。解方程得

$$x=2.3\times10^{-2}\ mol \cdot dm^{-3}$$

所以

$$[H^+]=2.3\times10^{-2}\ mol \cdot dm^{-3}$$

$$[H_2PO_4^-]\approx[H^+]=2.3\times10^{-2}\ mol \cdot dm^{-3}$$

$$[HPO_4^{2-}]=K_{a2}^{\ominus}=6.3\times10^{-8}\ mol \cdot dm^{-3}$$

由

$$HPO_4^{2-} \rightleftharpoons PO_4^{3-} + H^+$$

$$K_{a3}^{\ominus} = \frac{[H^+][PO_4^{3-}]}{[HPO_4^{2-}]}$$

得

$$[PO_4^{3-}] = \frac{K_{a3}^{\ominus}[HPO_4^{2-}]}{[H^+]} = \frac{K_{a3}^{\ominus}K_{a2}^{\ominus}}{[H^+]} = \frac{4.8\times10^{-13}\times6.1\times10^{-8}}{2.3\times10^{-2}} = 1.2\times10^{-18}\ (mol\times dm^{-3})$$

7. 试指出溶液中的下列物质哪些属于质子酸、哪些属于质子碱、哪些既是质子酸又是质子碱。请写出各自的共轭酸碱形式。

$$HOCN，HClO_3，ClNH_2，OBr^-，CH_3NH_3^+，HSO_4^-，HONH_2，H_2PO_4^-$$

解　属于质子酸的有 $HOCN$、$HClO_3$、$CH_3NH_3^+$、HSO_4^-、$H_2PO_4^-$；其共轭碱分别为 NCO^-、ClO_3^-、CH_3NH_2、SO_4^{2-}、HPO_4^{2-}。

属质子碱的有 $ClNH_2$、OBr^-、$HONH_2$、HSO_4^-、$H_2PO_4^-$；其共轭酸为$ClNH_3^+$、$HOBr$、$HONH_3^+$、H_2SO_4、H_3PO_4。

既是质子酸又是质子碱的有HSO_4^-、$H_2PO_4^-$，其中HSO_4^-是SO_4^{2-}的共轭酸，又是 H_2SO_4的共轭碱；$H_2PO_4^-$既是HPO_4^{2-}的共轭酸，又是 H_3PO_4的共轭碱。

8. 将下列反应中的物质分别按照酸和碱强度减小的顺序排列。

$$H_3O^+ + NH_3 \rightleftharpoons NH_4^+ + H_2O$$

$$H_2S+S^{2-} \rightleftharpoons HS^-+HS^-$$

$$NH_4^+ +HS^- \rightleftharpoons H_2S+NH_3$$

$$H_2O+O^{2-} \rightleftharpoons OH^-+OH^-$$

解　根据酸碱质子理论，上述物质中酸性由强到弱的顺序为

$$H_3O^+,\ NH_4^+,\ H_2S,\ HS^-,\ H_2O$$

碱性由强到弱的顺序为

$$O^{2-},\ OH^-,\ S^{2-},\ HS^-,\ NH_3,\ H_2O$$

9. 三元酸 H_3AsO_4 的解离常数为 $K_{a1}^{\ominus}=5.5\times10^{-4}$，$K_{a2}^{\ominus}=1.7\times10^{-7}$，$K_{a3}^{\ominus}=5.1\times10^{-12}$。当溶液的 pH=10 时，试判断 H_3AsO_4 在溶液中存在的主要形式。

解　三元酸 H_3AsO_4 在水溶液中分三步解离：

$$H_3AsO_4 \rightleftharpoons H^+ + H_2AsO_4^- \qquad K_{a1}^{\ominus}$$

$$H_2AsO_4^- \rightleftharpoons H^+ + HAsO_4^{2-} \qquad K_{a2}^{\ominus}$$

$$HAsO_4^{2-} \rightleftharpoons H^+ + AsO_4^{3-} \qquad K_{a3}^{\ominus}$$

当溶液的 pH =10.00 时，$[H^+] = 1.0\times10^{-10}\ \text{mol}\cdot\text{dm}^{-3}$。

溶液中各种离子的浓度满足以下平衡

$$H_3AsO_4 \rightleftharpoons H^+ + H_2AsO_4^-$$

$$K_{a1}^{\ominus}=\frac{[H^+][H_2AsO_4^-]}{[H_3AsO_4]}$$

$$\frac{[H_2AsO_4^-]}{[H_3AsO_4]}=\frac{K_{a1}^{\ominus}}{[H^+]}=\frac{5.5\times10^{-4}}{1.0\times10^{-10}}=5.5\times10^{6}$$

$$[H_2AsO_4^-]=5.5\times10^{6}\,[H_3AsO_4]$$

$$H_2AsO_4^- \rightleftharpoons H^+ + HAsO_4^{2-}$$

$$K_{a2}^{\ominus}=\frac{[H^+][HAsO_4^{2-}]}{[H_2AsO_4^-]}$$

$$\frac{[HAsO_4^{2-}]}{[H_2AsO_4^-]}=\frac{K_{a2}^{\ominus}}{[H^+]}=\frac{1.7\times10^{-7}}{1.0\times10^{-10}}=1.7\times10^{3}$$

$$[HAsO_4^{2-}]=1.7\times10^{3}\,[H_2AsO_4^-]$$

$$HAsO_4^{2-} \rightleftharpoons H^+ + AsO_4^{3-}$$

$$K_{a3}^{\ominus}=\frac{[H^+][AsO_4^{3-}]}{[HAsO_4^{2-}]}$$

$$\frac{[AsO_4^{3-}]}{[HAsO_4^{2-}]}=\frac{K_{a3}^{\ominus}}{[H^+]}=\frac{5.1\times10^{-12}}{1.0\times10^{-10}}=5.1\times10^{-2}$$

$$[AsO_4^{3-}]=5.1\times10^{-2}\,[HAsO_4^{2-}]$$

由溶液中各离子间的关系可知，当溶液的 pH=10 时，H_3AsO_4 在溶液中的主要存在形式为 $HAsO_4^{2-}$。

10. 已知室温下各盐的溶解度，求各盐的溶度积常数 $K_{sp}^{\ominus}$。

(1) AgCl：$1.92\times10^{-3}\ \text{g}\cdot\text{dm}^{-3}$；

(2) $Mg(NH_4)PO_4$：$6.3\times10^{-5}\ \text{mol}\cdot\text{dm}^{-3}$；

(3) $Pb(IO_3)_2$：4.5×10^{-5} mol · dm^{-3}。

解 (1) AgCl 溶解度换算为

$$s=\frac{1.92\times10^{-3}\ \text{g}\cdot\text{dm}^{-3}}{143.4\ \text{g}\cdot\text{mol}^{-1}}=1.34\times10^{-5}\ \text{mol}\cdot\text{dm}^{-3}$$

$$AgCl \rightleftharpoons Ag^+ + Cl^-$$

平衡浓度/(mol · dm^{-3})　　s　　s

$$K_{sp}^{\ominus}=[Ag^+][Cl^-]=s^2=(1.34\times10^{-5})^2=1.8\times10^{-10}$$

(2) $Mg(NH_4)PO_4$ 的溶解度为 6.3×10^{-5} mol · dm^{-3}

$$Mg(NH_4)PO_4 \rightleftharpoons Mg^{2+} + NH_4^+ + PO_4^{3-}$$

平衡浓度/(mol · dm^{-3})　　s　　s　　s

$$K_{sp}^{\ominus}=[Mg^{2+}][NH_4^+][PO_4^{3-}]=s^3=(6.3\times10^{-5})^3=2.5\times10^{-13}$$

(3) $Pb(IO_3)_2$ 的溶解度为 4.5×10^{-5} mol · dm^{-3}

$$Pb(IO_3)_2 \rightleftharpoons Pb^{2+} + 2IO_3^-$$

平衡浓度/(mol · dm^{-3})　　s　　$2s$

$$K_{sp}^{\ominus}=[Pb^{2+}][IO_3^-]^2=s\times(2s)^2=4s^3=4\times(4.5\times10^{-5})^3=3.6\times10^{-13}$$

11. 计算 0.20 mol · dm^{-3} Na_2CO_3 溶液中 Na^+、CO_3^{2-}、HCO_3^-、H_2CO_3、H^+和 OH^-的浓度。已知 H_2CO_3 的 $K_{a1}^{\ominus}=4.5\times10^{-7}$，$K_{a2}^{\ominus}=4.7\times10^{-11}$。

解

$$Na_2CO_3 \rightleftharpoons 2Na^+ + CO_3^{2-}$$

0.20 mol · dm^{-3} 的 Na_2CO_3 完全解离，故溶液中的 Na^+浓度为 0.40 mol · dm^{-3}，而 CO_3^{2-}的起始浓度为 0.20 mol · dm^{-3}，且 CO_3^{2-}的水解分两步进行。

$$K_{h1}^{\ominus}=\frac{K_w^{\ominus}}{K_{a2}^{\ominus}}=\frac{1.0\times10^{-14}}{4.7\times10^{-11}}=2.1\times10^{-4}$$

$$K_{h2}^{\ominus}=\frac{K_w^{\ominus}}{K_{a1}^{\ominus}}=\frac{1.0\times10^{-14}}{4.5\times10^{-7}}=2.2\times10^{-8}$$

由于 $K_{h1}^{\ominus}\gg K_{h2}^{\ominus}$，故水解产生的$[OH^-]$由第一步水解决定。设 x 为水解掉的 CO_3^{2-}浓度。

$$CO_3^{2-} + H_2O \rightleftharpoons HCO_3^- + OH^-$$

起始浓度/(mol · dm^{-3})　　0.20　　0　　0

平衡浓度/(mol · dm^{-3})　　0.20−x　　x　　x

$$K_{h1}^{\ominus}=\frac{[HCO_3^-][OH^-]}{[CO_3^{2-}]}=\frac{x^2}{0.20-x}=2.1\times10^{-4}$$

解得

$$x=4.6\times10^{-3}\ \text{mol}\cdot\text{dm}^{-3}$$

即

$$[OH^-]=4.6\times10^{-3}\ \text{mol}\cdot\text{dm}^{-3}$$

$$[HCO_3^-]=4.6\times10^{-3}\ \text{mol}\cdot\text{dm}^{-3}$$

$$[H^+]=\frac{K_w^\ominus}{[OH^-]}=\frac{1.0\times10^{-14}}{4.6\times10^{-3}}=2.2\times10^{-12}\ (mol\cdot dm^{-3})$$

$$[CO_3^{2-}]=0.20-x=0.20-4.6\times10^{-3}=0.1954\ (mol\cdot dm^{-3})$$

$$HCO_3^- \quad + \quad H_2O \rightleftharpoons H_2CO_3 \quad + \quad OH^-$$

平衡浓度/$(mol\cdot dm^{-3})$　$4.6\times10^{-3}-[H_2CO_3]$　　$[H_2CO_3]$　　$4.6\times10^{-3}+[H_2CO_3]$

由于$K_{h2}^\ominus$值很小，故

$$K_{h2}^\ominus=\frac{[H_2CO_3][OH^-]}{[HCO_3^-]}=[H_2CO_3]$$

即

$$[H_2CO_3]=2.2\times10^{-8}\ mol\cdot dm^{-3}$$

12. 硼砂在水中溶解反应

$$Na_2B_4O_7\cdot10H_2O\ (s)\rightleftharpoons 2Na^+(aq)+\ 2B(OH)_4^-(aq)+3H_2O+2H_3BO_3$$

硼酸在水中的解离反应

$$B(OH)_3\ (aq)+2H_2O\ (l)\rightleftharpoons B(OH)_4^-(aq)+H_3O^+(aq)$$

(1) 将 28.6 g 硼砂溶解在水中，配制成 1.0 dm^3 溶液，计算溶液的 pH；

(2) 在上述溶液中加入 100 cm^3 的 0.10 $mol\cdot dm^{-3}$ HCl 溶液，其 pH 又为多少？

已知硼酸的 $K_a^\ominus=5.8\times10^{-10}$。

解　(1) 硼砂的摩尔质量 M=381.2 $g\cdot mol^{-1}$，硼砂的物质的量为

$$n=\frac{m}{M}=\frac{28.6\ g}{381.2\ g\cdot mol^{-1}}=0.0750\ mol$$

硼砂溶于水后生成等物质的量的 $B(OH)_3$ 和 $B(OH)_4^-$，所以硼砂水溶液是一种缓冲溶液。其中

$$[B(OH)_3]=[B(OH)_4^-]=\frac{2\times0.0750\ mol}{1.00\ dm^3}=0.150\ mol\cdot dm^{-3}$$

所以

$$pH=pK_a^\ominus-\lg\frac{[B(OH)_3]}{[B(OH)_4^-]}=-\lg(5.8\times10^{-10})=9.24$$

(2) 在上述溶液中加入 HCl 溶液后

$$[B(OH)_3]=\frac{0.150\times1.0+0.10\times0.10}{1.00+0.10}=0.145\ (mol\cdot dm^{-3})$$

$$[B(OH)_4^-]=\frac{0.150\times1.00-0.10\times0.10}{1.00+0.10}=0.127\ (mol\cdot dm^{-3})$$

$$pH=pK_a^\ominus-\lg\frac{[B(OH)_3]}{[B(OH)_4^-]}=-\lg(5.8\times10^{-10})-\lg\frac{0.145}{0.127}=9.18$$

13. 已知 $Ag_2C_2O_4$ 的溶度积为 5.40×10^{-12}，若 $Ag_2C_2O_4$ 在饱和溶液中完全解离，试计算：

(1) $Ag_2C_2O_4$ 在水中的溶解度；

(2) $Ag_2C_2O_4$ 在 0.01 $mol\cdot dm^{-3}$ 的 $Na_2C_2O_4$ 溶液中的溶解度(忽略 $Na_2C_2O_4$ 的水解)；

(3) $Ag_2C_2O_4$ 在 0.01 $mol\cdot dm^{-3}$ 的 $AgNO_3$ 溶液中的溶解度。

解 (1) 设 $Ag_2C_2O_4$ 在水中的溶解度为 s。

$$Ag_2C_2O_4 \rightleftharpoons 2Ag^+ + C_2O_4^{2-}$$

平衡浓度/$(mol \cdot dm^{-3})$　　$2s$　　s

$$K_{sp}^{\ominus} = [Ag^+]^2[C_2O_4^{2-}] = (2s)^2 s = 5.40 \times 10^{-12}$$

所以

$$s = 1.11 \times 10^{-4}\ mol \cdot dm^{-3}$$

(2) 在 $0.01\ mol \cdot dm^{-3}\ Na_2C_2O_4$ 溶液中，存在同离子效应，$[C_2O_4^{2-}] \approx 0.01\ mol \cdot dm^{-3}$。

$$Ag_2C_2O_4 \rightleftharpoons 2Ag^+ + C_2O_4^{2-}$$

平衡浓度/$(mol \cdot dm^{-3})$　　$2s$　　$0.01 + s \approx 0.01$

$$K_{sp}^{\ominus} = [Ag^+]^2[C_2O_4^{2-}] = (2s)^2 \times 0.01 = 5.40 \times 10^{-12}$$

所以

$$s = 1.16 \times 10^{-5}\ mol \cdot dm^{-3}$$

(3) $Ag_2C_2O_4$ 在 $0.01\ mol \cdot dm^{-3}$ 的 $AgNO_3$ 溶液中，$[Ag^+] \approx 0.01\ mol \cdot dm^{-3}$。

$$Ag_2C_2O_4 \rightleftharpoons 2Ag^+ + C_2O_4^{2-}$$

平衡浓度/$(mol \cdot dm^{-3})$　　$0.01 + 2s \approx 0.01$　　s

$$K_{sp}^{\ominus} = [Ag^+]^2[C_2O_4^{2-}] = 0.01^2 \times s = 5.40 \times 10^{-12}$$

所以

$$s = 5.40 \times 10^{-8}\ mol \cdot dm^{-3}$$

14. 在 $1.00\ dm^3$ HAc 溶液中溶解 0.10 mol MnS 固体(全部生成 Mn^{2+} 和 H_2S)，HAc 的初始浓度至少应是多少？已知 $K_{sp}^{\ominus}(MnS) = 2.5 \times 10^{-13}$，$K_a^{\ominus}(HAc) = 1.8 \times 10^{-5}$，$K_{a1}^{\ominus}(H_2S) = 1.1 \times 10^{-7}$，$K_{a2}^{\ominus}(H_2S) = 1.3 \times 10^{-13}$。

解 0:10 mol 的 MnS 全部溶解，则溶液中

$$[Mn^{2+}] = 0.10\ mol \cdot dm^{-3} \qquad [H_2S] = 0.10\ mol \cdot dm^{-3}$$

$$MnS \rightleftharpoons Mn^{2+} + S^{2-}$$

溶液中 S^{2-} 的浓度为

$$[S^{2-}] = \frac{K_{sp}^{\ominus}}{[Mn^{2+}]} = \frac{2.5 \times 10^{-13}}{0.10} = 2.5 \times 10^{-12}\ (mol \cdot dm^{-3})$$

平衡时溶液中 H^+ 的浓度为

$$H_2S \rightleftharpoons 2H^+ + S^{2-}$$

$$K_{a1}K_{a2} = \frac{[H^+]^2[S^{2-}]}{[H_2S]}$$

故

$$[H^+] = \sqrt{\frac{K_{a1}K_{a2}[H_2S]}{[S^{2-}]}} = \sqrt{\frac{1.1 \times 10^{-7} \times 1.3 \times 10^{-13} \times 0.10}{2.5 \times 10^{-12}}} = 2.4 \times 10^{-5}(mol \cdot dm^{-3})$$

溶液中 H^+来自 HAc 的解离

$$HAc \rightleftharpoons H^+ + Ac^-$$

平衡浓度/$(mol \cdot dm^{-3})$　[HAc]　2.4×10^{-5}　$0.20+2.4\times10^{-5}$

$$[HAc]=\frac{[H^+][Ac^-]}{K_a^\ominus}=\frac{2.4\times10^{-5}\times0.2}{1.8\times10^{-5}}=0.27$$

故 HAc 的初始浓度为

$$c_{初始}=0.20+0.27=0.47\ (mol \cdot dm^{-3})$$

15. 0.10 dm^3 0.10 $mol \cdot dm^{-3}$的 Na_2CrO_4溶液，可以使多少克 $BaCO_3$ 固体转化成 $BaCrO_4$? 已知 $K_{sp}^\ominus(BaCO_3)=2.6\times10^{-9}$，$K_{sp}^\ominus(BaCrO_4)=1.2\times10^{-10}$。

解　沉淀转化反应为

$$BaCO_3 + CrO_4^{2-} \rightleftharpoons BaCrO_4 + CO_3^{2-}$$

起始浓度/$(mol \cdot dm^{-3})$　0.10　0

平衡浓度/$(mol \cdot dm^{-3})$　$0.10-x$　x

$$K=\frac{[CO_3^{2-}]}{[CrO_4^{2-}]}=\frac{K_{sp}^\ominus(BaCO_3)}{K_{sp}^\ominus(BaCrO_4)}=\frac{x}{0.10-x}=\frac{2.6\times10^{-9}}{1.2\times10^{-10}}=21.7$$

解得

$$x=0.096\ mol \cdot dm^{-3}$$

即$[CO_3^{2-}]=0.096\ mol \cdot dm^{-3}$，溶液中的 CO_3^{2-} 来源于 $BaCO_3$ 的溶解，即有 0.096×0.10 mol 的 $BaCO_3$ 转化为 $BaCrO_4$。$BaCO_3$ 的质量为

$$0.096\times0.10\times197=1.89\ (g)$$

16. 向0.10 $mol \cdot dm^{-3}$ $ZnCl_2$溶液中通入H_2S，当H_2S饱和时(饱和H_2S的浓度约为0.10 $mol \cdot dm^{-3}$)，刚好有 ZnS 沉淀产生，求生成沉淀时溶液的$[H^+]$。已知 $K_{sp}^\ominus(ZnS)=2.5\times10^{-22}$，$K_{a1}^\ominus(H_2S)=1.1\times10^{-7}$，$K_{a2}^\ominus(H_2S)=1.3\times10^{-13}$。

解

$$ZnS \rightleftharpoons Zn^{2+} + S^{2-}$$

$$K_{sp}^\ominus=[Zn^{2+}][S^{2-}]$$

故

$$[S^{2-}]=\frac{K_{sp}^\ominus}{[Zn^{2+}]}=\frac{2.5\times10^{-22}}{0.10}=2.5\times10^{-21}\ (mol \cdot dm^{-3})$$

$$H_2S \rightleftharpoons 2H^+ + S^{2-}$$

$$K_{a1}^\ominus K_{a2}^\ominus=\frac{[H^+]^2[S^{2-}]}{[H_2S]}$$

故

$$[H^+]=\sqrt{\frac{K_{a1}K_{a2}[H_2S]}{[S^{2-}]}}=\sqrt{\frac{1.1\times10^{-7}\times1.3\times10^{-13}\times0.10}{2.5\times10^{-21}}}=0.76\ (mol \cdot dm^{-3})$$

17. 实验证明，$Ba(IO_3)_2$ 溶于 1.0 dm^3　0.0020 $mol \cdot dm^{-3}$ KIO_3 溶液中的质量恰好与它溶于 1.0 dm^3 0.040 $mol \cdot dm^{-3}$ $Ba(NO_3)_2$ 溶液中的质量相同。计算：

(1) $Ba(IO_3)_2$ 在上述两种溶液中的溶解度；

(2) $Ba(IO_3)_2$ 的溶度积。

解　(1) 根据题意，$Ba(IO_3)_2$ 在 $1.0\ dm^3\ 0.0020\ mol \cdot dm^{-3}$ KIO_3 溶液中和 $1.0\ dm^3$ $0.040\ mol \cdot dm^{-3}$ $Ba(NO_3)_2$溶液中溶解的量相同，设其为 x，则

$$Ba(IO_3)_2 \rightleftharpoons Ba^{2+} + 2IO_3^-$$

KIO_3溶液中平衡浓度/$(mol \cdot dm^{-3})$　　x　　$2x+0.0020$

$Ba(NO_3)_2$溶液中平衡浓度/$(mol \cdot dm^{-3})$　　$x+0.040$　　$2x$

$$K_{sp}^{\ominus}[Ba(IO_3)_2] = [Ba^{2+}][IO_3^-]^2$$

故

$$x(2x+0.0020)^2 = (x+0.040)(2x)^2$$

解得

$$x = 2.63\times10^{-5}\ mol \cdot dm^{-3}$$

(2) 将上述溶液中的离子浓度代入得

$$K_{sp}^{\ominus}[Ba(IO_3)_2] = [Ba^{2+}][IO_3^-]^2 = (2.63\times10^{-5}+0.040)\times(2\times2.63\times10^{-5})^2 = 1.1\times10^{-10}$$

18. 已知 $Al(OH)_3 \rightleftharpoons Al^{3+} + 3OH^-$　　$K_{sp}^{\ominus} = 1.3\times10^{-33}$

$Al(OH)_3 \rightleftharpoons AlO_2^- + H^+ + H_2O$　　$K_{sp}^{\ominus} = 2.0\times10^{-13}$

计算：(1) Al^{3+}完全沉淀为 $Al(OH)_3$ 时溶液的 pH；

(2) 现有 $0.50\ mol \cdot dm^{-3}$ 的 $Al_2(SO_4)_3$ 溶液 $100\ cm^3$，向其中加入同体积的 NaOH 溶液使生成的沉淀刚好完全溶解，计算 NaOH 溶液的浓度(忽略 AlO_2^- 的水解)。

解　(1) 根据题意，当 Al^{3+}完全沉淀为 $Al(OH)_3$ 时，溶液中$[Al^{3+}] \leqslant 1.0\times10^{-5}$，故设此时溶液中$[OH^-]$为 x，有

$$Al(OH)_3 \rightleftharpoons Al^{3+} + 3OH^-$$

平衡浓度/$(mol \cdot dm^{-3})$　　1.0×10^{-5}　　x

$$K_{sp}^{\ominus}[Al(OH)_3] = [Al^{3+}][OH^-]^3 = 1.0\times10^{-5}\times x^3 = 1.3\times10^{-33}$$

解得

$$x = 5.07\times10^{-10}\ mol \cdot dm^{-3}$$

所以

$$pH = 14 - pOH = 14 - (-\lg 5.07\times10^{-10}) = 4.71$$

(2) 根据题意可知，加入同体积的 NaOH 溶液使 $Al_2(SO_4)_3$溶液经 $Al(OH)_3$沉淀，转化为 $NaAlO_2$，故溶液中

$$[AlO_2^-] = \frac{2\times0.50\ mol \cdot dm^{-3}\times100\times10^{-3}\ dm^3}{200\times10^{-3}\ dm^3} = 0.50\ mol \cdot dm^{-3}$$

根据反应

$$Al(OH)_3 \rightleftharpoons AlO_2^- + H^+ + H_2O$$

平衡浓度/$(mol \cdot dm^{-3})$　　0.50　　x

$$K_{sp}^{\ominus}[Al(OH)_3] = [AlO_2^-][H^+] = 0.50x = 2.0\times10^{-13}$$

解得

$$x = 4.0\times10^{-13}\ \text{mol}\cdot\text{dm}^{-3}$$

即

$$[H^+] = 4.0\times10^{-13}\ \text{mol}\cdot\text{dm}^{-3}$$

$$[OH^-]=\frac{1.0\times10^{-14}}{4.0\times10^{-13}}=0.025\ (\text{mol}\cdot\text{dm}^{-3})$$

由反应

$$Al^{3+} + 4OH^- \rightleftharpoons AlO_2^- + 2H_2O$$

可知将 0.5 mol · dm^{-3} 的 Al^{3+}转化为 AlO_2^-需要 NaOH 的浓度为 4×0.50 mol · dm^{-3} = 2.0 mol · dm^{-3}，故加入的 NaOH 的总浓度为

$$2.0 + 0.025 = 2.025\ (\text{mol}\cdot\text{dm}^{-3})$$

所以 NaOH 的初始浓度至少为

$$2.025\times2 = 4.05\ (\text{mol}\cdot\text{dm}^{-3})$$

19. 将浓度为均为 2.0 mol · dm^{-3} 的 Sn^{2+}和 Pb^{2+}各 50 cm^3 等体积混合，通入过量的 H_2S，计算反应达到平衡后生成硫化物沉淀的质量。已知：$K_{sp}^{\ominus}(SnS)=1.0\times10^{-25}$，$K_{sp}^{\ominus}(PbS)=8.0\times10^{-28}$，$K_{a1}^{\ominus}(H_2S)=1.1\times10^{-7}$，$K_{a2}^{\ominus}(H_2S)=1.3\times10^{-13}$。

解　根据题意可知，混合后体系中 Sn^{2+}和 Pb^{2+}的浓度均为 1.0 mol · dm^{-3}。

反应体系中涉及两个沉淀生成反应，分别为

$$Pb^{2+} + H_2S \rightleftharpoons PbS + 2H^+ \tag{1}$$

$$K_1=\frac{[H^+]^2}{[Pb^{2+}][H_2S]}=\frac{K_{a1}^{\ominus}(H_2S)\cdot K_{a2}^{\ominus}(H_2S)}{K_{sp}^{\ominus}(PbS)}=\frac{1.1\times10^{-7}\times1.3\times10^{-13}}{8.0\times10^{-28}}=1.78\times10^{7}$$

由于 K_1 很大，反应进行得非常彻底，故可假设 Pb^{2+}完全沉淀，则生成$[H^+]$ = 2.0 mol · dm^{-3}。

将 H^+和 H_2S 的浓度代入平衡常数 K_1 中，得

$$[Pb^{2+}] = 2.25\times10^{-6}\ \text{mol}\cdot\text{dm}^{-3}$$

所以假设 Pb^{2+}完全沉淀合理。

故生成的 PbS 沉淀量为

$$1.0\ \text{mol}\cdot\text{dm}^{-3}\times0.1\ \text{dm}^3\times239\ \text{g}\cdot\text{mol}^{-1} = 23.9\ \text{g}$$

沉淀反应(2)为

$$Sn^{2+} + H_2S \rightleftharpoons SnS + 2H^+ \tag{2}$$

$$K_2=\frac{[H^+]^2}{[Sn^{2+}][H_2S]}=\frac{K_{a1}^{\ominus}(H_2S)\cdot K_{a2}^{\ominus}(H_2S)}{K_{sp}^{\ominus}(SnS)}=\frac{1.1\times10^{-7}\times1.3\times10^{-13}}{1.0\times10^{-25}}=1.43\times10^{5}$$

设溶液中剩余的 Sn^{2+}的浓度为 x，则

$$Sn^{2+} + H_2S \rightleftharpoons SnS + 2H^+$$

平衡浓度/(mol · dm^{-3})　　x　　0.1　　　　2.0 + 2(1.0−x)

将各物质的浓度代入平衡常数表达式中有

$$K_2=\frac{[H^+]^2}{[Sn^{2+}][H_2S]}=\frac{(4.0-2x)^2}{x\times0.1}=1.43\times10^{5}$$

解得

$$x = 1.1\times10^{-3}\ \text{mol}\cdot\text{dm}^{-3}$$

故生成的 SnS 沉淀量为

$$(1.0-1.1\times10^{-3})\ \text{mol}\cdot\text{dm}^{-3}\times0.1\ \text{dm}^3\times151\ \text{g}\cdot\text{mol}^{-1} = 15.08\ \text{g}$$

生成的总的硫化物沉淀量为

$$23.9\ \text{g} + 15.08\ \text{g} = 38.98\ \text{g}$$

20. 混合溶液中 Ba^{2+}和 Ca^{2+}浓度均为 0.10 $\text{mol}\cdot\text{dm}^{-3}$，通过计算说明能否用 Na_2SO_4分离 Ba^{2+}和 Ca^{2+}，如何控制沉淀剂的浓度？已知 $K_{sp}^{\ominus}(BaSO_4)=1.1\times10^{-10}$，$K_{sp}^{\ominus}(CaSO_4)=4.9\times10^{-5}$。

解　由 $K_{sp}^{\ominus}(BaSO_4)\ll K_{sp}^{\ominus}(CaSO_4)$可知，向混合溶液中加入 Na_2SO_4 时，溶液中的 Ba^{2+}先生成沉淀。当 Ba^{2+} 沉淀完全时，溶液中 SO_4^{2-}的浓度为 x。

$$BaSO_4 \rightleftharpoons Ba^{2+} + SO_4^{2-}$$

平衡浓度/$(\text{mol}\cdot\text{dm}^{-3})$　　　　1.0×10^{-5}　　x

$$K_{sp}^{\ominus}(BaSO_4) = [Ba^{2+}][SO_4^{2-}] = 1.0\times10^{-5}\ x = 1.1\times10^{-10}$$

解得

$$x = 1.1\times10^{-5}\ \text{mol}\cdot\text{dm}^{-3}$$

当 Ca^{2+}开始生成沉淀时，溶液中 SO_4^{2-}的浓度为 y。

$$CaSO_4 \rightleftharpoons Ca^{2+} + SO_4^{2-}$$

平衡浓度/$(\text{mol}\cdot\text{dm}^{-3})$　　　　0.10　　y

$$K_{sp}^{\ominus}(CaSO_4) = [Ca^{2+}][SO_4^{2-}] = 0.10\ y = 4.9\times10^{-5}$$

解得

$$y = 4.9\times10^{-4}\ \text{mol}\cdot\text{dm}^{-3}$$

由计算可知，可以用沉淀剂 Na_2SO_4 将 Ba^{2+}和 Ca^{2+}分离，Na_2SO_4 浓度在 $1.1\times10^{-5}\sim4.9\times10^{-4}\ \text{mol}\cdot\text{dm}^{-3}$ 即可，但因为此浓度区间较小，操作时应特别注意控制沉淀剂的量。

第 8 章 氧化还原反应

一、内容提要

8.1 基本概念

8.1.1 氧化还原反应

化合价是指元素的原子能够结合或置换氢原子的个数。对于离子化合物，化合价可理解为离子所带的电荷数，带正电荷的元素化合价为正，带负电荷的化合价为负。对于共价化合物，化合价可理解为某种元素的一个原子与其他元素的原子形成的共用电子对的数目，或者说该元素的一个原子形成的共价键的数目。

氧化数是指某元素的一个原子的荷电数，而这个荷电数是假设把每个化学键中的电子指定给电负性大的原子而求得的。

氧化数和化合价之间有一定的联系，也有不同之处。氧化数是一个宏观的数值，可以是整数，也可以是分数；而化合价是从分子和离子微观结构的角度上，形成的化学键的数目或离子的电荷数，它只能是整数。

从反应过程中是否有电子发生转移或氧化数发生变化的角度上，化学反应可以被分为两大类：一类是氧化还原反应，另一类是非氧化还原反应。

在氧化还原反应中，失去电子，氧化数升高的过程称为氧化过程；得到电子，氧化数降低的过程称为还原过程。氧化还原反应在原电池中自发进行，将实现化学能向电能的转化；而在电解池中则利用电能使非自发的氧化还原反应得以进行，实现电能向化学能的转化。

8.1.2 原电池

原电池是利用氧化还原反应将化学能转化为电能的装置。

1. 电极反应

在电极上发生的反应称为电极反应或半反应、半电池反应。电极反应中，氧化数高的物质为氧化型，氧化数低的物质为还原型；氧化数升高的反应称为氧化反应，氧化数降低的反应称为还原反应。

发生氧化反应的电极称为阳极，发生还原反应的电极称为阴极。对于原电池，阳极为负极，阴极为正极。两个电极反应相加得电池反应，在电池反应中，电子的转移不是在氧化剂和还原剂之间直接进行，而是通过外电路以电流的方式进行转移，同时完成由化学能向电能的转化。

电极反应的通式一般写成

$$\text{氧化型} + ze^- = \text{还原型}$$

2. 氧化还原电对

氧化型物质写在左侧，还原型物质写在右侧，二者之间用斜线隔开，则构成氧化还原电对，简称电对，如 Cu^{2+}/Cu，Zn^{2+}/Zn，Cl_2/Cl^-，PbO_2/Pb^{2+}等。

在电对中只写氧化数发生变化的物质，而其他氧化数不发生变化的物质，虽然在电极反应中出现，但在电对中不写出。在电对中只写出物质而不写化学计量数。

3. 原电池的表示方法

原电池可以用电池符号来表示，如 Zn-Cu 电池可以表示为

$$(-)Zn \mid Zn^{2+}(c_1) \parallel Cu^{2+}(c_2) \mid Cu(+)$$

负极在左，正极在右；两边的 Zn、Cu 表示极板材料；离子的浓度、气体的分压要在括号内标明。“ | ”代表两相的界面，“||”代表盐桥。盐桥连接着不同电解质的溶液或不同浓度的同种电解质的溶液。

4. 电极电势与电池的电动势

电极电势是电极中极板与溶液之间的电势差，即双电层的电势差。原电池中两个电极的电极电势之差为电池的电动势。

用 $E_{池}$表示原电池的电动势，有

$$E_{池} = E_+ - E_-(\text{或 } E = E_+ - E_-)$$

当构成电极的各种物质均处于标准状态时，原电池的电动势为

$$E^\ominus_{池} = E^\ominus_+ - E^\ominus_- \ (\text{或 } E^\ominus = E^\ominus_+ - E^\ominus_-)$$

原电池的电动势的绝对值可以测量，但电极电势的绝对值无法测得。目前使用的电极电势数据都是以标准氢电极为参比电极，将其与其他待测电极组成原电池测定的。

8.1.3　常见电极和电极符号

1. 金属-金属离子电极

金属极板插入其阳离子的溶液中构成金属-金属离子电极。例如，Cu-Zn 原电池中的铜电极和锌电极，都属于这类电极。将电极作为原电池的负极，可以写出电极符号，由电极符号可以写出电极反应。例如，铜电极和锌电极的电极符号和电极反应为

$$Cu \mid Cu^{2+}(c) \qquad Cu^{2+} + 2e^- = Cu$$

$$Zn \mid Zn^{2+}(c) \qquad Zn^{2+} + 2e^- = Zn$$

2. 气体-离子电极

将惰性金属插入气体与其离子的溶液中则构成气体-离子电极。例如，标准氢电极就是这类电极。电极符号为 $Pt \mid H_2(p) \mid H^+(c)$，电极反应

$$2H^+ + 2e^- = H_2$$

电对 Cl_2/Cl^-也能设计成气体-离子电极，电极符号为 $Pt \mid Cl_2(p) \mid Cl^-(c)$，电极反应

$$Cl_2 + 2e^- = 2Cl^-$$

3. 金属-难溶盐(或氧化物)-离子电极

金属表面覆盖一层该金属的难溶盐(或氧化物)，将其浸在含有该难溶盐的负离子的溶液中(或酸、碱中)，则构成金属-难溶盐(或氧化物)-离子电极。

在这类电极中最重要的是氯化银电极和饱和甘汞电极。氯化银电极是在银丝表面覆盖一层 AgCl 后浸在盐酸溶液中构成的。

电极反应 $AgCl + e^- = Ag + Cl^-$

电极符号 $Ag \mid AgCl \mid Cl^-(c)$

饱和甘汞电极是最常用的参比电极。其优点在于电极电势易控制，使用方便。甘汞电极的电极符号为 $Pt \mid Hg \mid Hg_2Cl_2 \mid Cl^-(c)$，电极反应

$$Hg_2Cl_2 + 2e^- = 2Hg + 2Cl^-$$

4. 氧化还原电极

将惰性金属插入某元素的两种不同价态离子的混合溶液中，构成氧化还原电极。氧化还原电极的特点是没有单质参与电极反应。例如，将铂丝插入 Fe^{2+}和 Fe^{3+}的混合溶液中，就构成一种氧化还原电极。

电极符号 $Pt \mid Fe^{3+}(c_1)$，$Fe^{2+}(c_2)$

电极反应 $Fe^{3+} + e^- = Fe^{2+}$

8.2 氧化还原反应方程式的配平

在此介绍离子-电子法配平氧化还原反应方程式。离子-电子法的关键是反应物和生成物的原子数相同，电荷数相等。

8.2.1 电极反应方程式的配平

1. 酸性介质中电极反应方程式的配平

以电对 $Cr_2O_7^{2-}/Cr^{3+}$为例讨论，酸性介质中电极反应的配平可分为以下五步：

(1) 将氧化型物质写在左侧，还原型物质写在右侧

$$Cr_2O_7^{2-} \longrightarrow Cr^{3+}$$

(2) 将非氢、氧元素的原子配平

$$Cr_2O_7^{2-} \longrightarrow 2Cr^{3+}$$

(3) 在缺少 n 个氧原子的一侧加上 n 个 H_2O，将氧原子配平

$$Cr_2O_7^{2-} \longrightarrow 2Cr^{3+} + 7H_2O$$

(4) 在缺少 n 个氢原子的一侧加上 n 个 H^+，将氢原子配平

$$Cr_2O_7^{2-} + 14H^+ \longrightarrow 2Cr^{3+} + 7H_2O$$

(5) 以电子平衡电荷，完成电极反应的配平

$$Cr_2O_7^{2-} + 14H^+ + 6e^- = 2Cr^{3+} + 7H_2O$$

2. 碱性介质中电极反应方程式的配平

以电对 Ag_2O/Ag 为例，讨论碱性介质中电极反应方程式的配平，仍分为以下五步：

(1) 将氧化型物质写在左侧，还原型物质写在右侧

$$Ag_2O \longrightarrow Ag$$

(2) 将非氢、氧元素的原子配平

$$Ag_2O \longrightarrow 2Ag$$

(3) 在缺少 n 个氧原子的一侧加 n 个 H_2O，将氧原子配平

$$Ag_2O \longrightarrow 2Ag + H_2O$$

(4) 在缺少 n 个氢原子的一侧加 n 个 H_2O，同时在另一侧加 n 个 OH^-，将氢原子配平

$$Ag_2O + 2H_2O \longrightarrow 2Ag + H_2O + 2OH^-$$

合并得

$$Ag_2O + H_2O \longrightarrow 2Ag + 2OH^-$$

(5) 以电子平衡电荷，完成电极反应的配平

$$Ag_2O + H_2O + 2e^- = 2Ag + 2OH^-$$

8.2.2 氧化还原反应方程式的配平

在电极反应方程式书写和配平的基础上，可以进一步来完成氧化还原反应方程式的配平。配平氧化还原反应方程式一般分以下四个步骤。

(1) 将氧化还原反应分别表示成两个电对。

(2) 分别配平两个电对的电极反应。

(3) 调整化学计量数，使两个电极反应中得失的电子数相等。

(4) 合并两个电极反应，消去电子，完成氧化还原反应方程式的配平。

通过检查反应式两边的原子个数和电荷数确认所配平的方程式是否正确。要注意介质条件，在酸性介质中不应出现碱性物质，如 OH^-、S^{2-}、CrO_4^{2-}等；而在碱性介质中则不应出现酸性物质，如 H^+、Zn^{2+}、$Cr_2O_7^{2-}$等。通常通过电对(物质)的存在形式可以判断介质条件。

8.3 电池反应热力学

8.3.1 标准电动势 $E^{\ominus}$与标准平衡常数 $K^{\ominus}$的关系

1. 电动势 E 和电池反应自由能变 $\Delta_r G$ 的关系

如果氧化还原反应以原电池的方式来完成，过程中就有电流产生，则属于恒温恒压有非体积功(电功)的过程。此过程自发进行的判据为

$$-\Delta_r G \geqslant -W_{非}$$

故有

$$\Delta_r G = -nFE$$
$$\Delta_r G_m = -zFE$$

电池电动势 E 可作为电池反应能否自发进行的判据：

$E>0$，则 $\Delta_r G_m<0$，电池反应能自发进行；

$E<0$，则 $\Delta_r G_m>0$，电池反应非自发进行。

2. 标准电动势 $E^{\ominus}$ 与标准平衡常数 $K^{\ominus}$ 的关系

298K 时

$$E^{\ominus}=\frac{0.059\ \text{V}}{z}\lg K^{\ominus}$$

由氧化还原反应的 $E^{\ominus}$ 可求得该反应的标准平衡常数，并进一步讨论此反应的限度问题。

对于非氧化还原反应，可以设计成氧化还原反应，进而求算相关反应的标准平衡常数，如弱电解质的解离平衡常数($K_a^{\ominus}$，$K_w^{\ominus}$)、难溶物质的溶度积常数($K_{sp}^{\ominus}$)、配合物的稳定常数($K_{稳}^{\ominus}$)等。

8.3.2 能斯特方程

1. 电池电动势的能斯特方程

对于电池反应

$$a\,\text{A(aq)}+b\,\text{B(aq)} = g\,\text{G(aq)}+h\,\text{H(aq)}$$

298K 时

$$E=E^{\ominus}-\frac{0.059\ \text{V}}{z}\lg\frac{[\text{G}]^g\,[\text{H}]^h}{[\text{A}]^a\,[\text{B}]^b}$$

电池电动势的能斯特方程反映了在一定温度(298 K)下，电池非标准电动势和标准电动势的关系，即在非标准浓度(或压强)时电动势偏离标准电动势的情况。

2. 电极电势的能斯特方程

对于任意电极反应，有一般关系式

$$E=E^{\ominus}+\frac{0.059\ \text{V}}{z}\lg\frac{[\text{氧化型}]}{[\text{还原型}]}$$

电极电势的能斯特方程反映了一定温度时，非标准电极电势和标准电极电势的关系，即反映了浓度对电极电势的影响。

利用电极电势的能斯特方程，可以从标准电极电势值出发，求算任意状态下的电极电势值，也可以根据某一状态下的电极电势值来计算标准电极电势值。

在使用电极电势的能斯特方程时要注意，式中的氧化型是指该电极反应中氧化型一侧的所有物质，而还原型是指电极反应中还原型一侧的所有物质。

3. 影响电极电势的因素

从电极电势的能斯特方程中可知，凡是能够影响氧化型或还原型物质浓度的因素都将影响电极电势的数值，如酸度的改变、弱电解质的生成、沉淀的生成和配合物的生成等，一般可以通过定量计算判断电极电势的改变量。

8.4　化学电源与电解

8.4.1　化学电源简介

(1) 锌锰电池：中央为正极石墨棒，其周围是MnO_2；外侧负极为锌皮，两极间是糊状的NH_4Cl、$ZnCl_2$和淀粉混合物。

锌锰电池的电极反应为

正极　$$2NH_4^+ + 2e^- = 2NH_3 + H_2$$

负极　$$Zn = Zn^{2+} + 2e^-$$

MnO_2的作用是除掉生成的H_2

$$H_2 + 2MnO_2 = Mn_2O_3 + H_2O$$

(2) 银锌电池：称为纽扣电池。电池的正极为Ag_2O，负极为金属 Zn，电解质为 KOH。电极反应为

正极　$$Ag_2O + H_2O + 2e^- = 2Ag + 2OH^-$$

负极　$$Zn + 2OH^- = Zn(OH)_2 + 2e^-$$

(3) 铅蓄电池：铅板上涂有PbO_2作为正极，负极为金属 Pb，两极同时与H_2SO_4接触。电极反应为

正极　$$PbO_2 + SO_4^{2-} + 4H^+ + 2e^- = PbSO_4 + 2H_2O$$

负极　$$Pb + SO_4^{2-} = PbSO_4 + 2e^-$$

(4) 燃料电池：将燃烧反应以原电池的方式进行的一种新型电源，比燃烧放热再发电的能源利用率高得多。例如，将H_2和O_2燃烧反应在碱性介质中设计成电池，电极反应为

正极　$$O_2 + 2H_2O + 4e^- = 4OH^-$$

负极　$$H_2 + 2OH^- = 2H_2O + 2e^-$$

(5) 镍氢电池：单液可充电电池，正极为镍的含氧化合物，负极是高压H_2，两极间是 KOH 或 NaOH 溶液。电极反应为

正极　$$NiO(OH) + H_2O + e^- = Ni(OH)_2 + OH^-$$

负极　$$H_2 + 2OH^- = 2H_2O + 2e^-$$

8.4.2　电解与超电势

电解池的两极经常用阳极和阴极表示，发生氧化反应的电极为阳极，发生还原反应的电极为阴极。电解池的正极为阳极，负极为阴极。

对于电解水时的反应

阳极　$$2H_2O = O_2 + 4H^+ + 4e^- \qquad E^\ominus = 1.23\ V$$

阴极　$$2H^+ + 2e^- = H_2 \qquad E^\ominus = 0\ V$$

理论上外加 1.23 V 电压即可实现水的电解，1.23 V 为H_2O的理论电解电压。实际电解时，需外加 1.70 V 以上的电压，电解反应才明显进行，故 1.70 V 为H_2O的电解电压。电解电压与理论电解电压之差称为超电压。

电解过程中的超电压与电极反应的超电势有关。电极反应的超电势大小与电极材料和析出物质的种类有关。一般来说，析出金属时超电势较小，析出非金属时超电势较大。

8.5　图解法讨论电极电势

8.5.1　元素电势图

在特定的 pH 条件下，将元素各种氧化态的存在形式根据氧化数降低的顺序从左向右排列，用线段将各种氧化态连接起来，在线段上方写出其两端的氧化态所组成的电对的 $E^{\ominus}$，得到该 pH 条件下的元素电势图。经常以 pH=0 和 pH=14 两种条件作元素电势图。

从元素电势图可以判断元素各化合物酸性的强弱，弱酸在给定的 pH 条件下的解离方式。

由元素电势图可求电对的电极电势。对于下面任意氧化态之间的关系式有

$$\mathrm{A}\xrightarrow[z_1]{E_1^{\ominus}}\mathrm{B}\xrightarrow[z_2]{E_2^{\ominus}}\cdots\xrightarrow[z_n]{E_n^{\ominus}}\mathrm{D}\qquad \underbrace{\mathrm{A}\longrightarrow\mathrm{D}}_{E^{\ominus},\ z}$$

$$E^{\ominus}=\frac{z_1E_1^{\ominus}+z_2E_2^{\ominus}+\cdots+z_nE_n^{\ominus}}{z_1+z_2+\cdots+z_n}$$

由元素电势图可判断某种氧化态的稳定性。某物质作为氧化型时电对的 $E^{\ominus}$ 大于其作为还原型时电对的 $E^{\ominus}$，则该物质不稳定，发生歧化反应。即在元素电势图中，若 $E_{右}^{\ominus}>E_{左}^{\ominus}$，则中间氧化数的物质不稳定，发生歧化反应。若 $E_{右}^{\ominus}<E_{左}^{\ominus}$，中间氧化数的物质稳定，不发生歧化反应。与中间氧化数相邻的两种物质相遇，发生逆歧化反应生成中间氧化数的物质。

8.5.2　自由能-氧化数图

在某 pH(通常是 pH=0 或 pH=14)下，以某元素的各种氧化数为横坐标，以各氧化态与单质组成电对的电极反应的标准自由能变 $\Delta_r G_m^{\ominus}$ 为纵坐标作图，即得到该元素的自由能-氧化数图。

由自由能-氧化数图可判断不同氧化态的氧化还原能力。在自由能-氧化数图中，线段的斜率越大，表明电对的氧化型的氧化能力越强；线段的斜率越小，电对的还原型的还原能力越强。

由自由能-氧化数图可判断歧化反应发生的可能性。若某一个氧化态位于两侧两个氧化态的连线的上方，该氧化态不稳定，将发生歧化反应。相反，若某一个氧化态位于两侧两氧化态的连线的下方，则该氧化态稳定。而位于两侧的两氧化态相遇将发生逆歧化反应。

8.5.3　*E*-pH 图

在电极反应式中有 H^+或 OH^-时，体系 pH 的变化将对电极电势 E 有影响。以 pH 为横坐标，以电极电势 E 值为纵坐标作图，可以得到该电极反应的 E-pH 图(图 8-1)。

在 E-pH 线的上方，是电极反应中氧化型的稳定区；在 E-pH 线的下方，是电极反应中还原型的稳定区。

水的 E-pH 图中，a 和 b 两条线将图分成三个区域，b 线上方为 O_2 的稳定区，a 线下方为

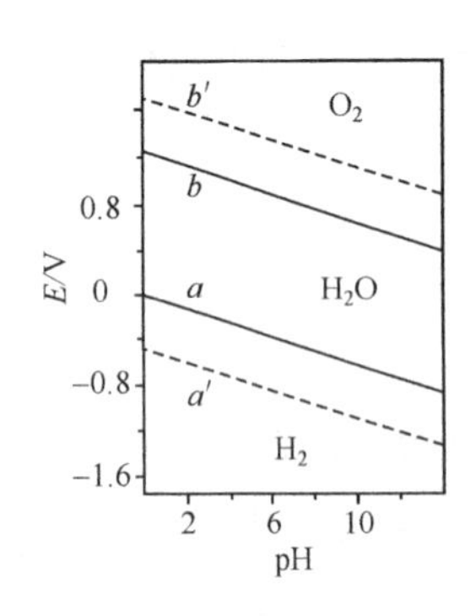

图 8-1 水的 E-pH 图

H_2 的稳定区，两条线之间为 H_2O 的稳定区。

由于动力学的原因，H_2O 的实际稳定区比氢线和氧线所限定的区域大，即 b 线和 a 线向上和向下各扩大 0.5 V 左右。

利用 E-pH 图，可以讨论相关物质的氧化还原性和在水中的稳定性：

若某电极反应的 E-pH 线落在 H_2O 的实际稳定区内，则该电极反应的氧化型不能将 H_2O 氧化，其还原型也不能被 H_2O 氧化，即该氧化型和还原型在水中稳定。例如，电对 IO_3^-/I_2 的氧化型和还原型在水中稳定。若某电极反应的 E-pH 线落在 H_2O 的介稳定区内(a 与 a'之间或 b 与 b'之间)，则该电极反应的氧化型或还原型与 H_2O 缓慢反应，如电对 MnO_4^-/Mn^{2+}在水中 MnO_4^-缓慢氧化 H_2O。

若某电极反应的 E-pH 线落在 H_2O 的介稳区外，说明该电极反应的氧化型或还原型物质可以与水发生反应。例如，电对 Ca^{2+}/Ca 中的 Ca 可被 H_2O 氧化，Ca 在水中不稳定；电对 F_2/F^- 中的 F_2 能够氧化 H_2O，F_2 在水中不稳定。

二、习 题 解 答

1. 写出下列电对在酸性介质中的电极反应及各电极反应的能斯特方程。

PbO_2/Pb，NO_3^-/NO，$C_3H_6O_2/C_3H_8O$，O_2/H_2O_2，H_2O_2/H_2O，SO_4^{2-}/H_2SO_3

解 PbO_2/Pb

$$PbO_2 + 4H^+ + 4e^- \rightleftharpoons Pb + 2H_2O$$

$$E = E^\ominus + \frac{0.059\ \text{V}}{4}\lg[H^+]^4$$

NO_3^-/NO

$$NO_3^- + 4H^+ + 3e^- \rightleftharpoons NO + 2H_2O$$

$$E = E^\ominus + \frac{0.059\ \text{V}}{3}\lg\frac{[NO_3^-][H^+]^4}{p_{NO}/p^\ominus}$$

$C_3H_6O_2 / C_3H_8O$

$$C_3H_6O_2 + 4H^+ + 4e^- \rightleftharpoons C_3H_8O + H_2O$$

$$E = E^\ominus + \frac{0.059\ \text{V}}{4}\lg\frac{[C_3H_6O_2][H^+]^4}{[C_3H_8O]}$$

O_2 / H_2O_2

$$O_2 + 2H^+ + 2e^- \rightleftharpoons H_2O_2$$

$$E = E^\ominus + \frac{0.059\ \text{V}}{2}\lg\frac{[H^+]^2 p_{O_2}/p^\ominus}{[H_2O_2]}$$

H_2O_2 / H_2O

$$H_2O_2 + 2H^+ + 2e^- \rightleftharpoons 2H_2O$$

$$E = E^\ominus + \frac{0.059\ \text{V}}{2}\lg[H^+]^2[H_2O_2]$$

SO_4^{2-}/H_2SO_3

$$SO_4^{2-} + 4H^+ + 2e^- \rightleftharpoons H_2SO_3 + H_2O$$

$$E = E^\ominus + \frac{0.059\ \text{V}}{2}\lg\frac{[SO_4^{2-}][H^+]^4}{[H_2SO_3]}$$

$[H^+]$及其他离子或物质浓度均为相对浓度，均为$\frac{[H^+]}{c^{\ominus}}$，因为本章习题中书写过于繁琐，故采用简写表示。

2. 写出下列电对在碱性介质中的电极反应及各电极反应的能斯特方程。

$Cr(OH)_3/Cr$，CrO_4^{2-}/CrO_2^-，NCO^-/CN^-，HO_2^-/OH^-，H_2O/H_2，O_2/HO_2^-，N_2/NH_2OH

解　$Cr(OH)_3/Cr$　　$Cr(OH)_3 + 3e^- = Cr + 3OH^-$

$$E = E^{\ominus} + \frac{0.059\ V}{3}\lg\frac{1}{[OH^-]^3}$$

CrO_4^{2-}/CrO_2^-　　$CrO_4^{2-} + 2H_2O + 3e^- = CrO_2^- + 4OH^-$

$$E = E^{\ominus} + \frac{0.059\ V}{3}\lg\frac{[CrO_4^{2-}]}{[CrO_2^-][OH^-]^4}$$

NCO^-/CN^-　　$NCO^- + H_2O + 2e^- = CN^- + 2OH^-$

$$E = E^{\ominus} + \frac{0.059\ V}{2}\lg\frac{[NCO^-]}{[CN^-][OH^-]^2}$$

HO_2^- / OH^-　　$HO_2^- + H_2O + 2e^- = 3OH^-$

$$E = E^{\ominus} + \frac{0.059\ V}{2}\lg\frac{[HO_2^-]}{[OH^-]^3}$$

H_2O/H_2　　$2H_2O + 2e^- = H_2 + 2OH^-$

$$E = E^{\ominus} + \frac{0.059\ V}{2}\lg\frac{1}{[OH^-]^2 \times p_{H_2} / p_{\ominus}}$$

O_2 / HO_2^-　　$O_2 + H_2O + 2e^- = HO_2^- + OH^-$

$$E = E^{\ominus} + \frac{0.059\ V}{2}\lg\frac{p_{O_2}/p^{\ominus}}{[OH^-][HO_2^-]}$$

N_2/NH_2OH　　$N_2 + 4H_2O + 2e^- = 2NH_2OH + 2OH^-$

$$E = E^{\ominus} + \frac{0.059\ V}{2}\lg\frac{p_{N_2} / p^{\ominus}}{[NH_2OH][OH^-]^2}$$

3. 配平下列酸性介质中反应的方程式

(1) $I^- + HClO \longrightarrow IO_3^- + Cl^-$

(2) $PbO_2 + Mn^{2+} + SO_4^{2-} \longrightarrow PbSO_4 + MnO_4^-$

(3) $ClO_3^- + Fe^{2+} \longrightarrow Cl^- + Fe^{3+}$

(4) $MnO_4^- + C_3H_7OH \longrightarrow Mn^{2+} + C_2H_5COOH$

(5) $XeF_4 + H_2O \longrightarrow XeO_3 + Xe + O_2 + HF$

解　(1) $I^- + HClO \longrightarrow IO_3^- + Cl^-$

① 将反应写成两个电对

$$HClO/ Cl^-，IO_3^-/I^-$$

② 分别配平两个半反应

$$HClO + H^+ + 2e^- = Cl^- + H_2O \tag{a}$$

$$IO_3^- + 6H^+ + 6e^- = I^- + 3H_2O \qquad (b)$$

③ 调整化学计量数，使两式中 e^-的计量数相等

3 ×(a)式，得

$$3HClO + 3H^+ + 6e^- = 3Cl^- + 3H_2O \qquad (c)$$

④ 合并两个半反应，消去电子，完成配平

(c)式-(b)式，得

$$I^- + 3HClO = IO_3^- + 3Cl^- + 3H^+$$

(2) $PbO_2 + Mn^{2+} + SO_4^{2-} \longrightarrow PbSO_4 + MnO_4^-$

① 将反应写成两个电对

$$PbO_2 / PbSO_4，MnO_4^- / Mn^{2+}$$

② 分别配平两个半反应

$$PbO_2 + SO_4^{2-} + 4H^+ + 2e^- = PbSO_4 + 2H_2O \qquad (a)$$

$$MnO_4^- + 8H^+ + 5e^- = Mn^{2+} + 4H_2O \qquad (b)$$

③ 调整化学计量数，使两式中 e^-的计量数相等

5×(a)式，得

$$5PbO_2 + 5SO_4^{2-} + 20H^+ + 10e^- = 5PbSO_4 + 10H_2O \qquad (c)$$

2×(b)式，得

$$2MnO_4^- + 16H^+ + 10e^- = 2Mn^{2+} + 8H_2O \qquad (d)$$

④ 合并两个半反应，消去电子，完成配平

(c)式-(d)式，得

$$5PbO_2 + 2Mn^{2+} + 5SO_4^{2-} + 14H^+ = 5PbSO_4 + 2MnO_4^- + 2H_2O$$

(3) $ClO_3^- + Fe^{2+} \longrightarrow Cl^- + Fe^{3+}$

① 将反应写成两个电对

$$ClO_3^-/ Cl^-，Fe^{3+} / Fe^{2+}$$

② 分别配平两个半反应

$$ClO_3^- + 6H^+ + 6e^- = Cl^- + 3H_2O \qquad (a)$$

$$Fe^{3+} + e^- = Fe^{2+} \qquad (b)$$

③ 调整化学计量数，使两式中 e^-的计量数相等

6×(b)式，得

$$6Fe^{3+} + 6e^- = 6Fe^{2+} \qquad (c)$$

④ 合并两个半反应，消去电子，完成配平

(a)式-(c)式，得

$$ClO_3^- + 6Fe^{2+} + 6H^+ = Cl^- + 6Fe^{3+} + 3H_2O$$

(4) $MnO_4^- + C_3H_7OH \longrightarrow Mn^{2+} + C_2H_5COOH$

① 将反应写成两个电对

$$MnO_4^-/Mn^{2+}，C_2H_5COOH / C_3H_7OH$$

② 分别配平两个半反应

$$MnO_4^- + 8H^+ + 5e^- = Mn^{2+} + 4H_2O \quad (a)$$

$$C_2H_5COOH + 4H^+ + 4e^- = C_3H_7OH + H_2O \quad (b)$$

③ 调整化学计量数，使两式中 e^-的计量数相等

4×(a)式，得

$$4MnO_4^- + 32H^+ + 20e^- = 4Mn^{2+} + 16H_2O \quad (c)$$

5×(b)式，得

$$5C_2H_5COOH + 20H^+ + 20e^- = 5C_3H_7OH + 5H_2O \quad (d)$$

④ 合并两个半反应，消去电子，完成配平

(c)式-(d)式，得

$$4MnO_4^- + 5C_3H_7OH + 12H^+ = 4Mn^{2+} + 5C_2H_5COOH + 11H_2O$$

在配平半反应过程中，不必考虑 C_3H_7OH 和 C_2H_5COOH 中 C 的价态，只要原子数平，以电子配平电荷即可；这就保证了氧化还原反应的两侧原子数相等，电荷数相同。

(5) $XeF_4 + H_2O \longrightarrow XeO_3 + Xe + O_2 + HF$

① 将反应写成两个电对

$$XeF_4/ XeO_3,Xe，O_2/ H_2O$$

② 分别配平两个半反应

$$2XeF_4 + 3H_2O + 2H^+ + 2e^- = XeO_3 + Xe + 8HF \quad (a)$$

$$O_2 + 4H^+ + 4e^- = 2H_2O \quad (b)$$

③ 调整化学计量数，使两式中 e^-的计量数相等

2×(a)式，得

$$4XeF_4 + 6H_2O + 4H^+ + 4e^- = 2XeO_3 + 2Xe + 16HF \quad (c)$$

④ 合并两个半反应，消去电子，完成配平

(c)式-(b)式，得

$$4XeF_4 + 8H_2O = 2XeO_3 + 2Xe + 16HF + O_2$$

4. 配平下列碱性介质中反应的方程式。

(1) $Br_2 + OH^- \longrightarrow Br^- + BrO_3^- + H_2O$

(2) $[Cr(OH)_4]^- + H_2O_2 \longrightarrow CrO_4^{2-} + H_2O$

(3) $N_2H_4 + Cu(OH)_2 \longrightarrow N_2 + Cu$

(4) $Ag_2S + CN^- + O_2 \longrightarrow SO_2 + [Ag(CN)_2]^-$

(5) $MnO_2(s) + KOH (s) + KClO_3 \xrightarrow{\triangle} K_2MnO_4 + KCl + H_2O$

解 (1) $Br_2 + OH^- \longrightarrow Br^- + BrO_3^- + H_2O$

① 将反应写成两个电对

$$Br_2 / Br^-，BrO_3^- / Br_2$$

② 分别配平两个半反应

$$Br_2 + 2e^- = 2Br^- \quad (a)$$

$$2BrO_3^- + 6H_2O + 10e^- == Br_2 + 12OH^- \quad (b)$$

③ 调整化学计量数，使两式中 e^-的计量数相等

5×(a)式，得

$$5Br_2 + 10e^- == 10Br^- \quad (c)$$

④ 合并两个半反应，消去电子，完成配平

(c)式-(b)式，得

$$6Br_2 + 12OH^- == 10Br^- + 2BrO_3^- + 6H_2O$$

化简得

$$3Br_2 + 6OH^- == 5Br^- + BrO_3^- + 3H_2O$$

(2) $[Cr(OH)_4]^- + H_2O_2 \longrightarrow CrO_4^{2-} + H_2O$

① 将反应写成两个电对

$$H_2O_2 / H_2O，CrO_4^{2-} /[Cr(OH)_4]^-$$

② 分别配平两个半反应

$$H_2O_2 + 2e^- == 2OH^- \quad (a)$$

$$CrO_4^{2-} + 4H_2O + 3e^- == [Cr(OH)_4]^- + 4OH^- \quad (b)$$

③ 调整化学计量数，使两式中 e^-的计量数相等

3×(a)式，得

$$3H_2O_2 + 6e^- == 6OH^- \quad (c)$$

2×(b)式，得

$$2CrO_4^{2-} + 8H_2O + 6e^- == 2[Cr(OH)_4]^- + 8OH^- \quad (d)$$

④ 合并两个半反应，消去电子，完成配平

(c)式-(d)式，得

$$2[Cr(OH)_4]^- + 3H_2O_2 + 2OH^- == 2CrO_4^{2-} + 8H_2O$$

(3) $N_2H_4 + Cu(OH)_2 \longrightarrow N_2 + Cu$

① 将反应写成两个电对

$$Cu(OH)_2/ Cu，N_2/ N_2H_4$$

② 分别配平两个半反应

$$Cu(OH)_2 + 2e^- == Cu + 2OH^- \quad (a)$$

$$N_2 + 4H_2O + 4e^- == N_2H_4 + 4OH^- \quad (b)$$

③ 调整化学计量数，使两式中 e^-的计量数相等

2×(a)式，得

$$2Cu(OH)_2 + 4e^- == 2Cu + 4OH^- \quad (c)$$

④ 合并两个半反应，消去电子，完成配平

(c)式-(b)式，得

$$N_2H_4 + 2Cu(OH)_2 == N_2 + 2Cu + 4H_2O$$

(4) $Ag_2S + CN^- + O_2 \longrightarrow SO_2 + [Ag(CN)_2]^-$

① 将反应写成两个电对

$$O_2/OH^-，SO_2/Ag_2S$$

② 分别配平两个半反应

$$O_2 + 2H_2O + 4e^- = 4OH^- \quad (a)$$

$$2[Ag(CN)_2]^- + SO_2 + 2H_2O + 6e^- = Ag_2S + 4OH^- + 4CN^- \quad (b)$$

③ 调整化学计量数，使两式中 e^-的计量数相等

3×(a)式，得

$$3O_2 + 6H_2O + 12e^- = 12OH^- \quad (c)$$

2×(b)式，得

$$4[Ag(CN)_2]^- + 2SO_2 + 4H_2O + 12e^- = 2Ag_2S + 8OH^- + 8CN^- \quad (d)$$

④ 合并两个半反应，消去电子，完成配平

(c)式−(d)式，得

$$2Ag_2S + 8CN^- + 3O_2 + 2H_2O = 2SO_2 + 4[Ag(CN)_2]^- + 4OH^-$$

(5) $MnO_2\,(s) + KOH\,(s) + KClO_3 \xrightarrow{\triangle} K_2MnO_4 + KCl + H_2O$

① 将反应写成两个电对

$$ClO_3^- / Cl^-，MnO_4^{2-} / MnO_2$$

② 分别配平两个半反应

$$ClO_3^- + 3H_2O + 6e^- = Cl^- + 6OH^- \quad (a)$$

$$MnO_4^{2-} + 2H_2O + 2e^- = MnO_2 + 4OH^- \quad (b)$$

③ 调整化学计量数，使两式中 e^-的计量数相等

3×(b)式，得

$$3MnO_4^{2-} + 6H_2O + 6e^- = 3MnO_2 + 12OH^- \quad (c)$$

④ 合并两个半反应，消去电子，完成配平

(a)式−(c)式，得

$$3MnO_2\,(s) + 6KOH(s) + KClO_3 = 3K_2MnO_4 + KCl + 3H_2O$$

5. 写出下列电池反应的电池符号，并计算电池的标准电动势。

(1) $2Fe^{2+}(aq) + Br_2(l) = 2Fe^{3+}(aq) + 2Br^-(aq)$

(2) $2Co^{3+}(aq) + Sn^{2+}(aq) = 2Co^{2+}(aq) + Sn^{4+}(aq)$

已知 $E^\ominus(Fe^{3+}/Fe^{2+})$=0.77 V，$E^\ominus(Br_2/Br^-)$=1.07 V，$E^\ominus(Co^{3+}/Co^{2+})$=1.92 V，$E^\ominus(Sn^{4+}/Sn^{2+})$=0.151 V。

解 (1) 电池符号为

(−) Pt | Fe^{2+} (1.00 mol · dm^{-3})，Fe^{3+}(1.00 mol · dm^{-3}) || Br^- (1.00 mol · dm^{-3}) | Br_2(l) | Pt(+)

原电池的标准电动势为

$$E^\ominus = E_+^\ominus - E_-^\ominus = 1.07\ V - 0.77\ V = 0.30\ V$$

(2) 电池符号为

(−)Pt | Sn^{2+}(1.00 mol · dm^{-3})，Sn^{4+}(1.00 mol · dm^{-3}) || Co^{3+}(1.00 mol · dm^{-3})，Co^{2+}(1.00 mol · dm^{-3}) | Pt(+)

原电池的标准电动势为

$$E^{\ominus} = E_{+}^{\ominus} - E_{-}^{\ominus} = 1.92\ \text{V} - 0.151\ \text{V} = 1.769\ \text{V}$$

6. 氧化还原反应

$$Cu^{2+} + Cu + 2Cl^{-} = 2CuCl$$

能够设计成几个原电池？写出电极反应和电池符号。

解 一个氧化还原反应若是由同一元素三种氧化态构成的，则可以设计出三个原电池，三个原电池的标准电动势 $E^{\ominus}$ 不同，但标准自由能变 $\Delta_r G_m^{\ominus}$ 相同。由给定的氧化还原反应组成原电池时，反应过程中氧化数升高的电对作负极，氧化数降低的电对作正极。能够写出两个半反应，则不难写出电池符号。

(1) 反应 $Cu^{2+} + Cu + 2Cl^{-} = 2CuCl$

可写成 $\underline{Cu^{2+} + Cl^{-}} + Cu + Cl^{-} = \underline{CuCl} + CuCl$

分成两个半反应 $\underline{Cu^{2+} + Cl^{-}} + e^{-} = \underline{CuCl}$

$$Cu + Cl^{-} = CuCl + e^{-}$$

电池符号 $(-)\ Cu \mid CuCl \mid Cl^{-}(c_1) \parallel Cl^{-}(c_2), Cu^{2+}(c_3) \mid CuCl \mid Pt\ (+)$

(2) 在反应两侧加 Cu $\underline{Cu^{2+}} + 2Cu + 2Cl^{-} = 2CuCl + \underline{Cu}$

分成两个半反应 $\underline{Cu^{2+}} + 2e^{-} = \underline{Cu}$

$$2Cu + 2Cl^{-} = 2CuCl + 2e^{-}$$

电池符号 $(-)\ Cu \mid CuCl \mid Cl^{-}(c_1) \parallel Cu^{2+}(c_2) \mid Cu\ (+)$

(3)在反应两侧加 Cu^{2+} $\underline{2Cu^{2+}} + \underline{2Cl^{-}} + Cu = \underline{2CuCl} + Cu^{2+}$

分成两个半反应 $\underline{2Cu^{2+}} + \underline{2Cl^{-}} + 2e^{-} = \underline{2CuCl}$

$$Cu = Cu^{2+} + 2e^{-}$$

电池符号 $(-)\ Cu \mid Cu^{2+}(c_1) \parallel Cl^{-}(c_2), Cu^{2+}(c_3) \mid CuCl \mid Pt\ (+)$

7. 已知

$$Co(OH)_3 + e^{-} = Co(OH)_2 + OH^{-} \qquad E^{\ominus} = 0.17\ \text{V}$$

$$Co^{3+} + e^{-} = Co^{2+} \qquad E^{\ominus} = 1.92\ \text{V}$$

试判断 $Co(OH)_3$ 的 $K_{sp}^{\ominus}$ 和 $Co(OH)_2$ 的 $K_{sp}^{\ominus}$ 哪个大，简述理由。

解 已知条件中的两个电极反应实质相同，可以将电极反应 $Co(OH)_3 + e^{-} = Co(OH)_2 + OH^{-}$，看作电极反应 $Co^{3+} + e^{-} = Co^{2+}$的一个非标准态，根据能斯特方程

$$E^{\ominus}[Co(OH)_3/Co(OH)_2] = E^{\ominus}(Co^{3+}/Co^{2+}) + 0.059\ \text{V} \lg\frac{[Co^{3+}]}{[Co^{2+}]}$$

由

$$Co(OH)_3 = Co^{3+} + 3OH^{-}$$

$$K_{sp}[Co(OH)_3] = [Co^{3+}][OH^{-}]^3 = [Co^{3+}]$$

$$Co(OH)_2 = Co^{2+} + 2OH^{-}$$

$$K_{sp}[Co(OH)_2] = [Co^{2+}][OH^{-}]^2 = [Co^{2+}]$$

所以

$$E^{\ominus}[Co(OH)_3/Co(OH)_2] = E^{\ominus}(Co^{3+}/Co^{2+}) + 0.059\ V\lg\frac{K_{sp}^{\ominus}[Co(OH)_3]}{K_{sp}^{\ominus}[Co(OH)_2]}$$

由已知数据可知 $E^{\ominus}[Co(OH)_3/Co(OH)_2] < E^{\ominus}(Co^{3+}/Co^{2+})$，则

$$\lg\frac{K_{sp}^{\ominus}[Co(OH)_3]}{K_{sp}^{\ominus}[Co(OH)_2]} < 0$$

$$\frac{K_{sp}^{\ominus}[Co(OH)_3]}{K_{sp}^{\ominus}[Co(OH)_2]} < 1$$

所以

$$K_{sp}^{\ominus}[Co(OH)_3] < K_{sp}^{\ominus}[Co(OH)_2]$$

根据给出的具体数据也可求出 $K_{sp}^{\ominus}[Co(OH)_3]$ 和 $K_{sp}^{\ominus}[Co(OH)_2]$ 的比值

$$E^{\ominus}[Co(OH)_3/Co(OH)_2] = E^{\ominus}(Co^{3+}/Co^{2+}) + 0.059\ V\lg\frac{K_{sp}^{\ominus}[Co(OH)_3]}{K_{sp}^{\ominus}[Co(OH)_2]}$$

$$0.17\ V = 1.92\ V + 0.059\ V\lg\frac{K_{sp}^{\ominus}[Co(OH)_3]}{K_{sp}^{\ominus}[Co(OH)_2]}$$

$$\lg\frac{K_{sp}^{\ominus}[Co(OH)_3]}{K_{sp}^{\ominus}[Co(OH)_2]} = -29.66$$

$$\frac{K_{sp}^{\ominus}[Co(OH)_3]}{K_{sp}^{\ominus}[Co(OH)_2]} = 2.18\times 10^{-30}$$

故 $Co(OH)_2$ 的 $K_{sp}^{\ominus}$ 大。

8. 已知在 298 K、101.3 kPa 时，电极反应 $O_2 + 4H^+ + 4e^- \longrightarrow 2H_2O$ 的 $E^{\ominus}=1.229$ V。计算电极反应 $O_2 + 2H_2O + 4e^- \longrightarrow 4OH^-$的 $E^{\ominus}$ 值。

解　电极反应 $O_2 + 2H_2O + 4e^- \longrightarrow 4OH^-$与电极反应 $O_2 + 4H^+ + 4e^- \longrightarrow 2H_2O$ 的实质相同，均为 O(Ⅱ)和 O(0)之间的反应，故未知电极可认为是已知电极在 pH 为 14 时的一个非标准态。

$$H_2O \longrightarrow H^+ + OH^-$$

$$[H^+] = \frac{K_w}{[OH^-]} = K_w = 1.0\times 10^{-14}$$

根据电极反应 $O_2 + 4H^+ + 4e^- \longrightarrow 2H_2O$ 的能斯特方程

$$\begin{aligned} E &= E^{\ominus} + \frac{0.059\ V}{4}\lg[H^+]^4 \\ &= 1.229\ V + 0.059\ V\lg 1.0\times 10^{-14} \\ &= 0.403\ V \end{aligned}$$

即

$$E^{\ominus}(O_2/OH^-) = 0.403\ V$$

9. 已知反应 $\frac{1}{2}H_2 + AgCl(s) \longrightarrow H^+ + Cl^- + Ag(s)$ 的 $\Delta_r H_m^{\ominus} = -40.44\ kJ\cdot mol^{-1}$，$\Delta_r S_m^{\ominus} = -63.6\ J\cdot mol^{-1}\cdot K^{-1}$，求 298 K 时 $AgCl(s) + e^- \longrightarrow Ag(s) + Cl^-$的 $E^{\ominus}$。

解
$$\frac{1}{2}H_2(g) + AgCl(s) = H^+(aq) + Cl^-(aq) + Ag(s)$$

$$\begin{aligned}\Delta_r G_m^\ominus &= \Delta_r H_m^\ominus - T\Delta_r S_m^\ominus \\ &= -40.44\times10^3 - 298\times(-63.6) \\ &= -21.49\times10^3\ (\mathrm{J\cdot mol^{-1}})\end{aligned}$$

$$E^\ominus = -\frac{\Delta_r G_m^\ominus}{zF} = \frac{21.49\times10^3}{1\times9.65\times10^4} = 0.223\ (\mathrm{V})$$

因为该电池反应的负极为标准氢电极

$$H^+ + e^- = \frac{1}{2}H_2(g) \qquad E^\ominus(H^+/H_2) = 0.00\ \mathrm{V}$$

$$E^\ominus = E^\ominus[AgCl(s)/Ag] - E^\ominus(H^+/H_2)$$

故电极反应

$$AgCl(s) + e^- = Ag(s) + Cl^-$$
$$E^\ominus[AgCl(s)/Ag] = 0.223\ \mathrm{V}$$

10. 已知

$$Mg(OH)_2 + 2e^- = Mg + 2OH^- \qquad E^\ominus[Mg(OH)_2/Mg] = -2.69\ \mathrm{V}$$
$$Mg^{2+} + 2e^- = Mg \qquad E^\ominus(Mg^{2+}/Mg) = -2.37\ \mathrm{V}$$

求 $Mg(OH)_2$ 的 $K_{sp}^\ominus$。

解　电极反应 $Mg(OH)_2 + 2e^- = Mg + 2OH^-$可看成电极反应 $Mg^{2+} + 2e^- = Mg$ 的一个非标准态，该非标准态中 Mg^{2+}的浓度由 $Mg(OH)_2$ 的 $K_{sp}^\ominus$ 决定，故知道该非标准态中 Mg^{2+}的浓度可求得 $Mg(OH)_2$ 的 $K_{sp}^\ominus$。

$$E^\ominus[Mg(OH)_2/Mg] = E^\ominus(Mg^{2+}/Mg) + \frac{0.059\ \mathrm{V}}{2}\lg[Mg^{2+}]$$

$$-2.69\ \mathrm{V} = -2.37\ \mathrm{V} + \frac{0.059\ \mathrm{V}}{2}\lg[Mg^{2+}]$$

$$[Mg^{2+}] = 1.42\times10^{-11}\ \mathrm{mol\cdot dm^{-3}}$$

$$Mg(OH)_2 = Mg^{2+} + 2OH^-$$
$$K_{sp}^\ominus = [Mg^{2+}][OH^-]^2 = 1.42\times10^{-11}$$

11. 有一原电池(−)A | A^{2+}||B^{2+} | B(+)，当[A^{2+}]=[B^{2+}]时，原电池的电动势为 0.360 V，当[A^{2+}]= 0.100 $\mathrm{mol\cdot dm^{-3}}$，电池的电动势为 0.272 V，此时[$B^{2+}$]为多少?

解　根据题意，该原电池的电池反应为

$$B^{2+} + A = B + A^{2+}$$

根据原电池电动势的能斯特方程

$$E = E^\ominus - \frac{0.059\ \mathrm{V}}{2}\lg\frac{[A^{2+}]}{[B^{2+}]}$$

可知，当[A^{2+}] = [B^{2+}]时

$$E = E^\ominus = 0.360\ \mathrm{V}$$

将$[A^{2+}]$=0.100 $mol \cdot dm^{-3}$，$E = 0.272$ V 代入原电池电动势的能斯特方程有

$$0.272 = 0.360 - \frac{0.059}{2}\lg\frac{0.100}{[B^{2+}]}$$

解得

$$[B^{2+}] = 1.04 \times 10^{-4}\ mol \cdot dm^{-3}$$

12. 已知

$$Cu^{2+} + 2e^- = Cu \qquad E^\ominus = 0.342\ V$$

$$Cu^{2+} + e^- = Cu^+ \qquad E^\ominus = 0.153\ V$$

$K_{sp}^\ominus(CuCl) = 1.72 \times 10^{-7}$。

(1) 计算反应 $Cu + Cu^{2+} = 2Cu^+$的平衡常数；

(2) 计算反应 $Cu + Cu^{2+} + 2Cl^- = 2CuCl(s)$的平衡常数。

解　(1) 由已知条件画出 Cu 元素的元素电势图

$$Cu^{2+} \xrightarrow{0.153\ V} Cu^+ \xrightarrow{\quad} Cu \quad (Cu^{2+} \to Cu:\ 0.342\ V)$$

则
$$E^\ominus(Cu^+/Cu) = 0.342 \times 2 - 0.153 \times 1 = 0.531\ (V)$$

氧化还原反应　$Cu + Cu^{2+} = 2Cu^+$

正极电极反应为　$Cu^{2+} + e^- = Cu^+$　$E_+^\ominus = 0.153$ V

负极电极反应为　$Cu^+ + e^- = Cu$　$E_-^\ominus = 0.531$ V

$$E^\ominus = E_+^\ominus - E_-^\ominus = 0.153 - 0.531 = -0.378\ (V)$$

$$\lg K_1^\ominus = \frac{zE}{0.059\ V} = \frac{-0.378\ V}{0.059\ V} = -6.41$$

$$K_1^\ominus = 3.92 \times 10^{-7}$$

(2) 解法一　反应　$Cu + Cu^{2+} + 2Cl^- = 2CuCl(s)$　$K_2^\ominus$　①

$$Cu + Cu^{2+} = 2Cu^+ \quad ②$$

$$2Cu^+ + 2Cl^- = 2CuCl(s) \quad ③$$

反应① = 反应② + 反应③，故

$$K_2 = K_1^\ominus \times \frac{1}{[K_{sp}^\ominus(CuCl)]^2} = \frac{3.92 \times 10^{-7}}{(1.72 \times 10^{-7})^2} = 1.33 \times 10^7$$

解法二

反应　$Cu + Cu^{2+} + 2Cl^- = 2CuCl(s)$

正极反应　$Cu^{2+} + Cl^- + e^- = CuCl(s)$

$$E_+^\ominus = E^\ominus(Cu^{2+}/Cu^+) + 0.059\ V\lg\frac{[Cu^{2+}]}{[Cu^+]}$$

$$= E^\ominus(Cu^{2+}/Cu^+) + 0.059\ V\lg\frac{1}{K_{sp}^\ominus(CuCl)}$$

$$= 0.153\ V + 0.059\ V\lg\frac{1}{1.72 \times 10^{-7}}$$

$$= 0.552\ V$$

负极反应　　$CuCl + e^- \longrightarrow Cu + Cl^-$

$$E_-^\ominus = E^\ominus(Cu^+/Cu) + 0.059\ V\lg[Cu^+]$$
$$= E^\ominus(Cu^+/Cu) + 0.059\ V\lg K_{sp}^\ominus(CuCl)$$
$$= 0.531\ V + 0.059\ V\lg(1.72\times10^{-7})$$
$$= 0.132\ V$$
$$E^\ominus = E_+^\ominus - E_-^\ominus = 0.552\ V - 0.132\ V = 0.420\ V$$
$$\lg K_2^\ominus = \frac{zE^\ominus}{0.059\ V} = \frac{0.420\ V}{0.059\ V} = 7.12$$

故　　$K_2 = 1.32\times10^7$

13. 已知

$$Zn^{2+} + 2e^- \longrightarrow Zn \qquad E_1^\ominus = -0.762\ V$$
$$ZnO_2^{2-} + 2H_2O + 2e^- \longrightarrow Zn + 4OH^- \qquad E_2^\ominus = -1.215\ V$$

试通过计算说明锌在标准状况下，既能从酸中又能从碱中置换放出氢气。

解　锌在酸中置换 H_2 反应为

$$Zn + 2H^+ \longrightarrow Zn^{2+} + H_2\uparrow$$

在标准状况下

$$[H^+] = 1.0\ mol\cdot dm^{-3},\ [Zn^{2+}] = 1.0\ mol\cdot dm^{-3}$$

则

$$E^\ominus = 0\ V - (-0.762\ V) = 0.762\ V$$

$E^\ominus > 0$，反应能自发进行，锌在酸中能置换 H_2。

锌在碱中置换 H_2 反应为

$$Zn + 2OH^- \longrightarrow ZnO_2^{2-} + H_2$$

在标准状态下

$$[OH^-] = 1.0\ mol\cdot dm^{-3},\ [H^+] = 1.0\times10^{-14} mol\cdot dm^{-3}$$
$$2H_2O + 2e^- \longrightarrow H_2 + 2OH^-$$
$$E = E^\ominus + \frac{0.059\ V}{2}\lg[H^+]^2 = -0.826\ V$$
$$ZnO_2^{2-} + 2H_2O + 2e^- \longrightarrow Zn + 4OH^- \qquad E_2^\ominus = -1.215\ V$$

所以

$$E_{池}^\ominus = -0.826\ V - (-1.215\ V) = 0.389\ V > 0$$

$E_{池}^\ominus > 0$，反应能自发进行，锌能在碱中置换 H_2。

14. 计算电极反应 $Ag_2S(s) + 2e^- \longrightarrow 2Ag(s) + S^{2-}(aq)$ 在 pH=3.00 缓冲溶液中的 E。

已知 $E^\ominus(Ag^+/Ag)=0.80\ V$，$K_{sp}^\ominus(Ag_2S)=6.3\times10^{-50}$，溶液中$[H_2S]=0.10\ mol\cdot dm^{-3}$，$H_2S$ 的 $K_{a1}^\ominus\times K_{a2}^\ominus=1.35\times10^{-20}$。

解　解法一　根据题意，可先求出电极反应 $Ag_2S(s) + 2e^- \longrightarrow 2Ag(s) + S^{2-}(aq)$ 的 $E^\ominus$。此电极反应可看成电极反应 $Ag^+ + e^- \longrightarrow Ag$ 的非标准态，该非标准态中 Ag^+的浓度由

Ag_2S 的 $K_{sp}^{\ominus}$ 决定，所以有

$$E^{\ominus}(Ag_2S/Ag)=E^{\ominus}(Ag^+/Ag)+0.059\ \text{V}\lg[Ag^+]$$

当$[S^{2-}]$=1.0 mol · dm^{-3}时，则

$$K_{sp}^{\ominus}=[Ag^+]^2[S^{2-}] \qquad [Ag^+]=\sqrt{K_{sp}^{\ominus}/[S^{2-}]}$$

故

$$E^{\ominus}(Ag_2S/Ag)=0.80\ \text{V}+0.059\ \text{V}\lg\sqrt{6.3\times10^{-50}}=-0.65\ \text{V}$$

在 pH=3.00 的缓冲溶液中，$[H^+]=1.0\times10^{-3}$ mol · dm^{-3}，$[H_2S]$=0.10 mol · dm^{-3}，则溶液中S^{2-}的浓度为

$$[S^{2-}]=\frac{K_{a1}\times K_{a2}\times[H_2S]}{[H^+]^2}=\frac{1.35\times10^{-20}\times0.10}{(1.0\times10^{-3})^2}=1.35\times10^{-15}\ (\text{mol}\cdot\text{dm}^{-3})$$

故

$$\begin{aligned}E(Ag_2S/Ag)&=E^{\ominus}(Ag_2S/Ag)+\frac{0.059\ \text{V}}{2}\lg\frac{1}{[S^{2-}]}\\&=-0.65\ \text{V}+\frac{0.059\ \text{V}}{2}\lg\frac{1}{1.35\times10^{-15}}\\&=-0.21\ \text{V}\end{aligned}$$

解法二　电极反应 $Ag_2S(s)+2e^-$ ══ $2Ag(s)+S^{2-}(aq)$相当于电极反应 Ag^++e^- ══ Ag 的非标准态，该非标准态中 Ag^+的浓度由题设条件：pH=3.00 的缓冲溶液，$[H_2S]$=0.10 mol · dm^{-3}，Ag_2S 的 $K_{sp}^{\ominus}$ 和 H_2S 的 $K_{a1}^{\ominus}$、$K_{a2}^{\ominus}$ 共同决定的。

由题设可知当 pH=3.00 时，溶液中$[S^{2-}]$为

$$[S^{2-}]=\frac{K_{a1}\times K_{a2}\times[H_2S]}{[H^+]^2}=\frac{1.35\times10^{-20}\times0.10}{(1.0\times10^{-3})^2}=1.35\times10^{-15}\ (\text{mol}\cdot\text{dm}^{-3})$$

此时，溶液中$[Ag^+]$为

$$[Ag^+]=\sqrt{\frac{K_{sp}}{[S^{2-}]}}=\sqrt{\frac{6.3\times10^{-50}}{1.35\times10^{-15}}}=6.83\times10^{-18}$$

代入电极反应 Ag^++e^- ══ Ag 的能斯特方程，得

$$\begin{aligned}E(Ag_2S/Ag)&=E^{\ominus}(Ag^+/Ag)+0.059\ \text{V}\lg[Ag^+]\\&=0.80\ \text{V}+0.059\ \text{V}\lg(6.83\times10^{-18})\\&=-0.21\ \text{V}\end{aligned}$$

15. 饱和甘汞电极为正极，与氢电极组成原电池。氢电极溶液为 HA-A^-的缓冲溶液，已知[HA] = 1.0 mol · dm^{-3}，$[A^-]$ = 0.10 mol · dm^{-3}，测得其电动势为 0.478 V。

(1) 写出电池符号及电池反应方程式；

(2) 求弱酸 HA 的解离常数[已知 $E^{\ominus}(Hg_2Cl_2/Hg$，饱和)=0.268 V]。

解　(1) 电池符号为

$$(-)\ \text{Pt}\,|\,H_2(p^{\ominus})\,|\,\text{HA}(c^{\ominus}),\ A^-(0.10\ \text{mol}\cdot\text{dm}^{-3})\,\|\,\text{KCl}(\text{饱和})\,|\,Hg_2Cl_2(s)\,|\,\text{Hg}(+)$$

电池的反应方程式为

$$Hg_2Cl_2 + H_2 + 2A^- \rightleftharpoons 2Hg + 2HA + 2Cl^-$$

(2) 电池的电动势

$$E = E_+ - E_-$$

得

$$E_- = E_+ - E = 0.268\ V - 0.478\ V = -0.210\ V$$

负极反应

$$2HA + 2e^- = H_2 + 2A^-$$

所以

$$E_- = E^{\ominus}_{H^+/H_2} + 0.059\ V \lg [H^+] \quad ①$$

H^+浓度可根据 HA 的解离平衡求得

$$[H^+] = K^{\ominus}_{a,\ HA} \frac{[HA]}{[A^-]} \quad ②$$

将②式代入①式，得

$$E_- = 0.059\ V \lg \left(K^{\ominus}_{a,\ HA} \frac{[HA]}{[A^-]} \right)$$

$$-0.210\ V = 0.059\ V \lg \frac{K^{\ominus}_{a,\ HA}}{0.10}$$

解得

$$K^{\ominus}_{a,\ HA} = 2.76 \times 10^{-5}$$

16. 从金矿石中提取金的传统方法之一是氰化法，试写出氰化法提取金的化学反应方程式，并简要解释反应能够进行的原因。

已知

$$Au^+ + e^- = Au \qquad E^{\ominus} = 1.69\ V$$

$$O_2 + 2H_2O + 4e^- = 4OH^- \qquad E^{\ominus} = 0.40\ V$$

$$[Zn(CN)_4]^{2-} + 2e^- = Zn + 4CN^- \qquad E^{\ominus} = -1.26\ V$$

$$Au^+ + 2CN^- = [Au(CN)_2]^- \qquad K^{\ominus}_{稳} = 2.0 \times 10^{38}$$

解　氰化法提取金的反应

$$4Au + 8CN^- + O_2 + 2H_2O = 4[Au(CN)_2]^- + 4OH^- \quad ①$$

$$Zn + 2[Au(CN)_2]^- = [Zn(CN)_4]^{2-} + 2Au \quad ②$$

反应①的负极

$$E^{\ominus}\{[Au(CN)_2]^-/Au\} = E^{\ominus}(Au^+/Au) + 0.059\ V \lg \frac{1}{K^{\ominus}_{稳}}$$

$$= 1.69\ V - 0.059\ V \lg (2.0 \times 10^{38})$$

$$= -0.57\ V$$

反应①的电动势

$$E_1^{\ominus}=E^{\ominus}(O_2/H_2O)-E^{\ominus}\{[Au(CN)_2]^-/Au\}=0.40\ V-(-0.57\ V)=0.97\ V$$

反应②的电动势

$$E_2^{\ominus}=E^{\ominus}\{[Au(CN)_2]^-/Au\}-E^{\ominus}\{[Zn(CN)_4]^{2-}/Zn\}=-0.57\ V-(-1.26\ V)=0.69\ V$$

由于 $E_1^{\ominus}>0$，$E_2^{\ominus}>0$，因此两个反应均能自发进行。反应①能够进行的原因是 CN^- 与 Au^+ 生成稳定的配合物 $[Au(CN)_2]^-$ 使 Au 的还原能力明显增强；反应②能够进行的原因是 Zn 的还原能力比 Au 的还原能力强。

17. 测得下面电池的电动势为 0.67 V。

$(-)Pb\,|\,Pb^{2+}(10^{-2}\ mol\cdot dm^{-3})\,||\,VO^{2+}(10^{-1}\ mol\cdot dm^{-3}),V^{3+}(10^{-5}\ mol\cdot dm^{-3}),H^+(10^{-1}\ mol\cdot dm^{-3})\,|\,Pt(+)$

已知 $E^{\ominus}(Pb^{2+}/Pb)=-0.126$ V，计算：

(1) 电对 VO^{2+}/V^{3+} 的 $E^{\ominus}$；

(2) 298 K 时，反应 $Pb(s)+2VO^{2+}+4H^+ = Pb^{2+}+2V^{3+}+2H_2O$ 的平衡常数 $K^{\ominus}$。

解　(1) 根据题意，负极的电极反应为

$$Pb^{2+}+2e^- = Pb \qquad E^{\ominus}=-0.126\ V$$

负极的电极电势为

$$E(Pb^{2+}/Pb)=E^{\ominus}(Pb^{2+}/Pb)+\frac{0.059\ V}{2}\lg[Pb^{2+}]$$
$$=-0.126\ V+\frac{0.059\ V}{2}\lg(10^{-2})$$
$$=-0.185\ V$$

正极的电极电势为

$$E_+=E_{池}+E_-=0.67\ V-0.185\ V=0.485\ V$$

正极的电极反应为

$$VO^{2+}+2H^++e^- = V^{3+}+H_2O$$

$$E_+=E^{\ominus}(VO^{2+}/V^{3+})+0.059\ V\lg\frac{[VO^{2+}][H^+]^2}{[V^{3+}]}$$

$$0.485\ V=E^{\ominus}(VO^{2+}/V^{3+})+0.059\ V\lg\frac{(10^{-1})(10^{-1})^2}{(10^{-5})}=E^{\ominus}_{VO^{2+}/V^{3+}}+0.059\ V\times 2$$

$$E^{\ominus}(VO^{2+}/V^{3+})=0.485\ V-0.118\ V=0.367\ V$$

(2) 利用电化学方法求反应 $Pb(s)+2VO^{2+}+4H^+ = Pb^{2+}+2V^{3+}+2H_2O$ 的平衡常数 $K^{\ominus}$，首先要求出该反应的 $E^{\ominus}_{池}$，进而通过公式 $\lg K^{\ominus}=\frac{zE^{\ominus}}{0.059\ V}$，求得 $K^{\ominus}$。

$$E^{\ominus}_{池}=E^{\ominus}_+-E^{\ominus}_-=0.367\ V-(-0.126\ V)=0.493\ V$$

所以

$$\lg K^{\ominus}=\frac{zE^{\ominus}}{0.059\ V}=\frac{2\times 0.493\ V}{0.059\ V}=16.7$$

反应的平衡常数

$$K^{\ominus}=5.15\times 10^{16}$$

18. 已知 $E^{\ominus}(MnO_2 / Mn^{2+})$=1.23 V；$E^{\ominus}(Cl_2 / Cl^-)$=1.36 V。通过计算说明：

(1) MnO_2 能否与 1.0 mol · dm^{-3} HCl 反应以制备 Cl_2?

(2) 若使反应进行，盐酸的最低浓度应是多少？

解 (1) 相关电对的电极反应如下

$$MnO_2 + 4H^+ + 2e^- \longrightarrow Mn^{2+} + 2H_2O \qquad E^{\ominus} = 1.23\ V$$

$$Cl_2 + 2e^- \longrightarrow 2Cl^- \qquad E^{\ominus} = 1.36\ V$$

在 1.0 mol · dm^{-3} 的 HCl 中，$[H^+]$=1.0 mol · dm^{-3}，此时

$$E^{\ominus}(Cl_2 / Cl^-) > E^{\ominus}(MnO_2 / Mn^{2+})$$

故 MnO_2 不能氧化 Cl^- 制备 Cl_2。

(2) 电对 MnO_2 / Mn^{2+} 和 Cl_2 / Cl^- 的能斯特方程为

$$MnO_2 + 4H^+ + 2e^- \longrightarrow Mn^{2+} + 2H_2O \qquad E^{\ominus} = 1.23\ V$$

$$E = E^{\ominus} + \frac{0.059\ V}{2} \lg \frac{[H^+]^4}{[Mn^{2+}]}$$

$$Cl_2 + 2e^- \longrightarrow 2Cl^- \qquad E^{\ominus} = 1.36\ V$$

$$E = E^{\ominus} + \frac{0.059\ V}{2} \lg \frac{p_{Cl_2} / p^{\ominus}}{[Cl^-]^2}$$

当其他条件保持不变时，盐酸的浓度增大，电对 MnO_2/Mn^{2+} 中氧化型$[H^+]$增大，故 $E(MnO_2/Mn^{2+})$将升高；而电对 Cl_2/Cl^- 的还原型$[Cl^-]$增大，故 $E(Cl_2/Cl^-)$将减小。当盐酸浓度大于某一值时，MnO_2 则能氧化盐酸生成 Cl_2。

当 $E(MnO_2 / Mn^{2+}) = E(Cl_2/Cl^-)$时，盐酸的浓度即为氧化反应所需的最低浓度，故

$$E(MnO_2 / Mn^{2}) = E^{\ominus}(MnO_2/Mn^{2+}) + \frac{0.059\ V}{2} \lg \frac{[H^+]^4}{[Mn^{2+}]}$$

$$E(Cl_2 / Cl^-) = E^{\ominus}(Cl_2 / Cl^-) + \frac{0.059\ V}{2} \lg \frac{p_{Cl_2} / p^{\ominus}}{[Cl^-]^2}$$

设$[Mn^{2+}]$ = 1.0 mol · dm^{-3}，$p_{Cl_2} = p^{\ominus}$，溶液中$[H^+] = [Cl^-]$，则

$$1.23\ V + \frac{0.059\ V}{2} \lg [H^+]^4 = 1.36\ V + \frac{0.059\ V}{2} \lg \frac{1}{[H^+]^2}$$

整理得

$$\lg [H^+] = 0.734 \qquad [H^+] = 5.42\ mol \cdot dm^{-3}$$

所需盐酸的最低浓度为 5.42 mol · dm^{-3}。

19. 已知 Tl 的元素电势图

$$E_A^{\ominus} / V \qquad Tl^{3+} \xrightarrow{+1.252} Tl^+ \xrightarrow{-0.336} Tl$$

写出下列每一个电池的电池反应方程式、反应的电子数，计算下列原电池的电动势 $E^{\ominus}$。

(1) $Tl \mid Tl^+ \| Tl^{3+}, Tl^+ \mid Pt$；

(2) $Tl \mid Tl^{3+} \| Tl^{3+}, Tl^+ \mid Pt$；

(3) $Tl \mid Tl^+ \| Tl^{3+} \mid Tl$。

解　三个电池的电池反应均相同

$$2Tl + Tl^{3+} = 3Tl^{+}$$

三个电池的电极反应不同，参与反应的电子数也不同。

(1) 电池反应的电子数为 2。

正极反应　$Tl^{3+} + 2e^{-} = Tl^{+}$

负极反应　$Tl^{+} + e^{-} = Tl$

$$E^{\ominus} = E_{+}^{\ominus} - E_{-}^{\ominus} = 1.252\ V - (-0.336\ V) = 1.588\ V$$

(2) 电池反应的电子数为 6。

正极反应　$Tl^{3+} + 2e^{-} = Tl^{+}$

负极反应　$Tl^{3+} + 3e^{-} = Tl$

$$E^{\ominus} = E_{+}^{\ominus} - E_{-}^{\ominus} = 1.252\ V - 0.723\ V = 0.529\ V$$

(3) 电池反应的电子数为 3。

正极反应　$Tl^{3+} + 3e^{-} = Tl$

负极反应　$Tl^{+} + e^{-} = Tl$

$$E^{\ominus} = E_{+}^{\ominus} - E_{-}^{\ominus} = 0.723\ V - (-0.336\ V) = 1.059\ V$$

计算结果表明三个电池反应虽然相同，但转移的电子数并不相同，三个原电池的标准电极电势也不相同。

20. 通过计算说明 Cu^{+}在氨水中能否稳定存在。

已知$E^{\ominus}(Cu^{2+}/Cu)$=0.342 V，$E^{\ominus}(Cu^{+}/Cu)$=0.521 V，$\lg K_{稳}^{\ominus}\{Cu[(NH_3)_4]^{2+}\}$=13.32，$\lg K_{稳}^{\ominus}\{[Cu(NH_3)_2]^{+}\}$=10.86。

解　$E_{B}^{\ominus}/V$　$[Cu(NH_3)_4]^{2+} \xrightarrow{E_{左}} [Cu(NH_3)_2]^{+} \xrightarrow{E_{右}} Cu$

只要求出 $E_{左}$和 $E_{右}$，就可以判断 Cu^{+}在氨水中能否歧化。Cu 元素电势图

$$Cu^{2+} \xrightarrow{?} Cu^{+} \xrightarrow{0.521} Cu \quad (Cu^{2+} \to Cu:\ 0.342)$$

得

$$E^{\ominus}(Cu^{2+}/Cu^{+}) = 0.163\ V$$

所以

$$E^{\ominus}\{[Cu(NH_3)_4]^{2+}/[Cu(NH_3)_2]^{+}\} = E(Cu^{2+}/Cu^{+})$$

$$= E^{\ominus}(Cu^{2+}/Cu^{+}) + 0.059\ V \lg \frac{[Cu^{2+}]}{[Cu^{+}]}$$

由于

$$[Cu^{2+}] = \frac{1}{K_{稳}^{\ominus}\{[Cu(NH_3)_4]^{2+}\}} \qquad [Cu^{+}] = \frac{1}{K_{稳}^{\ominus}\{[Cu(NH_3)_2]^{+}\}}$$

$$E^{\ominus}\{[Cu(NH_3)_4]^{2+}/[Cu(NH_3)_2]^{+}\} = E^{\ominus}(Cu^{2+}/Cu^{+}) + 0.059 \lg \frac{K_{稳}^{\ominus}\{[Cu(NH_3)_2]^{+}\}}{K_{稳}^{\ominus}}$$

$$= 0.163\ V + 0.059\ V \times (10.86 - 13.32)$$

$$= 0.018\ V$$

$$E^{\ominus}\{[Cu(NH_3)_2]^+/Cu\} = E(Cu^+/Cu) = E^{\ominus}(Cu^+/Cu) + 0.059\ V\lg \frac{1}{K^{\ominus}_{稳}\{[Cu(NH_3)_2]^+\}}$$

$$= 0.521\ V - 0.059\ V\lg K^{\ominus}_{稳}\{[Cu(NH_3)_2]^+\}$$

$$= 0.521\ V - 0.059\ V \times 10.86$$

$$= -0.120\ V$$

构成元素电势图

$$E^{\ominus}_B/V \qquad [Cu(NH_3)_4]^{2+} \xrightarrow{0.018} [Cu(NH_3)_2]^+ \xrightarrow{-0.120} Cu$$

由于$E^{\ominus}\{[Cu(NH_3)_2]^+/Cu\} < E^{\ominus}\{[Cu(NH_3)_4]^{2+}/[Cu(NH_3)_2]^+\}$，所以$Cu^+$在氨水中不发生歧化反应。但$E^{\ominus}\{[Cu(NH_3)_4]^{2+}/[Cu(NH_3)_2]^+\}$较小，$Cu^+$能够被溶解的氧所氧化，生成$[Cu(NH_3)_4]^{2+}$。

第 9 章　配位化合物

一、内 容 提 要

9.1　配合物的基本概念

9.1.1　配位化合物的组成与分类

由中心原子(或离子)和几个配体分子(或离子)以配位键相结合而形成的复杂分子或离子，通常称为配位单元或配合单元。含有配位单元的化合物称为配位化合物，简称配合物。

配位化合物一般由内界和外界两部分构成。配位单元为内界，而带有与内界异号电荷的离子为外界。配位化合物的内界由中心和配体构成。中心又称配合物的形成体，多为金属。中心可以是正离子(多为金属离子)、原子，也可以是负离子。

配位原子是配体中提供孤电子对与中心直接形成配位键的原子。配位数是中心原子周围与中心直接成键的配位原子的个数。

多基配体是指有两个或两个以上配位原子的配体，如乙二胺、乙二胺四乙酸(EDTA)。中心与多基配体形成的配合物，由于形成封闭的环，称为螯合物。

负离子多基配体和正离子中心形成的中性配位单元称为内盐。例如，Cu^{2+}与氨基乙酸根形成内盐$[Cu(NH_2CH_2CH_2COO)_2]$。

9.1.2　配位化合物的命名

配位化合物命名遵循以下原则：

(1) 在配位化合物的内外界之间：先阴离子，后阳离子。若内界为阳离子，阴离子为简单离子，则内外界之间缀以“化”字；若内界为阴离子或阴离子为复杂的酸根，内外界之间缀“酸”字。

(2) 在配位单元内：先配体后中心。配体前面用二、三、四、……表示该配体的个数；几种不同配体之间加“·”号隔开；配体与中心之间加“合”字；中心后面加括号，内用罗马数字表示中心的氧化数。

(3) 配体的先后顺序遵循以下原则：① 先无机配体，后有机配体；② 先阴离子配体，后分子类配体；③ 同类配体中，先后顺序按配位原子的元素符号在英文字母表中的次序；④ 配体中配位原子相同时，配体中原子个数少的在前；⑤ 配体中原子个数也相同时，则按与配位原子直接相连的其他原子的元素符号在英文字母表次序排序。

一些常见的配位化合物，也可用简称或俗名，如赤血盐{$K_3[Fe(CN)_6]$}、顺铂$[Pt(NH_3)_2Cl_2]$。

9.1.3 配位化合物的异构现象

配位化合物的组成相同但结构不同的现象，称为配位化合物的异构现象，分为结构异构(或构造异构)和立体异构(或空间异构)两大类。

1. 结构异构

配位单元的组成相同，但配体与中心的键连关系不同，将产生结构异构；结构异构包括解离异构、配位异构和键合异构。

在水中，配位化合物内外界之间完全解离。内外界之间交换成分得到的配位化合物与原配位化合物之间的结构异构称为解离异构。例如，$[CoBr(NH_3)_5]SO_4$ 和$[CoSO_4(NH_3)_5]Br$ 互为解离异构体。

H_2O 经常作为配体处于内界，而结晶水则存在于外界。由于 H_2O 分子在内界或外界不同造成的解离异构也称水合异构。例如，$[Cr(H_2O)_6]Cl_3$ 和$[CrCl(H_2O)_5]Cl_2 \cdot H_2O$ 互为水合异构体。

由配阴离子和配阳离子构成的配合物中，配位单元之间交换配体，得配位异构体。例如，$[Co(NH_3)_6][Cr(CN)_6]$和$[Cr(NH_3)_6][Co(CN)_6]$互为配位异构体。

配体中有两个配位原子，但两个配位原子并不同时配位，这样的配体称为两可配体，如 NO_2^-与 ONO^-，SCN^-与 CNS^-。两可配体导致配合物有键合异构体，如$[Co(NO_2)(NH_3)_5]Cl_2$ 和$[Co(ONO)(NH_3)_5]Cl_2$ 互为键合异构体。

2. 立体异构

配位单元的组成相同，配体与中心的键连关系也相同，但在中心的周围各配体之间的相关位置不同或在空间的排列次序不同，则产生立体异构。立体异构包括几何异构(也称顺反异构)和旋光异构(也称对映异构)。

配位数为 4 的正四面体结构的配位单元，不会有几何异构体。配位数为 4 的平面四边形结构的配位单元，Mab_3 不存在几何异构，Ma_2b_2 有两种几何异构体，$Mabc_2$ 有两种几何异构体。例如，平面四边形结构的$[PtCl_2(NH_3)_2]$ 有顺式和反式两种几何异构体。

配位数为 6 的八面体配位化合物几何异构现象更加复杂，Ma_2b_4、Ma_3b_3 和 $Mabc_4$ 各有两种几何异构体，Mab_2c_3 有三种几何异构体，$Ma_2b_2c_2$ 有五种几何异构体。

两个互为镜像的配位单元称为旋光异构体，其配体或配位原子的相互位置一致，但因配体在空间的取向不同，两者是不能重合的异构体。旋光异构体熔点相同，但光学性质不同。

判断配合单元是否有旋光异构体存在，通常是看配位单元的几何构型中有没有对称面或对称中心，若有，则不存在旋光异构体；若没有，则存在旋光异构体。

9.2 配位化合物的价键理论

9.2.1 配位化合物的构型

配位化合物的构型即是配位单元的构型。按价键理论，中心原子(或离子)能量相近的价层空轨道经杂化后，形成特征空间构型的简并轨道，配体的孤电子对向这些简并轨道配位，形成具有特定空间结构的配位单元。配位单元的构型由中心空轨道的杂化方式决定。

配位数	轨道杂化类型	空间构型	实例	配位数	轨道杂化类型	空间构型	实例
2	sp	直线型	$[Ag(NH_3)_2]^+$	5	sp^3d	三角双锥	$[Fe(SCN)_5]^{2-}$
3	sp^2	三角形	$[Cu(CN)_3]^{2-}$		dsp^3	三角双锥	$[Fe(CO)_5]$
4	sp^3	四面体	$[Zn(NH_3)_4]^{2+}$	6	sp^3d^2	正八面体	$[FeF_6]^{3-}$
	dsp^2	正方形	$[Ni(CN)_4]^{2-}$		d^2sp^3	正八面体	$[Fe(CN)_6]^{3-}$

9.2.2　中心价层轨道的杂化

若中心原子(或离子)参与杂化的价层轨道属于同一主层，即 $ns\ np\ nd$ 杂化，形成的配合物称为外轨型配合物，所形成的配位键称为电价配键，电价配键较弱。

若中心参与杂化的价层轨道不属于同一主层，即$(n-1)d\ ns\ np$ 杂化，形成的配合物称为内轨型配合物，所形成的配位键称为共价配键，共价配键较强。

形成外轨型配合物还是内轨型配合物，与配体的场强、中心原子或离子的价电子构型和电荷数有关。强场配体如 CN^-、NO_2^-、CO 等易形成内轨型配合物；弱场配体如 H_2O、X^-等易形成外轨型配合物。NH_3 和 en 对于 Co^{3+}为强场配体，而对于 Co^{2+} 和其他金属离子一般为弱场配体。

9.2.3　价键理论中的能量与磁性问题

内轨型配合物一般较外轨型配合物稳定，说明其键能 $E_{内}$ 大于外轨型配合物的键能 $E_{外}$。形成内轨型配合物时电子发生重排，使原来平行自旋的 d 电子进入成对状态，增加电子成对能 P，能量升高。究竟形成内轨型配合物还是外轨型配合物，要看总的能量变化，配合物总是采取能量最低的形式。

化合物中单电子数与宏观实验现象中的磁性有关。在磁天平上可以测出物质的磁矩 μ，磁矩 μ 和单电子数 n 有如下关系：

$$\mu=\sqrt{n(n+2)}\mu_B$$

测出磁矩 μ，可推算出单电子数 n，进一步可讨论配位化合物的成键情况。

9.2.4　配位化合物中的 d-p π 配键(反馈键)

过渡金属与羰、氰、烯烃等含有 π 电子的配体形成的配合物，既有配体电子对向金属配位形成的 σ 配键，也有金属 d 轨道电子向配体 π^*轨道配位形成的 d-p π 配键(也称反馈键)。

9.3　配位化合物的晶体场理论

9.3.1　晶体场中的 d 轨道

晶体场理论认为，配位化合物的中心离子(或原子)与配体之间靠静电作用结合在一起，配体的负电荷或孤电子对可以看成负电场。在配体形成的电场中，中心离子或原子本来能量相同的 5 个简并 d 轨道发生能级分裂，有些 d 轨道能量比球形场时高，有些 d 轨道能量比球形场时低。d 电子优先排布到分裂后的能量低的 d 轨道，体系能量降低，给配位化合物带来额外的稳定化能。

在正八面体电场中，5 个 d 轨道的分裂成两组：二重简并的 $d_{x^2-y^2}$ 和 d_{z^2} 轨道能量高，三重简并的 d_{xy}、d_{xz}、d_{yz} 轨道的能量低。

在正四面体场中，三重简并的 d_{xy}、d_{xz}、d_{yz} 轨道的能量高，二重简并的 $d_{x^2-y^2}$ 和 d_{z^2} 轨道能量低。由于 d_ε 和 d_γ 两组轨道与配体电场作用的大小远不如在八面体场中的明显，所以四面体场的分裂能 Δ_t 较小，远小于八面体场分裂能 Δ_o。

在正方形场中，各轨道的能量相对高低是 $d_{x^2-y^2}>d_{xy}>d_{z^2}>d_{xz}\sim d_{yz}$。正方形场的分裂能 Δ_p 很大，远大于八面体场分裂能 Δ_o。

影响分裂能大小的因素有：①晶体场对称性的影响：$\Delta_p>\Delta_o>\Delta_t$；②中心离子的电荷越高，与配体作用越强，分裂能越大，如 $[Fe(CN)_6]^{3-}>[Fe(CN)_6]^{4-}$；③中心的周期越高，分裂能越大，如 $[Hg(CN)_4]^{2-}>[Zn(CN)_4]^{2-}$；④配体中的配位原子的电负性越小、半径越小，配体的配位能力越强，分裂能越大。按配体分裂能递增次序排列为 $I^-<Br^-<SCN^-<Cl^-<F^-<OH^-<ONO^-<C_2O_4^{2-}<H_2O<NCS^-<NH_3<en<NO_2^-\ll CN^-\approx CO$。这一顺序称为光化学序列。

在分裂后的 d 轨道中排布电子时，仍须遵守电子排布三原则，即能量最低原理、泡利不相容原理和洪德规则。若 $\Delta>P$，则电子排布采取低自旋方式；若 $\Delta<P$，电子排布采取高自旋方式。Δ 和 P 的值可用波数的形式给出。

9.3.2 晶体场稳定化能(CFSE)

八面体场中，分裂能为 Δ_o，分裂后两组 d 轨道能量分别为 E_{d_γ} 和 E_{d_ε}，则

$$E_{d_\gamma}=3/5\Delta_o \qquad E_{d_\varepsilon}=-2/5\Delta_o$$

若设分裂能　Δ_o=10 Dq，则

$$E_{d_\gamma}=6\ \text{Dq} \qquad E_{d_\varepsilon}=-4\ \text{Dq}$$

四面体场中，分裂能为 Δ_t，分裂后两组 d 轨道能量分别为 E_{d_γ} 和 E_{d_ε}，得

$$E_{d_\varepsilon}=2/5\Delta_t \qquad E_{d_\gamma}=-3/5\Delta_t$$

若设 Δ_t=10 Dq，则

$$E_{d_\varepsilon}=4\ \text{Dq} \qquad E_{d_\gamma}=-6\ \text{Dq}$$

因晶体场的存在，体系总能量的降低值称为晶体场稳定化能，用 CFSE 表示。d 电子在分裂后的 d 轨道中排布，其能量用 $E_晶$ 表示，在球形场中的能量用 $E_球$ 表示。由于 $E_球$=0，则晶体场稳定化能为

$$\text{CFSE}=E_球-E_晶=0-E_晶=-E_晶$$

9.3.3 过渡金属配合物的颜色

自然光照射物质上，可见光全部通过，物质为无色；可见光全部反射，物质为白色；可见光全被吸收，物质显黑色。当部分波长的可见光被物质吸收，物质显示被吸收可见光的互补色，这就是吸收光谱的显色原理。

在光照下，晶体场中 d 轨道的电子吸收了能量相当于分裂能 Δ 的光能后从低能级 d 轨道跃迁到高能级 d 轨道，称之为 d-d 跃迁。若 d-d 跃迁的能量恰好在可见光能量范围内，即 d 电子在跃迁时吸收了可见光波长的光子，则化合物显示颜色。若 d-d 跃迁吸收的是紫外光或

红外光，则化合物为无色或白色。例如，$[Ti(H_2O)_6]^{3+}$吸收绿色可见光，故显紫红色。

电荷迁移是指电荷由配体跃迁到中心离子的过程。当电荷迁移出现在可见光区时，会使化合物显示颜色，如 $HgI_2(Hg^{2+}, 3d^{10})$，红色；$MnO_4^-(Mn^{7+}, 3d^0)$，紫色；$CrO_4^{2-}(Cr^{6+}, 3d^0)$，黄色。它们虽没有 d-d 跃迁，但因电荷迁移而产生颜色。

9.3.4 姜-泰勒效应

Cu^{2+}形成的四配位配位化合物具有正方形结构，如$[CuCl_4]^{2-}$、$[Cu(CN)_4]^{2-}$和$[Cu(NH_3)_4]^{2+}$等。按配位化合物的价键理论解释$[Cu(NH_3)_4]^{2+}$的正方形结构，则中心 Cu^{2+}应为 dsp^2 杂化。该杂化过程中，必有 1 个电子跃迁到 4p 轨道。这个高能级轨道上的电子不稳定，很容易失去。因此，按配位化合物的价键理论，$[Cu(NH_3)_4]^{2+}$不稳定，易被氧化。这与$[Cu(NH_3)_4]^{2+}$稳定而不易被氧化的事实不符，故不能用价键理论解释$[Cu(NH_3)_4]^{2+}$的正方形结构。

按晶体场理论，Cu^{2+}为 d^9 电子构型。在八面体场中，若最后一个电子排布到 $d_{x^2-y^2}$ 轨道，则 xy 平面上的 4 个配体受到的斥力大，距离中心较远，形成压扁的八面体。

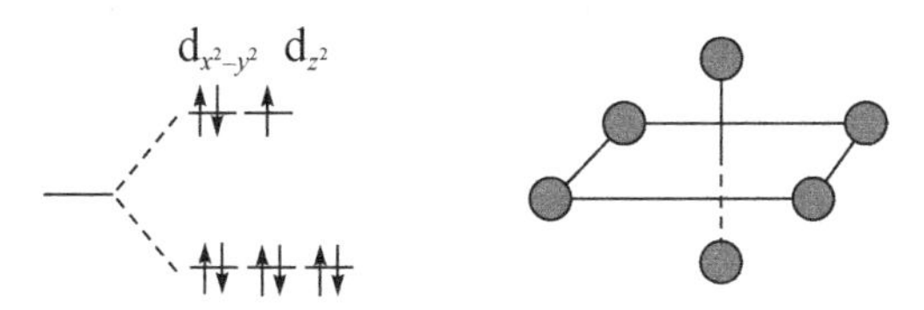

若最后一个电子排布到 d_{z^2} 轨道，则 z 轴上的两个配体受到的斥力大，离核较远，形成拉长的八面体。

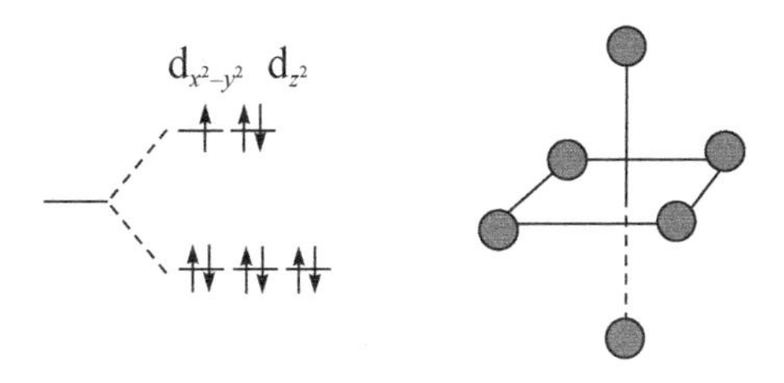

若轴向的 2 个配体拉得太远，则失去轴向 2 个配体，变成$[Cu(NH_3)_4]^{2+}$正方形结构。这种拉长的八面体或转化为正方形的结构称为姜-泰勒效应。

用姜-泰勒效应也能合理解释为什么$[PtCl_4]^{2-}$为正方形结构而不是四面体结构。Pt^{2+}为 d^8 电子构型，d 轨道经重排后转化成正方形场。在正方形场中最高能量轨道 $d_{x^2-y^2}$ 中未填充电子，体系总的能量降低，正方形配合物有较大的晶体场稳定化能。

9.4 配位化合物的稳定性

9.4.1 配位平衡

配位化合物的内外界之间在水中全部解离，而内界则只部分解离，存在配位-解离平衡。例如

$$Ag^+ + 2NH_3 \rightleftharpoons [Ag(NH_3)_2]^+$$

$$K_{稳}^{\ominus} = \frac{[Ag(NH_3)_2^+]}{[Ag^+][NH_3]^2} = 1.1\times10^7$$

$K^{\ominus}_{稳}$越大表示该配离子越稳定。

配位平衡和沉淀溶解平衡的关系体现在配体与沉淀剂争夺 M^{n+}，平衡和 $K^{\ominus}_{sp}$、$K^{\ominus}_{稳}$的值有关。配位平衡和氧化还原平衡关系主要体现在，配合物的生成对于电极反应的电极电势 $E^{\ominus}$ 的影响。若氧化型生成配合物，E 值减小；若还原型生成配合物，E 值增大；若氧化型和还原型都生成配合物，则要比较氧化型配合物与还原型配合物的 $K^{\ominus}_{稳}$的大小。

9.4.2 酸碱的软硬分类

在酸碱电子理论的基础上，对酸碱进行软硬分类。

硬酸：电子云的变形性小的酸称为硬酸。一般半径小，正电荷高，如 H^+、Na^+、Mg^{2+}、Al^{3+}、Si^{4+}、Cr^{3+}、Mn^{2+}、Fe^{3+}等。

软酸：电子云的变形性大的酸称为软酸。一般半径大，电荷低，如 Cu^+、Ag^+、Cd^{2+}、Hg^{2+}、Hg_2^{2+}、Tl^+、Pt^{2+}等。

交界酸：电子云的变形性介于硬酸和软酸之间，如 Cr^{2+}、Fe^{2+}、Co^{2+}、Ni^{2+}、Cu^{2+}、Zn^{2+}、Sn^{2+}、Pb^{2+}、Sb^{3+}、Bi^{3+}等。

硬碱：电子云的变形性小的碱。给电子原子的电负性大，不易失去电子，如 F^-、Cl^-、H_2O、OH^-、O^{2-}、SO_4^{2-}、NO_3^-、ClO_4^-、CH_3COO^-、NH_3 等。

软碱：电子云的变形性大的碱。给电原子的电负性小，易失去电子，如 I^-、S^{2-}、CN^-、SCN^-、CO、$S_2O_3^{2-}$等。

交界碱：其变形性介于硬碱和软碱之间，如 Br^-、SO_3^{2-}、N_2、NO_2^-等。

软硬酸碱结合的原则是软亲软，硬亲硬；软和硬，不稳定。

9.4.3 影响配位化合物稳定性的因素

中心与配体的软硬关系影响配位单元的稳定性。由中心和配体的软硬关系，得稳定性：

$$Ag_2S > AgI > AgBr > AgCl > AgF$$

$$[Ag(CN)_2]^- > [Ag(S_2O_3)_2]^{3-} > [Ag(NH_3)_2]^+$$

中心的正电荷越高，配合物越稳定。例如，配合物稳定性：

$$[Co(NH_3)_6]^{3+}>[Co(NH_3)_6]^{2+} \qquad [Fe(CN)_6]^{3-}> [Fe(CN)_6]^{4-}$$

中心所在周期数高，其 d 轨道较伸展，配合物稳定。例如，配合物的稳定性：

$$[Pt(NH_3)_6]^{2+}>[Ni(NH_3)_6]^{2+} \qquad [Hg(CN)_4]^{2-}>[Zn(CN)_4]^{2-}$$

一般来说，配体中配位原子的电负性越小，给电子能力越强，配合物越稳定。例如，配合物的稳定性：

$$[Co(NH_3)_6]^{3+}>[Co(H_2O)_6]^{3+} \qquad [Cu(CN)_2]^->[Cu(NH_3)_2]^+$$

配合物对称性影响配位单元的稳定性。如四配位的配合物中，正方形配合物的稳定性高于四面体配合物：

$$[Ni(CN)_4]^{2-}>[Zn(CN)_4]^{2-} \qquad [Cu(NH_3)_4]^{2+}>[Zn(NH_3)_4]^{2+}$$

乙二胺(en)和乙二胺四乙酸(EDTA)等多基配体与金属离子形成的配合物都含有封闭的多元环，这种含有多元环的配合物称为螯合物，螯合物的稳定性高。

二、习 题 解 答

1．命名下列配位化合物。

(1) $K[PtCl_3(NH_3)]$　　(2) $K_3[Fe(C_2O_4)_3]$　　(3) $[Co(en)_3]Cl_3$

(4) $[Cr(H_2O)_5Cl]Cl_2 \cdot H_2O$　　(5) $K_2[Ni(CN)_4]$　　(6) $[Cu(NH_3)_4][PtCl_4]$

解　(1) 三氯·氨合铂(Ⅱ)酸钾　　(2) 三草酸合铁(Ⅲ)酸钾

(3) 三氯化三乙二胺合钴(Ⅲ)　　(4) 一水合二氯化氯·五水合铬(Ⅲ)

(5) 四氰合镍(Ⅱ)酸钾　　(6) 四氯合铂(Ⅱ)酸四氨合铜(Ⅱ)

2. 给出下列配位化合物的化学式。

(1) 硫酸四氨·二水合铜(Ⅱ)　　(2) 二水合二草酸根合铜(Ⅱ)酸钾

(3) 四氰合铜(Ⅰ)酸钾　　(4) 二氯化二(乙二胺)合铜(Ⅱ)

(5) 氯化二异硫氰酸根·四氨合铬(Ⅲ)　　(6) 三氯·氨合铂(Ⅱ)酸钾

(7) 氯·水·草酸根·乙二胺合铬(Ⅲ)　　(8) 四氯·二氨合铂(Ⅳ)

解　(1) $[Cu(NH_3)_4(H_2O)_2]SO_4$　　(2) $K_2[Cu(C_2O_4)_2] \cdot 2H_2O$

(3) $K_3[Cu(CN)_4]$　　(4) $[Cu(en)_2]Cl_2$

(5) $[Cr(NCS)_2(NH_3)_4]Cl$　　(6) $K[PtCl_3(NH_3)]$

(7) $[CrCl(C_2O_4)(H_2O)(en)]$　　(8) $[PtCl_4(NH_3)_2]$

3. 试画出下列各配合物的所有几何异构体。

(1) $[Pt(en)_2Cl(NH_3)]^{3+}$　　(2) $[Pt(NH_2CH_2COO)_2Cl_2]$

解　(1) $[Pt(en)_2Cl(NH_3)]^{3+}$　八面体结构，有 2 个几何异构体。按照 Cl 和 NH_3 的相互位置可分别称为顺式和反式。

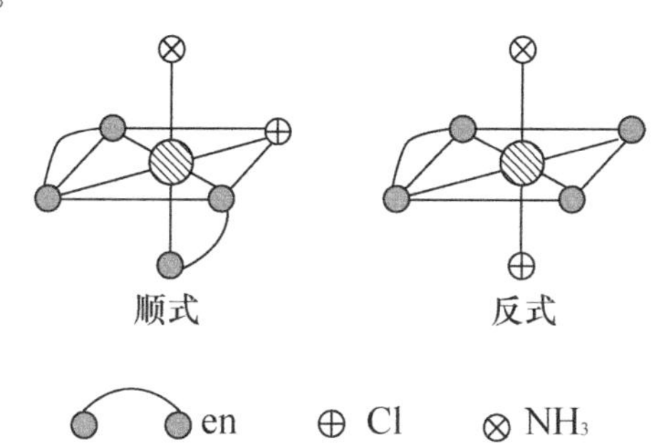

(2) $[Pt(H_2NCH_2COO)_2Cl_2]$　八面体结构，有 5 个几何异构体。按照配位原子之间的位置，全为顺式 1 个，全为反式 1 个，一种配位原子在反位、另两种配位原子在邻位的 3 个。

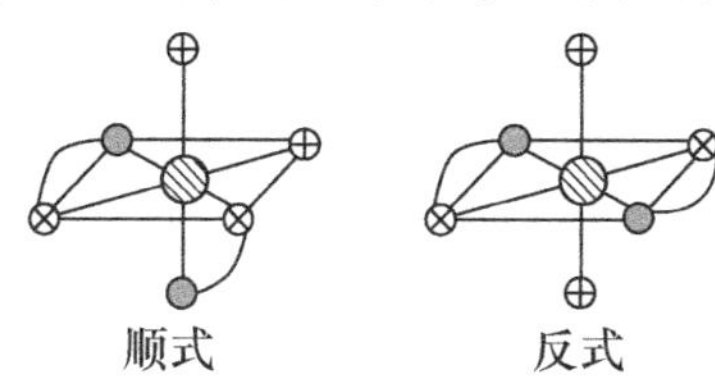

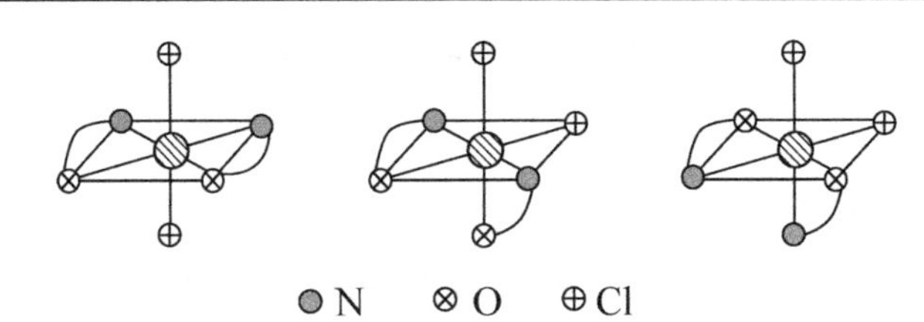

4. 指出下列各对配合物属于哪种异构现象。

(1) $[CoBr(NH_3)_5]SO_4$与$[Co(SO_4)(NH_3)_5]Br$

(2) $[Cu(NH_3)_4][PtCl_4]$与$[Pt(NH_3)_4][CuCl_4]$

(3) $[Fe(SCN)(H_2O)_5]^{2+}$ 与$[Fe(NCS)(H_2O)_5]^{2+}$

(4) $[CrCl(H_2O)(NH_3)_4]Cl_2$与$[CrCl_2(NH_3)_4]Cl \cdot H_2O$

(5) *trans*-$[Co(en)_2(NH_3)_2]Cl_3$与 *cis*-$[Co(en)_2(NH_3)_2]Cl_3$

解　(1) 解离异构

(2) 配位异构

(3) 键合异构

(4) 解离异构(或水合异构)

(5) 几何异构(*trans* 表示反式，*cis* 表示顺式)

5. 指出下列配合物中哪些有旋光异构体，并请画出各旋光异构体。

(1) $K_3[Fe(C_2O_4)_3]$　　(2) $[Co(NH_3)_2(en)_2]Cl_3$

(3) $[Pt(NH_3)_2Cl_3(OH)]$　　(4) $[Pt(NH_3)_2BrCl]$

(5) $[Co(NH_3)(en)Cl_3]$　　(6) $[Pt(NH_3)_2(OH)_2Cl_2]$

解　(1) $K_3[Fe(C_2O_4)_3]$　有旋光异构体。

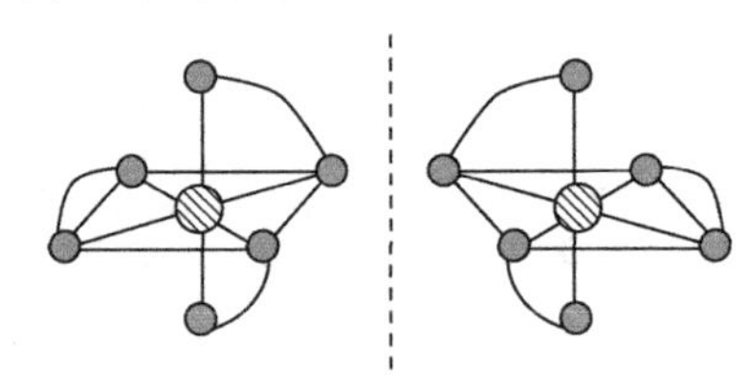

(2) $[Co(NH_3)_2(en)_2]Cl_3$　有旋光异构体。

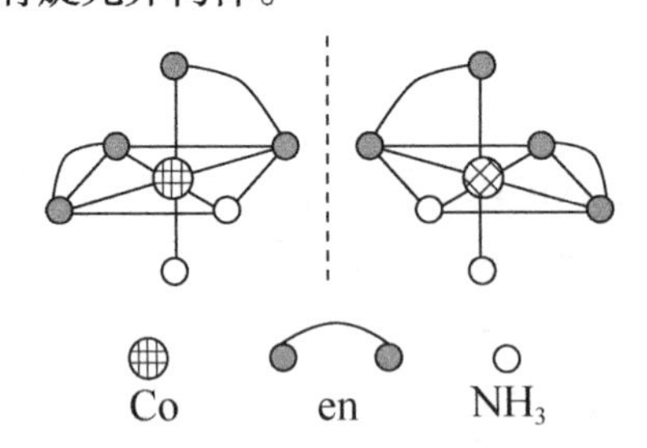

(3) $[Pt(NH_3)_2Cl_3(OH)]$　没有旋光异构体。

(4) $[Pt(NH_3)_2BrCl]$　没有旋光异构体。

(5) $[Co(NH_3)(en)Cl_3]$　没有旋光异构体。

(6) $[Pt(NH_3)_2(OH)_2Cl_2]$　有旋光异构体。

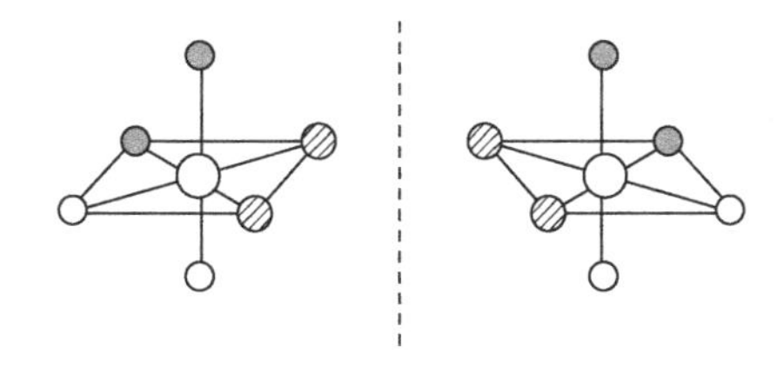

6. 计算下列配合物的磁矩，并指出其是内轨型配合物还是外轨型配合物。

(1) $[Fe(H_2O)_6]^{2+}$　(2) $[Co(SCN)_4]^{2-}$　(3) $[Mn(CN)_6]^{4-}$

(4) $[Ni(NH_3)_6]^{2+}$　(5) $[Cr(H_2O)_6]^{3+}$　(6) $[AuCl_4]^-$

解

配合物	中心离子电子构型	配体类型	中心离子杂化方式	d 电子排布	单电子数	磁矩 μ/B.M.	配合物类型
$[Fe(H_2O)_6]^{2+}$	$3d^6$	弱场配体	sp^3d^2	↑↓ ↑ ↑ ↑ ↑	4	4.90	外轨型
$[Co(SCN)_4]^{2-}$	$3d^7$	弱场配体	sp^3	↑↓ ↑↓ ↑ ↑ ↑	3	3.87	外轨型
$[Mn(CN)_6]^{4-}$	$3d^5$	强场配体	d^2sp^3	↑↓ ↑↓ ↑ ○ ○	1	1.73	内轨型
$[Ni(NH_3)_6]^{2+}$	$3d^8$	弱场配体	sp^3d^2	↑↓ ↑↓ ↑↓ ↑ ↑	2	2.83	外轨型
$[Cr(H_2O)_6]^{3+}$	$3d^3$	弱场配体	d^2sp^3	↑ ↑ ↑ ○ ○	3	3.87	内轨型
$[AuCl_4]^-$	$5d^8$	弱场配体	dsp^2	↑↓ ↑↓ ↑↓ ↑↓ ○	0	0	内轨型

7. 比较下列各对配合物的稳定性，并简要说明原因。

(1) $[Ag(NH_3)_2]^+$与$[Ag(S_2O_3)_2]^{3-}$　(2) $[Cu(NH_3)_4]^{2+}$与$[Zn(NH_3)_4]^{2+}$

(3) $[Cu(NH_3)_4]^{2+}$与$[Cu(en)_2]^{2+}$　(4) $[HgI_4]^{2-}$与$[HgCl_4]^{2-}$

(5) $[AlF_6]^{3-}$与$[AlCl_6]^{3-}$　(6) $[Fe(CN)_6]^{3-}$与$[Fe(CN)_6]^{4-}$

(7) $[Co(NH_3)_6]^{2+}$与$[Co(CN)_6]^{3-}$　(8) $[Cu(NH_3)_2]^+$与$[Ag(NH_3)_2]^+$

(9) $[Co(NH_3)_6]^{3+}$与$[Ni(NH_3)_6]^{2+}$　(10) $[Pt(NH_3)_4]^{2+}$与$[Cu(NH_3)_4]^{2+}$

解　(1) 稳定性：$[Ag(NH_3)_2]^+<[Ag(S_2O_3)_2]^{3-}$。$NH_3$ 的配位原子为 N，$S_2O_3^{2-}$的配位原子为 S，电负性小的 S 比电负性大的 N 配位能力强；从软硬酸碱的观点考虑，Ag^+为软酸，NH_3 为硬碱，$S_2O_3^{2-}$为软碱；软酸 Ag^+ 与软碱 $S_2O_3^{2-}$结合的配位单元更稳定。

(2) $[Cu(NH_3)_4]^{2+}>[Zn(NH_3)_4]^{2+}$。$[Cu(NH_3)_4]^{2+}$为正方形，$[Zn(NH_3)_4]^{2+}$为四面体；正方形配合物的晶体场稳定化能大，所以$[Cu(NH_3)_4]^{2+}$比 $[Zn(NH_3)_4]^{2+}$稳定。

(3) $[Cu(NH_3)_4]^{2+}<[Cu(en)_2]^{2+}$。中心离子相同，配位原子也相同，en 与 Cu^{2+}形成的螯合物更稳定。

(4) $[HgI_4]^{2-}>[HgCl_4]^{2-}$。$Hg^{2+}$为软酸，与半径大、易变形的软碱 I^-结合能力强。

(5) $[AlF_6]^{3-}>[AlCl_6]^{3-}$。$Al^{3+}$为硬酸，与半径小、不易变形的硬碱 F^-结合更稳定。

(6) $[Fe(CN)_6]^{3-}>[Fe(CN)_6]^{4-}$。晶体场构型、配体和中心元素相同的情况下，中心离子的电荷越高，形成的配位化合物越稳定。

(7) $[Co(NH_3)_6]^{2+}<[Co(CN)_6]^{3-}$。二者中心均为钴离子，但后者电荷高，对配体的引力大，配位键强；同时后者的配体为强场配体，与中心形成稳定性高的内轨型配位单元稳定性高。

(8) $[Cu(NH_3)_2]^+ < [Ag(NH_3)_2]^+$。二者中心电荷数相同，配体相同，其中 Ag 为高周期元素，d 轨道较为扩展，与配体的轨道重叠较多，配位键强，故配位单元稳定性高。

(9) $[Co(NH_3)_6]^{2+} > [Ni(NH_3)_6]^{2+}$。二者配体相同，中心的电荷相同，但 Ni^{2+}的有效核电荷比 Co^{2+}高，对配体的引力大，形成的配位单元稳定。

(10) $[Pt(NH_3)_4]^{2+} > [Cu(NH_3)_4]^{2+}$。Pt 为高周期元素，d 轨道较为扩展，与配体的轨道重叠较多，配位键强，故配位单元稳定性高。

8. 通过计算判断下列配合物是否符合 18 电子规则。

(1) $[Fe(CO)_5]$　(2) $[Co_2(CO)_8]$　(3) $[Fe_3(CO)_{12}]$

(4) $[Pt(C_2H_4)Cl_3]^-$　(5) $[Cr(C_6H_6)_2]$　(6) $[Ni(C_5H_5)_2]$

(7) $[Ru(CO)_5]$　(8) $[Os_2(CO)_9]$

解　(1) $[Fe(CO)_5]$

中心 Fe 提供 8 个价电子，每个 CO 提供 2 个价电子，则电子总数为

$$N=8+2\times5=18 \quad \text{符合 18 电子规则}$$

(2) $[Co_2(CO)_8]$

化合物可以写成$(CO)_4Co—Co(CO)_4$。中心 Co 提供 9 个价电子，Co—Co 键提供 1 个价电子，每个 CO 提供 2 个价电子，则电子总数为

$$N=9+1+2\times4=18 \quad \text{符合 18 电子规则}$$

(3) $[Fe_3(CO)_{12}]$

$[Fe_3(CO)_{12}]$的分子构型如下图所示，三个中心 Fe 原子形成三元环，每个 Fe 原子与 4 个 CO 配位，故中心 Fe 提供 8 个价电子，每个 Fe—Fe 键提供 1 个价电子，每个 CO 提供 2 个价电子，则电子总数为

$$N=8+2+2\times4=18 \quad \text{符合 18 电子规则}$$

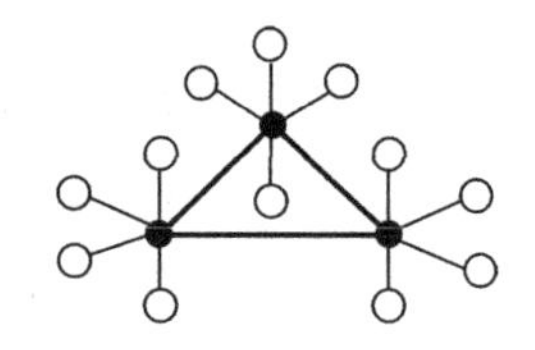

(4) $[Pt(C_2H_4)Cl_3]^-$

中心 Pt^{2+}提供 8 个电子，每个 Cl^-提供 2 个价电子，C_2H_4 提供 2 个价电子，配离子还带有一个负电荷，则电子总数为

$$N=8+2\times3+2+1=17 \quad \text{不符合 18 电子规则}$$

(5) $[Cr(C_6H_6)_2]$

中心原子 Cr 提供 6 个价电子，每个苯分子提供 6 个价电子，则电子总数为

$$N=6+2\times6=18 \quad \text{符合 18 电子规则}$$

(6) $[Ni(C_5H_5)_2]$

中心原子 Ni 提供 10 个价电子，每个 C_5H_5 提供 5 个价电子，则电子总数为

$$N=10+2\times5=20 \quad \text{不符合 18 电子规则}$$

(7) $[Ru(CO)_5]$

中心原子 Ru 提供 8 个价电子，每个 CO 提供 2 个价电子，则电子总数为

$$N=8+2\times5=18 \quad \text{符合 18 电子规则}$$

(8) $[Os_2(CO)_9]$

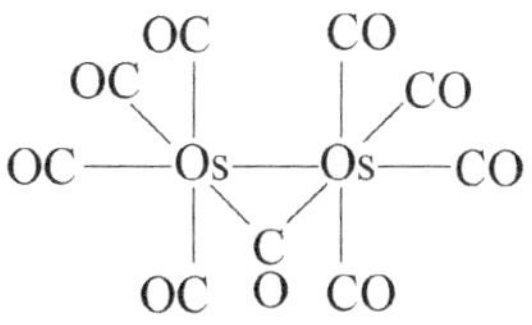

化合物的构型如右图所示，中心原子 Os 提供 8 个价电子，每个端 CO 提供 2 个价电子，桥羰基提供 1 个价电子，金属-金属键提供 1 个电子，则电子总数为

$$N=8+2\times4+1+1=18 \quad \text{符合 18 电子规则}$$

9. 已知

$$Fe^{3+}+e^- = Fe^{2+} \qquad E^\ominus=0.77\ V$$

$$[Fe(CN)_6]^{3-}+e^- = [Fe(CN)_6]^{4-} \qquad E^\ominus=0.36\ V$$

$$Fe^{2+}+6CN^- = [Fe(CN)_6]^{4-} \qquad K^\ominus_{稳}=1.0\times10^{35}$$

计算$[Fe(CN)_6]^{3-}$的$K^\ominus_{稳}$。

解　电极反应 $Fe^{3+}+e^- = Fe^{2+}$与电极$[Fe(CN)_6]^{3-}+e^- = [Fe(CN)_6]^{4-}$的实质相同，均为Fe(Ⅱ)和Fe(Ⅲ)之间的反应，故电极$[Fe(CN)_6]^{3-}+e^- = [Fe(CN)_6]^{4-}$可认为是前一个电极的一个非标准态，根据能斯特方程，有

$$E^\ominus([Fe(CN)_6]^{3-}/[Fe(CN)_6]^{4-}) = E^\ominus(Fe^{3+}/Fe^{2+}) + 0.059\ V\lg\frac{[Fe^{3+}]}{[Fe^{2+}]}$$

根据配位-解离反应可知

$$Fe^{2+} + 6CN^- = [Fe(CN)_6]^{4-}$$

$$K^\ominus_{稳}([Fe(CN)_6]^{4-}) = \frac{[Fe(CN)_6^{4-}]}{[Fe^{2+}][CN^-]^6}$$

当$[Fe(CN)_6^{4-}] = 1.0\ mol\cdot dm^{-3}$时

$$[Fe^{2+}] = \frac{1}{K^\ominus_{稳}([Fe(CN)_6]^{4-})[CN]^6}$$

同理

$$Fe^{3+}+6CN^- = [Fe(CN)_6]^{3-}$$

$$[Fe^{3+}] = \frac{1}{K^\ominus_{稳}([Fe(CN)_6]^{3-})[CN]^6}$$

将相关数据代入能斯特方程，有

$$0.36\ V = 0.77\ V + 0.059\ V\lg\frac{K^\ominus_{稳}([Fe(CN)_6]^{4-})}{K^\ominus_{稳}([Fe(CN)_6]^{3-})}$$

解得

$$K^\ominus_{稳}([Fe(CN)_6]^{3-}) = 8.9\times10^{41}$$

10. 计算 0.0010 mol AgBr 能否溶于 100 cm^3 0.025 $mol\cdot dm^{-3}$ 的 $Na_2S_2O_3$ 溶液中(假设溶解后溶液体积不变)。已知 $E^\ominus(Ag^+/Ag)=0.7996\ V$，$E^\ominus(AgBr/Ag)=0.0713\ V$，$E^\ominus([Ag(S_2O_3)_2]^{3-}/Ag)=0.010\ V$。

解　题中已知条件给出了相关电对的电极电势值，它们的电极反应为

$$Ag^+ + e^- \rightleftharpoons Ag \qquad E^\ominus = 0.7996\ V \qquad ①$$

$$AgBr + e^- \rightleftharpoons Ag + Br^- \qquad E^\ominus = 0.0713\ V \qquad ②$$

$$[Ag(S_2O_3)_2]^{3-} + e^- \rightleftharpoons Ag + 2S_2O_3^{2-} \qquad E^\ominus = 0.010\ V \qquad ③$$

电极反应②和③可看成电极反应①的非标准态，根据反应①的能斯特方程可分别求出

$$0.0713\ V = 0.7996\ V + 0.059\ V \lg K_{sp}^\ominus(AgBr)$$

$$K_{sp}^\ominus(AgBr) = 4.53 \times 10^{-13}$$

$$0.010\ V = 0.7996\ V + 0.059\ V \lg \frac{1}{K_{稳}^\ominus}$$

$$K_{稳}^\ominus([Ag(S_2O_3)_2]^{3-}) = 2.42 \times 10^{15}$$

由于 $K_{sp}(AgBr)$ 值很小，而 $K_{稳}^\ominus([Ag(S_2O_3)_2]^{3-})$ 值又很大，故可认为溶液中 AgBr 溶解产生的 Ag^+完全转化为$[Ag(S_2O_3)_2]^{3-}$，所以

设 AgBr 在 0.025 $mol \cdot dm^{-3}$ $Na_2S_2O_3$ 溶液中的溶解度为 x，则

$$AgBr + 2S_2O_3^{2-} \rightleftharpoons [Ag(S_2O_3)_2]^{3-} + Br^-$$

平衡浓度/$(mol \cdot dm^{-3})$　　0.025−2x　　x　　x

$$K = \frac{[Ag(S_2O_3)_2^{3-}][Br^-]}{[S_2O_3^{2-}]^2} = \frac{[Ag(S_2O_3)_2^{3-}][Br^-]}{[S_2O_3^{2-}]^2}\frac{[Ag^+]}{[Ag^+]} = K_{稳}^\ominus \times K_{sp}^\ominus = 1096$$

$$\frac{x^2}{(0.025 - 2x)^2} = 1096$$

解得

$$x = 1.23 \times 10^{-2}\ mol \cdot dm^{-3}$$

100 cm^3 溶液中溶解的 AgBr 的物质的量为

$$0.1 \times 1.23 \times 10^{-2} = 0.001\ 23\ (mol)$$

故 0.0010 mol AgBr 能溶于题设条件的 $Na_2S_2O_3$ 溶液中。

11. 向 1 cm^3 含 0.2 mg Ni^{2+}溶液中加入 1 cm^3 1.0 $mol \cdot dm^{-3}$ KCN 溶液，求平衡时溶液中$[Ni(CN)_4]^{2-}$、Ni^{2+}、CN^- 的浓度。已知$[Ni(CN)_4]^{2-}$稳定常数为 2.00×10^{31}。

解　等体积混合时，混合溶液中

$$[Ni^{2+}] = \frac{1}{2} \times \frac{0.2}{58.7} = 1.70 \times 10^{-3}\ (mol \cdot dm^{-3})$$

$$[CN^-] = \frac{1}{2} \times 1.0 = 0.50\ (mol \cdot dm^{-3})$$

设平衡时$[Ni^{2+}] = x$

$$Ni^{2+} + 4CN^- \rightleftharpoons [Ni(CN)_4]^{2-}$$

起始浓度/$(mol \cdot dm^{-3})$　　1.70×10^{-3}　　0.50　　0

平衡浓度/$(mol \cdot dm^{-3})$　　x　　$0.50 - 4 \times (1.70 \times 10^{-3} - x)$　　$1.70 \times 10^{-3} - x$

由于 $K_{稳}^\ominus([Ni(CN)_4]^{2-}) = 2.00 \times 10^{31}$ 很大，同时 CN^-过量，故平衡时 Ni^{2+}几乎都生成了$[Ni(CN)_4]^{2-}$。

$$[Ni(CN)_4^{2-}] = 1.70\times10^{-3} - x \approx 1.70\times10^{-3}(mol \cdot dm^{-3})$$

$$[CN^-] = 0.50-4\times(1.70\times10^{-3} - x) \approx 0.50-4\times1.70\times10^{-3} = 0.493(mol\cdot dm^{-3})$$

所以

$$K^{\ominus}_{稳} = \frac{[Ni(CN)_4^{2-}]}{[Ni^{2+}][CN^-]^4} = \frac{1.70\times10^{-3}}{x\times0.493^4} = 2.00\times10^{31}$$

解得

$$[Ni^{2+}] = x = 1.44\times10^{-33}\ mol \cdot dm^{-3}$$

12. 比较配合物的分裂能大小并简要说明原因。

(1) $[Zn(CN)_4]^{2-}$与$[Cu(CN)_4]^{2-}$　　(2) $[Au(CN)_2]^-$与$[Cu(CN)_2]^-$

(3) $[FeF_6]^{3-}$与$[Fe(SCN)_6]^{3-}$　　(4) $[Cu(en)_2]^{2+}$与$[Cu(NH_2CH_2COO)_2]$

(5) $[Ni(NH_3)_6]^{2+}$与$[Co(NH_3)_6]^{2+}$　　(6) $[Zn(SCN)_4]^{2-}$与$[Hg(SCN)_4]^{2-}$

解　(1) $[Zn(CN)_4]^{2-} < [Cu(CN)_4]^{2-}$

$[Cu(CN)_4]^{2-}$为正方形结构，分裂能大；$[Zn(CN)_4]^{2-}$为四面体结构，分裂能小。

(2) $[Au(CN)_2]^- > [Cu(CN)_2]^-$

二者中心离子所带电荷相同，配体也相同，但高周期 Au^{2+}的 d 轨道较扩展，与配体的轨道斥力大，分裂能大。

(3) $[FeF_6]^{3-} > [Fe(SCN)_6]^{3-}$

二者中心离子相同，Fe^{3+}为硬酸，与硬碱 F^- 结合力大，分裂能大。

(4) $[Cu(en)_2]^{2+} > [Cu(NH_2CH_2COO)_2]$

二者中心离子相同，en 两个配位原子都是 N，$NH_2CH_2COO^-$两个配位原子有一个为 O，O 的电负性大，给电子能力差，配位能力差。

(5) $[Ni(NH_3)_6]^{2+} > [Co(NH_3)_6]^{2+}$

二者配体相同，中心的电荷相同，但 Ni^{2+}有效核电荷比 Co^{2+}高，Ni^{2+}与配体的引力大。NH_3 为弱场，由晶体场理论可知，具有 d^8 电子构型的$[Ni(NH_3)_6]^{2+}$晶体场稳定化能比具有 d^7 电子构型的$[Co(NH_3)_6]^{2+}$大，因此，$[Ni(NH_3)_6]^{2+}$比$[Co(NH_3)_6]^{2+}$稳定。

(6) $[Zn(SCN)_4]^{2-} < [Hg(SCN)_4]^{2-}$

配体 SCN^-为软碱，与软酸 Hg^{2+}结合力大；同时，Hg^{2+}比 Zn^{2+}周期高，高周期的 Hg^{2+}与配体的轨道斥力大，分裂能大。可以预测$[Hg(SCN)_4]^{2-}$稳定常数比$[Zn(SCN)_4]^{2-}$大得多。

13. 指出下列配合物中配位单元的结构和中心离子的杂化类型。

(1) $[Pt(NH_3)_2Cl_4]$　　(2) $[Pt(NH_3)_2Cl_3(OH)]$

(3) $[Pt(NH_3)_2Cl_2(OH)_2]$　　(4) $[Pt(NH_3)_2Cl_2]$

(5) $K[Pt(NH_3)Cl_2(NO_2)]$　　(6) $K[Pt(NH_3)Cl(NO_2)(OH)]$

解　(1) $[Pt(NH_3)_2Cl_4]$　八面体，中心离子采取 d^2sp^3 杂化，有 2 种几何异构体，分别为顺式和反式。

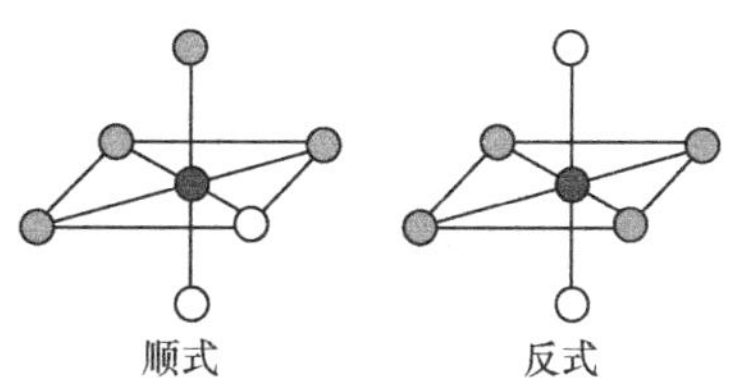

(2) $[Pt(NH_3)_2Cl_3(OH)]$　八面体，中心离子采取 d^2sp^3 杂化，有 3 种几何异构体。

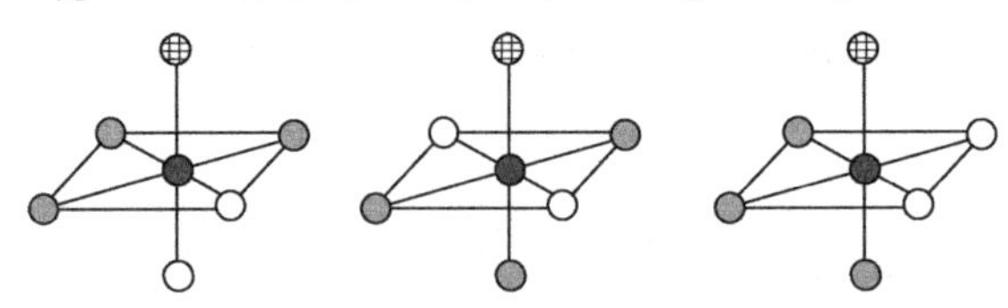

(3) $[Pt(NH_3)_2Cl_2(OH)_2]$　八面体，中心离子采取 d^2sp^3 杂化，有 5 种几何异构体。

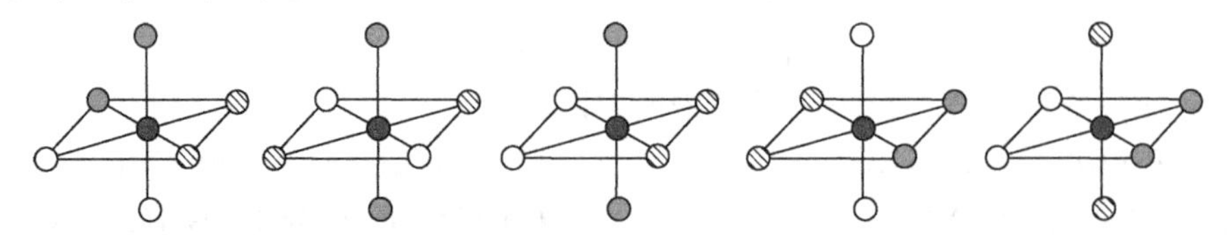

(4) $[Pt(NH_3)_2Cl_2]$　平面四边形，中心离子采取 dsp^2 杂化，有 2 种几何异构体。

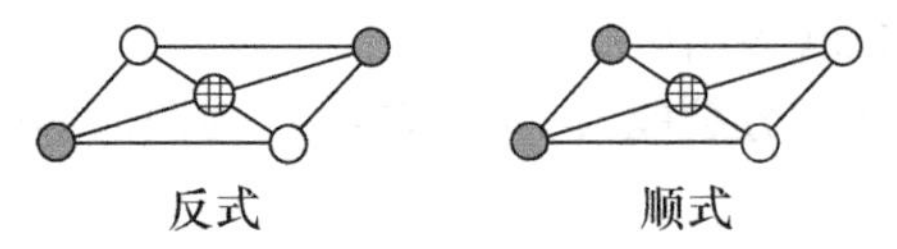

(5) $K[Pt(NH_3)Cl_2(NO_2)]$　平面四边形，中心离子采取 dsp^2 杂化，有 2 种几何异构体。

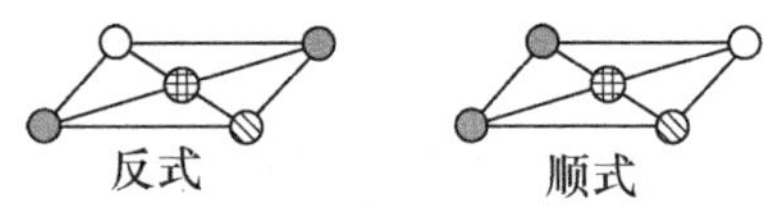

(6) $K[Pt(NH_3)Cl(NO_2)(OH)]$　平面四边形，中心离子采取 dsp^2 杂化，有 3 种几何异构体。

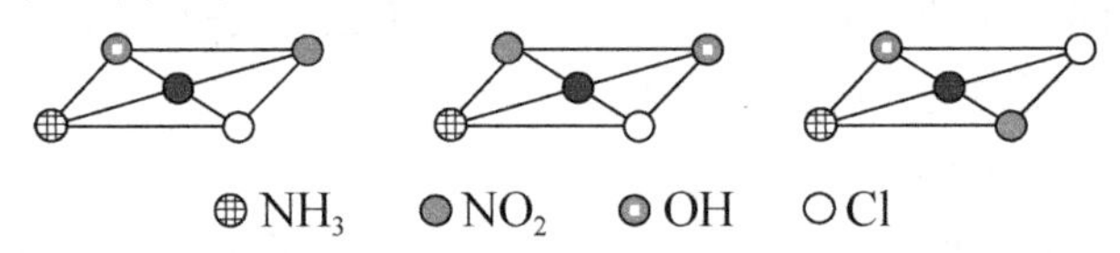

14. 分别用价键理论和晶体场理论解释：Ni^{2+}与 NH_3 形成六配位的八面体配合物 $[Ni(NH_3)_6]^{2+}$，而与 CN^-形成平面正方形配合物 $[Ni(CN)_4]^{2-}$。

解　用价键理论解释：Ni^{2+}电子构型为 $3d^8$，在强配体 CN^-作用下 3d 轨道电子发生重排，空出一个 3d 轨道，采取 dsp^2 杂化，形成平面正方形内轨型配合物 $[Ni(CN)_4]^{2-}$。

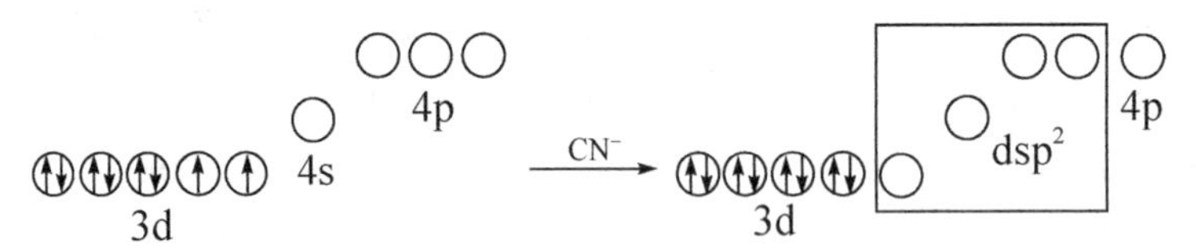

NH_3 为弱配体，不能使 Ni^{2+}的 3d 轨道电子发生重排，只能采取 sp^3d^2 杂化，形成外轨型配合物 $[Ni(NH_3)_6]^{2+}$：

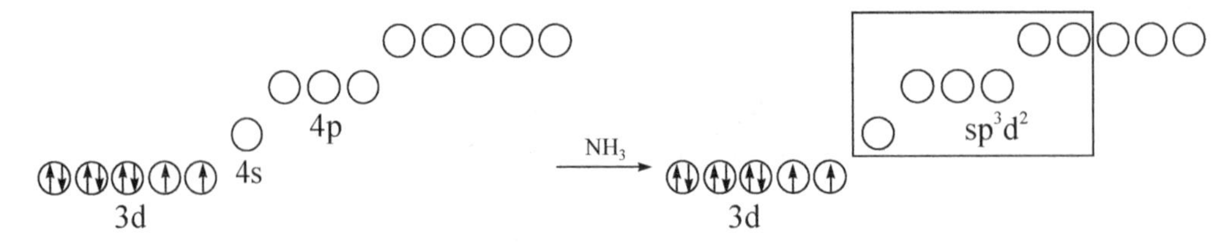

用晶体场理论解释：CN^-是强场配体，d^8 电子构型的中心离子形成平面正方形配合物时晶体场稳定化能(CFSE=24.56 Dq−P)，比形成八面体配合物的晶体场稳定化能(CFSE=12 Dq−P)大得多，这两种配合物的 CFSE 差值较大(12.56 Dq)，所以 Ni^{2+} 与 CN^-形成平面正方形配合物。因此，在强场下，d^8 电子组态的中心离子容易形成平面正方形配合物；反过来，NH_3 为弱场配体，与 Ni^{2+}形成平面正方形配合物时 CFSE 为 14.56 Dq，形成八面体型配合物时 CFSE 为 12 Dq，其差值仅为 2.56 Dq。虽然 CFSE 对形成八面体型配合物不利，但大多形成 2 个配位键，$[Ni(NH_3)_6]^{2+}$总的键能较大，即 Ni^{2+}与弱场配体 NH_3 形成八面体型配合物。也可以用姜-泰勒效应解释$[Ni(CN)_4]^{2-}$正方形结构。

15. 已知 CO 和 CN^-都是强配体，为什么配位数相同的$[Ni(CO)_4]$和$[Ni(CN)_4]^{2-}$的几何构型和中心的杂化方式不同？

解　二者中心杂化方式和几何构型不同的原因在于中心的价电子构型不同。在$[Ni(CO)_4]$中，Ni 原子的电子构型为 $3d^84s^2$，4s 上的两个电子重排到 3d 轨道中，4s、4p 轨道发生 sp^3 杂化，与 4 个 CO 形成四面体构型的配合物：

3d　4s　4p　—重排→　3d　sp^3

在$[Ni(CN)_4]^{2-}$中，Ni^{2+}的电子构型为 $3d^8$，d 电子发生重排，得到一个空的 3d 轨道，再与一个 4s、两个 4p 轨道进行 dsp^2 杂化，$[Ni(CN)_4]^{2-}$为正方形构型：

3d　4s　4p　—重排→　3d　dsp^2

因此，Ni 与 Ni^{2+}的电子构型不同，电子重排过程不同，产生的空轨道类型不同，造成轨道杂化方式不同；中心的杂化方式不同，使$[Ni(CO)_4]$和$[Ni(CN)_4]^{2-}$几何构型不同。

16. 已知$[Co(NO_2)_6]^{4-}$磁矩为 1.8 B.M.，试讨论中心离子的杂化方式，预测其稳定性。

解　$[Co(NO_2)_6]^{4-}$中心离子 Co^{2+}电子构型为 $3d^7$。由公式

$$\mu=\sqrt{n(n+2)}\ \text{B.M.}$$

可知，配合物中心离子单电子数为 1，中心离子采取 d^2sp^3 杂化：

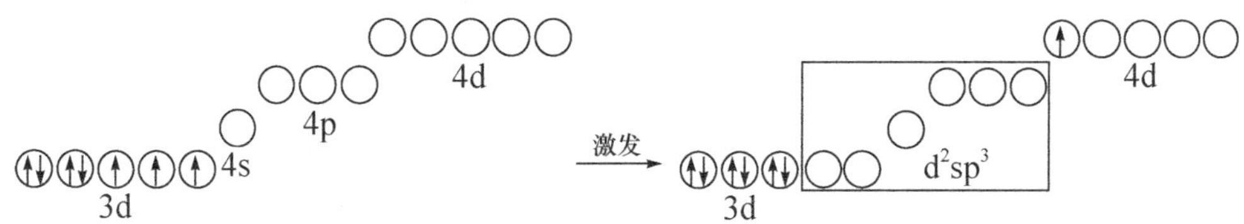

由于中心离子有一个电子激发到高能量的 4d 轨道上，$[Co(NO_2)_6]^{4-}$不稳定，易被氧化成$[Co(NO_2)_6]^{3-}$。

17. 用姜-泰勒效应讨论$[PtCl_4]^{2-}$的正方形结构和抗磁性。

解　由于 Pt 为高周期元素，中心离子 Pt^{2+}在八面体场中的分裂能很大，d_γ 轨道能量比 d_ε

道能高得多，处于高能量 d_γ 上的 2 个电子重排后空出一个 d 轨道，八面体场转化成正方形场，体系总的能量降低：

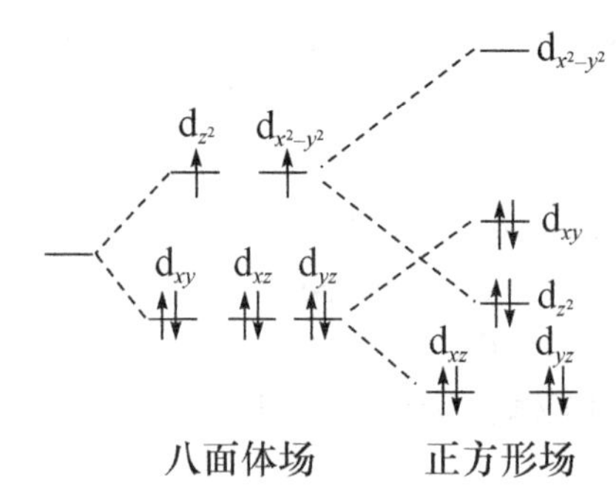

转化成正方形场后，所有 d 轨道电子成对，$[PtCl_4]^{2-}$为抗磁性物质。可见，此结果与价键理论讨论的结果相同。

18. 试解释：$[Co(en)_3]^{3+}$和$[Co(NO_2)_6]^{3-}$是反磁性的，溶液颜色为橙黄色；而$[CoF_6]^{3-}$是顺磁性的，且溶液颜色为蓝色。

解 根据晶体场理论，乙二胺(en)和硝基(NO_2^-)为强场配体，与 Co^{3+}形成低自旋配合物，电子组态为$(d_\varepsilon)^6(d_\gamma)^0$，没有单电子，为反磁性的；而 F^-为弱场配体，与 Co^{3+}形成高自旋配合物，电子组态为$(d_\varepsilon)^4(d_\gamma)^2$，有单电子，为顺磁性的。

虽然两者都能发生 d-d 跃迁而使配合物显色。但 d-d 跃迁需要的能量不同，低自旋的$[Co(en)_3]^{3+}$和$[Co(NO_2)_6]^{3-}$分裂能大，跃迁所需能量更高些，需要吸收波长短的光，显橙黄色；而高自旋的$[CoF_6]^{3-}$分裂能小，跃迁需要的能量低些，吸收波长较长的光，显蓝色。

19. 已知 Co^{3+}的 P=21 000 cm^{-1}，Co^{3+}与下列配体形成配离子的Δ_o为

	F^-	H_2O	NH_3
Δ_o / cm^{-1}	13 000	18 600	23 000

(1) 给出 Co^{3+}与这些配离子形成的配位化合物中 d 电子的排布情况，并指出是高自旋还是低自旋；

(2) 计算这些配位化合物的 CFSE。

解 (1) $[CoF_6]^{3-}$：$P = 21\ 000$ cm^{-1}，$\Delta_o = 13\ 000$ cm^{-1}

故 $P > \Delta_o$，中心离子的 d 电子在 F^-构成的八面体场中为高自旋排布：

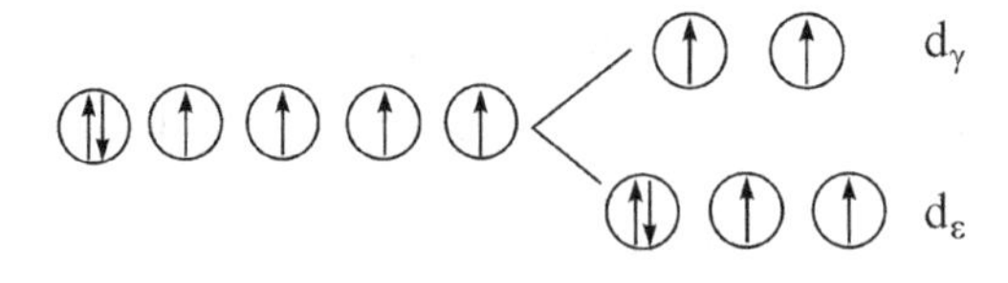

$[Co(H_2O)_6]^{3+}$：$P = 21\ 000$ cm^{-1}，$\Delta_o = 18\ 600$ cm^{-1}

故 $P > \Delta_o$，中心离子的 d 电子在 H_2O 构成的八面体场中为高自旋排布：

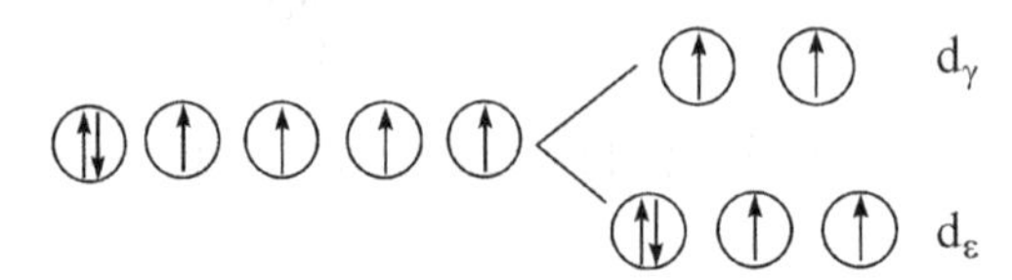

$[Co(NH_3)_6]^{3+}$：$P = 21\ 000$ cm^{-1}，$\Delta_o = 23\ 000$ cm^{-1}

$P < \Delta_o$ 中心离子的 d 电子在 NH_3 构成的八面体场中为低自旋排布：

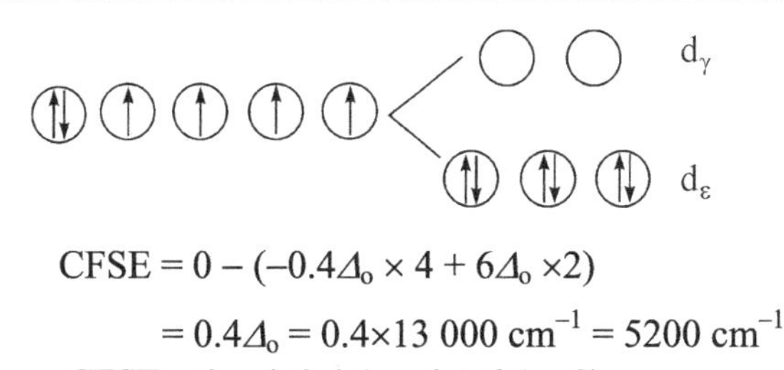

(2) $[CoF_6]^{3-}$：　$CFSE = 0 - (-0.4\Delta_o \times 4 + 6\Delta_o \times 2)$

$= 0.4\Delta_o = 0.4 \times 13\,000\ cm^{-1} = 5200\ cm^{-1}$

$[Co(H_2O)_6]^{3+}$：　$CFSE = 0 - (-0.4\Delta_o \times 4 + 6\Delta_o \times 2)$

$= 0.4\Delta_o = 0.4 \times 18\,600\ cm^{-1} = 7740\ cm^{-1}$

$[Co(NH_3)_6]^{3+}$：　$CFSE = 0 - (-0.4\Delta_o \times 6 + 2P)$

$$= 2.4\Delta_o - 2P$$
$$= 2.4 \times 23\,000\ cm^{-1} - 2 \times 21\,000$$
$$= 13\,200\ cm^{-1}$$

20. 请解释原因：

(1) $[CoCl_4]^{2-}$和$[NiCl_4]^{2-}$为四面体结构，而$[CuCl_4]^{2-}$和$[PtCl_4]^{2-}$却为正方形结构；

(2) $[Fe(CN)_6]^{3-}$比$[Fe(CN)_6]^{4-}$稳定，但与邻二氮菲(phen)生成的配合物却是$[Fe(phen)_3]^{3+}$不如$[Fe(phen)_3]^{2+}$稳定。

(3) $[Co(NH_3)_6]^{3+}$的稳定常数是$[Co(NH_3)_6]^{2+}$的 10^{30} 倍，而$[Fe(CN)_6]^{3-}$稳定常数仅是$[Fe(CN)_6]^{4-}$的 10^7 倍。

解　(1) $[CoCl_4]^{2-}$中，Co^{2+}电子构型为 $3d^7$，Cl^-为弱场配体，d 电子不发生重排，只能采取 sp^3 杂化，$[CoCl_4]^{2-}$为四面体结构。

$[NiCl_4]^{2-}$中，Ni^{2+}电子构型为 $3d^8$，Cl^-为弱场配体，d 电子不发生重排，采取 sp^3 杂化，$[NiCl_4]^{2-}$为四面体结构。

$[CuCl_4]^{2-}$中，Cu^{2+}电子构型为 $3d^9$，按晶体场理论的结果，由于姜-泰勒效应，拉长的八面体轴向的两个 Cl^-与中心离子作用太弱而失去，变为正方形的$[CuCl_4]^{2-}$。

$[PtCl_4]^{2-}$中，Pt^{2+}电子构型为 $5d^8$，这种正方形场的晶体场稳定化能与八面体场稳定化能差值最大，$[PtCl_4]^{2-}$采取正方形结构，可获取更多的晶体场稳定化能。同时，Pt 为第六周期元素，其 5d 轨道较为扩展，与配体的斥力大，分裂能 Δ 值大。由于 Δ 较大，Cl^-配体相当于强场配体，中心离子的 d^8 电子发生重排：

(↑↓)(↑↓)(↑↓)(↑)(↑) —重排→ (↑↓)(↑↓)(↑↓)(↑↓)( )

因此，在$[PtCl_4]^{2-}$中，Pt^{2+}采取 dsp^2 杂化，生成内轨型配合物，为平面正方形结构。

(2) Fe^{2+}、Fe^{3+}和 CN^-形成配合物时，有两种配位键：①CN^-电子向中心离子配位形成的 σ 配键；②中心离子的 d 轨道向 CN^-的 π^*轨道配位，形成 d-p π 键，即反馈 π 键。其中，σ 配键占主导。Fe^{3+}和 CN^-之间静电引力作用大，即 σ 配键强，而 Fe^{2+}和 CN^-之间静电引力作用小，即 σ 配键弱。所以，$[Fe(CN)_6]^{3-}$比$[Fe(CN)_6]^{4-}$稳定，前者稳定常数是 1×10^{42}，后者是 1×10^{37}。

邻二氮菲分子中有离域大 π 键。中性分子邻二氮菲与中心成键时，d-p π 配键对配离子稳定性影响较大，中心与中性分子配体间静电引力对配离子稳定性影响较小。Fe^{2+}d 电子比 Fe^{3+}多，向邻二氮菲的空 π^*轨道反馈电子能力强，所以$[Fe(phen)_3]^{2+}$比$[Fe(phen)_3]^{3+}$稳定。

(3) 中心的氧化数越高，与配体的作用越强，形成的配位键越强，配合物稳定。根据价键理论，$[Co(NH_3)_6]^{3+}$为内轨型配合物(d^2sp^3 杂化)，稳定性高，而$[Co(NH_3)_6]^{2+}$为外轨型配合物

(sp^3d^2 杂化)，稳定性低，所以$[Co(NH_3)_6]^{3+}$稳定常数比$[Co(NH_3)_6]^{2+}$大得多。

$[Co(NH_3)_6]^{3+}$的杂化轨道　　　　$[Co(NH_3)_6]^{2+}$的杂化轨道

$[Fe(CN)_6]^{3-}$和$[Fe(CN)_6]^{4-}$都是内轨型配合物(d^2sp^3 杂化)，都很稳定，而且$[Fe(CN)_6]^{4-}$中的反馈键更强，使$[Fe(CN)_6]^{3-}$和$[Fe(CN)_6]^{4-}$能量差变小，所以$[Fe(CN)_6]^{3-}$和$[Fe(CN)_6]^{4-}$稳定常数相差不大：

$[Fe(CN)_6]^{3-}$的 d^2sp^3 杂化轨道　　　　$[Fe(CN)_6]^{4-}$的 d^2sp^3 杂化轨道

根据晶体场理论，NH_3 对于 Co^{3+}是强场，6 个 d 电子全部排布在低能量的 d_ε 轨道上，而 NH_3 对于 Co^{2+}是弱场，7 个 d 电子有 2 个排布在高能量的 d_γ 轨道上，使$[Co(NH_3)_6]^{3+}$和$[Co(NH_3)_6]^{2+}$晶体场稳定化能相差很大，则稳定性相差很大。

八面体强场中 Co^{3+}的 d 电子排布　　　　八面体弱场中 Co^{2+}的 d 电子排布

CN^-对于 Fe^{3+}和 Fe^{2+}都是强场，2 个配合物的中心离子 d 电子都排布在低能量的 d_ε 轨道上，晶体场稳定化能相差不大，则稳定性相差不大。

八面体强场中 Fe^{3+}的 d 电子排布　　　　八面体强场中 Fe^{2+}的 d 电子排布

综上所述，$[Co(NH_3)_6]^{3+}$与$[Co(NH_3)_6]^{2+}$稳定常数相差很大，而$[Fe(CN)_6]^{3-}$和$[Fe(CN)_6]^{4-}$稳定常数相差不大。

第 10 章 卤　　素

一、内 容 提 要

卤素指的是周期表中ⅦA 族元素，包括氟、氯、溴、碘和砹 5 种元素。卤素原子的价电子构型是 ns^2np^5，均易获得 1 个电子形成稀有气体的稳定结构，从而生成氧化数为−1 的阴离子。除了氟以外，其他卤素的价电子层都有空的 d 轨道可以参与成键，形成+1、+3、+5 和+7 的氧化态。

10.1 卤 素 单 质

10.1.1 卤素的性质

卤素单质均为非极性的双原子分子，从 F_2 到 I_2，熔点、沸点依次升高，颜色加深。

F_2 氧化能力强，可与水发生剧烈反应产生氧气。Cl_2、Br_2、I_2 在水中的溶解度都较小。I_2 在 KI 溶液中生成 I_3^- 而溶解度较大。Br_2 和 I_2 在 CCl_4 和 CS_2 等有机溶剂中的溶解度较大。

卤素单质的氧化能力 $F_2>Cl_2>Br_2>I_2$。I_2 不能氧化水，Br_2 和 Cl_2 氧化水生成 O_2 的超电势大，反应速率极慢。只有 F_2 遇到水后发生剧烈的反应放出 O_2，Br_2 和 Cl_2 在水中将主要发生歧化反应

$$2F_2 + 2H_2O = 4HF + O_2$$
$$Cl_2 + H_2O = HCl + HClO$$

常温下，Cl_2 将歧化生成氧化数为+1 和−1 的 ClO^- 和 Cl^-；而 Br_2 和 I_2 的歧化产物是氧化数为+5 和−1 的 XO_3^- 和 X^-。碱性条件下，歧化反应进行得比较彻底，而中性和酸性条件下，将发生逆歧化反应。

F_2 与金属直接反应生成高价的氟化物，但与 Cu、Ni、Mg 反应生成致密的氟化物保护膜而阻止反应的进行。故 F_2 可以用 Cu、Ni、Mg 及相应的合金制的容器来储存。

Cl_2 可以与多数金属直接反应，生成相应的氯化物。干燥的 Cl_2 不与 Fe 反应，故干燥的 Cl_2 可以储存在铁质容器中。Br_2、I_2 只能与活泼的金属作用，与不活泼的金属作用需加热。

F_2 可以与除了 O_2、N_2、He、Ne 以外的所有非金属直接反应，生成高价氟化物。Cl_2 也可以与多数的非金属单质反应。Br_2 和 I_2 与许多非金属单质可以反应，一般多形成低价的化合物。

在低温黑暗的条件下，F_2 可以与 H_2 发生爆炸性的反应，常温下 Cl_2 与 H_2 反应缓慢，但在加热或光照的条件下，可以发生爆炸性的链反应。Br_2、I_2 与 H_2 的反应不彻底，需要在催化剂及加热的情况下才能发生反应。

10.1.2 制备

氟的氧化性很强，工业上一般采用电解 HF 和 KF 的混合物来制备单质氟，压入镍制的特

种钢瓶中储存。在实验室中，常用加热分解含氟化合物来制取单质氟，如分解 BrF_5 制备 F_2。

工业上由电解饱和食盐水方法制备 Cl_2，电解熔融氯化物制备活泼金属时，也可以得到纯度较高的氯气。实验室中常用二氧化锰与浓盐酸加热或用高锰酸钾氧化浓盐酸制备氯气。

在酸性条件下，用 Cl_2 氧化浓缩后的海水生成单质溴。在实验室中，用氧化剂在酸性条件下氧化溴化物制备单质溴。

$$MnO_2 + 2NaBr + 3H_2SO_4 = Br_2 + MnSO_4 + 2NaHSO_4 + 2H_2O$$

在酸性条件下，用水浸取海藻灰溶出其中的 I^-，再氧化得到单质碘。浓缩的 $NaIO_3$ 溶液用 $NaHSO_3$ 还原也得到单质碘。实验室中制备少量单质碘的方法与制备单质溴相似。

$$2I^- + MnO_2 + 4H^+ = I_2 + Mn^{2+} + 2H_2O$$

$$2IO_3^- + 5HSO_3^- = I_2 + 3HSO_4^- + 2SO_4^{2-} + H_2O$$

10.2 氢 化 物

常温常压下，卤化氢均是具有强刺激性气味的无色气体。因 HF 形成强的分子间氢键，沸点是本族氢化物中最高的。HF 可以与 H_2O 任意比例互溶，其他卤化氢在水中的溶解度也较大。

HF 为弱酸，其他氢卤酸均为强酸。当 HF 溶液浓度增大时，其酸性增强。HF 能够与 SiO_2 或硅酸盐反应，可以腐蚀玻璃。

卤化氢的还原性顺序为 HF<HCl<HBr<HI。HI 或 KI 溶液可以被空气中的氧气氧化，HBr 和 HCl 水溶液不被空气中的氧气氧化。KBr、KI 可以将浓硫酸分别还原为 SO_2 和 H_2S，NaCl 不能被浓硫酸氧化，只能发生简单的置换反应。

$$2KBr + 3H_2SO_4(浓) = SO_2 + Br_2 + 2KHSO_4 + 2H_2O$$

$$8KI + 9H_2SO_4(浓) = H_2S + 4I_2 + 8KHSO_4 + 4H_2O$$

$$NaCl + H_2SO_4(浓) = NaHSO_4 + HCl$$

浓硫酸与固体卤化物直接反应，可用来制取 HF 和 HCl。用无氧化性的浓磷酸代替浓硫酸与固体卤化物作用可制备 HBr 和 HI。工业上采用 Cl_2 和 H_2 直接化合制备 HCl。

实验室常用卤化物水解法制备 HBr 和 HI。

$$2P + 3X_2 = 2PX_3$$

$$PX_3 + 3H_2O = H_3PO_3 + 3HX$$

10.3 卤化物、卤素互化物和拟卤素

10.3.1 金属卤化物

金属卤化物是指金属与卤素所形成的二元化合物。多数金属氟化物为离子化合物，碱金属的卤化物多为离子化合物。Cl^-和 Br^-与高价态金属离子形成的化合物往往是共价化合物，如 $SnCl_4$、$TiCl_4$ 等；与极化能力不强的低价态金属离子形成的化合物往往是离子化合物，如 $FeCl_2$、$SnCl_2$、$NiCl_2$ 等。I^-半径较大，与极化能力强的金属离子形成共价化合物，如 HgI_2、AgI、PbI_2 等。

金属卤化物的制备：①HX 与金属、金属氧化物、碱、盐等作用；②金属与卤素单质直接化合；③采用热力学耦合的办法，可以由金属氧化物卤化制备卤化物；④由易溶的金属卤化

物可制备难溶的金属卤化物。

重要的难溶金属卤化物有：LiF，MgF_2，CaF_2，BaF_2，AlF_3，PbF_2，ZnF_2；CuCl，AgCl，Hg_2Cl_2，$PbCl_2$，TlCl；CuBr，AgBr(淡黄)，Hg_2Br_2，$PbBr_2$，TlBr；CuI，AgI(黄)，Hg_2I_2(黄)，HgI_2(红)，PbI_2(黄)。

铅的卤化物 $PbCl_2$、$PbBr_2$ 和 PbI_2 溶解度不是很小，能够溶于热水。LiF、碱土金属氟化物(除 BeF_2 外)、二价和高价金属氟化物的晶格能很高，难溶于水。

卤离子能够与许多金属离子形成配离子，如$[AlF_6]^{3-}$，$[FeF_6]^{3-}$，$[PbCl_4]^{2-}$，$[CuCl_2]^-$，$[AuCl_4]^-$，$[PtCl_6]^{2-}$，$[HgI_4]^{2-}$ 等。

10.3.2 卤素互化物与多卤化物

卤素互化物是指由两种或两种以上卤素形成的化合物，如 IF_5、ICl_3。多数卤素互化物是由两种卤素形成的，三种卤素原子形成的卤素互化物较少。在卤素互化物中，中心原子是电负性较小而半径较大的卤素，配位原子是电负性较大而半径较小的卤素。

卤素互化物一般由卤素单质直接化合得到，如 F_2 与 Cl_2 反应制备 ClF。卤素互化物在水中易水解，生成两种酸：氧化数高的中心与 H_2O 中的 OH 结合生成含氧酸，氧化数低的卤素配体与 H_2O 中的 H 结合生成氢卤酸。

半径较大卤离子的碱金属卤化物与卤素单质结合形成多卤化物。例如，单质碘溶于 KI 溶液中形成 KI_3。多卤化物不稳定，受热分解。分解产物倾向于由电负性较大的卤素形成的金属卤化物。由于氟化物的晶格能特别大，其很难生成含氟的多卤化物。

10.3.3 拟卤素

某些由两个或多个非金属元素原子形成的−1 价的离子，在形成化合物时表现出与卤素离子相似的性质；当它们以与卤素单质相同的形式组成中性分子时，其性质也与卤素单质相似，故称这些中性分子为拟卤素，其−1 价的离子为拟卤离子。

拟卤素主要包括氰$(CN)_2$、硫氰$(SCN)_2$、氧氰$(OCN)_2$ 等。

采用热分解氰化物的方法可制备$(CN)_2$，利用 Br_2 氧化 SCN^-可以制备$(SCN)_2$，电解氰酸钾 KOCN 溶液可以得到$(OCN)_2$。

$(CN)_2$ 为有苦杏仁气味的无色气体，剧毒。$(SCN)_2$ 为黄色油状液体，不稳定，易聚合生成砖红色难溶性固体。

拟卤素氢化物的水溶液呈酸性。HSCN 为强酸，HOCN 为弱酸，HCN 酸性极弱。

与卤素相似，拟卤素与水作用发生歧化反应，碱性条件有利于歧化反应进行

$$(CN)_2 + H_2O = HCN + HOCN$$

$$(CN)_2 + 2OH^- = CN^- + OCN^- + H_2O$$

拟卤素与 Ag^+、Hg^+和 Pb^{2+}等形成的拟卤化物为难溶盐，如 AgCN、AgSCN、$Hg_2(CN)_2$、$Pb(CN)_2$、$Pb(SCN)_2$、$Hg(SCN)_2$。其中，过渡金属难溶盐在 KCN 或 NaSCN 溶液中易形成稳定的配位化合物，如生成$[Ag(CN)_2]^-$、$[Hg(SCN)_4]^{2-}$。

CN^-是强配体，与多数过渡金属离子形成稳定的配合物，如$[Cu(CN)_2]^-$、$[Au(CN)_2]^-$、$[Zn(CN)_4]^{2-}$、$[Fe(CN)_6]^{4-}$ 等。SCN^-与很多金属离子形成配合物，如 $Co[Hg(SCN)_4]$(蓝色，微溶)、$Co[Hg(SCN)_4]$(白色，微溶)、$[Fe(SCN)_n]^{3-n}$(红色)、$[Co(SCN)_4]^{2-}$(蓝色)。

Cl_2、Br_2可以氧化 SCN^-和 CN^-；$(SCN)_2$可以氧化 I^-和 CN^-；I_2可以氧化 CN^-。

10.4　卤素的含氧化合物

10.4.1　卤素的氧化物

卤素的氧化物种类繁多，性质差异较大。氟的电负性比氧大，与氧形成的 OF_2 中氟的氧化数为-1，而与其他卤素的氧化物有所不同。

Cl_2O 是次氯酸的酸酐，向新制出的氧化汞表面通单质 Cl_2 可以制备 Cl_2O，大量制取 Cl_2O 的方法是将 Cl_2 和湿润的 Na_2CO_3 反应，实验室中利用草酸还原 $KClO_3$ 得到 ClO_2。

$$2Cl_2 + 2HgO = HgCl_2{\cdot}HgO + Cl_2O$$

$$2Cl_2 + 2Na_2CO_3 + H_2O = Cl_2O + 2NaHCO_3 + 2NaCl$$

$$2ClO_3^- + C_2O_4^{2-} + 4H^+ = 2ClO_2\uparrow + 2CO_2\uparrow + 2H_2O$$

由 HIO_3 干燥脱水可制备 I_2O_5：

$$2HIO_3 = I_2O_5 + H_2O$$

卤素的氧化物都具有较强的氧化性，大多数不稳定，受热、震动或遇到还原剂易发生爆炸。

10.4.2　卤素的含氧酸及其盐

除氟以外，卤素均可以形成氧化数为+1、+3、+5 和+7 的含氧酸，分别称为次卤酸 HXO、亚卤酸 HXO_2、卤酸 HXO_3、高卤酸 HXO_4。高碘酸比较特殊，其化学式为 H_5IO_6。分子构型为八面体。

纯的 HOF 为白色固体，极不稳定，常温常压下发生分解生成 HF 和 O_2。HClO、HBrO、HIO 均为弱酸，且酸性依次减弱；均不稳定，稳定性依次减弱。

在碱性条件下，HXO 发生歧化分解反应生成 X^-和 XO_3^-；光照则 HClO 分解为 HCl 和 O_2。在脱水剂的作用下，HClO 脱水分解得到酸酐 Cl_2O。

HXO 都具有较强的氧化性，其氧化性按 HClO、HBrO、HIO 顺序依次降低。

$$HClO + HCl = Cl_2 + H_2O$$

次卤酸盐的稳定性比次卤酸高。次氯酸钙是漂白粉的主要成分，将 Cl_2 通入 $Ca(OH)_2$ 溶液制得。漂白粉的漂白作用主要是由于次氯酸的氧化性。

在亚卤酸中，只有亚氯酸 $HClO_2$ 能够以稀溶液的形式存在，但也极不稳定，易分解放出 ClO_2，使溶液变黄。

$$8HClO_2 = 6ClO_2 + Cl_2 + 4H_2O$$

卤酸均为强酸，酸性按 $HClO_3$、$HBrO_3$、HIO_3 顺序依次减弱。卤酸的稳定性高于次卤酸，其中 HIO_3 稳定性最高，以固体的形式存在。而 $HClO_3$ 和 $HBrO_3$ 仅存在于水溶液中，溶液浓度过高时则爆炸分解。

卤酸盐的热稳定性高于相应的酸。常见的卤酸盐有 $KClO_3$、$NaIO_3$ 等。在催化剂的作用下，加热分解 $KClO_3$ 生成 KCl 和 O_2。卤酸及其盐都具有较强的氧化性，$HClO_3$ 过量则产物中有 Cl_2。

$$HClO_3 + S + H_2O = H_2SO_4 + HCl$$

$$5HClO_3 + 3I_2 + 3H_2O = 6HIO_3 + 5HCl$$

$KClO_3$固体与浓盐酸混合，有特征黄色的ClO_2生成。

$$8KClO_3 + 24HCl(浓) = 9Cl_2 + 8KCl + 6ClO_2 + 12H_2O$$

卤素含氧酸的氧化性与稳定性有关，稳定性差的含氧酸氧化性一般较强，如氧化性：

$$HClO>HClO_3>HClO_4$$

在碱性条件下，KClO 能将 KI 氧化，而 $KClO_3$在酸性条件下才能将 KI 氧化。利用浓硝酸氧化 I_2可制备 HIO_3。

高卤酸的酸性按 $HClO_4$、$HBrO_4$、HIO_4顺序依次减弱。$HClO_4$是无机酸中的最强酸，$HBrO_4$也是强酸，而 H_5IO_6为中强酸。

$HClO_4$的稀溶液比较稳定，而浓的 $HClO_4$由于多以分子状态存在，H^+ 的反极化作用使得浓的 $HClO_4$不稳定，极易爆炸分解。浓 $HClO_4$表现出较强的氧化性，而稀的 $HClO_4$则无氧化性，甚至不能将 Zn 等活泼金属氧化。

高卤酸的氧化性大小顺序为 $HBrO_4>H_5IO_6>HClO_4$，酸性条件下 H_5IO_6可以将 Mn^{2+}氧化成 MnO_4^- 。

$$5H_5IO_6 + 2Mn^{2+} = 2MnO_4^- + 5IO_3^- + 11H^+ + 7H_2O$$

高卤酸盐的溶解性与其他盐类有很大差别。高氯酸和高溴酸的碱金属和铵盐的溶解度较小，而它们的重金属盐的溶解度较大。高碘酸盐一般都难溶。

二、习 题 解 答

1. 写出下列化合物的化学式。

(1) 萤石 (2) 冰晶石 (3) 光卤石 (4) 正高碘酸 (5) 漂白粉

解 (1) CaF_2 (2) Na_3AlF_6 (3) $KCl·MgCl_2·6H_2O$

(4) H_5IO_6 (5) $Ca(ClO)_2 + CaCl_2·Ca(OH)_2·H_2O$

2. 完成 Cl_2与下列物质反应的化学方程式。

(1) P (2) S (3) Cr (4) H_2 (5) I_2

解 (1) $2P(s) + 3Cl_2(g) = 2PCl_3(l)$

$2P(s) + 5Cl_2(g)$ (过量) $= 2PCl_5(s)$

(2) $2S(s) + Cl_2(g) = S_2Cl_2(l)$

$S(s) + Cl_2(g)$ (过量) $= SCl_2(l)$

(3) $2Cr(s) + 3Cl_2(g) = 2CrCl_3$

(4) $Cl_2(g) + H_2(g) = 2HCl(g)$

(5) $3Cl_2(g)+ I_2(s) = 2ICl_3$

3. 完成并配平下列反应的方程式(必要时可加热)。

(1) $MnO_2 + HCl(浓) =$

(2) $KBr + H_3PO_4(浓) =$

(3) $MnO_2 + KBr + H_2SO_4 =$

(4) $NaClO + PbAc_2 =$

(5) $H_5IO_6 + Mn^{2+} =\!=\!=$

(6) $Cl_2 + HgO + H_2O =\!=\!=$

(7) $Pb(SCN)_2 + Br_2 =\!=\!=$

(8) $BrF_5 + H_2O =\!=\!=$

(9) $ClO_3^- + C_2O_4^{2-} =\!=\!=$

(10) $Na_2SiO_3 + HF =\!=\!=$

解 (1) $MnO_2 + 4HCl(浓) \stackrel{\triangle}{=\!=\!=} MnCl_2 + Cl_2\uparrow + 2H_2O$

(2) $KBr + H_3PO_4(浓) =\!=\!= HBr + KH_2PO_4$

(3) $MnO_2 + 2KBr + 3H_2SO_4 =\!=\!= Br_2 + MnSO_4 + 2KHSO_4 + 2H_2O$

(4) $NaClO + PbAc_2 + H_2O =\!=\!= PbO_2\downarrow + 2HAc + NaCl$

(5) $2Mn^{2+} + 5H_5IO_6 =\!=\!= 2MnO_4^- + 5IO_3^- + 11H^+ + 7H_2O$

(6) $2Cl_2 + 2HgO + H_2O =\!=\!= HgO\cdot HgCl_2 + 2HClO$

(7) $Pb(SCN)_2 + Br_2 =\!=\!= PbBr_2 + (SCN)_2$

(8) $BrF_5 + 3H_2O =\!=\!= HBrO_3 + 5HF$

(9) $2ClO_3^- + C_2O_4^{2-} + 4H^+ =\!=\!= 2CO_2\uparrow + 2ClO_2\uparrow + 2H_2O$

(10) $Na_2SiO_3 + 6HF =\!=\!= Na_2SiF_6 + 3H_2O$

4. 用化学反应方程式表示下列过程。

(1) 加热分解氯酸钾；

(2) 将 I_2 与酸性 $KClO_3$ 溶液混合后加热；

(3) 将 $(CN)_2$ 通入 NaOH 溶液中；

(4) 将液态溴滴在红磷和少许水的混合物上；

(5) 将水滴在红磷与单质碘的混合物上；

(6) 向 FeI_2 溶液中通入过量的氯气；

(7) 将 CO 通入装有 I_2O_5 的容器中；

(8) 向 KI 固体中加浓硫酸。

解 (1) $4KClO_3 \stackrel{\triangle}{=\!=\!=} 3KClO_4 + KCl$

(2) $5ClO_3^- + 3I_2 + 3H_2O =\!=\!= 6IO_3^- + 6H^+ + 5Cl^-$

(3) $(CN)_2 + 2NaOH =\!=\!= NaOCN + NaCN + H_2O$

(4) $2P + 3Br_2 + 6H_2O =\!=\!= 6HBr + 2H_3PO_3$

(5) $2P + 3I_2 + 6H_2O =\!=\!= 6HI + 2H_3PO_3$

(6) $2FeI_2 + 13Cl_2 + 12H_2O =\!=\!= 2FeCl_3 + 4HIO_3 + 20HCl$

(7) $I_2O_5 + 5CO =\!=\!= I_2 + 5CO_2$

(8) $8KI\,(s) + 5H_2SO_4\,(浓) =\!=\!= 4I_2 + H_2S + 4K_2SO_4 + 4H_2O$

5. 碘为什么能形成六配位的高碘酸 H_5IO_6？比较 HIO_4 与 H_5IO_6 的酸性强弱并定性解释。

解 由于 I 原子的半径比较大，而电负性较低，可以扩大周围 O 原子的配位数而形成 H_5IO_6。

HIO_4 的酸性($K_{a1} = 30.8$)比 H_5IO_6 的酸性($K_{a1} = 2.2\times10^{-2}$)强。按照鲍林提出的关于含氧酸强度的变化规律，可把含氧酸写为通式$(OH)_nXO_m$，式中 n 为羟基氧的个数，m 为非羟基氧的数目，m 越大，其含氧酸的强度越强，显然 HIO_4 中非羟基氧数 m 大，故酸性强。

6. 如何理解 ClO_2 的键角大于 Cl_2O 键角?

解 ClO_2 中心原子为 Cl，采取 sp^2 杂化，键角接近 120° (O—Cl—O 键角为 117.6°)；Cl_2O 中心原子为 O，采取 sp^3 杂化，键角接近 109.5°(Cl—O—Cl 键角为 110.9°)。注意：ClO_2 采取 sp^2 杂化是由分子的对称结构和 Cl—O 键长决定的。ClO_2 分子中 2 个 Cl—O 键长相同，说明 Cl 与 2 个 O 成键情况相同；O—Cl—O 键角为 117.6°，更接近 120°；Cl—O 键长为 147.3pm，比正常的 Cl—O 单键短，说明还有其他成键(除 σ 键外，还存在 Π_3^5 离域 π 键)。ClO_2 中心原子 Cl 的杂化过程：

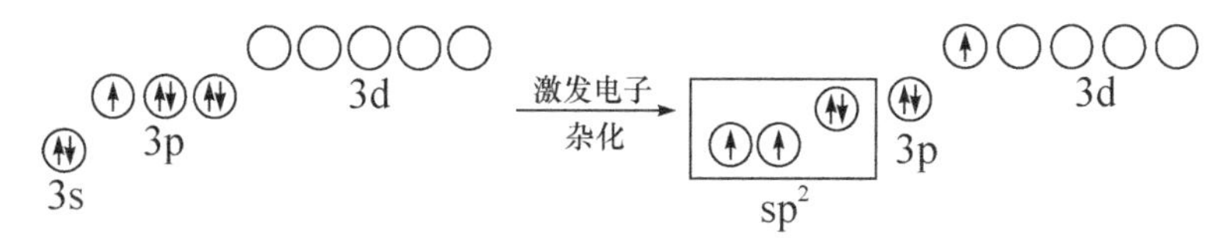

sp^2 杂化轨道中的单电子与 O 的 p 轨道的单电子成σ键，Cl 原子未杂化的 3p 轨道有 2 个电子，两个 O 原子 2p 轨道各有 1 个电子，Cl 原子激发到 3d 轨道的 1 个电子回到离域π键中，结果是形成三中心五电子的 Π_3^5 键。

7. 比较各对化合物的溶解度大小，并简要说明理由。

(1) NaF 和 LiF　(2) $KClO_4$ 和 $NaClO_4$　(3) HgF_2 和 $HgCl_2$　(4) CuF_2 和 $CuCl_2$

解 (1) NaF>LiF，NaF 和 LiF 均为离子晶体，但由于 Li^+ 和 F^- 的半径都很小，LiF 晶体的晶格能很大，故在水中溶解度很小，而 NaF 溶解度较大。

(2) $KClO_4$<$NaClO_4$，半径小的 Na^+ 与半径大的 ClO_4^- 形成的晶体中，ClO_4^- 间距离小而排斥力大，晶格能小，溶解度大。

(3) HgF_2>$HgCl_2$，Hg^{2+} 为软酸，F^- 为硬碱，软酸和硬碱结合的产物结合力弱，溶解度大。按离子极化理论，F^- 变形性小，HgF_2 为离子化合物，溶解度大；而 Cl^- 变形性较大，$HgCl_2$ 中键的共价成分多，难溶。

(4) CuF_2<$CuCl_2$，由于 F^- 的半径很小，形成的 CuF_2 晶体的晶格能特别大，难溶。而 $CuCl_2$ 中 Cl^- 的晶格能比 CuF_2 晶体的晶格能小，同时溶于水时 Cl^- 的水合热较大，故 $CuCl_2$ 较 CuF_2 易溶。

8. 比较下列各组物质的酸性强弱，并说明原因。

(1) HF、HCl、HBr 和 HI；

(2) HClO、$HClO_2$、$HClO_3$ 和 $HClO_4$；

(3) $HClO_3$、$HBrO_3$ 和 HIO_3。

解 (1) 氢卤酸的酸性由大到小为 HI、HBr、HCl、HF。除 HF 是弱酸外，其余均为强酸。X^- 对 H^+ 的吸引能力弱，则解离度大，溶液的酸性强；反之，X^- 对 H^+ 的吸引能力强，溶液的酸性弱。这种吸引能力大小与 X^- 本身所带电荷和离子半径大小有关。从 I^- 到 F^-，尽管离子所带电荷相同，但离子的半径逐渐减小，离子的电荷密度逐渐升高，于是 X^- 对 H^+ 的吸引能力逐渐增大，使 HI、HBr、HCl、HF 在水溶液中的解离度依次减小，酸性逐渐减弱。

(2) 酸性大小，依 HClO、$HClO_2$、$HClO_3$ 到 $HClO_4$ 顺序逐渐增强。卤素的含氧酸中，随着中心原子 Cl 的氧化数逐渐增大，抵抗 H^+ 的反极化作用的能力逐渐增强，H—O—X 中的 HO—X 键逐渐增强，H—O 键逐渐减弱，H^+ 更易解离出，故酸性增强。

(3) 酸性大小，依 $HClO_3$、$HBrO_3$ 到 HIO_3 顺序逐渐减弱。卤素的含氧酸的酸性与中心原子同羟基氧原子间的作用力大小有关。从 Cl 到 I，随原子序数的增加，半径增大，电负性减小，拉动 O 原子电子云能力变小，H—O—X 中的 HO—X 键逐渐减弱，H—O 键逐渐增强，不易解离出 H^+，所以 $HClO_3$、$HBrO_3$、HIO_3 酸性依次减弱。

9. 解释以下事实。

(1) 漂白粉长期暴露于空气中会失去效用；

(2) I_2 在水中溶解度很小，但能溶于 CCl_4 或 KI 的水溶液中；

(3) 向 $FeSO_4$ 溶液中加入碘水，碘水不褪色；再加入 NH_4F 溶液，则碘水褪色；

(4) 可以用 Fe^{2+} 和 Zn^{2+} 等处理含氰化物的废液，但不能用 Cu^{2+} 盐处理含氰化物的废液；

(5) NH_4F 要用塑料瓶盛装。

解 (1) 漂白粉的有效成分是 $Ca(ClO)_2$，长期暴露于空气中，与空气中的 CO_2 等酸性气体作用生成 HClO，而 HClO 不稳定，易分解，使漂白粉逐渐失效。

$$Ca(ClO)_2 + CO_2 + H_2O = CaCO_3 + 2HClO$$

$$2HClO = 2HCl + O_2$$

漂白粉中含有 $CaCl_2$，遇 HClO 生成易挥发的 Cl_2，这个反应比 HClO 分解反应更容易进行。

$$HClO + HCl = Cl_2 + H_2O$$

(2) I_2 是非极性分子，在极性溶剂水中溶解度很小，但易溶于非极性溶剂 CCl_4(相似相溶)。I_2 与 KI 作用生成 I_3^- 而易溶于水。

$$I_2 + I^- = I_3^-$$

(3) 电极电势 $E^\ominus(Fe^{3+}/Fe^{2+}) > E^\ominus(I_2/I^-)$，$I_2$ 不能氧化 Fe^{2+}，因此碘水加入 $FeSO_4$ 溶液中不褪色。$FeSO_4$ 溶液加入 NH_4F 溶液后，Fe^{3+} 可与 F^- 生成稳定的配位化合物 $[FeF_6]^{3-}$，溶液中 Fe^{3+} 浓度降低，于是 $E^\ominus([FeF_6]^{3-}/Fe^{2+}) < E^\ominus(I_2/I^-)$，$I_2$ 能氧化 Fe^{2+}，因此，将碘水加入 $FeSO_4$ 溶液和 NH_4F 溶液混合物中，则碘水褪色。

(4) 废液中的氰化物与 Fe^{2+} 盐、Zn^{2+} 盐生成稳定的 $[Fe(CN)_6]^{4-}$ 和 $[Zn(CN)_4]^{2-}$，毒性很低。但 Cu^{2+} 能将氰化物氧化，生成剧毒的 $(CN)_2$：

$$2Cu^{2+} + 4CN^- = 2CuCN + (CN)_2$$

所以，不能用 Cu^{2+} 盐处理含氰化物的废液。

(5) NH_4F 在水中要发生水解生成 NH_3 和 HF：

$$NH_4F + H_2O = NH_3 \cdot H_2O + HF$$

HF 和 SiO_2 反应，使玻璃容器被腐蚀：

$$SiO_2 + 4HF = SiF_4\uparrow + 2H_2O$$

因而 NH_4F 只能储存在塑料瓶中。

10. 解释下列实验现象。

(1) 将少量 Na_2SO_3(强还原剂)溶液加入酸性淀粉-KIO_3 溶液中，溶液变蓝；Na_2SO_3 溶液过量时，溶液变为无色。

(2) 将 $KClO_3$ 溶液与 KI 溶液混合后溶液不变色，再加入少量稀硫酸则溶液变黄。

解 (1) Na_2SO_3 为强还原剂，当与具有氧化性的 KIO_3 相遇时发生氧化还原反应，并且反应的产物因反应物的量不同而有所不同。当还原剂 Na_2SO_3 量少时，与 KIO_3 反应生成 SO_4^{2-} 和

单质 I_2，故使酸性淀粉溶液变蓝。

$$2IO_3^- + 5SO_3^{2-} + 2H^+ = I_2 + 5SO_4^{2-} + H_2O$$

当还原剂 Na_2SO_3 过量时，I_2 被进一步还原为 I^-，溶液又变为无色。

$$I_2 + SO_3^{2-} + H_2O = 2I^- + SO_4^{2-} + 2H^+$$

(2) $KClO_3$ 的氧化性受体系 pH 的影响，在酸性溶液中才表现出较强的氧化性，将 I^- 氧化生成单质 I_2，溶液变黄。而在中性条件下，则不发生氧化反应，溶液不变色。

$$ClO_3^- + 6I^- + 6H^+ = 3I_2 + Cl^- + 3H_2O$$

11. 用反应方程式表示下列制备过程。

(1) 工业上从浓缩的海水制取溴；

(2) 以盐酸为主要原料制备次氯酸溶液；

(3) 以 KCl 为原料制备氯酸钾；

(4) 由含 KI 溶液为原料制备碘。

解 (1) 先将海水经日照浓缩后，调成酸性，通入 Cl_2 将 Br^- 氧化。

$$Cl_2 + 2Br^- = 2Cl^- + Br_2$$

鼓入空气将 Br_2 吹出，用 Na_2CO_3 溶液吸收。

$$3Br_2 + 3Na_2CO_3 = 5NaBr + NaBrO_3 + 3CO_2$$

再酸化得 Br_2。

$$5Br^- + BrO_3^- + 6H^+ = 3Br_2 + 3H_2O$$

(2) 先加热盐酸与 MnO_2 混合物制备 Cl_2。

$$MnO_2 + 4HCl(浓) \xlongequal{\triangle} MnCl_2 + Cl_2\uparrow + 2H_2O$$

Cl_2 歧化生成 HClO 和 HCl。向体系中加入 HgO、Ag_2O 等与 HCl 反应，有利于生成 HClO。

$$2HgO + 2Cl_2 + H_2O = HgO\cdot HgCl_2\downarrow + 2HClO$$

$$Ag_2O + 2Cl_2 + H_2O = 2AgCl\downarrow + 2HClO$$

或在 $CaCO_3$ 悬浮液中，通入氯气，利用 CO_3^{2-} 与 H^+ 结合形成 CO_2 使歧化反应能够进行。

$$CaCO_3 + 2Cl_2 + H_2O = CaCl_2 + CO_2\uparrow + 2HClO$$

(3) 电解 KCl 热溶液时，电解槽不用隔膜，使电解产生的 Cl_2 与 KOH 混合，浓缩冷却结晶，就得到 $KClO_3$。

$$2KCl + 2H_2O \xlongequal{电解} Cl_2 + 2KOH + H_2$$

$$3Cl_2 + 6KOH(热溶液) = KClO_3 + 5KCl + 3H_2O$$

(4) 向含有 KI 的溶液中加入 MnO_2 和硫酸可制备单质碘。

$$2I^- + MnO_2 + 4H^+ = I_2 + Mn^{2+} + 2H_2O$$

经蒸发浓缩、过滤干燥、升华和凝华后，可得到较纯净的单质碘。

12. 将氯气缓慢通入 KBr 和 KI 的混合溶液中，会观察到什么现象？此实验可说明什么问题？

解 将氯气缓慢通入 KBr 和 KI 的混合溶液中，会观察到混合溶液先变黄，然后黄色又逐渐消失。随着时间变长，氯气通入量逐渐增大，溶液又变成黄色，并不再消失。此过程中发生的反应为

$$Cl_2 + 2I^- = I_2 + 2Cl^-$$

随着氯气量的增大，I_2被氧化为IO_3^-，溶液黄色消失。

$$5Cl_2 + I_2 + 6H_2O = 10Cl^- + 2IO_3^- + 12H^+$$

然后过量的氯气又将Br^- 氧化为单质Br_2，溶液逐渐变黄。

$$Cl_2 + 2Br^- = Br_2 + 2Cl^-$$

该实验说明，卤素单质的氧化性：$Cl_2 > Br_2 > I_2$。同时Cl_2可以进一步将I_2氧化成为碘酸盐，而不能将单质溴氧化生成溴酸盐。

13. 卤素分子F_2、Cl_2、Br_2和I_2 的解离能分别为155 $kJ \cdot mol^{-1}$、240 $kJ \cdot mol^{-1}$、190 $kJ \cdot mol^{-1}$和149 $kJ \cdot mol^{-1}$，简要说明为什么F_2的解离能小于Cl_2、Br_2，而和I_2相近？

解　卤素分子X_2中，原子之间以共价单键结合，随着原子序数的增加，其原子半径逐渐增大，原子轨道间的有效重叠减小，导致卤素分子的解离能从Cl_2到I_2依次降低。对于F_2而言，F原子的半径特别小，F_2分子中孤电子对之间有较大的排斥作用，使得F_2分子具有较小的解离能，小于Cl_2和Br_2，而和I_2相近。

14. 卤素离子能与许多金属离子形成配离子。试比较F^-、Cl^-、Br^-、I^-与Al^{3+}、Co^{3+}、Fe^{3+}等金属离子形成配离子时的稳定性顺序；当与Hg^{2+}、Pt^{2+}等金属离子形成配离子时，稳定性大小又是如何？试说明原因。

解　影响配离子稳定性的因素有很多，如中心与配体的软硬关系、中心的电荷高低、配体的电负性、螯合效应及反馈键等。

Al^{3+}、Co^{3+}、Fe^{3+}等金属离子本身半径比较小，所带的电荷较高，故为硬酸。而几种卤离子所带电荷相同，离子半径依F^-、Cl^-、Br^-、I^-顺序逐渐增大，变形性逐渐增大，碱的硬度逐渐减小。根据软硬酸碱原理，“软亲软，硬亲硬，软硬结合不稳定”，Al^{3+}、Co^{3+}、Fe^{3+}等离子与卤离子形成的配离子的稳定性顺序为$F^->Cl^->Br^->I^-$。反之，变形性大的软酸Hg^{2+}、Pt^{2+}等与卤离子形成的配离子稳定性顺序为$I^->Br^->Cl^->F^-$。

15. 指出下列分子或离子的中心原子轨道杂化类型、分子或离子的几何构型。

$$IO_3^-,\ I_3^+,\ ICl_2^-,\ ICl_4^-,\ IF_3,\ IF_5,\ IF_7,\ FBrO_3,\ F_5IO$$

解　结果如下所示

分子(离子)	价层电子对数	孤电子对数	中心原子轨道杂化类型	分子(离子)几何构型
IO_3^-	4	1	sp^3不等性	三角锥形
I_3^+	4	2	sp^3不等性	V字形
ICl_2^-	5	3	sp^3d不等性	直线
ICl_4^-	6	2	sp^3d^2不等性	平面正方形
IF_3	5	2	sp^3d不等性	T字形
IF_5	6	1	sp^3d^2不等性	四角锥形
IF_7	7	0	sp^3d^3等性	五角双锥
$FBrO_3$	4	0	sp^3不等性	四面体
F_5IO	6	0	sp^3d^2不等性	八面体

16. 有三瓶白色固体，分别为NaCl、NaBr和NaI。试用三种方法加以鉴别。

解 方法一 取少量三种固体分别置于试管中，用 H_2O 溶解后加入少许 HNO_3 酸化，后滴加 $AgNO_3$ 溶液：

生成白色沉淀，且沉淀可溶于稀氨水，则样品为 NaCl。

生成浅黄色沉淀，且沉淀溶于 $Na_2S_2O_3$ 溶液，则样品为 NaBr。

生成黄色沉淀，且沉淀不溶于 $Na_2S_2O_3$ 溶液，则样品为 NaI。

方法二 取少量固体于试管中，加水溶解后分别加入少量 CCl_4，滴加少量氯水，振荡后观察 CCl_4 层颜色的变化。无变化的是 NaCl；先变黄色而后颜色加深的是 NaBr；先变浅红色而后颜色加深的是 NaI(注意：氯水过量 I_2 被氧化为 IO_3^-，紫色变浅或消失)。

$$Cl_2 + 2Br^- = Br_2 + 2Cl^-$$

$$Cl_2 + 2I^- = I_2 + 2Cl^-$$

方法三 各取少量固体于干燥的试管中，分别加入浓硫酸，均产生大量热。与此同时，若有无色、刺激性气体产生，该气体与蘸有浓氨水的玻璃棒接触即冒白烟，可证实是 NaCl。

$$NaCl(s) + H_2SO_4(浓) = NaHSO_4 + HCl\uparrow$$

$$HCl(g) + NH_3(g) = NH_4Cl$$

若有红棕色刺激性气体产生，可以使湿润的淀粉-碘化钾试纸变蓝色的是 NaBr。

$$2NaBr + 3H_2SO_4(浓) = Br_2\uparrow + SO_2\uparrow + 2NaHSO_4 + 2H_2O$$

$$Br_2 + 2KI = I_2 + 2KBr$$

若有紫色气体和腐蛋气味产生，说明是 NaI。

$$8NaI + 9H_2SO_4 = 4I_2 + H_2S\uparrow + 8NaHSO_4 + 4H_2O$$

17. 有三瓶固体试剂，分别是次氯酸钠、氯酸钠和高氯酸钠，试设计鉴别它们的步骤，写出主要反应的方程式。

解 分别取少量固体加水溶解，试验其 pH，溶液呈碱性的是次氯酸钠。因次氯酸为弱酸，次氯酸钠溶液水解显碱性。

$$ClO^- + H_2O = HClO + OH^-$$

而氯酸钠或高氯酸钠是强酸盐，溶于水中溶液无明显的碱性。

进一步确认，向显碱性的溶液中加 KI 溶液，若有 I_2 生成，则肯定为次氯酸钠。未经酸化时，氯酸钠或高氯酸钠不能氧化 KI 溶液。

再分别取待鉴别的氯酸钠和高氯酸钠固体，分别加入浓盐酸，溶液为黄色的是 $NaClO_3$。

$$8NaClO_3 + 24HCl = 9Cl_2 + 8NaCl + 6ClO_2(黄色) + 12H_2O$$

溶液不变黄色的则是 $NaClO_4$。

进一步确认，分别向待鉴别的氯酸钠和高氯酸钠溶液中加入适量 KCl，有白色沉淀出现的是高氯酸钠。因 $NaClO_4$ 与 KCl 作用生成溶解度小的 $KClO_4$。

18. 在酸性溶液中，$KBrO_3$ 能把 KI 氧化成 I_2 和 KIO_3，本身可被还原为 Br_2、Br^-；而 KIO_3 和 KBr 反应生成 I_2 和 Br_2，KIO_3 和 KI 反应生成 I_2。现于酸性溶液中混合等物质的量的 $KBrO_3$ 和 KI，生成哪些氧化还原产物？它们的物质的量的比是多少？

解 由题中条件可知，BrO_3^-与 I^-反应，当还原剂 I^-过量时反应产物为 Br_2、Br^-和 I_2。

$$BrO_3^- + 6I^- + 6H^+ = Br^- + 3I_2 + 3H_2O$$

物质的量比　　　　1　　6

$$2BrO_3^- + 10I^- + 12H^+ = Br_2 + 5I_2 + 6H_2O$$

物质的量比　　1　　5

当氧化剂 BrO_3^-过量时，反应产物为 Br_2 和 IO_3^-。

$$6BrO_3^- + 5I^- + 6H^+ = 3Br_2 + 5IO_3^- + 3H_2O$$

物质的量比　　6　　5

由此可知当 $KBrO_3$ 和 KI 等物质量反应时，反应产物应为 Br_2、I_2 和 IO_3^-。

$$6KBrO_3 + 5KI + 3H_2SO_4 = 3Br_2 + 5KIO_3 + 3K_2SO_4 + 3H_2O$$

物质的量/mol　6　　5　　3　　5

过量的 1 mol KI 将和 $\frac{1}{5}$ mol KIO_3 作用生成 $\frac{3}{5}$ mol I_2，

$$KIO_3 + 5KI + 3H_2SO_4 = 3I_2 + 3K_2SO_4 + 3H_2O$$

物质的量/mol　$\frac{1}{5}$　1　$\frac{3}{5}$

故生成 Br_2、I_2、KIO_3，其物质的量比为 $3 : \frac{3}{5} : \frac{24}{5}$。

19. 钠盐 A 易溶于水，A 与浓 H_2SO_4 混合有气体 B 生成。将气体 B 通入酸化的 $KMnO_4$ 溶液生成气体 C。气体 C 通入钠盐 D 中，生成红棕色物质 E。E 溶于碱则颜色立即褪去，用硫酸酸化溶液时红棕色又呈现。试推测 A、B、C、D 和 E 各为何物，写出各步反应的方程式。

解　A. NaCl，B. HCl，C. Cl_2，D. NaBr，E. Br_2。

$$NaCl + H_2SO_4(浓) = NaHSO_4 + HCl\uparrow$$

$$2KMnO_4 + 10HCl + 3H_2SO_4 = 5Cl_2\uparrow + 2MnSO_4 + K_2SO_4 + 8H_2O$$

$$Cl_2 + 2NaBr = Br_2 + 2NaCl$$

$$3Br_2 + 6NaOH = NaBrO_3 + 5NaBr + 3H_2O$$

$$NaBrO_3 + 5NaBr + 3H_2SO_4 = 3Na_2SO_4 + 3Br_2 + 3H_2O$$

20. 有一白色钾盐 A，溶于水后与 KI 混合作用，溶液无颜色变化。将 A 与 KI 溶液混合后加入稀硫酸，则溶液变黄，说明有 B 生成。固体 A 与浓盐酸混合，溶液变黄，说明有 C 生成。C 与 NaOH 溶液作用得到无色溶液 D。试写出 A、B、C 和 D 物质的化学式，并写出有关方程式。

解　A. $KClO_3$，B. I_2，C. ClO_2，D. $NaClO_3 + NaClO_2$。

$$ClO_3^- + 6I^- + 6H^+ = 3I_2 + Cl^- + 3H_2O$$

$$8KClO_3 + 24HCl(浓) = 9Cl_2\uparrow + 6ClO_2 + 8KCl + 12H_2O$$

$$2ClO_2 + 2NaOH = NaClO_2 + NaClO_3 + H_2O$$

第 11 章 氧族元素

一、内容提要

氧族元素包括氧、硫、硒、碲和钋 5 种元素，处于周期表中ⅥA 族的位置。其中钋是放射性的稀有金属元素。氧族元素的价电子构型为 ns^2np^4，都有 6 个价电子，所以它们都可以再结合 2 个电子形成–2 氧化态的阴离子。除氧元素外，其他元素都有价层 d 轨道，可以达到+6 的氧化态，也可以形成+2、+4 等氧化态。

11.1 氧及其化合物

11.1.1 氧的单质

O_2 常温常压下是一种无色无味的气体；90 K 时液化为淡蓝色液体，54 K 时凝固为蓝色固体。O_2 分子中有 2 个单电子，所以分子具有顺磁性。

O_2 在水中溶解度很小，在水中以水合氧分子($O_2\cdot H_2O$ 和 $O_2\cdot 2H_2O$)存在，在酸性和碱性介质中氧化能力都比较强。

常温下，O_2 的化学性质并不活泼；但在高温下能够与大多数元素直接化合，也可以与一些具有还原性的化合物反应。

工业上主要采用分馏液化空气来制备 O_2。实验室最常用的制备方法是用 MnO_2 催化分解 $KClO_3$，或加热分解含氧化合物，制备更纯净的 O_2 则是分解过氧化物(如 BaO_2)。

臭氧(O_3)为浅蓝色的气体，具有鱼腥臭味。O_3 为极性分子，无顺磁性，熔、沸点比 O_2 高，在水中的溶解度比 O_2 大。在 O_3 分子中有离域π键 Π_3^4，O_3 分子中 O—O 键的键级为 1.5。

臭氧的氧化性很强，在酸性或碱性溶液中都有很强的氧化性，作氧化剂的 O_3 反应产物有等物质的量的 O_2 生成。

$$PbS + 4O_3 \xlongequal{} PbSO_4 + 4O_2$$

11.1.2 氧化物

氧能够与大多数元素生成氧化物，除了氟以外往往都能够生成最高氧化态的氧化物。按氧化物表现出的酸碱性的不同可以把氧化物分为酸性氧化物、碱性氧化物、两性氧化物和非酸碱性氧化物。

酸性氧化物与水反应生成含氧酸，或与碱作用生成盐和水。非金属氧化物多数为酸性氧化物，如 CO_2、SO_2、NO_2、B_2O_3、SiO_2 等；有些高价金属的氧化物也为酸性氧化物，如 Mn_2O_7、CrO_3、V_2O_5 等。

碱性氧化物与水反应生成碱，或与酸反应生成相应的盐和水。多数金属氧化物属于碱性氧化物，如 Na_2O、MgO、MnO、FeO 等。

两性氧化物既能与酸反应又能与碱反应。例如，Al_2O_3、ZnO、BeO、Ga_2O_3、CuO、Cr_2O_3等金属氧化物为两性氧化物。

非酸碱性的氧化物是指既不与酸反应也不与碱反应的氧化物，如 CO、NO、N_2O 等，也称不成盐氧化物。将它们通入水中，水的酸碱性无明显变化。

同周期元素最高氧化态的氧化物，从左向右酸性逐渐增强。同主族的相同氧化数的氧化物，从上向下碱性增强。同一元素的氧化物，氧化数升高则酸性增强。

11.1.3 过氧化氢

过氧化氢(H_2O_2)俗称双氧水，实验室中多采用将过氧化物与冷的稀硫酸作用制备。工业上生产 H_2O_2 主要采用电化学氧化法、乙基蒽醌法和异丙醇氧化法制备。

纯 H_2O_2 为淡蓝色的黏稠状液体，极性比 H_2O 大。故 H_2O_2 分子间存在着比水强的缔合作用，H_2O_2 沸点比 H_2O 高，熔点与 H_2O 相近。H_2O_2 与 H_2O 可以以任意比例互溶。

H_2O_2 为二元弱酸($K_{a1}^{\ominus}=2.4\times10^{-12}$)。其浓溶液可与强碱作用生成过氧化物，如 Na_2O_2、CaO_2、BaO_2 等。H_2O_2 既具有氧化性又具有还原性。

$$H_2O_2 + Mn(OH)_2 = MnO_2 + 2H_2O$$

$$PbS + 4H_2O_2 = PbSO_4 + 4H_2O$$

$$H_2O_2 + Ag_2O = 2Ag + O_2 + H_2O$$

H_2O_2 在酸性和碱性介质中均不稳定，易歧化分解。

$$2H_2O_2 = O_2 + 2H_2O$$

在升高温度和有杂质的情况下，H_2O_2 分解反应将加快。例如，Mn^{2+}、MnO_2、Fe^{2+}、Fe^{3+}、I_2 等都是 H_2O_2 歧化分解的催化剂。光照、酸、碱也能加快 H_2O_2 的分解速度。

向酸性的 $K_2Cr_2O_7$ 溶液中加入 H_2O_2，发生过氧链转移反应生成蓝色的 CrO_5，CrO_5 不稳定，很快发生分解，加入乙醚或戊醇等有机溶剂，CrO_5 进入有机层后分解反应较慢。

$$4CrO_5 + 12H^+ = 4Cr^{3+} + 6H_2O + 7O_2$$

11.1.4 氧的成键特征

氧与活泼金属以离子键结合，形成离子型氧化物，如碱金属氧化物和大部分碱土金属氧化物。

氧原子和电负性较大的原子共用电子对，形成共价键。与电负性比氧大的氟化合生成 OF_2 时，氧可呈+2 氧化态；与电负性比氧小的元素化合时，氧一般呈–2 氧化态；在过氧化物中氧呈–1 氧化态。

氧原子未杂化的 p 轨道电子与多个原子形成多中心离域 π 键，如 Π_3^4 (O_3、SO_2、NO_2、NO_2^-)，Π_3^5 (ClO_2)，Π_4^6 (SO_3、NO_3^-、CO_3^{2-})等。

氧原子未杂化 p 轨道的电子对可以向分子的中心原子的 d 轨道配位，形成 d-p π 配键。在 H_2SO_4、H_3PO_3、H_3PO_4、$HClO_3$、P_4O_{10}、$SOCl_2$ 等分子中都有 d-p π 配键。

O_2 分子结合一个电子，形成超氧化物，如 KO_2；结合两个电子，形成过氧化物，如 Na_2O_2、$K_2S_2O_8$ 等；失去一个电子生成二氧基阳离子 O_2^+ 的化合物，如 $O_2^+[PtF_6]^-$等；用孤电子对向金属离子配位，形成 O_2 分子配合物，如 O_2 分子向血红素的中心离子 Fe^{2+} 配位。

臭氧分子 O_3 可以结合一个电子，形成臭氧化物，如 KO_3、CsO_3 等。

11.2　硫及硫化物

11.2.1　单质与氢化物

单质硫有多种同素异形体，其中较为常见的两种是正交硫(斜方硫、菱形硫)和单斜硫。常温下正交硫为指定单质，即 $\Delta_f H_m^{\ominus}=0$，$\Delta_f G_m^{\ominus}=0$。

加热正交硫到相变点温度(368.6 K)时，可以不经过熔化而转变为单斜硫。当温度低于相变点温度时单斜硫又可以缓慢地转变为正交硫。单质硫固体加热熔化后、气化前 S_8 开环形成长链，再迅速冷却得到具有长链结构、拉伸性的弹性硫。

加热条件下，硫在碱(如 NaOH)中歧化为 Na_2S 和 Na_2SO_3。

硫化氢(H_2S)是一种具有臭鸡蛋气味的无色有毒气体。H_2S 在水中的溶解度较小，饱和浓度约为 0.1 $mol \cdot dm^{-3}$。H_2S 的水溶液称为氢硫酸，为二元弱酸。无论在酸性或碱性溶液中，H_2S 都具有较强的还原性，可以被氧化为 S 或 H_2SO_4。

11.2.2　硫化物和多硫化物

硫化物基本上可以分为非金属硫化物和金属硫化物。根据金属硫化物的性质可以分为轻金属硫化物和重金属硫化物。

轻金属硫化物包括碱金属、碱土金属及铝的硫化物，性质类似于硫化铵。轻金属硫化物易溶于水，易水解，易形成多硫化物。Na_2S 和 Na_2S_2 溶液均无色，随着 S 的数目增加，颜色加深，逐渐变黄、变红。多硫化物不稳定，遇酸易分解。

$$Na_2S + (x-1)S = Na_2S_x (x=2\sim6)$$

$$S_2^{2-} + 2H^+ = S + H_2S$$

多硫化物有氧化性。例如，Na_2S_2 有过硫链—S—S—，类似于过氧链—O—O—。

$$SnS + Na_2S_2 = SnS_2 + Na_2S$$

重金属硫化物的主要特性是难溶性和具有特征的颜色：ZnS 为白色，MnS 为浅粉色，CdS、SnS_2、As_2S_3 和 As_2S_5 均为黄色，Sb_2S_3 和 Sb_2S_5 为橙色，SnS 为褐色，HgS 为红色或黑色。其余多数重金属硫化物为黑色，如 FeS、CoS、NiS、Ag_2S、CuS、PbS 等。

在 0.3 $mol \cdot dm^{-3}$ 盐酸中可以溶解的硫化物有 Cr_2S_3、MnS、FeS、Fe_2S_3、CoS、NiS、ZnS 等，这些硫化物在稀酸中不能生成。不溶于稀盐酸但可以溶于浓盐酸的硫化物有 PbS、SnS、SnS_2、Bi_2S_3、CdS 等。CuS 和 Ag_2S 不溶于盐酸，但可被硝酸氧化而溶解。HgS 不溶于硝酸，但溶于王水。溶于可溶性硫化物溶液的酸性或两性硫化物有 Sb_2S_3、Sb_2S_5、As_2S_3、As_2S_5、SnS_2、HgS。HgS 溶于 Na_2S 溶液是因为生成了稳定的配离子 $[HgS_2]^{2-}$；具有还原性的金属硫化物 SnS 和 Sb_2S_3 等可溶于过硫化物溶液。

11.3　硫的含氧化合物

11.3.1　四价硫的含氧化合物

SO_2 为极性分子，无色、有刺激性气味气体，容易液化，溶于水生成亚硫酸 H_2SO_3。SO_2 分子呈 V 字形，分子中有离域π键 Π_3^4。

SO_2 既有氧化性也有还原性。SO_2 气体被氧化的过程极慢，在 V_2O_5 等催化下更易被 O_2 氧化为 SO_3。

H_2SO_3 为二元中强酸($K_{a1}^{\ominus}=1.3\times10^{-2}$，$K_{a2}^{\ominus}=6.2\times10^{-8}$)。亚硫酸及其盐的还原性较强，遇到更强的还原剂时，也表现出氧化性。稀 H_2SO_3 氧化性比稀 H_2SO_4 强。

$$H_2SO_3 + I_2 + H_2O \longequal H_2SO_4 + 2HI$$

$$H_2SO_3 + 2H_2S \longequal 3S + 3H_2O$$

Na_2SO_3 固体受热时歧化为 Na_2SO_4 和 Na_2S。

H_2SO_3 或 SO_2 与有机显色基团作用使有机色素褪色，因此有漂白作用。但这种漂白作用是暂时的，当 SO_2 基团被氧化或脱去时，有色物质又恢复颜色。

$NaHSO_3$ 受热时分子间脱水得到焦亚硫酸钠($Na_2S_2O_5$)。$Na_2S_2O_5$ 中的阴离子可能有两种结构，一种是 O 与两个 SO_2 基键连，另一种是两个 S 键连。

```
      O         O              O    O
      ‖         ‖              ‖    ‖
 ⁻O—S—O—S—O⁻     ⁻O—S—S—O⁻
                                    ‖
                                    O
```

11.3.2　六价硫的含氧化合物

三氧化硫(SO_3)常温下为液态，熔点 16.6℃，沸点 44.6℃。

气态 SO_3 为平面三角形结构，分子中有一个离域π键 Π_4^6。液态 SO_3 有两种结构，平面三角形分子和环状三聚分子$(SO_3)_3$。固体 SO_3 中有环状的三聚体和链状$(SO_3)_n$。

硫酸 H_2SO_4 为无色油状液体，分子间氢键较强，沸点高(338℃)。与水分子间可以形成强的氢键使 H_2SO_4 有很强的吸水性(作干燥剂)和脱水性。H_2SO_4 中的 S 与端 O 间有σ配键和 d-p π 配键，可以看成双键。

H_2SO_4 为二元强酸，二级解离常数也较大($K_{a2}^{\ominus}=1.0\times10^{-2}$)。

浓硫酸氧化性强，可以氧化许多金属及非金属单质，也可氧化 KI 和 KBr 等。稀硫酸基本无氧化性。

$$Cu + 2H_2SO_4(浓) \longequal CuSO_4 + SO_2 + 2H_2O$$

$$2NaBr + 2H_2SO_4\ (浓) \longequal SO_2 + Br_2 + Na_2SO_4 + 2H_2O$$

氯磺酸(HSO_3Cl)可以看成硫酸分子的一个—OH 被 Cl 取代的衍生物；硫酰氯(SO_2Cl_2)可以看成硫酸分子的两个—OH 全部被 Cl 取代的衍生物(也称氯化硫酰)。SO_2Cl_2 和 HSO_3Cl 均为无色发烟液体，遇水剧烈水解生成两种强酸 H_2SO_4 和 HCl。

多数硫酸盐易溶于水。难溶的硫酸盐主要有 $CaSO_4$、$SrSO_4$、$BaSO_4$、$PbSO_4$、Ag_2SO_4、Hg_2SO_4 等。

硫酸盐结晶时带有结晶水，如石膏 $CaSO_4\cdot2H_2O$，胆矾 $CuSO_4\cdot5H_2O$，绿矾 $FeSO_4\cdot7H_2O$，皓矾 $ZnSO_4\cdot7H_2O$，芒硝 $Na_2SO_4\cdot10H_2O$，泻盐 $MgSO_4\cdot7H_2O$ 等。

硫酸盐易形成复盐。常见的硫酸盐复盐组成有两类。一类是+1 价阳离子和+2 价阳离子形成的硫酸盐复盐，通式为 $M_2^{I}SO_4\cdot M^{II}SO_4\cdot6H_2O$，如莫尔盐 $(NH_4)_2SO_4\cdot FeSO_4\cdot6H_2O$。另一类复盐是+1 价阳离子和+3 价阳离子形成的硫酸盐复盐，通式为 $M_2^{I}SO_4\cdot M_2^{III}(SO_4)_3\cdot24H_2O$[或写成 $M^{I}M^{III}(SO_4)_2\cdot12H_2O$]，如明矾 $K_2SO_4\cdot Al_2(SO_4)_3\cdot24H_2O$，铬钾矾 $K_2SO_4\cdot Cr_2(SO_4)_3\cdot24H_2O$ 等。

硫酸盐受热发生分解，一般生成金属氧化物和 SO_3，若温度较高，SO_3 和金属氧化物均可能分解，若阳离子有还原性，可能被 SO_3 氧化。

纯 H_2SO_4 吸收 SO_3 则得到发烟硫酸，发烟硫酸的化学式可以写成 $H_2SO_4 \cdot xSO_3$。当 $x=1$ 时，$H_2S_2O_7$ 称为焦硫酸。$H_2S_2O_7$ 可看成是两个 H_2SO_4 脱去一个 H_2O 的产物，故也称一缩二硫酸。

最重要的焦硫酸盐是 $K_2S_2O_7$。$K_2S_2O_7$ 与 Al_2O_3 和 Cr_2O_3 等难溶氧化物共熔生成两种易溶于水的硫酸盐，也称为熔矿剂。

11.3.3 硫的其他含氧化合物

硫代硫酸($H_2S_2O_3$)可以看成 H_2SO_4 分子中的一个端氧被硫取代的产物，极不稳定。而其盐较稳定，其中最重要的是 $Na_2S_2O_3 \cdot 5H_2O$，俗称大苏打或海波，遇到酸则分解。

$$S_2O_3^{2-} + 2H^+ = S\downarrow + SO_2\uparrow + H_2O$$

$Na_2S_2O_3$ 可以由亚硫酸钠溶液与硫粉煮沸生成。$Na_2S_2O_3$ 还原性强，可快速而定量地被 I_2 氧化，遇到强氧化剂则被氧化为硫酸。

$$Na_2SO_3 + S = Na_2S_2O_3$$

$$2Na_2S_2O_3 + I_2 = Na_2S_4O_6 + 2NaI$$

$$S_2O_3^{2-} + 4Cl_2 + 5H_2O = 2SO_4^{2-} + 8Cl^- + 10H^+$$

重金属的硫代硫酸盐难溶且不稳定，如 $Ag_2S_2O_3$ 和 PbS_2O_3。白色的 $Ag_2S_2O_3$ 经黄色、棕色，最后生成黑色的 Ag_2S。

$$Ag_2S_2O_3 + H_2O = Ag_2S + H_2SO_4$$

$S_2O_3^{2-}$ 的配位能力较强，可与 Ag^+、Cu^+ 等离子形成稳定的配离子。AgBr 和 $Ag_2S_2O_3$ 易溶于 $Na_2S_2O_3$ 溶液中。这类配合物不稳定，遇酸则发生分解反应。

$$AgBr + 2Na_2S_2O_3 = Na_3[Ag(S_2O_3)_2] + NaBr$$

$$Ag_2S_2O_3 + 3Na_2S_2O_3 = 2Na_3[Ag(S_2O_3)_2]$$

$$2[Ag(S_2O_3)_2]^{3-} + 4H^+ = Ag_2S\downarrow + SO_4^{2-} + 3S\downarrow + 3SO_2\uparrow + 2H_2O$$

过二硫酸($H_2S_2O_8$)不稳定，易分解为 H_2O_2 和 H_2SO_4。过二硫酸钾是强氧化剂，常温时较稳定，高温下易发生分解反应；在 Ag^+ 催化作用下能将 Mn^{2+} 氧化成 MnO_4^-。

$$2K_2S_2O_8 = 2K_2SO_4 + 2SO_3\uparrow + O_2\uparrow$$

$$2Mn^{2+} + 5S_2O_8^{2-} + 8H_2O = 2MnO_4^- + 10SO_4^{2-} + 16H^+$$

连多硫酸的通式为 $H_2S_xO_6$，如连三硫酸($H_2S_3O_6$)、连四硫酸($H_2S_4O_6$)。连多硫酸结构的特点是两端为磺酸基，磺酸基之间为 S 原子或连 S 链，连多硫酸稳定性远不如其盐。

用锌粉还原 $NaHSO_3$ 得到连二亚硫酸钠($Na_2S_2O_4$)，$Na_2S_2O_4$ 还原能力极强。$Na_2S_2O_4 \cdot 2H_2O$ 称为保险粉，吸收空气中的氧后自身被氧化，以保护其他物质不被氧化。

$$2Na_2S_2O_4 + O_2 + 2H_2O = 4NaHSO_3$$

11.4 硒、碲的化合物

H_2Se 和 H_2Te 不稳定，均为无色、有极难闻气味的气体，毒性都比 H_2S 大。

SeO_2 和 TeO_2 都是白色固体，氧化性比 SO_2 强，是中等强度的氧化剂，可以氧化 H_2S、HI 等生成单质 S 和 I_2 等。当它们遇到强氧化剂时，也可以被氧化到最高价。

SeO_2 溶于水生成亚硒酸 H_2SeO_3(二元弱酸，$K_1^{\ominus}=2.40\times10^{-3}$)。$TeO_2$ 不溶于水，可溶于碱中，加酸酸化后可以得到 H_2TeO_3(二元弱酸，$K_1^{\ominus}=5.4\times10^{-7}$)。

SeO_3 为白色固体，极易吸水而生成硒酸(H_2SeO_4)。TeO_3 为橙色固体，难溶于水、稀酸及稀的强碱，但可溶于浓的强碱而生成碲酸盐。

H_2SeO_4 为二元强酸，第一步完全解离，第二步解离常数 $K_2^{\ominus}=2.2\times10^{-2}$。而 H_6TeO_6 酸性很弱($K_1^{\ominus}=2.19\times10^{-8}$)。$H_2SeO_4$ 可以将 Cl^- 氧化。

二、习题解答

1. 写出下列物质的化学式。

(1) 黄铁矿　(2) 黄铜矿　(3) 闪锌矿　(4) 重晶石

(5) 芒硝　(6) 绿矾　(7) 莫尔盐　(8) 铬钾矾

解　(1) FeS_2　(2) $CuFeS_2$　(3) ZnS　(4) $BaSO_4$

(5) $Na_2SO_4\cdot10H_2O$　(6) $FeSO_4\cdot7H_2O$　(7) $(NH_4)_2SO_4\cdot FeSO_4\cdot6H_2O$

(8) $K_2SO_4\cdot Cr_2(SO_4)_3\cdot24H_2O$

2. 写出下列物质热分解反应的方程式。

(1) Na_2SO_4　(2) $K_2S_2O_8$　(3) Ag_2SO_4　(4) $FeSO_4$

解　(1) $Na_2SO_4 = Na_2O + SO_3$

(2) $2K_2S_2O_8 = 2K_2SO_4 + 2SO_3\uparrow + O_2\uparrow$

$2K_2S_2O_8 = 2K_2O + 4SO_3\uparrow + O_2\uparrow$

(3) $4Ag_2SO_4 = 8Ag + 2SO_3 + 2SO_2 + 3O_2$

(4) $2FeSO_4 = Fe_2O_3 + SO_3 + SO_2$

3. 完成并配平下列化学反应方程式。

(1) $BaO_2 + H_2SO_4 =$

(2) $S + NaOH =$

(3) $H_2S + ClO_3^- =$

(4) $HSO_3Cl + H_2O =$

(5) $H_2O_2 + Mn(OH)_2 =$

(6) $NaHSO_3 + Zn =$

(7) $I_2 + Na_2S_2O_3 =$

(8) $AgBr + Na_2S_2O_3 =$

(9) $TeO_2 + H_2Cr_2O_7 + HNO_3 + H_2O =$

(10) $TeO_3 + KOH$(浓)$=$

解　(1) $BaO_2 + H_2SO_4 = BaSO_4\downarrow + H_2O_2$

(2) $3S + 6NaOH = 2Na_2S + Na_2SO_3 + 3H_2O$

(3) $3H_2S + 4ClO_3^- = 3SO_4^{2-} + 4Cl^- + 6H^+$

(4) $HSO_3Cl + H_2O = H_2SO_4 + HCl$

(5) $H_2O_2 + Mn(OH)_2 = MnO_2 + 2H_2O$

(6) $2NaHSO_3 + Zn = Na_2S_2O_4 + Zn(OH)_2$

(7) $I_2 + 2Na_2S_2O_3 = Na_2S_4O_6 + 2NaI$

(8) $AgBr + 2Na_2S_2O_3 = Na_3[Ag(S_2O_3)_2] + NaBr$

(9) $3TeO_2 + H_2Cr_2O_7 + 6HNO_3 + 5H_2O = 3H_6TeO_6 + 2Cr(NO_3)_3$

(10) $TeO_3 + 2KOH$(浓)$= K_2TeO_4 + H_2O$

4. 写出下列反应的化学方程式，并叙述实验现象。

(1) 将 O_3 通入淀粉-KI 的酸性溶液中；

(2) PbS 与 H_2O_2 作用；

(3) 向酸性的 $K_2Cr_2O_7$ 溶液中加入有机溶剂，再加入 H_2O_2 溶液；

(4) 用盐酸酸化多硫化钠溶液；

(5) 向酸化的 $(NH_4)_2S_2O_8$ 溶液中加入 $MnSO_4$ 和几滴 $AgNO_3$ 溶液；

(6) KI 溶液中缓慢滴加 H_2O_2 溶液。

解　(1) 溶液逐渐变蓝；O_3 过量后，溶液的蓝色又消失。

$$2I^- + O_3 + 2H^+ = I_2 + O_2 + H_2O$$

$$I_2 + 5O_3 + H_2O = 2HIO_3 + 5O_2$$

(2) 黑色的 PbS 沉淀逐渐转化为白色沉淀。

$$PbS + 4H_2O_2 = PbSO_4 + 4H_2O$$

(3) 在有机溶剂层中有蓝色物质生成。

$$Cr_2O_7^{2-} + 4H_2O_2 + 2H^+ = 2CrO_5 + 5H_2O$$

(4) 溶液变浑浊，并有乳白色沉淀生成。

$$2HCl + Na_2S_x = H_2S + (x-1)\,S\downarrow + 2NaCl$$

(5) 溶液逐渐变为紫红色。

$$2Mn^{2+} + 5S_2O_8^{2-} + 8H_2O \xlongequal{Ag^+} 2MnO_4^- + 10SO_4^{2-} + 16H^+$$

(6) 溶液逐渐变黄，然后随着 H_2O_2 量的增加又逐渐变为无色；当 H_2O_2 的量继续增大时，反应体系中会有气泡产生，同时放出大量的热，H_2O_2 分解。

$$2I^- + H_2O_2 + 2H^+ = I_2 + 2H_2O$$

$$I_2 + 5H_2O_2 = 2IO_3^- + 4H_2O + 2H^+$$

$$2IO_3^- + 5H_2O_2 + 2H^+ = I_2 + 5O_2 + 6H_2O$$

5. 已知 O_2^{2-}、O_2^-、O_2 和 O_2^+ 的键距依次为 149 pm、126 pm、121 pm 和 112 pm，它们对应的键级各是多少？

解　由给出的数据及键距与键级的关系可知，O_2^{2-}、O_2^-、O_2 和 O_2^+ 的键距依次减小，则对应的键级依次增大；同时 O_2^{2-}、O_2^-、O_2 和 O_2^+ 的分子轨道式分别为

$$O_2^{2-}:\ KK\,(\sigma_{2s})^2(\sigma^*_{2s})^2(\sigma_{2p_x})^2(\pi_{2p_y})^2(\pi_{2p_z})^2(\pi^*_{2p_y})^2(\pi^*_{2p_z})^2$$

$$O_2^-：KK(\sigma_{2s})^2(\sigma^*_{2s})^2(\sigma_{2p_x})^2(\pi_{2p_y})^2(\pi_{2p_z})^2(\pi^*_{2p_y})^2(\pi^*_{2p_z})^1$$

$$O_2：KK(\sigma_{2s})^2(\sigma^*_{2s})^2(\sigma_{2p_x})^2(\pi_{2p_y})^2(\pi_{2p_z})^2(\pi^*_{2p_y})^1(\pi^*_{2p_z})^1$$

$$O_2^+：KK(\sigma_{2s})^2(\sigma^*_{2s})^2(\sigma_{2p_x})^2(\pi_{2p_y})^2(\pi_{2p_z})^2(\pi^*_{2p_y})^1$$

根据键级的计算公式

$$键级=\frac{成键轨道电子数-反键轨道电子数}{2}$$

故各物质的对应键级为

	O_2^{2-}	O_2^-	O_2	O_2^+
键级	1	1.5	2	2.5

6. 用化学反应方程式表示下列制备过程。

(1) 以 Na_2CO_3、Na_2S 和 SO_2 为原料制备硫代硫酸钠；

(2) 以 FeS 为原料制备硫酸；

(3) 工业上电解 NH_4HSO_4 制备过氧化氢；

(4) 以单质 S 为原料制备 $Na_2S_2O_5$。

解　(1) 将 Na_2S 和 Na_2CO_3 以 2∶1 的物质的量比配成溶液，然后通入 SO_2，反应如下：

$$Na_2CO_3 + SO_2 = Na_2SO_3 + CO_2$$

$$Na_2S + SO_2 + H_2O = Na_2SO_3 + H_2S$$

$$2H_2S + SO_2 = 3S + 2H_2O$$

$$Na_2SO_3 + S = Na_2S_2O_3$$

将上面几个反应合并，得到总反应

$$2Na_2S + Na_2CO_3 + 4SO_2 = 3Na_2S_2O_3 + CO_2$$

在制备 $Na_2S_2O_3$ 时，溶液必须控制在碱性范围内，否则将会有硫析出而使产品变黄。

(2) 在空气中煅烧 FeS 矿石，制取 SO_2(工业上在沸腾炉内进行)

$$4FeS + 7O_2 = 2Fe_2O_3 + 4SO_2$$

以 V_2O_5 为催化剂，将 SO_2 氧化为 SO_3(接触炉完成)

$$2SO_2 + O_2 = 2SO_3$$

用水吸收 SO_3 生成 H_2SO_4(工业上使用硫酸在吸收塔中吸收 SO_3)

$$SO_3 + H_2O = H_2SO_4$$

(3) 工业上利用电解-水解法制取过氧化氢。以铂作电极，电解饱和的 NH_4HSO_4 溶液，得到$(NH_4)_2S_2O_8$。

阳极反应：　$2SO_4^{2-} = S_2O_8^{2-} + 2e^-$

阴极反应：　$2H^+ + 2e^- = H_2$

电解反应：　$2NH_4HSO_4 \xlongequal{电解} H_2 + (NH_4)_2S_2O_8$

电解生成的$(NH_4)_2S_2O_8$ 在稀硫酸中水解得到 H_2O_2，同时生成的 NH_4HSO_4 可以循环使用。

$$(NH_4)_2S_2O_8 + 2H_2O = 2NH_4HSO_4 + H_2O_2$$

(4) 使单质 S 在空气中燃烧得到 SO_2，并用 Na_2CO_3 溶液吸收过量的 SO_2，得到 $NaHSO_3$ 溶液。

$$S + O_2 \xlongequal{} SO_2$$

$$Na_2CO_3 + 2SO_2 + H_2O \xlongequal{} 2NaHSO_3 + CO_2$$

加热 $NaHSO_3$ 发生分子间脱水得到 $Na_2S_2O_5$。

$$2NaHSO_3 \xlongequal{} Na_2S_2O_5 + H_2O$$

7. 比较各组物质的酸碱性及氧化性的强弱。

(1) H_2O，Na_2O，Na_2O_2 (2) H_2S，Na_2S，Na_2S_2

解 (1) 碱性 $Na_2O>Na_2O_2>H_2O$。

根据酸碱强弱规律，酸越弱则其对应的共轭碱的碱性越强，Na_2O 可看作 H_2O 的共轭碱，Na_2O_2 为 H_2O_2 的共轭碱，H_2O_2 的酸性比 H_2O 的略强，所以 Na_2O 的碱性比 Na_2O_2 强。而 H_2O 为中性，碱性比前两者都弱。

氧化性 $Na_2O_2>H_2O>Na_2O$。

过氧化物有一定的氧化性，而 H_2O 和 Na_2O 基本无氧化性，两者中阳离子得电子的能力是 H^+ 比 Na^+ 强。

(2) 碱性 $Na_2S>Na_2S_2>H_2S$。

硫化物的酸碱性变化规律与氧化物相似，但碱性比氧化物弱，Na_2S 是 H_2S 的共轭碱，Na_2S_2 为 H_2S_2 的共轭碱，所以 Na_2S 的碱性比 Na_2S_2 强。而 H_2S 为弱酸性，前两者为碱性。

氧化性 $Na_2S_2>H_2S>Na_2S$。

过硫化物有较弱的氧化性。H_2S，Na_2S 的氧化性比较同 H_2O 和 Na_2O 相似。

8. 鉴别下列各对物质。

(1) PbS 和 CuS (2) O_3 和 SO_2 (3) SeO_2 和 TeO_2

解 (1) 取少量的黑色固体，向其中加入浓盐酸，固体溶解的为 PbS，不溶解的为 CuS。

(2) 将二者通入淀粉-KI 的酸性溶液中，溶液变蓝，之后蓝色消失的为 O_3，无变化的为 SO_2。

$$2I^- + O_3 + 2H^+ \xlongequal{} I_2 + O_2 + H_2O$$

$$I_2 + 5O_3 + H_2O \xlongequal{} 2HIO_3 + 5O_2$$

(3) 将二者溶于水，溶于水的是 SeO_2，不溶于水的是 TeO_2。

$$SeO_2 + H_2O \xlongequal{} H_2SeO_3$$

9. 分别指出下列分子的空间构型，并说明它们的成键情况及中心原子的杂化轨道类型。

H_2S，$SOCl_2$，SF_6，SOF_4，SF_4

解 (1) H_2S V 字形构型。

中心 S 原子采取 sp^3 不等性杂化，四个杂化轨道在空间呈正四面体分布。杂化轨道中含有单电子的两个轨道分别与两个配体 H 形成 σ 键，因此 H_2S 分子为 V 字形构型。

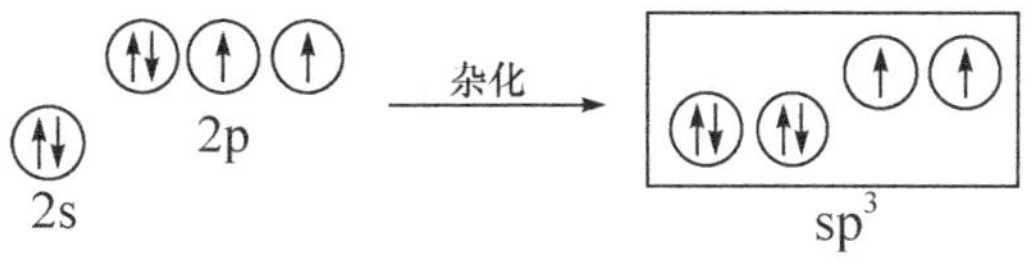

2s 2p
杂化
sp^3

(2) $SOCl_2$ 三角锥构型。

中心 S 采取 sp^3 不等性杂化，四个杂化轨道在空间呈正四面体分布。

两个杂化轨道中的单电子分别与配体 Cl 的单电子形成σ键；杂化轨道中一个孤电子对向配体 O 进行配位形成σ配键，同时重排后的 O 原子 p 轨道中未成键的电子对向中心 S 原子的空的 d 轨道进行配位，形成 d-p π 配键。四个杂化轨道三个配体，故 $SOCl_2$ 分子为三角锥构型。

(3) SF_6　正八面体构型。

中心 S 采取 sp^3d^2 等性杂化，六个杂化轨道在空间呈正八面体分布。六个杂化轨道中均含有一个单电子，与六个配体 F 形成六个共价键，因此 SF_6 分子为正八面体构型。

(4) SOF_4　三角双锥构型。

中心 S 采取 sp^3d 不等性杂化，五个杂化轨道在空间呈三角双锥构型分布。

四个杂化轨道中的单电子分别与四个 F 形成σ键；杂化轨道中一个孤电子对向 O 进行配位形成σ配键，同时重排后的 O 原子 p 轨道中未成键的对电子向中心 S 原子的空的 d 轨道进行配位，形成 d-p π 配键。五个杂化轨道五个配体，故 SOF_4 分子为三角双锥构型。

(5) SF_4　变形四面体构型。

中心 S 采取 sp^3d 不等性杂化，五个杂化轨道在空间呈三角双锥构型分布。四个含有单电子的杂化轨道分别与四个 F 形成σ键，五个杂化轨道四个配体，一个孤电子对，故 SF_4 分子为变形四面体构型。

10. O_2F_2 与 H_2O_2 有类似的结构。在 O_2F_2 中 O—O 键长为 121 pm，在 H_2O_2 中 O—O 键长为 148 pm，试说明 O—O 键长相差较大的原因。

解　由于 F 的电负性很大，O_2F_2 分子中 O—F 键的电子对偏向 F，O 周围的电子密度减小，这样 O_2F_2 分子中 O 与 O 之间的斥力降低，O—O 键长变短。因此，与 H_2O_2 相比，O_2F_2 中的 O—O 键长较短。

11. 简要回答下列各题。

(1) 为什么不能采取高温浓缩的办法制得 $NaHSO_3$ 晶体？

(2) 为什么浓 H_2SO_4 具有较强的氧化能力，而稀 H_2SO_4 基本无氧化能力？

(3) 正交硫的熔点为 112.8℃，而正交硫与单斜硫的相变点为 95.6℃，为什么能够测定出正交硫的熔点?

(4) Fe^{3+} 和 Mn^{2+} 对 H_2O_2 的分解都有催化作用，试分析原因。

解　(1) $NaHSO_3$ 受热，分子间脱水得焦亚硫酸钠。焦(一缩二)亚硫酸钠是两个分子缩一个水，缩水时不变价，$Na_2S_2O_5$ 中的 S 仍为+4 价。由于 $NaHSO_3$ 受热易缩水，故不能用加热浓缩的方法制备亚硫酸氢盐。

$$^{-}O-\overset{\overset{O}{\|}}{S}-O-H \quad H-O-\overset{\overset{O}{\|}}{S}-O = ^{-}O-\overset{\overset{O}{\|}}{S}-O-\overset{\overset{O}{\|}}{S}-O^{-} + H_2O$$

$$2NaHSO_3 = Na_2S_2O_5 + H_2O$$

(2) 浓 H_2SO_4 在溶液中以分子的形式存在，H^+ 解离不出来。由于 H^+ 较强的极化作用，浓 H_2SO_4 不稳定，具有较强的氧化性。稀 H_2SO_4 在溶液中完全解离，生成的酸根离子对称性高，非常稳定，因此不具有氧化性。

(3) 正交硫与单斜硫的相变点虽然比正交硫的熔点低，但这两相相变的速率很慢，故保持一定的升温速率，就可以在正交硫没有相变前测得其熔点。

(4) H_2O_2 在较低温度和高纯度时比较稳定，但溶液中含有电极电势介于 1.78～0.68 V 之间的物质如 Fe^{3+}、Fe^{2+}、Mn^{2+} 等时，H_2O_2 的分解速度将大大加快。如体系中有 Mn^{2+}

$$MnO_2 + 4H^+ + 2e^- = Mn^{2+} + 2H_2O \quad E_A^{\ominus} = 1.23\ V$$

体系中的 Mn^{2+} 将被 H_2O_2 氧化，生成 MnO_2。

$$H_2O_2 + Mn^{2+} = MnO_2 + 2H^+ \qquad ①$$

生成的 MnO_2 又能被 H_2O_2 还原为 Mn^{2+}。

$$MnO_2 + H_2O_2 + 2H^+ = Mn^{2+} + O_2 + 2H_2O \qquad ②$$

显然，①和②两个反应总的结果是 H_2O_2 歧化分解

$$2H_2O_2 = O_2 + 2H_2O$$

Fe^{3+}等其他离子也起到同样的催化作用。

12. 用化学反应方程式表示下列各步转化过程。

$$\begin{array}{ccccc} & & SF_6 & & SO_2Cl_2 \\ & & \uparrow ② & & \uparrow ⑤ \\ H_2S & \xleftarrow{①} & S & \xrightarrow{④} & SO_2 \xrightarrow{⑥} SO_3 \\ & & \downarrow ③ & & \downarrow ⑦ \\ & & H_2SO_4 & & NaHSO_3 \xrightarrow{⑧} Na_2S_2O_4 \end{array}$$

解　解答此题的关键是要熟练掌握硫及其化合物的性质、相互之间的转化关系和转化条件。

① $H_2 + S = H_2S$

② $S + 3F_2 = SF_6$

③ $S + 6HNO_3 (浓) = H_2SO_4 + 6NO_2 + 2H_2O$

④ $S + O_2 \overset{燃烧}{=} SO_2$

⑤ $2SO_2 + O_2 \xlongequal{V_2O_5} 2SO_3$

⑥ $SO_2 + Cl_2 \xlongequal{} SO_2Cl_2$

⑦ $SO_2 + NaOH \xlongequal{} NaHSO_3$

⑧ $2NaHSO_3 + Zn \xlongequal{} Na_2S_2O_4 + Zn(OH)_2$

13. 现有四瓶失落标签的无色溶液，可能是 Na_2S、Na_2SO_3、$Na_2S_2O_3$ 或 Na_2SO_4 的水溶液，试加以鉴别并确证，写出有关化学反应方程式。

解　用稀盐酸即可以将这些溶液区分开来。向各溶液加入稀盐酸，观察：

无明显现象的是 Na_2SO_4 溶液。加 $BaCl_2$ 生成白色沉淀，且该沉淀不溶于 HNO_3，可进一步确证是 Na_2SO_4 溶液。

$$SO_4^{2-} + Ba^{2+} \xlongequal{} BaSO_4\downarrow$$

逸出刺激性气体同时生成浅黄色沉淀的是 $Na_2S_2O_3$ 溶液。气体可使湿润的品红试纸褪色以进一步确证生成的气体为 SO_2。

$$S_2O_3^{2-} + 2H^+ \xlongequal{} SO_2\uparrow + S(\text{浅黄})\downarrow + H_2O$$

只逸出使湿润的品红试纸褪色的刺激性气体的是 Na_2SO_3 溶液。

$$SO_3^{2-} + 2H^+ \xlongequal{} SO_2\uparrow + H_2O$$

逸出臭鸡蛋气味的气体，该气体能使湿润的 $Pb(Ac)_2$ 试纸变黑的是 Na_2S 溶液。

$$S^{2-} + 2H^+ \xlongequal{} H_2S\uparrow$$

$$H_2S + Pb(Ac)_2 \xlongequal{} PbS(\text{黑}) + 2HAc$$

14. 解释下列事实。

(1) 有人做实验时发现少量的 SnS 可以溶于 Na_2S 溶液，说明可能的原因；

(2) 少量 $Na_2S_2O_3$ 溶液和 $AgNO_3$ 溶液反应生成白色沉淀，沉淀逐渐变黄变棕色，最后变成黑色。白色沉淀溶于过量 $Na_2S_2O_3$ 溶液，而黑色沉淀不溶于过量 $Na_2S_2O_3$ 溶液；

(3) 将少量酸性 $MnSO_4$ 溶液与$(NH_4)_2S_2O_8$ 溶液混合后水浴加热，很快生成棕黑色沉淀，但在加热前加入几滴 $AgNO_3$ 溶液，混合溶液逐渐变红；

(4) 将 SO_2 通入稀的品红溶液，溶液的红色消失，过一段时间后，溶液的红色又逐渐恢复；

(5) SF_4 易水解而 SF_6 不水解。

解　(1) Na_2S 溶液可能放置时间久了，发生了如下反应：

$$S^{2-} + \frac{1}{2}O_2 + H_2O \xlongequal{} S + 2OH^-$$

$$S + S^{2-} \xlongequal{} S_2^{2-}$$

过硫离子和多硫离子具有一定的氧化性可以与 SnS 发生反应，SnS 溶解。

$$S_2^{2-} + SnS \xlongequal{} [SnS_3]^{2-}$$

要加以证明，只需酸化 Na_2S 溶液，若出现浑浊，则证明有 S_2^{2-} 存在。

$$S_2^{2-} + 2H^+ \xlongequal{} H_2S + S\downarrow$$

(2) 少量 $Na_2S_2O_3$ 溶液和 $AgNO_3$ 溶液反应生成白色难溶盐 $Ag_2S_2O_3$。

$$2Ag^+ + S_2O_3^{2-} \xlongequal{} Ag_2S_2O_3\downarrow$$

$Ag_2S_2O_3$ 不稳定，逐渐分解，转化为黑色的 Ag_2S 沉淀

$$Ag_2S_2O_3 + H_2O = Ag_2S + H_2SO_4$$

$Ag_2S_2O_3$可溶于$Na_2S_2O_3$溶液生成无色的配合物$[Ag(S_2O_3)_2]^{3-}$，但Ag_2S溶度积很小，不溶于过量的$Na_2S_2O_3$溶液。

(3) $MnSO_4$与$(NH_4)_2S_2O_8$反应生成难溶的MnO_2，由于MnO_2生成MnO_4^-的速率较慢，因而只看到MnO_2生成。向反应体系中加入几滴$AgNO_3$溶液，由于Ag^+对$MnSO_4$与$(NH_4)_2S_2O_8$生成MnO_4^-反应有催化作用，则很快有MnO_4^-生成，溶液变红。

(4) 品红是一种有机色素，SO_2具有一定的漂白作用，是因为它可以与有机色素分子发生加成反应，生成一种无色的不稳定的物质，放置片刻后该物质发生分解，品红恢复颜色，所以SO_2的漂白作用是暂时的。

(5) SF_4电子对构型为三角双锥，分子构型为变形四面体，中心原子S有孤电子对，可以作为路易斯碱；同时，中心原子S还有空的d轨道，有形成sp^3d^2杂化中间体的条件，可以作为路易斯酸。因此，SF_4极易水解：

$$SF_4 + 2H_2O = SO_2 + 4HF$$

SF_6分子构型为正八面体，分子的对称性高，S被6个F包围，不利于H_2O向SF_6的中心原子进攻，故SF_6不水解。

15. 如何除去KCl溶液中含有的少量的K_2SO_4杂质？写出相关的反应方程式。

解 向KCl溶液中加入稍过量的$BaCl_2$溶液，除去体系中的SO_4^{2-}：

$$Ba^{2+} + SO_4^{2-} = BaSO_4\downarrow$$

再加稍过量的K_2CO_3溶液，除去过量的Ba^{2+}：

$$Ba^{2+} + CO_3^{2-} = BaCO_3\downarrow$$

过滤，向滤液中加适量盐酸，使过量的K_2CO_3生成KCl。

$$K_2CO_3 + 2HCl = 2KCl + CO_2\uparrow + H_2O$$

16. 某溶液中可能含Cl^-、S^{2-}、SO_3^{2-}、$S_2O_3^{2-}$、SO_4^{2-}中的一种或几种。通过下列实验现象判断哪几种离子一定存在？哪几种离子不存在？哪几种离子可能存在？

(1) 向一份试液中加过量$AgNO_3$溶液产生白色沉淀；

(2) 向另一份试液中加入$BaCl_2$溶液也产生白色沉淀；

(3) 取第三份试液，用H_2SO_4酸化后加入溴水，溴水不褪色。

解 由实验现象可知：

(1) 加入过量$AgNO_3$溶液产生白色沉淀，则溶液中不存在S^{2-}、$S_2O_3^{2-}$；

(2) 加入$BaCl_2$溶液也产生白色沉淀，则SO_4^{2-}、SO_3^{2-}可能存在；

(3) H_2SO_4酸化后加入溴水，溴水不褪色，则溶液中不含有具有还原性的离子，S^{2-}、SO_3^{2-}、$S_2O_3^{2-}$不存在。

由此得出结论：SO_4^{2-}一定存在；S^{2-}、SO_3^{2-}、$S_2O_3^{2-}$不存在；Cl^-可能存在。

17. 白色固体钾盐A与无色油状液体B反应有紫黑色固体C和无色气体D生成，C微溶于水，但易溶于A的溶液中得到棕黄色溶液。将气体D通入$Pb(NO_3)_2$溶液得黑色沉淀E，E经H_2O_2处理后转变为白色沉淀F。若将D通入$NaHSO_3$溶液则有乳白色沉淀G析出。试给出A～G的化学式，写出相关反应的方程式。

解 A. KI，B. H_2SO_4，C. I_2，D. H_2S，E. PbS，F. $PbSO_4$，G. S。

相关的反应方程式：

$$8KI + 9H_2SO_4 = 4I_2 + H_2S + 8KHSO_4 + 4H_2O$$

$$KI + I_2 = KI_3$$

$$H_2S + Pb(NO_3)_2 = PbS\downarrow + 2HNO_3$$

$$PbS + 4H_2O_2 = PbSO_4 + 4H_2O$$

$$2H_2S + NaHSO_3 + H^+ = 3S\downarrow + 3H_2O + Na^+$$

18. 将白色固体化合物 A 加热，生成 B 和 C。白色固体 B 溶于稀盐酸生成 D 的溶液，向其中滴加适量氢氧化钠溶液生成白色沉淀 E，氢氧化钠过量时沉淀消失。E 易溶于氨水。C 是 F 的酸酐，浓酸 F 与单质硫作用生成有刺激性气味的气体 G 和水。A 可由稀酸 F 与金属作用生成。试给出 A～G 的化学式，并写出相关反应的方程式。

解 A. $ZnSO_4$，B. ZnO，C. SO_3，D. $ZnCl_2$，E. $Zn(OH)_2$，F. H_2SO_4，G. SO_2。

相关的反应方程式：

$$ZnSO_4 = ZnO + SO_3$$

$$ZnO + 2HCl = ZnCl_2 + H_2O$$

$$ZnCl_2 + 2NaOH = Zn(OH)_2\downarrow + 2NaCl$$

$$Zn(OH)_2 + 2NaOH = Na_2ZnO_2 + 2H_2O$$

$$2H_2SO_4(浓) + S = 3SO_2\uparrow + 2H_2O$$

$$H_2SO_4(稀) + Zn = ZnSO_4 + H_2\uparrow$$

19. 化合物 A 溶于水得无色溶液，向该溶液中加入稀硫酸有无色气体 B 生成。将 B 通入碘水溶液中则碘水褪色，再加入稀 $BaCl_2$ 溶液生成不溶于硝酸的白色沉淀 C。将适量 B 通入 Na_2S 溶液中则有黄色沉淀 D 析出。向 NaOH 溶液中通入适量的 B，经蒸发、冷却后析出 E 的水合晶体。固体 E 在煤气灯上加热生成 F。将 F 加入 $SbCl_3$ 溶液中则有橙色沉淀 G 生成，G 不溶于稀盐酸；若用 $BaCl_2$ 溶液代替 $SbCl_3$ 溶液与 F 作用，则生成 C。向 E 的溶液中通入过量 B，又得到 A 的溶液。试给出 A～G 的化学式和相关的反应方程式。

解 A. $NaHSO_3$，B. SO_2，C. $BaSO_4$，D. S，E. Na_2SO_3，F. $Na_2S+Na_2SO_4$，G. Sb_2S_3。

相关的反应方程式：

$$NaHSO_3 + H_2SO_4 = SO_2 + NaHSO_4 + H_2O$$

$$SO_2 + I_2 + 2H_2O = H_2SO_4 + 2HI$$

$$H_2SO_4 + BaCl_2 = BaSO_4 + 2HCl$$

$$2Na_2S + 5SO_2 + 2H_2O = 3S + 4NaHSO_3$$

$$SO_2 + 2NaOH = Na_2SO_3 + H_2O$$

$$4Na_2SO_3 = Na_2S + 3Na_2SO_4$$

$$3Na_2S + 2SbCl_3 = Sb_2S_3 + 6NaCl$$

$$Na_2SO_3 + SO_2 + H_2O = 2NaHSO_3$$

20. 在一种含有配离子 A 的溶液中加入稀酸，有刺激性气体 B 和沉淀生成。气体 B 能使 $KMnO_4$ 溶液褪色。若通氯气于溶液 A 中，得到白色沉淀 C 和含有 D 的溶液。D 与 $BaCl_2$ 作用，有不溶于酸的白色沉淀 E 产生。若在溶液 A 中加入 KI 溶液，产生黄色沉淀 F，再加入 NaCN 溶液，黄色沉淀 F 溶解，形成无色溶液 G，向 G 中通入 H_2S 气体，得到黑色沉淀 H。根据上述实验结果，写出各步反应的方程式，并确定 A～H 各为何物质。

解　A. $[Ag(S_2O_3)_2]^{3-}$，B. SO_2，C. AgCl，D. SO_4^{2-}，E. $BaSO_4$，F. AgI，G. $[Ag(CN)_2]^-$，H. Ag_2S。

相关反应方程式如下：

$$2[Ag(S_2O_3)_2]^{3-} + 4H^+ = Ag_2S\downarrow + SO_4^{2-} + 3S\downarrow + 3SO_2\uparrow + 2H_2O$$

$$5SO_2 + 2MnO_4^- + 2H_2O = 5SO_4^{2-} + 2Mn^{2+} + 4H^+$$

$$[Ag(S_2O_3)_2]^{3-} + 8Cl_2 + 10H_2O = 4SO_4^{2-} + 15Cl^- + 20H^+ + AgCl\downarrow$$

$$SO_4^{2-} + Ba^{2+} = BaSO_4\downarrow$$

$$[Ag(S_2O_3)_2]^{3-} + I^- = AgI\downarrow + 2S_2O_3^{2-}$$

$$AgI + 2CN^- = [Ag(CN)_2]^- + I^-$$

$$2[Ag(CN)_2]^- + H_2S = Ag_2S + 2HCN + 2CN^-$$

第12章 氮族元素

一、内容提要

氮族为VA族元素，包括氮、磷、砷、锑和铋5种元素，原子的价电子构型为ns^2np^3，都有5个价电子，本族元素的最高氧化态可以达到+5。第二周期元素氮没有价层d轨道，不能形成5个共价键；Bi的4f和5d轨道电子对原子核的屏蔽作用较小，同时6s电子又具有较强的钻穿作用使6s电子能量显著降低，成为“惰性电子对”而不易参加成键。

氮族元素单质的熔点从N到Bi先升高后降低。而As的熔点突然升高，说明发生晶体类型的转变，氮和磷为分子晶体而砷为金属晶体。金属键随半径的增大而减弱，故锑、铋的熔点依次降低，铋为低熔点金属。

12.1 氮的单质和氢化物

氮的单质以双原子分子N_2形式存在。氮的氢化物主要是氨(NH_3)、联氨(N_2H_4)、羟胺(NH_2OH)、叠氮酸(HN_3)。

12.1.1 氮的单质

N_2是无色无味的气体，分子中2个N原子以叁键结合，常温下很稳定，常被用来作保护气体。液氮可以作制冷剂。工业上由分馏液态空气制N_2。实验室由铵盐热分解制N_2。

$$NH_4Cl + NaNO_2 \xlongequal{\triangle} NaCl + 2H_2O + N_2$$

高温下N_2活性提高，与金属反应生成氮化物(如Ca_3N_2、Li_3N)；高温高压并有催化剂存在的条件下和氢气反应生成氨；在放电条件下直接和氧化合生成NO。

12.1.2 氨

工业上利用氢气和氮气反应生产氨。实验室由铵盐与强碱共热或金属氮化物水解制备氨。

常温、常压下氨为无色气体，有刺激性气味。NH_3有较大的极性且与水能形成氢键，所以氨极易溶于水。氨在水中部分解离，显弱碱性。

$$NH_3 + H_2O \rightleftharpoons NH_4^+ + OH^- \quad K_b^\ominus = 1.8\times10^{-5}$$

氨分子能进行配位反应、氧化反应、取代反应(包括氨解反应)。

氨分子中N的孤电子对与有空轨道的化合物或离子加合，形成加合物或配合物，如$H_3N\rightarrow BF_3$、$[Ag(NH_3)_2]^+$、$[Cu(NH_3)_4]^{2+}$等。由于生成易溶的配合物，AgCl和$Cu(OH)_2$等能溶解在氨水中。

氨分子中的氢可以依次被取代，生成相应的衍生物。氨分子中的一个氢被取代，生成氨基化合物(如$NaNH_2$)；氨分子中的两个氢被取代则生成亚氨基化合物(如CaNH)；氨分子中的三个氢被取代则生成氮化物(如 NCl_3)。

NCl_3 为无色液体，极易爆炸；但无色气体 NF_3 相当稳定。

活泼的碱金属可以溶解在液氨中得到一种蓝色溶液，其导电能力极强，一般认为其颜色是由于生成了氨合电子。

$$Na + nNH_3 \longrightarrow Na^+ + e(NH_3)_n^-$$

金属钠的液氨溶液缓慢地分解放出氢气，得到白色氨基钠($NaNH_2$)固体。

NH_3 分子中 N 的氧化数为–3，N 在一定条件下能失去电子而被氧化。在铂催化剂的作用下氨可被氧化成 NO。

$$2NH_3 + 3CuO \longrightarrow N_2 + 3Cu + 3H_2O$$

$$4NH_3 + 5O_2 \longrightarrow 4NO + 6H_2O$$

氨的自偶解离常数虽比水小得多，但也能发生类似于水解反应的氨解反应，NH_3 解离产生的 NH_2^- 与阳离子结合。从反应产物看，氨解反应可以看成取代反应。

$$2NH_3 + HgCl_2 \longrightarrow Hg(NH_2)Cl + NH_4Cl$$

易挥发的非氧化性酸的铵盐，受热分解后氨和酸挥发逸出。例如

$$NH_4HCO_3 \longrightarrow NH_3\uparrow + CO_2\uparrow + H_2O$$

$$NH_4Cl \longrightarrow NH_3\uparrow + HCl\uparrow$$

非挥发的非氧化性酸的铵盐，受热分解后氨挥发逸出。例如

$$(NH_4)_2SO_4 \longrightarrow NH_3\uparrow + NH_4HSO_4$$

$$(NH_4)_3PO_4 \longrightarrow 3NH_3\uparrow + H_3PO_4$$

氧化性酸的铵盐受热分解过程中铵被氧化。例如

$$(NH_4)_2Cr_2O_7 \longrightarrow N_2\uparrow + Cr_2O_3 + 4H_2O$$

$$NH_4NO_3 \longrightarrow N_2O\uparrow + 2H_2O$$

12.1.3 联氨

联氨又称“肼”，常温下为无色的液体，熔点(1.4℃)和沸点(113.5℃)比氨和水都高。NH_3 被 NaClO 溶液氧化得到 N_2H_4。联氨分子的极性比水大(偶极矩 $\mu=1.75$ D)。N_2H_4 为二元弱碱，其碱性($K_{b1}^{\ominus}=8.7\times10^{-7}$)不如 NH_3 强。

联氨中 N 的氧化数为–2，因而既有氧化性又有还原性。但联氨作为氧化剂的反应速率很慢，因此，联氨只是一个强还原剂。

$$4AgBr + N_2H_4 \longrightarrow 4Ag + N_2\uparrow + 4HBr$$

$$N_2H_4 + HNO_2 \longrightarrow HN_3\uparrow + 2H_2O$$

联氨与氧、二氧化氮、过氧化氢反应，生成 N_2 和 H_2O，并放出大量的热。

$$2N_2H_4 + 2NO_2 \longrightarrow 3N_2 + 4H_2O$$

$$N_2H_4 + 2H_2O_2 \longrightarrow N_2\uparrow + 4H_2O$$

联氨不如其盐稳定，常以盐的形式保存，如 $N_2H_4\cdot H_2SO_4$、$N_2H_4\cdot 2HCl$ 等。

12.1.4 羟胺

羟胺(NH_2OH)为白色固体(熔点 32℃)，不稳定，但盐较稳定，如$[NH_3OH]Cl$和$[NH_3OH]_2SO_4$。

羟胺的碱性($K_b^\ominus = 8.7 \times 10^{-9}$)和配位能力比联氨弱。与联氨相似，羟胺作为氧化剂的反应速率很慢，无实际意义，但羟胺在酸性或碱性溶液中都是好的还原剂。

$$2NH_2OH + 2AgBr = 2Ag + N_2\uparrow + 2HBr + 2H_2O$$

$$2NH_2OH + 4AgBr = 4Ag + N_2O\uparrow + 4HBr + H_2O$$

12.1.5 叠氮酸

叠氮酸(HN_3)为无色液体(熔点−80℃，沸点 35.7℃)，弱酸($K_a^\ominus = 2.5 \times 10^{-5}$)，毒性大且易爆炸。分子中 3 个 N 原子间有离域的Π_3^4键，中间的 N 与未连接 H 的端 N 间有正常的π键。HN_3和N_3^-结构如下：

N_3^-性质类似于卤离子，如白色的 AgN_3 和 $Pb(N_3)_2$ 难溶于水。碱金属的叠氮化物稍稳定，而其他金属叠氮化物受热或受撞击易爆炸。

$$Pb(N_3)_2 = Pb + 3N_2\uparrow$$

12.2 氮的含氧化合物

12.2.1 氮的氧化物

氮的氧化物主要有氧化二氮(N_2O)、一氧化氮(NO)、三氧化二氮(N_2O_3)、二氧化氮(NO_2，其二聚体为 N_2O_4)和五氧化二氮(N_2O_5)，这些氮的氧化物多数都有离域π键。常温下 N_2O_5 为固体，其他氮的氧化物都是气体。

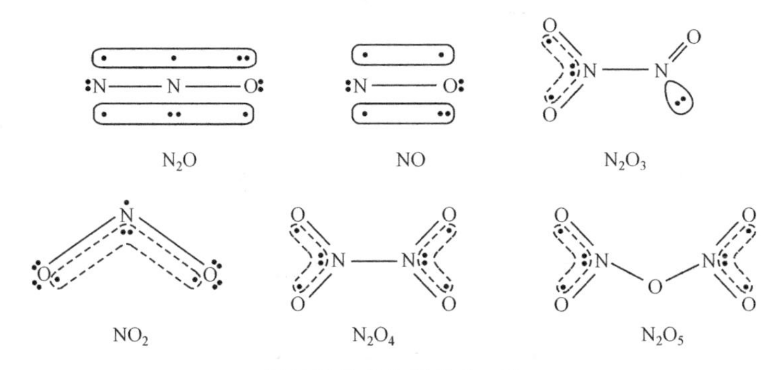

氮的氧化物的结构和π键

N_2O 分子为直线形结构，与 N_3^- 为等电子体。分子中有 2 个离域Π_3^4键。N_2O 在常温下为无色气体(沸点−88.46℃)。N_2O 为极性分子，但在水中的溶解度较小(1 dm^3 水能溶解 0.5 dm^3 气体)。N_2O 不稳定，易分解为 N_2 和 O_2，是助燃气体。

在约 250℃小心加热分解硝酸铵，得到 N_2O。

$$NH_4NO_3 = N_2O\uparrow + 2H_2O$$

NO 为无色气体，分子中 N 原子上有孤电子对，具有一定的配位能力，如与 Fe^{2+}生成$[Fe(NO)]^{2+}$。NO 分子中有单电子，具有顺磁性，在低温时部分聚合为$(NO)_2$ 使顺磁性降低。

NO 有还原性，在空气中被迅速氧化为 NO_2。

N_2O_3 分子可以看成 NO_2 与 NO 通过两个 N 原子键连形成的。由于 N—N 键长为 186 pm(比单键还长)，说明分子中不形成五中心的离域π键。—NO_2 一侧形成离域 Π_3^4 键，—NO 一侧的 N 与 O 形成正常的 π 键。

低温下 NO 与 NO_2 作用生成 N_2O_3。

$$NO + NO_2 = N_2O_3$$

固态 N_2O_3 为蓝色，液态为淡蓝色。气态的 N_2O_3 不稳定而迅速分解为 NO 和 NO_2。

NO_2 为红棕色气体，分子中有离域 Π_3^4 键，∠ONO＝134°。NO_2 易聚合，键角大(远大于 120°)，表明分子中有单电子，也支持了分子中有 Π_3^4 键而不是 Π_3^3 键的观点。

NO_2 有较强的氧化性。NO_2 与水作用歧化为 HNO_3 和 NO，在碱中则歧化为 NO_3^- 和 NO_2^-。

$$3NO_2 + H_2O = 2HNO_3 + NO$$

$$2NO_2 + 2NaOH = NaNO_2 + NaNO_3 + H_2O$$

NO_2 聚合后得无色 N_2O_4 气体，NO_2 与 N_2O_4 迅速达到平衡。

在 N_2O_4 分子中 N—N 键长为 175 pm(比单键还长)，说明分子中不能形成六中心的离域π键，而是形成 2 个三中心的离域的 Π_3^4 键。

N_2O_4 在低于熔点温度时，固体中全部是 N_2O_4。沸点温度时，液体中含有少量 NO_2，气体中随温度升高，NO_2 比例增加。

N_2O_5 是强氧化剂，常温下为固态(熔点为 30℃，沸点为 47℃)，易升华。气态 N_2O_5 分子中有两个离域 Π_3^4 键。固态的 N_2O_5 为离子晶体，组成为 $[NO_2]^+[NO_3]^-$。温度高于室温时固态和气态都不稳定，分解为 NO_2 和 O_2。

12.2.2　亚硝酸及其盐

亚硝酸(HNO_2)分子中 N 与端 O 之间为双键(一个σ 键，一个 π 键)。NO_2^- 与 O_3 为等电子体，有离域 Π_3^4 键。

HNO_2 为弱酸($K_a^\ominus = 7.2\times10^{-4}$)，既有氧化性又有还原性。

$$2HNO_2 + 2I^- + 2H^+ = 2NO\uparrow + I_2 + 2H_2O$$

$$5HNO_2 + 2MnO_4^- + H^+ = 5NO_3^- + 2Mn^{2+} + 3H_2O$$

$$HNO_2 + HNO_3 = 2NO_2\uparrow + H_2O$$

亚硝酸氧化 I^- 速率快，一般认为 HNO_2 在酸性溶液中生成 NO^+ 易与 I^- 接近进而发生电子转移，即得到氧化还原的产物。

$$H^+ + HNO_2 = NO^+ + H_2O$$

$$2NO^+ + 2I^- = 2NO + I_2$$

亚硝酸不稳定，在温度接近 0℃时很快分解为 N_2O_3，进一步分解为 NO 和 NO_2。

KNO_2 和 $NaNO_2$ 较稳定，易溶于水；但重金属盐稳定性差，难溶于水。例如，浅黄色的 $AgNO_2$ 微溶，高于 140℃即分解。亚硝酸盐有毒，并且是致癌物质。

NO_2^- 配位能力较强，能与许多过渡金属离子生成配离子，如易溶的 $Na_3[Co(NO_2)_6]$ 为无色配合物，微溶的 $K_3[Co(NO_2)_6]$ 为黄色配合物。

12.2.3 硝酸及其盐

硝酸为平面分子，分子中 N 与两个端 O 之间有离域 Π_3^4 键。HNO_3 形成分子内氢键，故其熔沸点低，易挥发。

HNO_3 不稳定，加热或光照分解为 NO_2 和 O_2。浓硝酸能使铁、铝、铬钝化。HNO_3 氧化性较强，随着浓度降低，其还原产物氧化数降低。浓硝酸的还原产物主要是 NO_2，稀硝酸的还原产物主要是 NO。稀硝酸与活泼金属作用，可以生成 NO、N_2O、N_2，更稀时还可以生成 NH_4^+。

由于动力学因素，稀硝酸不能将 KI 氧化。

NO_2 对硝酸作氧化剂的反应有催化作用，一般认为 NO_2 起着如下的传递电子的作用。发烟硝酸有强氧化性，原因是在发烟硝酸中溶解较多的 NO_2。

王水是浓硝酸和浓盐酸按体积比约 1 : 3 的混合物，能够溶解金和铂等惰性金属。

$$Au + HNO_3 + 4HCl = HAuCl_4 + NO\uparrow + 2H_2O$$

$$3Pt + 4HNO_3 + 18HCl = 3H_2PtCl_6 + 4NO\uparrow + 8H_2O$$

王水能够溶解金和铂，原因在于 Cl^- 浓度大，与金属形成稳定的配离子使金属的还原能力增强。

硝酸盐的热稳定性和分解产物与阳离子的极化能力有关。阳离子的极化能力越强，硝酸盐越不稳定，分解反应越容易进行。碱金属和碱土金属(不包括锂、铍和镁)硝酸盐，阳离子极化能力弱，盐受热分解生成亚硝酸盐和氧气。活泼性在镁与铜之间的金属(包括锂、铍、镁和铜)硝酸盐，热分解时生成金属氧化物、二氧化氮和氧气。活泼性比铜差的金属的硝酸盐，热分解时生成金属单质、二氧化氮和氧气。具有还原性阳离子的硝酸盐，在分解过程中，阳离子被氧化。有结晶水的硝酸盐，若金属离子的极化能力较强，受热分解时将发生水解反应，可能还伴随硝酸的分解反应。

12.3 磷及其化合物

12.3.1 磷的单质

磷主要有 3 种同素异形体：白磷、红磷和黑磷。白磷分子式为 P_4，四面体结构，略带黄色，也称黄磷；红磷具有链状结构；黑磷具有片状结构。

白磷有很高的反应活性，在空气中缓慢氧化变热后自燃，与氧反应生成 P_4O_6、P_4O_{10}，与卤素反应生成 PX_3、PX_5，与金属作用生成磷化物，在碱中歧化生成次磷酸盐。

$$P_4 + 3NaOH + 3H_2O = PH_3\uparrow + 3NaH_2PO_2$$

12.3.2 磷的氢化物

磷的氢化物主要有磷化氢(PH_3，又称膦)、联膦(P_2H_4)。磷的氢化物有剧毒，还原能力强，空气中自燃。常温下 PH_3 为气体，P_2H_4 为液体。

PH_3 为无色、有大蒜气味的剧毒气体，在水中的溶解度比 NH_3 小得多，溶液的酸碱性对 PH_3 的溶解度影响很小。

12.3.3 磷的氧化物

磷的氧化物是以 P_4 四面体为基础形成的。P_4O_6 分子的化学简式为 P_2O_3，简称三氧化二磷，是有滑腻感的白色固体，有毒，易溶于有机溶剂中，溶于冷水时缓慢地生成亚磷酸，与热水作用发生歧化反应。

$$P_4O_6 + 6H_2O(\text{冷}) = 4H_3PO_3$$

$$P_4O_6 + 6H_2O(\text{热}) = PH_3\uparrow + 3H_3PO_4$$

P_4O_{10}是白色粉末，易升华，有很强的吸水性和脱水性，在空气中易潮解，它是干燥能力最强的一种干燥剂。P_4O_{10}与水作用生成各种含氧酸。

12.3.4 磷的含氧酸及其盐

磷的含氧酸主要有次磷酸(H_3PO_2)、亚磷酸(H_3PO_3)、磷酸(H_3PO_4，正磷酸)及其缩合产物。

O
‖
P
H　OH　H

O
‖
P
HO　OH　H

O
‖
P
HO　OH　OH

磷的含氧酸中羟基的数目决定是几元酸，$H_4P_2O_7$、H_3PO_4、H_3PO_3、H_3PO_2分别为四元酸、三元酸、二元酸、一元酸。

单质磷和热浓碱液作用生成次磷酸盐。纯的次磷酸为白色固体，易潮解。次磷酸为一元中强酸($K_a^\ominus = 5.89\times10^{-2}$)。次磷酸及其盐都是强还原剂，特别是在碱性溶液中，还原能力更强。

$$P_4 + 3NaOH + 3H_2O = 3NaH_2PO_2 + PH_3\uparrow$$

$$H_3PO_2 + 4Ag^+ + 2H_2O = H_3PO_4 + 4Ag + 4H^+$$

亚磷酸及其盐都是强的还原剂，易被氧化到磷的最高氧化态。

$$H_3PO_3 + 2Ag^+ + H_2O = H_3PO_4 + 2Ag + 2H^+$$

次磷酸和亚磷酸及其盐容易发生歧化反应，生成PH_3、H_3PO_4或其盐。

$$4H_3PO_3 = 3H_3PO_4 + PH_3\uparrow$$

H_3PO_4的熔点为 42.4℃，与水互溶。市售磷酸是含 85% H_3PO_4的浓溶液，因分子间形成较多氢键使磷酸溶液黏度较大。

H_3PO_4为三元中强酸，有配位能力，与Fe^{3+}生成无色配离子$[Fe(PO_4)_2]^{3-}$。H_3PO_4脱水聚合得到焦磷酸($H_4P_2O_7$)、链状多磷酸($H_{n+2}P_nO_{3n+1}$)、环状多磷酸$(HPO_3)_n$等(也称偏磷酸，简写为HPO_3)。

磷酸盐的种类很多，如正磷酸盐(PO_4^{3-})、磷酸氢盐(HPO_4^{2-})、磷酸二氢盐($H_2PO_4^-$)、焦磷酸盐($P_2O_7^{4-}$)、链聚磷酸盐、环多聚偏磷酸盐。

PO_4^{3-}盐的溶液水解显碱性(pH>12)，HPO_4^{2-}盐的溶液水解显弱碱性(pH＝9～10)，$H_2PO_4^-$盐的溶液水解显弱酸性(pH＝4～5)。

向含有PO_4^{3-}、HPO_4^{2-}、$H_2PO_4^-$溶液中加入硝酸银溶液均生成Ag_3PO_4黄色沉淀；向H_3PO_4溶液中加入硝酸银溶液不生成沉淀。$AgPO_3$和$Ag_4P_2O_7$均为白色难溶盐。Ag_3PO_4、$AgPO_3$和$Ag_4P_2O_7$均易溶于强酸。

向$P_2O_7^{4-}$和PO_3^-溶液中分别加入少许稀 HAc 酸化，再分别滴入稀的蛋清溶液，能使蛋清溶液凝聚的是PO_3^-溶液，以此可鉴别$P_2O_7^{4-}$和PO_3^-。

PO_4^{3-}和HPO_4^{2-}与Na^+、K^+、Rb^+、Cs^+、NH_4^+形成的盐易溶；金属与$H_2PO_4^-$形成的盐多易

溶；PO_4^{3-} 与 Li^+和二价以上金属形成的盐多为难溶盐。

12.3.5 磷的卤化物和硫化物

磷的卤化物有 PX_3 和 PX_5 两种类型。常温下，PX_3 均为共价化合物，PF_5 为共价化合物，而 PCl_5 和 PBr_5 为离子化合物。

PF_3 为无色气体，PCl_3 和 PBr_3 为无色液体，PI_3 为红色固体；PF_5 为无色气体，PCl_5 为白色固体，组成为$[PCl_4]^+[PCl_6]^-$；PBr_5 为黄色固体，组成为$[PBr_4]^+Br^-$。

磷的硫化物很多，都是以 P_4 四面体为结构基础，S 连接在 P—P 之间和 P 的顶端。其中 P_4S_{10} 结构与 P_4O_{10} 相似，但没有类似于 P_4O_6 的 P_4S_6 化合物。

12.4 砷、锑、铋

常温下砷、锑、铋在水和空气中都比较稳定，不与非氧化性稀酸作用，但能和硝酸、王水等反应。硝酸不过量时，砷和锑被氧化成+3 价化合物，硝酸过量时则被氧化成五价化合物；而铋与硝酸反应只能生成+3 价化合物。

12.4.1 氢化物

AsH_3、SbH_3 和 BiH_3 常温下均为气体，熔沸点依次升高，但稳定性依次降低。用强还原剂还原砷的氧化物可制得 AsH_3。将生成的气体导入热玻璃管，AsH_3 受热分解为单质 As。单质 As 在玻璃管壁形成黑亮的“砷镜”。

$$As_2O_3 + 6Zn + 12HCl = 2AsH_3\uparrow + 6ZnCl_2 + 3H_2O$$

$$2AsH_3 = 2As + 3H_2\uparrow$$

砷、锑、铋的氢化物都是很强的还原剂，在空气中能自燃。

$$2AsH_3 + 3O_2 = As_2O_3 + 3H_2O$$

AsH_3 能还原重金属盐类，得到重金属单质。例如，AsH_3 还原硝酸银生成 Ag。

$$2AsH_3 + 12AgNO_3 + 3H_2O = As_2O_3 + 12HNO_3 + 12Ag\downarrow$$

12.4.2 含氧化合物

碱性的 Bi_2O_3 只溶于酸，不溶于水和碱；两性的 Sb_2O_3 难溶于水，但易溶于酸和碱；两性偏酸的 As_2O_3 在酸、碱中的溶解度比在水中大得多。As_2O_3 俗称砒霜，剧毒。

+3 价砷和+3 价锑是较强的还原剂。在弱碱性介质中，+3 价砷可以被碘定量氧化。Bi^{3+} 在酸性条件下很难被氧化，在碱性条件下有还原性。碱性条件下 Bi^{3+}也有一定的氧化性，能够被 Sn^{2+}还原。

$$2Bi^{3+} + 3Sn^{2+} + 18OH^- = 2Bi\downarrow + 3[Sn(OH)_6]^{2-}$$

氧化数为+5 的砷、锑、铋的氧化物都是酸性氧化物，与水反应生成含氧酸或氧化物的水合物，其酸性依砷、锑、铋的顺序减弱。在酸中都有氧化性。

$$H_3AsO_4 + 2HI = H_3AsO_3 + I_2 + H_2O$$

$$2Mn^{2+} + 5NaBiO_3 + 14H^+ = 2MnO_4^- + 5Bi^{3+} + 5Na^+ + 7H_2O$$

由于惰性电子对效应，Bi(Ⅴ)氧化性很强。棕黄色的 $NaBiO_3$，微溶，是常用的强氧化剂。

在 NaOH 介质中用 Cl_2 或 NaClO 将 Bi(Ⅲ)氧化得到。

$$Bi(OH)_3 + Cl_2 + 3NaOH = NaBiO_3\downarrow + 2NaCl + 3H_2O$$

12.4.3　卤化物和硫化物

砷、锑、铋的三卤化物都易水解，水解能力 $AsCl_3>SbCl_3>BiCl_3$，随着 M(Ⅲ)的半径依次增大，结合 OH^-能力降低。$AsCl_3$ 的水解产物为 H_3AsO_3，水解能力比 PCl_3 弱，在浓盐酸中有 As^{3+}存在。$SbCl_3$、$BiCl_3$ 水解不完全，生成白色碱式盐 SbOCl、BiOCl 沉淀。

为抑制水解，在配制 Sb(Ⅲ)、Bi(Ⅲ)盐的溶液时需加入强酸。

砷、锑、铋的硫化物主要有黄色的 As_2S_3 和 As_2S_5，橙色的 Sb_2S_3 和 Sb_2S_5，黑色的 Bi_2S_3。酸性硫化物 As_2S_3、As_2S_5、Sb_2S_5 和两性硫化物 Sb_2S_3 都溶于 Na_2S、$(NH_4)_2S$ 和 NaOH 溶液，而碱性硫化物 Bi_2S_3 则不溶于上述溶液。

具有还原性的 As_2S_3 和 Sb_2S_3 可以被氧化而溶于 Na_2S_2 和 $(NH_4)_2S_2$ 溶液中。两性硫化物 Sb_2S_3 溶于浓盐酸，酸性硫化物 As_2S_3 和 As_2S_5 不溶于浓盐酸，而碱性硫化物 Bi_2S_3 则能溶于约 $4\ mol\cdot dm^{-3}$ 的盐酸。

所有的硫代酸盐只能在中性或碱性介质中存在，遇酸则发生反应生成硫化物沉淀并放出 H_2S。

二、习题解答

1. 写出下列物质的化学式。

(1) 磷酸钙矿　(2) 氟磷灰石　(3) 雌黄　(4) 雄黄

(5) 辉锑矿　(6) 辉铋矿　(7) 砷华　(8) 锑华

解　(1) $Ca_3(PO_4)_2\cdot H_2O$　(2)$Ca_5F(PO_4)_3$　(3)As_2S_3　(4)As_4S_4

(5)Sb_2S_3　(6)Bi_2S_3　(7)As_2O_3　(8)Sb_2O_3

2. 完成过量稀硝酸与下列物质反应的方程式。

(1) P_4　(2) As　(3) Sb　(4) Bi　(5) S

解　(1) $3P_4 + 20HNO_3 + 8H_2O = 12H_3PO_4 + 20NO$

(2) $As + HNO_3 + H_2O = H_3AsO_3 + NO$

(3) $Sb + 4HNO_3 = Sb(NO_3)_3 + NO + 2H_2O$

(4) $Bi + 4HNO_3 = Bi(NO_3)_3 + NO + 2H_2O$

(5) $S + 2HNO_3 = H_2SO_4 + 2NO$

3. 完成过量 NaOH 溶液与下列物质反应的方程式。

(1) P_4　(2) H_3PO_3　(3) NO_2　(4) N_2O_3　(5) $SbCl_3$

解　(1) $P_4 + 3NaOH + 3H_2O = PH_3 + 3NaH_2PO_2$

(2) $H_3PO_3 + 2NaOH = Na_2HPO_3 + 2H_2O$

(3) $2NO_2 + 2NaOH = NaNO_2 + NaNO_3 + H_2O$

(4) $N_2O_3 + 2NaOH = 2NaNO_2 + H_2O$

(5) $SbCl_3 + 3NaOH = Sb(OH)_3 + 3NaCl$

4. 完成 $AgNO_3$ 与下列物质反应的方程式。

(1) N_2H_4　(2) NH_2OH　(3) H_3PO_2　(4) $NaNO_2$　(5) N_2O_3

解　(1) $N_2H_4 + 4AgNO_3 = 4Ag + N_2 + 4HNO_3$

(2) $2NH_2OH + 2AgNO_3 = 2Ag + N_2 + 2HNO_3 + 2H_2O$

(3) $H_3PO_2 + 4AgNO_3 + 2H_2O = H_3PO_4 + 4Ag + 4HNO_3$

(4) $NaNO_2 + AgNO_3 = AgNO_2 + NaNO_3$

(5) $N_2O_3 + 2AgNO_3 + H_2O = 2AgNO_2 + 2HNO_3$

5. 完成碘水与下列物质反应的方程式。

(1) NH_3　(2) P_4　(3) H_3PO_2　(4) Na_3AsO_3　(5) AsH_3

解　(1) $2NH_3 + 3I_2 = 6HI + N_2$

(2) $P_4 + 6I_2 + 12H_2O = 4H_3PO_3 + 12HI$

(3) $H_3PO_2 + 2I_2 + 2H_2O = H_3PO_4 + 4HI$

(4) $Na_3AsO_3 + I_2 + H_2O = Na_3AsO_4 + 2HI$

(5) $2AsH_3 + 6I_2 + 3H_2O = As_2O_3 + 12HI$

6. 完成下列硝酸盐的热分解反应。

(1) $LiNO_3$　(2) $NaNO_3$　(3) $Cu(NO_3)_2$　(4) $AgNO_3$　(5) NH_4NO_3

解　(1) $4LiNO_3 = 2Li_2O + 4NO_2 + O_2$

(2) $2NaNO_3 = 2NaNO_2 + O_2$

(3) $2Cu(NO_3)_2 = 2CuO + 4NO_2 + O_2$

(4) $2AgNO_3 = 2Ag + 2NO_2 + O_2$

(5) $NH_4NO_3 = N_2O + 2H_2O$

7. 完成下列反应的方程式。

(1) 金溶于王水；

(2) 铂溶于王水；

(3) 砷化氢受热分解；

(4) 三氯化氮水解；

(5) 叠氮酸银受热分解；

(6) $MnSO_4$ 溶液与 $NaBiO_3$ 混合后加入稀硫酸；

(7) 金属 Zn 在盐酸介质中还原 As_2O_3；

(8) NO_2 在碱中歧化；

(9) 向 $KMnO_4$ 溶液中滴加亚硝酸；

(10) 金属 Zn 与极稀的硝酸反应。

解　(1) $Au + 4HCl + HNO_3 = HAuCl_4 + NO + 2H_2O$

(2) $3Pt + 18HCl + 4HNO_3 = 3H_2PtCl_6 + 4NO + 8H_2O$

(3) $2AsH_3 = 2As + 3H_2$

(4) $NCl_3 + 3H_2O = NH_3 + 3HClO$

(5) $2AgN_3 = 2Ag + 3N_2$

(6) $2Mn^{2+} + 5NaBiO_3 + 14H^+ = 2MnO_4^- + 5Bi^{3+} + 5Na^+ + 7H_2O$

(7) $6Zn + As_2O_3 + 12HCl = 2AsH_3 + 6ZnCl_2 + 3H_2O$

(8) $2NO_2+2NaOH = NaNO_2 + NaNO_3+ H_2O$

(9) $2MnO_4^- + 5HNO_2 + H^+ = 5NO_3^- + 2Mn^{2+} +3H_2O$

(10) $4Zn + 10HNO_3 = 4Zn(NO_3)_2 + NH_4NO_3 +3H_2O$

8. 解释下列实验现象。

(1) 向 $NaNO_2$ 溶液中加入浓硝酸或浓硫酸均有棕色气体生成；

(2) $LiNO_3$ 受热分解生成的气体为棕色，NH_4NO_3 受热分解生成的气体为无色；

(3) KI 与 $NaNO_2$ 混合溶液加入稀硫酸后溶液立即变黄，KI 与 $NaNO_3$ 混合溶液加入稀硫酸后溶液不变色。

解 (1) $NaNO_2$ 与酸反应生成 HNO_2，HNO_2 在溶液中以酸酐的形式存在，N_2O_3 不稳定，可歧化成无色的 NO 和红棕色的 NO_2。

(2) 因为二者分解反应的产物不同，$LiNO_3$ 分解生成红棕色的 NO_2 和无色的 O_2，而 NH_4NO_3 受热分解生成无色的 N_2O。

$$4LiNO_3 = 2Li_2O + 4NO_2 + O_2$$

$$NH_4NO_3 = N_2O + 2H_2O$$

(3) 酸性条件下，NO_2^- 可以将 I^- 氧化生成 I_2，而 NO_3^- 也具有氧化性，理论上可氧化 I^-，但动力学不允许。

$$2NO_2^- + 2I^- + 4H^+ = 2NO + I_2 + 2H_2O$$

9. 用三种方法鉴别下列各对物质。

(1) $NaNO_3$ 和 $NaPO_3$　　(2) $NaNO_3$ 和 $NaNO_2$

(3) Na_2HPO_3 和 NaH_2PO_4　　(4) $SbCl_3$ 和 $BiCl_3$

解 (1) 方法一　与 $AgNO_3$ 反应生成沉淀的是 $NaPO_3$。

$$AgNO_3 + NaPO_3 = AgPO_3 + NaNO_3$$

方法二　向溶液中加少许 HAc，再滴入稀蛋清溶液，蛋清溶液凝聚的是 $NaPO_3$。

方法三　向盛有与 Fe^{2+} 的混合溶液的试管壁滴浓硫酸，试管侧面观察到棕色环的是 $NaNO_3$。

$$3Fe^{2+} + NO_3^- + 4H^+ = 3Fe^{3+} + NO + 2H_2O$$

$$Fe^{2+} + NO = [Fe(NO)]^{2+}$$

(2) 方法一　与 $AgNO_3$ 反应生成沉淀的是 $NaNO_2$。

$$AgNO_3 + NaNO_2 = AgNO_2 + NaNO_3$$

方法二　向盐溶液中加入酸性 $KMnO_4$ 溶液，使 $KMnO_4$ 溶液褪色的是 $NaNO_2$。

$$2MnO_4^- + 5NO_2^- + 6H^+ = 2Mn^{2+} + 5NO_3^- + 3H_2O$$

方法三　向盐溶液中加 HAc 酸化，再加入 KI，颜色变黄的是 $NaNO_2$。

$$NO_2^- + 2I^- + 2H^+ = NO + I_2 + H_2O$$

(3) 方法一　与碘水作用，能使碘水褪色的是 Na_2HPO_3。

$$Na_2HPO_3 + I_2 + H_2O = H_3PO_4 + 2NaI$$

方法二　两种盐的溶液分别与 $AgNO_3$ 作用，生成黑色 Ag 沉淀的是 Na_2HPO_3，生成黄色 Ag_3PO_4 沉淀的是 NaH_2PO_4。

$$2Ag^{+} + Na_2HPO_3 + H_2O = 2Ag + H_3PO_4 + 2Na^{+}$$
$$3Ag^{+} + NaH_2PO_4 = Ag_3PO_4 + Na^{+} + 2H^{+}$$

方法三　两种溶液的酸碱性不同。Na_2HPO_3 在水中只能发生水解反应，溶液显碱性；而 NaH_2PO_4 显酸性。

(4) 方法一　溶于过量碱中的是 $SbCl_3$。

$$SbCl_3 + 3NaOH = Sb(OH)_3 + 3NaCl$$
$$Sb(OH)_3 + NaOH = NaSb(OH)_4$$

方法二　与 Na_2S 生成黑色沉淀的是 $BiCl_3$，生成橙色沉淀的是 $SbCl_3$。

$$2Bi^{3+} + 3S^{2-} = Bi_2S_3$$
$$2Sb^{3+} + 3S^{2-} = Sb_2S_3$$

方法三　向盐溶液中加入 NaOH 和 NaClO 溶液，微热，有土黄色沉淀生成的是 $BiCl_3$。

$$Bi^{3+} + ClO^{-} + 4OH^{-} + Na^{+} = NaBiO_3 + Cl^{-} + 2H_2O$$

10. 完成下列物质的制备。

(1) 由 NH_3 制备 NH_4NO_3；

(2) 由 $NaNO_3$ 制备 HNO_2；

(3) 由 $BiCl_3$ 制备 $NaBiO_3$。

解　(1) 在高温和有催化剂时，氨可以被空气中的氧气氧化为 NO，NO 和氧气进一步反应生成 NO_2，NO_2 被水吸收生成硝酸，硝酸与 NH_3 反应得到产物 NH_4NO_3。

$$4NH_3 + 5O_2 = 4NO + 6H_2O$$
$$2NO + O_2 = 2NO_2$$
$$3NO_2 + H_2O = 2HNO_3 + NO$$
$$HNO_3 + NH_3 = NH_4NO_3$$

(2) 将 $NaNO_3$ 加热分解，得到 $NaNO_2$ 固体。

$$2NaNO_3 \overset{\triangle}{=} 2NaNO_2 + O_2$$

将 $NaNO_2$ 配制成饱和溶液，冰浴冷却至近 0℃，加入冷却至近 0℃稀硫酸。

$$NaNO_2 + H_2SO_4 = HNO_2 + NaHSO_4$$

(3) 向 $BiCl_3$ 溶液中加入过量的 NaOH 溶液，滴加氯水或 NaClO 溶液，水浴加热，有土黄色 $NaBiO_3$ 沉淀生成。

$$BiCl_3 + 3NaOH = Bi(OH)_3 + 3NaCl$$
$$Bi(OH)_3 + Cl_2 + 3NaOH = NaBiO_3 + 2NaCl + 3H_2O$$

11. 解释下列事实。

(1) NH_3 为碱性而 HN_3 为酸性；

(2) 熔点 $NH_3 < N_2H_4 < NH_2OH$；

(3) NCl_3 和 PCl_3 水解产物不同；

(4) 常温下 N_2 很不活泼而 P_4 具有高反应活性。

解　(1) NH_3 分子中 N 原子上无吸电子基团，N 给电子能力较强，NH_3 是路易斯碱，显碱性。

$$NH_3 + H_2O \rightleftharpoons NH_4^{+} + OH^{-}$$

而 HN_3 中的端 N 原子上连有电负性大的 N 原子，使端原子 N 给电子能力减弱。而且 HN_3 解离为 N_3^- 后，两个离域 π 键的存在使其容纳电子能力增强，所以 HN_3 给出质子能力远强于其给出电子对能力，故而显酸性。

(2) NH_3 为气态，N_2H_4 为液态，NH_2OH 为固态，所以熔点依次增大。

(3) 水解反应方程式

$$NCl_3 + 3H_2O \rightleftharpoons NH_3 + 3HClO$$

$$PCl_3 + 3H_2O \rightleftharpoons H_3PO_3 + 3HCl$$

PCl_3 分子中，Cl 的电负性比 P 的电负性大得多，P—Cl 键的电子对偏向 Cl 原子，即 Cl 带部分负电荷而 P 带部分正电荷。PCl_3 分子中带部分负电荷的 Cl 与 H_2O 分子带部分正电荷的 H 结合生成 HCl，PCl_3 分子中带部分正电荷的 P 与 H_2O 分子中的 OH 结合生成 H_3PO_3。

NCl_3 分子中，N 和 Cl 的电负性相近，但半径小的 N 原子的孤电子对配位能力较强，向 H_2O 分子中的 H 配位最终生成 NH_3 分子，而 H_2O 分子中的 OH 与 Cl 结合生成 HClO。

从以上分析可以看出，NCl_3 与 PCl_3 水解产物不同的根本原因在于 N 和 P 的电负性差别较大和 N 与 Cl 给电子能力不同。

(4) 氮分子中 N—N 叁键非常稳定(键能为 945.4 $kJ \cdot mol^{-1}$)。按分子轨道理论，N_2 若得到一个电子应排在高能级的 π_{2p}^* 轨道，因此 N_2 得电子能力很差；若 N_2 失去一个电子，则应失去成键轨道中的电子，因而 N_2 很难失去电子，N_2 的化学性质很不活泼。

P_4 为四面体结构，P—P—P 键角为 60°，轨道重叠较少，张力大，键能小，所以 P_4 分子很不稳定，有高的反应活性。

12. 如何除去下列物质中的杂质，写出相关的反应方程式。

(1) 氮中的微量氧；

(2) NO 中的微量 NO_2；

(3) $Cu(NO_3)_2$ 中少量的 $AgNO_3$。

解 (1) 将气体通过赤热的铜或连二亚硫酸钠的碱性溶液。

$$2Cu + O_2 = 2CuO$$

$$2Na_2S_2O_4 + O_2 + 4NaOH = 4Na_2SO_3 + 2H_2O$$

(2) 将气体通过 NaOH 溶液或水，NO_2 被除去

$$2NO_2 + 2NaOH = NaNO_2 + NaNO_3 + H_2O$$

$$3NO_2 + H_2O = 2HNO_3 + NO$$

(3) 方案一：将银币溶于硝酸，蒸发，浓缩，冷却得到 $AgNO_3$ 和 $Cu(NO_3)_2$ 混合物，控制加热温度在 200～400℃，$Cu(NO_3)_2$ 分解为 CuO，而 $AgNO_3$ 不分解。将 CuO 和 $AgNO_3$ 混合物溶于水，过滤除去不溶的 CuO，滤液经蒸发、浓缩、冷却得到 $AgNO_3$ 晶体，将 $AgNO_3$ 在较高温度下加热，分解产物为金属银。

方案二：将得到的 $AgNO_3$ 和 $Cu(NO_3)_2$ 混合物在较高温度下加热，$AgNO_3$ 分解产物为金属银，$Cu(NO_3)_2$ 分解为 CuO；用稀硫酸处理 Ag 和 CuO 混合物，CuO 溶解而除去。

13. 比较下列各组物质的碱性强弱，并说明理由。

(1) NH_3、N_2H_4、NH_2OH　　(2) NH_3、PH_3、AsH_3

解 (1) 碱性 $NH_3>N_2H_4>NH_2OH$。

与—NH_2基团相连的原子分别为 H、N、O，电负性 H<N<O，则—NH_2基团的 N 原子周围的电子密度 $NH_3>NH_2NH_2>NH_2OH$，给出电子对能力 $NH_3>N_2H_4>NH_2OH$。

(2) 碱性 $NH_3>PH_3>AsH_3$。

NH_3、PH_3、AsH_3都是共价分子，中心原子采取不等性 sp^3 杂化轨道成键，保留一个孤电子对，分子呈三角锥形。由于电负性 N>P>As，所以中心原子给出电子对的能力(路易斯碱性)是 $NH_3>PH_3>AsH_3$。NH_3容易形成 NH_4^+，PH_3则在水溶液中几乎不形成 PH_4^+，AsH_3加合质子的能力更差。

14. 简要回答下列问题。

(1) 为什么用浓氨水可以检查管道是否有氯气泄漏?

(2) N_2与 CO 为等电子体，为什么 N_2配位能力远不如 CO?

(3) 为什么久置的浓 HNO_3会变黄?

(4) 为什么 As_2O_3在盐酸中的溶解度随酸的浓度增大先减小而后又增大?

解 (1) NH_3有还原性，能被氯气氧化生成 N_2和 HCl，生成的 HCl 与 NH_3接触生成 NH_4Cl 而冒白烟。

$$3Cl_2 + 2NH_3 = N_2 + 6HCl$$

$$HCl + NH_3 = NH_4Cl$$

(2) N_2和 CO 互为等电子体，结构相似。但是，N 的电负性远大于 C，对孤电子对束缚能力强，故 N_2分子中孤电子对配位能力弱，与金属形成配合物稳定性较差，只能与少数过渡金属形成配合物。CO 分子中，由于有 O 的电子对向 C 配位形成π配键，C 原子上电子密度增大，CO 分子中的 C 的电子对给予能力强，与过渡金属配位形成σ配键强。所以，CO 与过渡金属生成配合物的能力比 N_2强得多。

(3) 硝酸缓慢分解生成的 NO_2溶于硝酸为黄色。

$$4HNO_3 = 4NO_2 + 2H_2O + O_2$$

(4) As_2O_3在水中溶解生成 H_3AsO_3。

$$As_2O_3 + 3H_2O = 2H_3AsO_3$$

HCl 抑制 H_3AsO_3的解离，所以，随着盐酸浓度的增大，As_2O_3的溶解度减小。当盐酸浓度较大时，As_2O_3溶于水的产物 H_3AsO_3进一步与盐酸作用生成 $AsCl_3$和 $AsCl_4^-$。

$$H_3AsO_3 + 3HCl = AsCl_3 + 3H_2O$$

$$AsCl_3 + HCl = H[AsCl_4]$$

所以，盐酸浓度大时，随着盐酸浓度的增大，As_2O_3的溶解度又增大。

15. 四瓶标签已经脱落的白色固体试剂：磷酸氢二钠、亚磷酸钠、偏磷酸钠、焦磷酸钠，试通过实验加以鉴别，写出简单步骤、实验现象和反应方程式。

解 取四种固体分别溶于水，各加入 $AgNO_3$溶液，产生黑色沉淀的是亚磷酸钠：

$$HPO_3^{2-} + 2Ag^+ + H_2O = 2Ag + H_3PO_4$$

产生黄色沉淀的是磷酸氢二钠：

$$3Ag^+ + HPO_4^{2-} = Ag_3PO_4 + H^+$$

产生白色沉淀的是偏磷酸钠和焦磷酸钠：

$$Ag^+ + PO_3^- = AgPO_3$$

$$4Ag^+ + P_2O_7^{4-} \longequal Ag_4P_2O_7$$

分别将偏磷酸钠和焦磷酸钠溶液用乙酸酸化，加入蛋白溶液(鸡蛋清溶于水)，使蛋白溶液凝聚的是偏磷酸钠。

16. NH_3 和 NF_3 的空间几何构型和中心原子的杂化类型都相同，但很多性质却相差较远。

(1) 为什么 NF_3 的沸点(−129℃)比 NH_3 的沸点(−33℃)低得多？

(2) 为什么 NH_3 能和许多过渡金属形成配合物，而 NF_3 不能与过渡金属生成稳定的配合物？

解　(1) 由于 NH_3 分子中孤电子对和键距对分子偶极矩方向的影响是一致的，所以分子极性较大，分子间作用力较大；同时 NH_3 分子间存在着分子间氢键，加强了分子间作用力，故其沸点较高。而 NF_3 分子中孤电子对和键距对分子偶极矩方向的影响是相反的，所以分子极性较小，分子间作用力较小。因此 NH_3 的沸点比 NF_3 的沸点高。

(2) 与 NH_3 相比，NF_3 中 F 的电负性大，降低了 N 的孤电子对给予能力，使 NF_3 不易与过渡金属形成稳定的配合物；此外，N 没有空的价层 d 轨道，不能与金属形成 d-d π配键。

17. 用反应方程式表示下列物质间的转化。

(1) $P_4 \rightarrow P_4O_6 \rightarrow H_3PO_3 \rightarrow H_3PO_4 \rightarrow Ag_3PO_4$

(2) $Sb \rightarrow SbCl_3 \rightarrow Na_3SbS_4 \rightarrow Sb_2S_5$

解　(1)

$$4P + 3O_2 \longequal P_4O_6$$

$$P_4O_6 + 6H_2O \longequal 4H_3PO_3$$

$$H_3PO_3 + H_2O_2 \longequal H_3PO_4 + H_2O$$

$$H_3PO_4 + 3AgNO_3 \longequal Ag_3PO_4 + 3HNO_3$$

(2)

$$2Sb + 5HNO_3 + 3HCl \longequal Sb(NO_3)_3 + SbCl_3 + 2NO + 4H_2O$$

$$SbCl_3 + Na_2S_2 + 2Na_2S \longequal Na_3SbS_4 + 3NaCl$$

$$2Na_3SbS_4 + 6HCl \longequal Sb_2S_5 + 3H_2S + 6NaCl$$

18. 无色的气体 A 与热 CuO 反应生成无色气体 B 和水。液态 A 溶解金属钠生成蓝色溶液，该溶液放置则可逸出可燃性气体 C 并生成白色固体 D。将气体 B 与热的金属钙反应生成固体 E，固体 E 遇水又有 A 生成。A 与 Cl_2 反应最后得到一种易爆炸的液体 F，F 遇水又有 A 生成。试确定 A～F 所代表物质的化学式，写出各步反应方程式。

解：A. NH_3，B. N_2，C. H_2，D. $NaNH_2$，E. Ca_3N_2，F. NCl_3。

$$2NH_3 + 3CuO \longequal N_2 + 3Cu + 3H_2O$$

$$2NH_3 + 2Na \longequal 2NaNH_2 + H_2$$

$$N_2 + 3Ca \longequal Ca_3N_2$$

$$Ca_3N_2 + 6H_2O \longequal 3Ca(OH)_2 + 2NH_3$$

$$NH_3 + 3Cl_2 \longequal NCl_3 + 3HCl$$

$$NCl_3 + 3H_2O \longequal NH_3 + 3HClO$$

19. 将少量白色固体 A 与 NaOH 混合后加热，有气体 B 生成。向硝酸银溶液中通入 B，先有棕黑色沉淀 C 生成，B 过量则沉淀 C 消失，得到无色溶液。向 A 的溶液中滴加氯水，则溶液变黄，说明有 D 生成，再加入 NaOH 溶液则黄色消失。向 A 的溶液中滴加 $AgNO_3$ 溶液，有黄色沉淀 E 生成。试确定各字母所代表物质的化学式，给出相关反应的方程式。

解　A. NH_4I，B. NH_3，C. Ag_2O，D. I_2，E. AgI。

$$NH_4I + NaOH = NaI + NH_3\uparrow + H_2O$$

$$2AgNO_3 + 2NH_3 + H_2O = Ag_2O\downarrow + 2NH_4NO_3$$

$$Ag_2O + 4NH_3 + H_2O = 2[Ag(NH_3)_2]OH$$

$$2NH_4I + Cl_2 = 2NH_4Cl + I_2$$

$$3I_2 + 6NaOH = 5NaI + NaIO_3 + 3H_2O$$

$$NH_4I + AgNO_3 = AgI\downarrow + NH_4NO_3$$

20. 化合物 A 溶于稀盐酸得无色溶液，加入大量的水则有白色沉淀 B 生成。B 溶于过量 NaOH 溶液得到无色溶液 C。将 B 溶于盐酸后加入溴水，则溴水褪色，再加入 Na_2S 溶液有橙色沉淀 D 生成。D 溶于 NaOH 溶液得到无色溶液 E。给出 A、B、C、D、E 的化学式，用反应的方程式表示各步转化过程。

解　A. Sb^{3+}，B. SbOCl，C. $Na[Sb(OH)_4]$，D. Sb_2S_5，E. $Na_3SbO_4 + Na_3SbS_4$。

$$SbCl_3 + H_2O = SbOCl\downarrow + 2HCl$$

$$SbOCl + 2NaOH + H_2O = Na[Sb(OH)_4] + NaCl$$

$$Sb^{3+} + Br_2 = Sb^{5+} + 2Br^-$$

$$Sb^{5+} + S^{2-} = Sb_2S_5\downarrow$$

$$4Sb_2S_5 + 24NaOH = 3Na_3SbO_4 + 5Na_3SbS_4 + 12H_2O$$

21. 化合物 A 易溶于水。A 的水溶液与酸性 KI 溶液混合，无明显反应。用煤气灯将固体 A 加热一段时间后，与酸性 KI 溶液混合后溶液变黄，说明 A 受热生成了 B。B 溶于水与硝酸银溶液作用有黄色沉淀 C 生成。C 与盐酸作用得到白色沉淀 D。C 和 D 都溶于氨水。向 A 和 B 固体混合物加浓硫酸，生成有颜色的气体 E。E 通入 NaOH 溶液得到无色溶液。试确定 A～E 所代表物质的化学式，给出相关反应的方程式。

解　A. $NaNO_3$，B. $NaNO_2$，C. $AgNO_2$，D. AgCl，E. NO_2。

$$2NaNO_3 = 2NaNO_2 + O_2$$

$$2NO_2^- + 4H^+ + 2I^- = 2NO + I_2 + 2H_2O$$

$$NO_2^- + Ag^+ = AgNO_2\downarrow$$

$$AgNO_2 + Cl^- = AgCl + NO_2^-$$

$$AgNO_2 + 2NH_3 = [Ag(NH_3)_2]^+ + NO_2^-$$

$$AgCl + 2NH_3 = [Ag(NH_3)_2]^+ + Cl^-$$

$$NaNO_3 + NaNO_2 + 2H_2SO_4 = 2NaHSO_4 + 2NO_2\uparrow + H_2O$$

$$3NO_2 + H_2O = 2HNO_3 + NO$$

22. 通过下列实验判断白色粉末 A 为何种物质，给出各实验的反应方程式。

(1) 将 A 放入水中有白色沉淀生成；

(2) 用煤气灯加热粉末 A，有棕色气体生成；

(3) 用 NaClO 和 NaOH 混合溶液处理 A，有土黄色沉淀生成，土黄色沉淀与酸性 $MnSO_4$ 溶液混合，溶液变为红色；

(4) 将 A 与 $SnCl_2$ 混合后加入 NaOH 溶液，有黑色沉淀生成；

(5) A 不溶于 NaOH 溶液，但溶于硝酸。

解　A. $Bi(NO_3)_3$。

$$Bi(NO_3)_3 + H_2O \longrightarrow BiONO_3\downarrow + 2HNO_3$$

$$4Bi(NO_3)_3 \longrightarrow 2Bi_2O_3 + 12NO_2\uparrow + 3O_2\uparrow$$

$$Bi(NO_3)_3 + NaClO + 4NaOH \longrightarrow NaBiO_3 + NaCl + 2H_2O + 3NaNO_3$$

$$2Bi(NO_3)_3 + 3SnCl_2 + 18NaOH \longrightarrow 2Bi\downarrow + 3Na_2[Sn(OH)_6] + 6NaCl + 6NaNO_3$$

$$Bi(NO_3)_3 + 3NaOH \longrightarrow Bi(OH)_3 + 3NaNO_3$$

第 13 章　碳族元素和硼族元素

一、内 容 提 要

碳族元素为周期表中ⅣA 族元素，包括碳、硅、锗、锡、铅 5 种元素，基态原子的价电子构型为 ns^2np^2。随着原子序数的增加，+2 价化合物稳定性逐渐提高，铅的+4 氧化态具有较强的氧化性。

硼族位于元素周期表的ⅢA 族，包括硼、铝、镓、铟、铊 5 种元素。基态原子的价电子构型为 ns^2np^1，通常氧化态为+3。但随着原子序数的增加，ns^2 电子对趋于稳定，+1 氧化态的倾向逐渐增强。硼族元素许多化合物为“缺电子化合物”。

13.1　碳及其化合物

13.1.1　碳单质

碳最重要的同素异形体是金刚石、石墨和碳簇。

金刚石俗称钻石，是硬度最大、熔点最高的单质。金刚石具有三维结构，每个 C 原子均采取 sp^3 杂化，且同邻近的四个 C 原子形成σ键，金刚石不导电。

石墨具有层状结构，硬度小，熔点也极高；石墨中的每个 C 原子采取 sp^2 杂化，且同邻近的三个 C 原子形成σ 键。每个 C 原子未参与杂化的有单电子的 p 轨道彼此重叠，形成了层内离域 π 键 Π_n^n，因此石墨层内可导电。层与层之间以分子间的作用力结合，平行排列。

C_{60} 是碳簇中最重要的分子，每个 C 原子均采取 sp^2 杂化，与相邻的 3 个 C 原子形成σ键。C_{60} 分子中存在离域 π 键 Π_{60}^{60}。C_{60} 的结构可以看成正二十面体截去 12 个顶角后形成 12 个五边形、20 个六边形得到的，故称为截角二十面体。

碳单质具有还原性，能够还原非金属氧化物和金属氧化物。碳作为还原剂的反应产物一般为 CO，如

$$MnO + C = Mn + CO$$

由于 SiO_2 比 $SiCl_4$ 稳定，因此 SiO_2 与 Cl_2 反应生成 $SiCl_4$ 非自发，须添加焦炭进行反应偶合，如

$$SiO_2 + 2C + 2Cl_2 = SiCl_4 + 2CO$$

$$TiO_2 + 2C + 2Cl_2 = TiCl_4 + 2CO$$

13.1.2　碳的氧化物

碳的氧化物主要是一氧化碳(CO)和二氧化碳(CO_2)。

在 CO 分子中，C 与 O 间存在着叁键，并且有一个是 O 向 C 的配位键，因此 CO 具有强

的配位能力。CO 具有较大毒性。

在高温下，CO 能与许多过渡金属配位生成金属羰配合物，如$[Fe(CO)_5]$、$[Ni(CO)_4]$等，这些化合物多是剧毒物。

CO 具有强还原性，用 CuCl 的酸性溶液基本可以定量吸收 CO。

$$CO + Cl_2 = COCl_2$$

$$CO+PdCl_2+H_2O = CO_2+Pd +2HCl$$

$$CO+CuCl+2H_2O = Cu(CO)Cl \cdot 2H_2O$$

CO_2 为非极性分子，具有直线形结构，分子中 C—O 间为双键，分子具有很高的热稳定性。按价键理论，CO_2 分子中有两个互相垂直的π 键；按照分子轨道理论，CO_2 分子中有两个互相垂直的离域 Π_3^4 键。

13.1.3　碳酸及其盐

碳酸(H_2CO_3)为 CO_2 溶于水的产物，与强碱作用生成碳酸盐。碳酸根(CO_3^{2-})中有离域 Π_4^6 键。

碳酸为二元弱酸，能形成碳酸盐和碳酸氢盐。铵和碱金属(除 Li 外)的碳酸盐易溶于水，其他金属碳酸盐多数难溶于水。

对于难溶的碳酸盐，其对应的碳酸氢盐的溶解度较大。而对于易溶于水的碳酸盐，其对应的碳酸氢盐通过氢键形成二聚体使其溶解度减小。故有如下溶解度顺序

$$CaCO_3<Ca(HCO_3)_2<NaHCO_3<Na_2CO_3$$

碳酸钠的水溶液显强碱性，溶液中存在着 CO_3^{2-}和 OH^-两种沉淀剂，与金属离子可能生成碳酸盐、碱式碳酸盐或氢氧化物沉淀。

碳酸盐、碳酸氢盐、碳酸的热稳定性顺序依次降低，这可以用 H^+强反极化能力来解释。

13.1.4　四氯化碳和二硫化碳

四氯化碳(CCl_4)为无色液体，可由 CH_4 与 Cl_2 在高温反应得到，是重要非质子、非极性的非水溶剂。CCl_4 的沸点(76.8℃)较低，容易挥发，能使燃烧物与空气隔绝但不与氧反应，因此，CCl_4 可作为灭火剂和阻燃剂。

二硫化碳(CS_2)可由硫蒸气通过红热木炭制备，为无色液体，非质子、非极性的非水溶剂。CS_2 具有还原性，能将 MnO_4^-还原，点燃后可燃烧。CS_2 为酸性硫化物，可与 K_2S 等碱性物质反应生成硫代碳酸钾(K_2CS_3)。

13.2　硅及其化合物

13.2.1　硅单质

单质硅具有金刚石型结构，呈灰黑色，硬度、熔点较高。硅化学属高温化学，在常温下不活泼。在常温下，单质中只有氟与硅反应生成 SiF_4，与强碱溶液作用极其缓慢；溶于 HF-HNO_3 的混酸中生成 H_2SiF_6。

在高温下用 C 还原 SiO_2 可以获得粗单质硅，粗单质硅与 Cl_2 反应转化成液态 $SiCl_4$，经精馏后的 $SiCl_4$ 用活泼金属或 H_2 还原即可获得高纯度单质硅。

13.2.2 硅的氢化物

Si—Si 键不如 C—C 键强，尤其是 Si═Si 的π键更弱。所以，硅的氢化物只有硅烷且种类比烷烃少得多。

高纯度的 SiH_4 可用 $LiAlH_4$ 在乙醚的介质中还原 $SiCl_4$ 而获得。Mg_2Si 与盐酸反应，获得的是含有乙硅烷等杂质的 SiH_4。

硅烷中最典型的是 SiH_4，为无色无臭气体。SiH_4 不稳定，加热到 500℃时分解为 Si 和 H_2。SiH_4 具有较强的还原性，在空气中自燃。SiH_4 容易水解，实质与水发生氧化还原反应生成 H_2。

13.2.3 硅的卤化物

常温下 SiF_4 为无色气体，$SiCl_4$ 和 $SiBr_4$ 为无色液体，SiI_4 为白色固体。硅有空的价层 d 轨道，能够接受水分子的配位，所以硅的卤化物都易水解。

SiF_4 水解反应与 BF_3 的水解相似，生成的 HF 可进一步与 SiF_4 反应生成 H_2SiF_6。H_2SiF_6 为强酸，与 H_2SO_4 的酸性相当。H_2SiF_6 与软碱形成的盐易溶，如 $PbSiF_6$；但与半径大的硬碱形成的盐难溶，如 K_2SiF_6 的溶解度很小。

$SiCl_4$ 是硅的最重要的卤化物，遇到潮湿的空气强烈水解而冒白烟，生成的 HCl 不能进一步与 $SiCl_4$ 反应。

13.2.4 二氧化硅

二氧化硅(SiO_2)晶体无色，不溶于水，熔点高，硬度大。自然界中的石英就是二氧化硅，属于原子晶体。

二氧化硅的结构都以硅氧四面体作为基本结构单元，硅氧四面体的不同联结方式则形成了不同的晶形，如α-石英和β-石英。硅氧四面体也有混乱排列的，如在石英玻璃和硅胶中。

多孔硅胶可用作干燥剂。将多孔硅胶用 $CoCl_2$ 溶液浸泡，干燥、活化后加工成型，得变色硅胶。

常温下 SiO_2 较为惰性，但可以与氢氟酸反应生成 SiF_4 或 H_2SiF_6，与热的强碱溶液及熔融的碳酸钠等反应，生成可溶性硅酸盐 Na_2SiO_3。

$$SiO_2 + Na_2CO_3 = Na_2SiO_3 + CO_2$$

13.2.5 硅酸和硅酸盐

硅酸为弱酸($K_{a1}^{\ominus} = 2.51\times10^{-10}$)，$SiO_2$ 为硅酸的酸酐。硅酸的种类相当多，都可看成是 SiO_2 的水合物，可表示为 $xSiO_2 \cdot yH_2O$ 的形式。例如，偏硅酸 H_2SiO_3，x=1，y=1；正硅酸 H_4SiO_4，x=1，y=2；焦硅酸 $H_6Si_2O_7$，x=2，y=3。

可溶性硅酸盐与酸作用可生成原硅酸(H_4SiO_4)。最常见的可溶性硅酸盐是 Na_2SiO_3，其浓的水溶液呈黏稠状，称为水玻璃。Na_2SiO_3 水解，溶液为碱性。向 Na_2SiO_3 溶液中加入 NH_4Cl 溶液则有硅胶析出或通入 CO_2 析出硅酸凝胶。

硅酸盐和二氧化硅一样，都是以硅氧四面体(SiO_4)作为基本结构单元通过共用氧原子联结成各种不同的硅酸根阴离子，硅酸根阴离子通过阳离子约束在一起，得到各种硅酸盐。

硅氧四面体间共用两个氧原子则形成链状聚硅酸根，如果不考虑边界，其结构通式为$[Si_nO_{3n}]^{2n-}$。

硅氧四面体间共用三个氧原子则形成二维片状聚硅酸根，如果不考虑边界，其结构通式为$[Si_nO_{2.5n}]^{n-}$。

硅氧四面体间也可共用四个氧原子形成三维网络状的聚硅酸根，如果不考虑边界，其结构通式为$[SiO_2]_n$。自然界或人工合成的沸石就具有这种三维的网状结构，只不过某些硅的位置被铝所取代。硅氧四面体不同联结形成不同的孔道和笼而得到不同类型的沸石。

13.3　锗、锡、铅

13.3.1　单质

锗为银白色金属。锡有 3 种同素异形体，白锡、灰锡和脆锡；白锡为热力学指定单质，延展性好，可以制成器皿；灰锡呈灰色粉末状。铅为暗灰色软金属，密度较大。

Ge 不与非氧化性的酸反应。Sn 和 Pb 可与非氧化性的酸反应，但 Sn 与稀盐酸的反应较慢，Pb 与稀盐酸反应生成的 $PbCl_2$ 因覆盖金属表面使反应不能进行下去。

Ge、Sn、Pb 都能与氧化性的酸反应。Ge、Sn 与浓硝酸反应生成最高价的含氧酸，而 Pb 与浓硝酸反应生成 $Pb(NO_3)_2$。稀的硝酸与 Sn 反应生成低价态的 $Sn(NO_3)_2$。

Ge 难溶于碱，但 Sn、Pb 能与强碱反应并释放出 H_2。

13.3.2　含氧化合物

锗、锡、铅都有两种氧化物，MO 偏碱性，MO_2 偏酸性。

SnO 呈蓝黑色，是 $SnO_2·nH_2O$ 高温脱水的产物。SnO_2 呈灰色，是单质 Sn 在空气中燃烧的产物。

PbO 呈黄色，两性；PbO_2 呈黑色，具有相当强的氧化性，在酸性介质中可以将 Mn^{2+}和 Cl^-氧化。PbO_2 的强氧化性与惰性电子对效应有关。Pb_3O_4 呈红色，称为红铅或铅丹，组成为 $2PbO·PbO_2$ 或写成 $Pb_2[PbO_4]$。Pb_2O_3 呈橙色，组成为 $PbO·PbO_2$ 或写成 $Pb[PbO_3]$。

碱性条件下，NaClO 或 Cl_2 氧化 Pb(Ⅱ)盐可获得 PbO_2。棕黑色 PbO_2 加热到 374℃可转化为红色的 Pb_3O_4，加热到 605℃可转化为黄色的 PbO。

$Sn(OH)_2$ 和 $Pb(OH)_2$ 两性偏碱。在 Sn^{2+}和 Pb^{2+}的溶液中滴加适量的强碱可生成白色沉淀物 $Sn(OH)_2$ 和 $Pb(OH)_2$，强碱过量，沉淀溶解生成$[Sn(OH)_4]^{2-}$和$[Pb(OH)_3]^-$。

$[Sn(OH)_4]^{2-}$具有很强的还原性，可还原 Bi^{3+}为黑色的单质 Bi 粉末，可用来鉴定 Bi^{3+}。

锡酸 H_2SnO_3 有两种构型。α-H_2SnO_3 化学性质活泼，易溶于浓盐酸，也溶于碱。Sn^{4+}在氨水中水解得到的白色沉淀物即为α-H_2SnO_3。β-H_2SnO_3 化学性质表现为惰性，既不溶于浓酸，也不溶于浓碱。金属 Sn 溶于浓硝酸的产物就是β-H_2SnO_3。通过加热或在溶液中静置，α-H_2SnO_3 可转变为β-H_2SnO_3。

13.3.3　卤化物和硫化物

Sn 和 Pb 有两种卤化物，离子性为主的 MX_2 和共价性为主的 MX_4。由于 Pb(Ⅳ)的氧化性很强，因此 $PbBr_4$ 和 PbI_4 不能稳定存在。

$SnCl_2$ 和 $PbCl_2$ 为白色固体。$PbCl_2$ 微溶于水。$SnCl_2$ 极易水解而生成白色的碱式盐 Sn(OH)Cl

沉淀，因此在配制 $SnCl_2$ 溶液时要用盐酸抑制水解。

$SnCl_4$ 为无色液体，更容易水解，在潮湿的空气中发烟。$PbCl_4$ 为无色液体，受热易爆炸。

Sn 和 Pb 的卤化物在过量 X^- 溶液中易形成配合物而使溶解度增大，如 $[SnCl_6]^{2-}$、$[SnCl_4]^{2-}$、$[PbCl_3]^-$、$[PbCl_4]^{2-}$。PbX_2 在水中溶解度较小，但 X^- 浓度增加或加热水溶液时，可提高 PbX_2 的溶解度，生成无色的配离子。黄色 PbI_2 难溶于水。

Sn^{2+} 具有较强的还原性，$SnCl_2$ 易被空气所氧化，在配制 $SnCl_2$ 溶液时应加入 Sn 粒以防止 Sn^{2+} 被氧化。

$SnCl_2$ 与 $HgCl_2$ 反应生成白色的 Hg_2Cl_2 沉淀，过量的 $SnCl_2$ 可将 Hg_2Cl_2 进一步还原为单质 Hg，沉淀的颜色由白变灰最后变为黑色。

$$2HgCl_2 + SnCl_2 + 2HCl = Hg_2Cl_2(\text{白})\downarrow + H_2SnCl_6$$

$$Hg_2Cl_2 + SnCl_2 + 2HCl = 2Hg(\text{黑}) + H_2SnCl_6$$

SnS(棕褐色)、SnS_2(黄色)、PbS(黑色)属难溶性硫化物。SnS、SnS_2 可溶于浓盐酸；PbS 溶于硝酸，与盐酸作用转化为 $PbCl_2$。SnS_2 可作为金粉涂料。

低价态硫化物可被过硫化物所氧化转化成高价态硫化物。

$$SnS + S_2^{2-} = SnS_2 + S^{2-}$$

生成的高价态硫化物显酸性，溶于碱性硫化物生成硫代酸盐。

$$SnS_2 + S^{2-} = SnS_3^{2-}$$

SnS 两性偏碱性，不溶于 Na_2S 溶液但溶于 Na_2S_2 溶液。

硫代酸盐不稳定，遇酸则分解生成 SnS_2 沉淀和 H_2S。高价态金属的硫化物显酸性，可溶于强碱溶液。

13.4　硼及其化合物

13.4.1　硼单质

硼单质有两种类型：晶体硼和无定形硼粉末。晶体硼呈黑灰色，熔点高，硬度接近金刚石，化学活性较差。无定形硼粉末呈黄棕色，具有较高的化学活性。

晶体硼的基本结构单元为正二十面体 B_{12}，B_{12} 单元在空间采取不同的联结方式，则形成晶体硼的不同晶形。

高温条件下，金属 Mg 还原 B_2O_3 可制得粗硼；用 H_2 还原 BBr_3 可获得高纯度的单质硼；高温分解 BI_3 也可获得高纯度的单质硼。

B 单质在常温下不活泼，仅与 F_2 反应生成 BF_3；高温下可与许多非金属单质如 O_2、Cl_2、N_2 等发生反应；不与非氧化性的酸反应，但可以溶于热的浓 HNO_3 和浓 H_2SO_4 生成 H_3BO_3。

13.4.2　硼的氢化物

硼与氢可以形成一系列氢化物，即硼烷。甲硼烷 BH_3 并不存在，最小的硼烷是其二聚体乙硼烷(B_2H_6)。

乙硼烷的稳定性差，室温即分解并生成高级硼烷的混合物。乙硼烷的还原能力强，空气中可自燃，易被氧化剂氧化。乙硼烷极易水解(发生了氧化还原反应)生成 H_3BO_3 和 H_2。乙硼烷作为路易斯酸，可与多种路易斯碱发生反应，如生成 $LiBH_4$ 等。

乙硼烷在高温下可与氨反应生成无机苯$B_3N_3H_6$，分子中有离域π键Π_6^6。乙硼烷和氨气在一定温度下反应，可得到具有层状结构的大分子氮化硼$(BN)_n$。

硼烷是“缺电子”化合物，分子中除二中心二电子键外，还形成三中心键和多中心键。

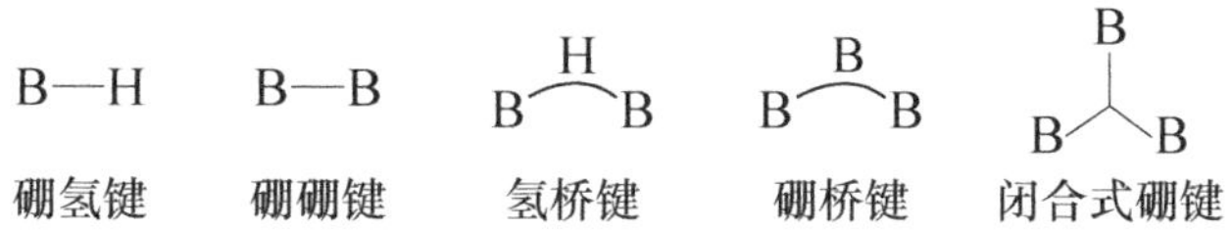

B—H　B—B　B⌒B (H)　B⌒B (B)　B(B)(B)(B)

硼氢键　硼硼键　氢桥键　硼桥键　闭合式硼键

B_2H_6分子中 2 个 B 和 4 个端氢的平面与 2 个 B 和 2 个桥氢的平面垂直，即 2 个 B 和 4 个端氢在同一平面，2 个桥氢分别位于平面的上下两侧。

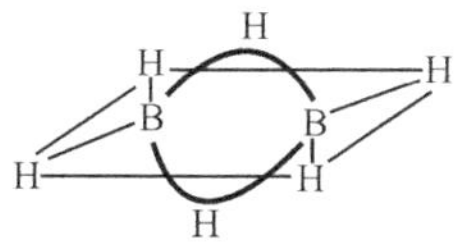

13.4.3　硼的含氧化合物

B_2O_3为硼酸的酸酐，易溶于水生成硼酸。B_2O_3为酸性氧化物，与金属氧化物在高温下作用得到有特征颜色的偏硼酸盐，称为硼珠实验。$Cu(BO_2)_2$为蓝色，$Fe(BO_2)_3$为黄色，$Cr(BO_2)_3$为绿色，$Mn(BO_2)_2$为紫色，$Ni(BO_2)_2$为绿色。

H_3BO_3晶体为无色，通过分子间的氢键形成层状结构。H_3BO_3是一元弱酸，中心 B 原子未参与杂化的空 p 轨道可以接受H_2O解离出的OH^-的电子对，形成正四面体的$[B(OH)_4]^-$。

$$B(OH)_3 + H_2O = [B(OH)_4]^- + H^+ \qquad K_a^\ominus = 5.4\times10^{-10}$$

在硼酸中加入多元醇(如甘油)，硼酸与多元醇结合成较稳定的硼酸酯，可使硼酸的酸性增强。

硼酸溶液与乙醇混合后加入硫酸，生成易挥发的硼酸乙酯$(C_2H_5O)_3B$，点燃后可观察到绿色火焰，这一性质可用来鉴定硼酸。

硼砂化学组成为$Na_2[B_4O_5(OH)_4]\cdot 8H_2O$，是白色、具有玻璃光泽的晶体，化学组成也可以写成 $Na_2B_4O_7\cdot 10H_2O$。硼砂为二元弱碱，可作为酸碱滴定的基准物。硼砂水解生成等物质的量的弱酸H_3BO_3及其盐$[B(OH)_4]^-$，形成了缓冲溶液。

$$[B_4O_5(OH)_4]^{2-} + 5H_2O = 2H_3BO_3 + 2[B(OH)_4]^-$$

13.4.4　硼的卤化物

硼与四种卤素均能形成三卤化物 BX_3。常温下，BF_3 和 BCl_3 为气体，BBr_3 为液体，BI_3 为固体。气态的三卤化硼分子构型为平面三角形，分子中有离域π键Π_4^6。BX_3 是典型的路易斯酸，它可以与氨等路易斯碱结合，生成酸碱配合物，如 $H_3N\rightarrow BF_3$ 和 $H[BF_4]$等。

BX_3为缺电子化合物，B 未杂化的 2p 空轨道可以接受 H_2O 分子中 O 的电子对使其易发生水解反应。BF_3 与其他 BX_3 的水解产物并不相同，生成的 HF 可进一步和 BF_3 反应生成强酸 $H[BF_4]$。

硼和卤素还可形成许多不同价态的硼卤化物，硼的氧化数都低于 BX_3 中硼的氧化数，称为硼的低卤化物。例如，气态的 B_2F_4，固态的 B_2Cl_4 和 B_8F_{12}，以及 B_nCl_n 等。

13.5　铝、镓、铟、铊

13.5.1　铝单质及其化合物

单质铝是从自然界中广泛分布的铝矾土 Al_2O_3 中提取的。电解溶解在熔融的 $Na_3[AlF_6]$中的 Al_2O_3 则获得液态铝，进一步可铸成铝锭。

金属铝非常活泼，但长期放置在空气中的铝表面容易生成致密的保护膜，避免了铝被腐蚀。金属铝是两性金属，既可以与酸反应也可以与碱反应。金属铝还原性强，可以从许多过渡金属氧化物(如 Fe_2O_3、Cr_2O_3、MnO)中置换出金属，这主要因为 Al_2O_3 的生成反应能放出很多热，置换反应自发进行，称为“铝热法”。

$$2Al + Fe_2O_3 = 2Fe + 2Al_2O_3$$

γ- Al_2O_3 具有较高的化学活性，既溶于酸也溶于碱。α-Al_2O_3 的化学活性较差，不溶于酸或碱中。自然界中的刚玉就是α-Al_2O_3。

$Al(OH)_3$ 为两性物质，可溶解于酸或碱中，但不溶于氨水。

AlF_3 是离子型化合物。$AlCl_3$ 晶体为离子化合物。高温时 $AlCl_3$ 为气态单分子，在熔点 192.4℃时 $AlCl_3$ 成为共价化合物，铝转为四配位的二聚体(结构类似于 B_2H_6)。

金属铝和铍在元素周期表中因处于斜线位置上，在某些性质上具有相似性，主要表现在：单质铝与铍均是钝化金属，与冷的浓硝酸作用时在金属表面生成致密的氧化膜；单质铝与铍均呈两性；铝与铍的卤化物受热脱水时易发生水解生成碱式盐；铝与铍的氢氧化物均是难溶于水的两性物质。

13.5.2　镓、铟、铊单质及化合物

铝、镓、铟、铊的金属性依次增强。镓、铟呈银白色，铊呈银灰色。镓的熔点和沸点分别为 29.76℃和 2204℃，在单质中镓的液态温度区间最大。

镓同铝一样，是两性金属，而铟、铊为碱性金属。镓、铟、铊既可以与非氧化性的酸发生反应，也可以与氧化性的酸反应。镓、铟与酸反应生成+3 价氧化态的盐，而铊与酸反应生成+1 价氧化态的盐。镓能够与碱发生反应，而铟和铊不与碱发生反应。

+3 价镓、铟、铊的氧化物的稳定性依次降低。Tl_2O_3 受热易分解为 Tl_2O 和 O_2。

Ga_2O_3 和 $Ga(OH)_3$ 均为两性化合物。反常的是 $Ga(OH)_3$ 的酸性强于 $Al(OH)_3$。这主要表现在 $Ga(OH)_3$ 能够溶于氨水，但 $Al(OH)_3$ 不能。

In_2O_3、$In(OH)_3$、Tl_2O_3、TlOH 均显碱性，其中 TlOH 是强碱，类似于 KOH。

Tl^{3+}具有很强的氧化性，是“惰性电子对效应”所致。Tl^{3+}能够与许多典型的还原剂如 Fe^{2+}、S^{2-}、I^-、SO_3^{2-}等发生反应，自身被还原成稳定的 Tl^+盐。$TlBr_3$ 和 TlI_3 在常温下不存在。

二、习题解答

1. 给出下列各物质的化学式。

(1) 石英　(2) 水玻璃　(3) 锗石矿　(4) 方铅矿　(5) 密陀僧　(6) 铅丹

(7) 硼镁矿　(8) 硼砂　(9) 铝矾土　(10) 冰晶石　(11) 刚玉

解　(1) SiO_2　(2) Na_2SiO_3　(3) $Cu_2S \cdot FeS \cdot GeS_2$　(4) PbS

(5) PbO　(6) Pb_3O_4　(7) $Mg_2B_2O_5 \cdot H_2O$　(8) $Na_2B_4O_7 \cdot 10H_2O$

(9) Al_2O_3　(10) $Na_3[AlF_6]$　(11) α-Al_2O_3

2. 完成并配平下列物质与 NaOH 共熔反应的方程式。

(1) SiO_2　(2) Si　(3) Al_2O_3　(4) $B + KNO_3$　(5) Ga

解　(1) $SiO_2 + 2NaOH = Na_2SiO_3 + H_2O$

(2) $Si + 4NaOH = Na_4SiO_4 + 2H_2$

(3) $Al_2O_3 + 2NaOH + 3H_2O = 2Na[Al(OH)_4]$

(4) $2B + 3KNO_3 + 2NaOH = 2NaBO_2 + 3KNO_2 + H_2O$

(5) $2Ga + 2NaOH + 2H_2O = 2NaGaO_2 + 3H_2$

3. 完成并配平下列物质与 NaOH 溶液反应的方程式。

(1) Al　(2) Sn　(3) Pb　(4) SnS_2　(5) $SnCl_2$　(6) PbO

解　(1) $2Al + 2NaOH + 6H_2O = 2Na[Al(OH)_4] + 3H_2$

(2) $Sn + 2NaOH + 2H_2O = Na_2[Sn(OH)_4] + H_2$

(3) $Pb + NaOH + 2H_2O = Na[Pb(OH)_3] + H_2$

(4) $3SnS_2 + 6NaOH = Na_2SnO_3 + 2Na_2SnS_3 + 3H_2O$

(5) $SnCl_2 + 2NaOH = Sn(OH)_2 + 2NaCl$

$Sn(OH)_2 + 2NaOH = Na_2[Sn(OH)_4]$

(6) $PbO + NaOH + H_2O = Na[Pb(OH)_3]$

4. 完成并配平下列物质与过量 HNO_3 溶液反应的方程式。

(1) Sn　(2) Pb　(3) Ga　(4) In　(5) Tl

解　(1) $Sn + 4HNO_3 = \beta\text{-}H_2SnO_3 + 4NO_2 + H_2O$

(2) $Pb + 4HNO_3 = Pb(NO_3)_2 + 2NO_2 + 2H_2O$

(3) $Ga + 6HNO_3 = Ga(NO_3)_3 + 3NO_2 + 3H_2O$

(4) $In + 6HNO_3 = In(NO_3)_3 + 3NO_2 + 3H_2O$

(5) $Tl + 2HNO_3 = TlNO_3 + NO_2 + H_2O$

5. 给出下列金属离子与 Na_2CO_3 溶液反应的方程式。

(1) Ca^{2+}　(2) Al^{3+}　(3) Cr^{3+}　(4) Mg^{2+}　(5) Cu^{2+}　(6) Zn^{2+}

解　(1) $Ca^{2+} + CO_3^{2-} = CaCO_3$

(2) $Al^{3+} + CO_3^{2-} + 2H_2O = Al(OH)_3 + CO_2 + H^+$

(3) $Cr^{3+} + CO_3^{2-} + 2H_2O = Cr(OH)_3 + CO_2 + H^+$

(4) $2Mg^{2+} + 2CO_3^{2-} + H_2O = Mg_2(OH)_2CO_3 + CO_2$

(5) $2Cu^{2+} + 2CO_3^{2-} + H_2O = Cu_2(OH)_2CO_3 + CO_2$

(6) $2Zn^{2+} + 2CO_3^{2-} + H_2O = Zn_2(OH)_2CO_3 + CO_2$

6. 给出下列物质与水反应的化学方程式。

(1) BF_3　(2) BCl_3　(3) B_2H_6　(4) B_2O_3　(5) $Na_2B_4O_7 \cdot 10H_2O$

解　(1) $4BF_3 + 3H_2O = 3HBF_4 + H_3BO_3$

(2) $BCl_3 + 3H_2O = H_3BO_3 + 3HCl$

(3) $B_2H_6 + 6H_2O = 2H_3BO_3 + 6H_2$

(4) $B_2O_3 + 3H_2O = 2H_3BO_3$

(5) $[B_4O_5(OH)_4]^{2-} + 5H_2O = 2H_3BO_3 + 2[B(OH)_4]^-$

7. 完成并配平下列反应方程式。

(1) $CO + PdCl_2 + H_2O \longrightarrow$　　(2) $CO + CuCl + H_2O \longrightarrow$

(3) $SiO_2 + HF \longrightarrow$　　(4) $Si + HF + HNO_3 \longrightarrow$

(5) $SiH_4 + KMnO_4 \longrightarrow$　　(6) $SiCl_4 + LiAlH_4 \longrightarrow$

(7) $SiH_4 + O_2 \longrightarrow$　　(8) $B_2H_6 + O_2 \longrightarrow$

(9) $SnS + Na_2S_2 \longrightarrow$　　(10) $SnS_2 + Na_2S \longrightarrow$

(11) $Na_2SnS_3 + HCl \longrightarrow$　　(12) $BF_3 + NH_3 \longrightarrow$

(13) $LiAlH_4 + BCl_3 \longrightarrow$　　(14) $Na_2B_4O_7 + H_2SO_4 + H_2O \longrightarrow$

解 (1) $CO + PdCl_2 + H_2O = CO_2 + Pd + 2HCl$

(2) $CO + CuCl + 2H_2O = Cu(CO)Cl \cdot 2H_2O$

(3) $SiO_2 + 4HF = SiF_4 + 2H_2O$

(4) $3Si + 18HF + 4HNO_3 = 3H_2SiF_6 + 4NO + 8H_2O$

(5) $SiH_4 + 2KMnO_4 = 2MnO_2 + K_2SiO_3 + H_2O + H_2$

(6) $SiCl_4 + LiAlH_4 = SiH_4 + LiCl + AlCl_3$

(7) $SiH_4 + 2O_2 = SiO_2 + 2H_2O$

(8) $B_2H_6 + 3O_2 = B_2O_3 + 3H_2O$

(9) $SnS + Na_2S_2 = SnS_2 + Na_2S$

(10) $SnS_2 + Na_2S = Na_2SnS_3$

(11) $Na_2SnS_3 + 6HCl = 2NaCl + 3H_2S + SnCl_4$

(12) $BF_3 + NH_3 = H_3N—BF_3$

(13) $3LiAlH_4 + 4BCl_3 = 2B_2H_6 + 3AlCl_3 + 3LiCl$

(14) $Na_2B_4O_7 + H_2SO_4 + 5H_2O = 4H_3BO_3 + Na_2SO_4$

8. 给出下列化合物或离子的颜色。

(1) $PbCl_2$　(2) PbI_2　(3) $[PbI_4]^{2-}$　(4) PbO　(5) PbO_2

(6) Pb_3O_4　(7) Pb_2O_3　(8) $Pb(OH)_2$　(9) $[Pb(OH)_3]^-$　(10) $PbSO_4$

解 (1) 白色　(2) 黄色　(3) 无色　(4) 黄色　(5) 黑色

(6) 红色　(7) 橙色　(8) 白色　(9) 无色　(10) 白色

9. 解释下列实验现象。

(1) $Ga(OH)_3$溶于氨水而$Al(OH)_3$不溶于氨水；

(2) 硼酸与硫酸混合物中加入乙醇后点燃观察到绿色火焰；

(3) 硼砂与$CoCl_2$共熔得到蓝色产物，硼砂与$CrCl_3$共熔得到绿色产物；

(4) Si不溶于硝酸而B溶于硝酸。

解 (1) Ga比Al多一个周期，但$Ga(OH)_3$的酸性强于$Al(OH)_3$，因此，$Ga(OH)_3$可与氨水发生如下反应

$$Ga(OH)_3 + NH_3 \cdot H_2O = NH_4[Ga(OH)_4]$$

而$Al(OH)_3$没有此反应。

(2) 硼酸溶液与乙醇混合后加入硫酸，生成易挥发的硼酸乙酯$[B(C_2H_5O)_3]$，点燃后可观

察到绿色火焰。

$$B(OH)_3 + 3C_2H_5OH \longequal B(C_2H_5O)_3 + 3H_2O$$

(3) 硼砂的化学组成可写成 $Na_2B_4O_7 \cdot 10H_2O$，$B_4O_7^{2-}$由 2 个$[BO_2]^-$和 1 个 B_2O_3 组成，B_2O_3 为酸性氧化物，可与过渡金属卤化物共熔，产物偏硼酸盐显色。

$$B_2O_3 + CoCl_2 + H_2O \longequal Co(BO_2)_2(\text{蓝色}) + 2HCl$$

$$3B_2O_3 + 2CrCl_3 + 3H_2O \longequal 2Cr(BO_2)_3(\text{绿色}) + 6HCl$$

(4) B 与热的浓 HNO_3 反应的方程式如下

$$B + 3HNO_3 \longequal H_3BO_3 + 3NO_2$$

10. 简要回答下列各题。

(1) 为什么由 SiO_2 的氯化反应制备 $SiCl_4$ 时要添加焦炭？

(2) 为什么金刚石不导电，而石墨导电？

(3) 如何配制 $SnCl_2$ 溶液？

(4) 为什么 BX_3 能够以单分子的形式存在而 BH_3 只能以二聚体形式存在？

(5) 为什么 Tl^{3+}具有强氧化性？

(6) 为什么$[AlF_6]^{3-}$和$[BF_4]^-$都能稳定存在而$[BF_6]^{3-}$不存在？

解　(1) $2C + O_2 \longequal 2CO$

如果不加碳粉，制备 $SiCl_4$ 反应为

$$SiO_2(s) + 2Cl_2(g) \longequal SiCl_4(l) + O_2(g) \qquad a$$

$$\Delta_r G_m^\ominus(a) = (-687.0\ kJ \cdot mol^{-1}) - (-910.7\ kJ \cdot mol^{-1}) = 223.7\ kJ \cdot mol^{-1}$$

由于 $\Delta_r G_m^\ominus > 0$，反应不能进行。

而反应 $2C + O_2 \longequal 2CO$ 的 $\Delta_r G_m^\ominus \ll 0$，故加入碳粉之后，制备 $SiCl_4$ 反应变为

$$SiO_2(s) + 2Cl_2(g) + C(s) \longequal SiCl_4(l) + CO_2(g) \qquad b$$

$$\Delta_r G_m^\ominus(b) = (-687.0\ kJ \cdot mol^{-1}) + (-394.4\ kJ \cdot mol^{-1}) - (-910.7\ kJ \cdot mol^{-1}) = -170.7\ kJ \cdot mol^{-1}$$

由于 $\Delta_r G_m^\ominus < 0$，反应可以自发进行。

(2) 石墨具有二维层状结构，每个 C 中心采取 sp^2 等性杂化，层内含有离域大π键Π_n^n，电子可以在层间自由运动，因此石墨可导电。金刚石具有三维结构，每个 C 中心采取 sp^3 杂化。

(3) $SnCl_2$ 易水解

$$SnCl_2 + H_2O \longequal Sn(OH)Cl + HCl$$

生成的 Sn(OH)Cl 为白色浑浊物。该反应可逆，添加盐酸可促使反应逆向进行，抑制水解。

Sn^{2+}具有还原性，酸性条件下易被空气氧化：

$$2Sn^{2+} + 4H^+ + O_2 \longequal 2Sn^{4+} + 2H_2O$$

配制 $SnCl_2$ 溶液时还要加 Sn 粒：

$$Sn + Sn^{4+} \longequal 2Sn^{2+}$$

(4) BX_3 为平面形分子，分子中存在着大π键Π_4^6，BH_3 以二聚的形式存在可满足 B 中心周围有 8 个电子。

(5) Tl^{3+}的强氧化性归因于 6s 电子的“惰性电子对效应”。Tl 的价电子构型为 $6s^26p^1$，$6s^2$ 电子具有较强的钻穿效应，不容易失去，使得 Tl^+非常稳定。

(6) 因为 B 是第二周期元素，原子外层只有 2s 和 2p 轨道，成键时最高配位数为 4，所以不能形成$[BF_6]^{3-}$。而 Al 是第三周期元素，原子外层有 3s、3p 和 3d 轨道，当它以 sp^3d^2 杂化轨道成键时，即可形成$[AlF_6]^{3-}$。

应当指出，中心原子的配位数除与其成键原子轨道数有关外，还与中心原子和配位原子的相对大小有关，如 Al^{3+}与 Cl^-和 Br^-形成配离子时，由于 Cl^-和 Br^-的半径较大，所以只能形成四配位的$[AlCl_4]^-$和$[AlBr_4]^-$。

11. 用化学反应方程式表示下列制备过程。

(1) 实验室中制备一氧化碳；

(2) 以硼砂为原料制备单质硼；

(3) 以二氧化硅为原料制备高纯硅；

(4) 以二氧化硅为原料制备甲硅烷；

(5) 三种方法制备乙硼烷。

解　(1) 实验室中经常用下面两种方法制取 CO。

一种方法是向热浓硫酸中滴加甲酸：

$$HCOOH \xlongequal{\text{热浓}H_2SO_4} CO\uparrow + H_2O$$

另一种方法是使草酸与浓硫酸共热：

$$H_2C_2O_4(s) \xlongequal{\text{热浓}H_2SO_4} CO\uparrow + CO_2\uparrow + H_2O$$

将生成的 CO_2 和 H_2O 用固体 NaOH 吸收，得 CO。

制纯的 CO 可用分解羰基化合物的方法，其反应式为

$$Ni(CO)_4(l) \xlongequal{\triangle} Ni + 4CO\uparrow$$

(2) 将硼砂与硫酸反应制硼酸 H_3BO_3：

$$Na_2B_4O_7 + H_2SO_4 + 5H_2O = 4H_3BO_3 + Na_2SO_4$$

然后将 H_3BO_3 脱水制得 B_2O_3：

$$2H_3BO_3 \xlongequal{\text{加热}} B_2O_3 + 3H_2O$$

用 Mg 还原 B_2O_3 制取单质 B，反应方程式为

$$B_2O_3 + 3Mg \xlongequal{\text{高温}} 3MgO + 2B$$

(3) 粗硅可以通过下面的反应得到：

$$SiO_2 + 2C \xlongequal{\text{电炉}1800\ ℃} Si + 2CO\uparrow$$

粗硅必须经过提纯，可以先将粗硅制成四氯化硅，其反应式为

$$Si + 2Cl_2 \xlongequal{400\sim600\ ℃} SiCl_4(l)$$

蒸馏得纯 $SiCl_4$，用 H_2 还原纯 $SiCl_4$ 得纯硅：

$$SiCl_4 + 2H_2 \xlongequal[\text{电炉}]{\text{催化}} Si(\text{纯}) + 4HCl$$

(4) SiO_2 与金属一同灼烧可以得到金属硅化物，再水解则生成硅烷。例如，与金属 Mg 反应得到硅化镁(Mg_2Si)：

$$SiO_2 + 4Mg \xlongequal{\text{灼烧}} Mg_2Si + 2MgO$$

之后使金属硅化物与盐酸反应，制得 SiH_4：

$$Mg_2Si + 4HCl = SiH_4\uparrow + 2MgCl_2$$

这样制得的 SiH_4 中含有 Si_2H_6、Si_3H_8 等杂质。这种制备硅烷的方法，相当于质子置换法制取硼烷。

制备纯的 SiH_4 可使用极强的还原剂 $LiAlH_4$ 在乙醚介质中还原 $SiCl_4$：

$$SiCl_4 + LiAlH_4 \xlongequal{\text{乙醚}} SiH_4\uparrow + LiCl + AlCl_3$$

(5) 方法一　金属硼化物在酸中水解：

$$2MnB + 6H^+ = B_2H_6\uparrow + 2Mn^{3+}$$

方法二　用强还原剂还原硼的化合物：

$$4BCl_3 + 3LiAlH_4 \xlongequal{\text{乙醚}} 2B_2H_6\uparrow + 3LiCl + 3AlCl_3$$

方法三　在 Al 和 $AlCl_3$ 存在下，加温加压直接氢化还原 B_2O_3：

$$B_2O_3 + 2Al + 3H_2 \xlongequal[\text{加温加压}]{AlCl_3} B_2H_6\uparrow + Al_2O_3$$

12. 用四种方法区分下列各对物质。

(1) $SnCl_2$ 和 $SnCl_4$　　(2) $SnCl_2$ 和 $BiCl_3$　　(3) PbO 和 Pb_2O_3

解　(1) 方法一　能够使 Fe^{3+}的 KSCN 溶液褪色的是 $SnCl_2$，$SnCl_4$ 不具有还原性。

$$Sn^{2+} + 2[Fe(SCN)]^{2+} = Sn^{4+} + 2Fe^{2+} + 2SCN^-$$

方法二　能够使碘水褪色的是 $SnCl_2$，$SnCl_4$ 不能使碘水褪色。

$$Sn^{2+} + I_2 = Sn^{4+} + 2I^-$$

方法三　硫化物呈褐色的是 $SnCl_2$，呈黄色的是 $SnCl_4$。

$$Sn^{2+} + S^{2-} = SnS\ (\text{褐色})$$

$$Sn^{4+} + 2S^{2-} = SnS_2\ (\text{黄色})$$

方法四　碱性溶液中与 Bi^{3+}反应有黑色物质生成的是 $SnCl_2$。

$$3[Sn(OH)_4]^{2-} + 2Bi^{3+} + 6OH^- = 3[Sn(OH)_6]^{2-} + 2Bi$$

(2) 方法一　溶于过量 NaOH 溶液的是 $SnCl_2$。

$$SnCl_2 + 4NaOH = Na_2Sn(OH)_4 + 2NaCl$$

$$BiCl_3 + 3NaOH = Bi(OH)_3\downarrow + 3NaCl$$

方法二　能够使碘水褪色的是 $SnCl_2$，$BiCl_3$ 不能使碘水褪色。

$$Sn^{2+} + I_2 = Sn^{4+} + 2I^-$$

方法三　与 NaClO 溶液作用，生成土黄色沉淀的是 $BiCl_3$。

$$BiCl_3 + NaClO + 4NaOH = NaBiO_3\downarrow + 4NaCl + 2H_2O$$

方法四　与碱性 H_2O_2 充分反应后通入 H_2S，有黄色沉淀生成的是 $SnCl_2$。

$$SnCl_2 + H_2O_2 + 4NaOH = Na_2Sn(OH)_6 + 2NaCl$$

$$Na_2Sn(OH)_6 + 2H_2S = SnS_2 + 4H_2O + 2NaOH$$

(3)方法一　溶于 HNO_3 的是 PbO。

$$PbO + 2HNO_3 = Pb(NO_3)_2 + H_2O$$

方法二　硫酸酸化后能将 $MnSO_4$ 氧化的是 Pb_2O_3。

$$5Pb_2O_3 + 2Mn^{2+} + 14H^+ + 10SO_4^{2-} = 10PbSO_4 + 2MnO_4^- + 7H_2O$$

方法三　溶于过量的 NaOH 溶液的是 PbO。

$$PbO + 2NaOH + H_2O = Na_2Pb(OH)_4$$

PbO 为两性偏碱的氧化物，溶于 NaOH 溶液；Pb_2O_3 中的 PbO_2 不溶。

方法四：溶于乙酸溶液的是 PbO。

$$PbO + 2HAc = PbAc_2 + H_2O$$

$PbAc_2$ 易溶于水，Pb_2O_3 中的 PbO_2 不溶。

13. 试设计实验以验证 Pb_3O_4 中铅的不同氧化态，给出反应的方程式。

解　红色固体 Pb_3O_4 可看作由 $2PbO·PbO_2$ 组成，其中 Pb 有+2、+4 两种氧化态，低氧化态的 PbO 可溶于 HNO_3，生成无色的 $Pb(NO_3)_2$ 溶液，而棕黑色的 PbO_2 不溶于 HNO_3。

将 Pb_3O_4 与硝酸混合并加热充分反应，红色固体转为棕黑色。

$$Pb_3O_4 + 4HNO_3 = 2Pb(NO_3)_2 + PbO_2 + 2H_2O$$

离心分离，过滤。将滤液调至弱酸性，加入 K_2CrO_4 溶液有黄色 $PbCrO_4$ 沉淀产生，即可证明滤液中的铅是 Pb(Ⅱ)。

$$Pb^{2+} + CrO_4^{2-} = PbCrO_4\downarrow$$

将棕黑色沉淀与 $MnSO_4$ 混合，加入 H_2SO_4 酸化，溶液变红色，证明沉淀是 PbO_2。

$$5PbO_2 + 2Mn^{2+} + 4H^+ + 5SO_4^{2-} = 5PbSO_4 + 2MnO_4^- + 2H_2O$$

14. 设计方案将溶液中的离子分离。

(1) Pb^{2+}，Mg^{2+}，Sn^{2+}　　　(2) Al^{3+}，Cr^{3+}，Fe^{3+}

解　(1)

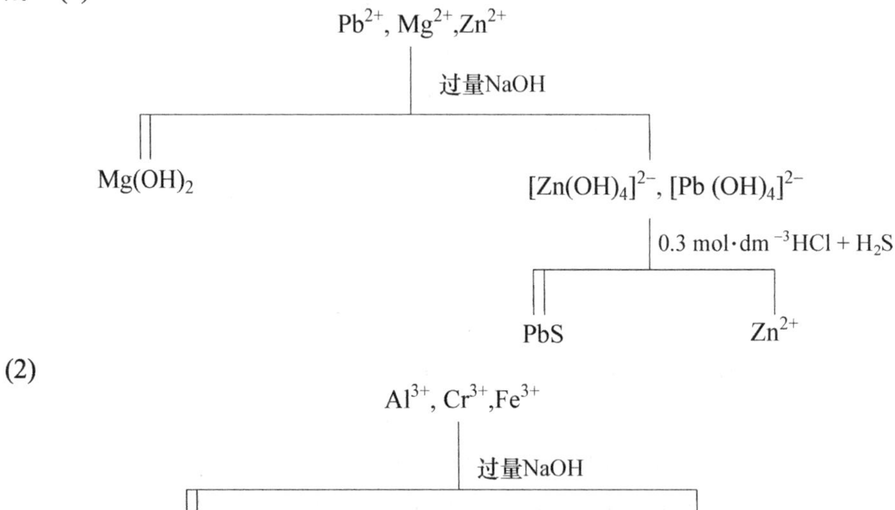

(2)

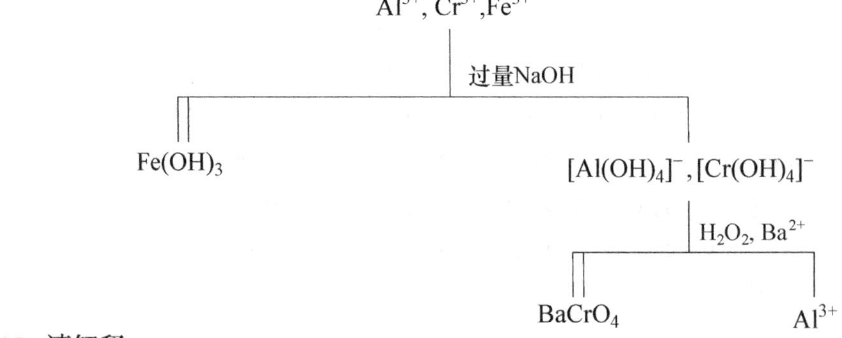

15. 请解释：

(1) CCl_4 不水解而 BCl_3 和 $SiCl_4$ 都易水解；

(2) BF_3 中 B—F 键能是 646 kJ·mol^{-1}，而在 NF_3 中 N—F 键能仅 280 kJ·mol^{-1}；

(3) BF_3 和 AlF_3 的熔点相差约 1200℃，而 CF_4 和 SiF_4 的熔点仅相差 100℃；

(4) $GaCl_2$ 是反磁性物质；

(5) BF_3 的酸性比 H_3BO_3 强。

解　(1) CCl_4 分子中的 C 没有空的价层轨道，加之 C—Cl 键较强而难以解离，所以 CCl_4 不水解。

BCl_3 分子中的硼原子虽然没有价层 3d 轨道，但由于硼的缺电子特点，有空的 2p 轨道可接受 H_2O 分子中 O 的电子对配位，每次水解都是 OH 取代一个 Cl，最后得到 H_3BO_3 和 HCl。

$$BCl_3 + 3H_2O = H_3BO_3 + 3HCl$$

$SiCl_4$ 分子中的 Si(sp^3 杂化)有空的 3d 价层轨道，可形成 sp^3d 杂化而接受 H_2O 分子中 O 的电子对配位，Cl 解离掉而被 OH 取代，最终生成 H_4SiO_4 和 HCl。

$$SiCl_4 + 4H_2O = H_4SiO_4 + 4HCl$$

水解过程可描述为

$$SiCl_4 \xrightarrow{H_2O} H_2O{\cdot}SiCl_4 \xrightarrow[-H^+]{-Cl^-} SiCl_3(OH) \xrightarrow[-3HCl]{3H_2O} Si(OH)_4$$

(2) BF_3 分子中存在离域的π键 Π_4^6，B—F 间除σ键外还有π键，B—F 键级为 $1\frac{1}{3}$，因而键能较大。而 NF_3 分子中 N—F 为单键，键能较小。

其次，NF_3 为三角锥形分子，F 之间的斥力较大，使分子的稳定性降低，键能减小；而 BF_3 为平面三角形，F 之间的斥力较小，分子稳定，键能增大。

(3) BF_3 是非极性共价化合物，固态为分子晶体，熔点很低；而 AlF_3 为离子化合物，固态为离子晶体，晶格能很大，熔点很高；所以，二者的熔点相差较大。

CF_4 和 SiF_4 都是共价化合物，非极性分子，固态时都是分子晶体，熔点都很低，且相差不大。

(4) Ga 的价电子构型为 $4s^24p^1$，如果存在 Ga^{2+}，其价电子构型应为 $4s^1$，应该表现出顺磁性。由此可见，$GaCl_2$ 中并不存在 Ga^{2+}。实验结果表明，$GaCl_2$ 是由 Ga^+ 和 $[GaCl_4]^-$ 组成的离子化合物，其化学式为 $Ga[GaCl_4]$。Ga^+ 和 Ga^{3+} 都没有未成对的单电子，故呈反磁性。

与 $GaCl_2$ 类似，$InCl_2$ 也是反磁性物质，以 $In[InCl_4]$ 形式存在。

(5) BF_3 与 H_2O 反应的方程式如下

$$4BF_3 + 3H_2O = 3HBF_4 + H_3BO_3$$

产物 HBF_4 为强酸，而 H_3BO_3 为一元弱酸。

16. 银白色金属 A 溶于硫酸生成可燃性气体 B 和溶液 C，向 C 溶液中加入氨水，生成白色沉淀 D，D 不溶于过量的氨水中。D 溶于过量的 NaOH 中，生成无色溶液 E。D 经高温灼烧后得到化合物 F，F 既不溶于酸也不溶于碱。F 与焦硫酸钾共熔，又有 C 生成。试给出 A～F 所代表的物质的化学式，并写出相关反应的化学方程式。

解　A. Al，B. H_2，C. $Al_2(SO_4)_3$，D. $Al(OH)_3$，E. $Na[Al(OH)_4]$，F. α-Al_2O_3。

相关化学反应的方程式如下：

$$2Al + 3H_2SO_4 = Al_2(SO_4)_3 + 3H_2$$

$$Al_2(SO_4)_3 + 6NH_3 \cdot H_2O = 2Al(OH)_3 + 3(NH_4)_2SO_4$$

$$Al(OH)_3 + NaOH = Na[Al(OH)_4]$$

$$2Al(OH)_3 = Al_2O_3 + 3H_2O$$

$$3K_2S_2O_7 + Al_2O_3 \xlongequal{共熔} Al_2(SO_4)_3 + 3K_2SO_4$$

17. 短周期元素 A 的氯化物 B 常温下为液态。A 的单质与氧作用可得到两种氧化物，其中相对分子质量较大的氧化物 C 与氢氧化钠溶液作用得到两种碱性产物 D 和 E，但 D 的碱性小于 E。给出 B、C、D、E 所代表的物质的化学式，比较 D 和 E 的热稳定性和溶解度。

解　B. CCl_4，C. CO_2，D. $NaHCO_3$，E. Na_2CO_3。

热稳定性 $Na_2CO_3>NaHCO_3$。因为半径 $H^+ < Na^+$，极化能力 $H^+ > Na^+$。

溶解度 $Na_2CO_3>NaHCO_3$。因为 HCO_3^-之间存在氢键作用而缔合成相对分子质量较大的酸根。

18. 化合物 A 为白色固体，加热 A 分解为固体 B 和气体混合物 C，固体 B 溶于 HNO_3。将 C 通过冰盐水冷却管，得一无色液体 D 和气体 E。A 的溶液中加 NaOH 溶液得白色沉淀 F，NaOH 溶液过量则 F 溶解得无色溶液 G；A 的溶液中加 KI 溶液得金黄色沉淀 H，H 溶于热水。D 加热变为红棕色气体 I。E 是一种能助燃的气体，其分子具有顺磁性。试写出 A～I 所代表的物质的化学式，并用化学反应方程式表示各过程。

解　A. $Pb(NO_3)_2$，B. PbO，C. NO_2+O_2，D. N_2O_4，E. O_2，F. $Pb(OH)_2$，G. $Na_2Pb(OH)_4$，H. PbI_2，I. NO_2。

相关化学反应的方程式如下：

$$2Pb(NO_3)_2 = 2PbO + 4NO_2 + O_2$$

$$2NO_2 = N_2O_4\ (无色)$$

$$PbO + 2HNO_3 = Pb(NO_3)_2 + H_2O$$

$$Pb^{2+} + 2OH^- = Pb(OH)_2\downarrow (白色)$$

$$Pb(OH)_2 + 2NaOH = Na_2[Pb(OH)_4]$$

$$Pb^{2+} + 2I^- = PbI_2\downarrow (金黄色)$$

$$N_2O_4\ (无色) = 2NO_2\ (红棕色)$$

19. 白色固体 A 不溶于水，溶于 HNO_3 生成无色溶液 B 和无色气体 C。将溶液 B 浓缩后析出的晶体在煤气灯上加热得到黄色固体 D 和棕色气体 E。在煤气灯上加热 A 则得到 D 和 C。向盛溶液 B 的试管中加入 KI 溶液生成黄色沉淀 F，将试管加热则黄色沉淀溶解。气体 C 与 KI 或 $KMnO_4$ 溶液不反应。将 C 通入饱和石灰水溶液则有白色沉淀 G 生成，再通入 E 则沉淀溶解，说明有 H 生成。试给出 A～H 所代表的物质的化学式，并写出有关反应的方程式。

解　A. $PbCO_3$，B. $Pb(NO_3)_2$，C. CO_2，D. PbO，E. NO_2 + O_2，F. PbI_2，G. $CaCO_3$，H. $Ca(NO_3)_2$。

$$PbCO_3 + 2HNO_3 = Pb(NO_3)_2 + CO_2 + H_2O$$

$$2Pb(NO_3)_2 = 2PbO + 4NO_2 + O_2$$

$$PbCO_3 = PbO + CO_2$$

$$Pb^{2+} + 2I^- = PbI_2$$

$$CO_2 + Ca(OH)_2 = CaCO_3 + H_2O$$

$$2CaCO_3 + 4NO_2 + O_2 = 2Ca(NO_3)_2 + 2CO_2$$

20. 白色固体 A 与水混合后生成白色沉淀 B。B 溶于 HCl 中得无色溶液 C。向 C 中加入 NaOH 溶液有白色沉淀 D 生成，NaOH 溶液过量则 D 溶解得到无色溶液 E。B 溶于 HCl 后缓慢滴加到 $HgCl_2$ 溶液中先有白色沉淀 F 生成，而后白色沉淀逐渐变灰，最后转化为黑色沉淀 G。B 溶于稀 HNO_3 后加入 $AgNO_3$ 溶液得到白色沉淀 H。H 溶于氨水得无色溶液，加 HNO_3 酸化又生成 H。试给出 A～H 所代表的物质的化学式，并写出有关反应的方程式。

解　A. $SnCl_2$，B. $Sn(OH)Cl$，C. H_2SnCl_4，D. $Sn(OH)_2$，E. $Na_2[Sn(OH)_4]$，F. Hg_2Cl_2，G. Hg，H. AgCl。

$$SnCl_2 + H_2O = Sn(OH)Cl + HCl$$

$$Sn(OH)Cl + 3HCl = H_2SnCl_4 + H_2O$$

$$H_2SnCl_4 + 4NaOH = Sn(OH)_2 + 4NaCl + 2H_2O$$

$$Sn(OH)_2 + 2NaOH = Na_2[Sn(OH)_4]$$

$$H_2SnCl_4 + 2HgCl_2 = Hg_2Cl_2\downarrow + H_2SnCl_6$$

$$Hg_2Cl_2 + SnCl_2 + 2HCl = 2Hg\downarrow(黑) + H_2SnCl_6$$

$$Cl^- + Ag^+ = AgCl\downarrow$$

$$AgCl + 2NH_3 = [Ag(NH_3)_2]^+ + Cl^-$$

21. 金属 A 难溶于稀盐酸。A 溶于稀硝酸得无色溶液 B 和无色气体 C。C 在空气中转变为红棕色气体 D。在溶液 B 中加入盐酸，产生白色沉淀 E。E 不溶于氨水，但与 H_2S 反应生成黑色沉淀 F。F 溶于硝酸生成无色气体 C、浅黄色沉淀 G 和溶液 B。向溶液 B 中加入 NaOH 溶液生成白色沉淀 H，NaOH 溶液过量时 H 溶解，得到无色溶液 I。向溶液 I 中加入氯水有黑色沉淀 J 生成。J 加入热的酸性 $MnSO_4$ 溶液，溶液变红。试给出 A～J 所代表的物质的化学式，并写出有关反应的方程式。

解　A. Pb，B. $Pb(NO_3)_2$，C. NO，D. NO_2，E. $PbCl_2$，F. PbS，G. S，H. $Pb(OH)_2$，I. $Na_2Pb(OH)_4$ 或 $NaPb(OH)_3$，J. PbO_2。

有关反应方程式如下：

$$3Pb + 8HNO_3 = 3Pb(NO_3)_2 + 2NO + 4H_2O$$

$$2NO + O_2 = 2NO_2$$

$$Pb(NO_3)_2 + 2HCl = PbCl_2 + 2HNO_3$$

$$PbCl_2 + H_2S = PbS + 2HCl$$

$$3PbS + 8HNO_3 = 3Pb(NO_3)_2 + 3S + 2NO + 4H_2O$$

$$Pb(NO_3)_2 + 2NaOH = Pb(OH)_2 + 2NaNO_3$$

$$Pb(OH)_2 + 2NaOH = Na_2Pb(OH)_4$$

$$Na_2Pb(OH)_4 + Cl_2 = PbO_2 + 2NaCl + 2H_2O$$

$$5PbO_2 + 2Mn^{2+} + 4H^+ = 2MnO_4^- + 5Pb^{2+} + 2H_2O$$

第 14 章　s 区元素和稀有气体

一、内 容 提 要

s 区元素包括氢、碱金属和碱土金属。稀有气体属 p 区的零族(或称ⅧA 族)元素。

碱金属元素属ⅠA 族，包括锂、钠、钾、铷、铯、钫 6 种元素，其中钫为放射性元素。碱金属元素原子核外价层电子的构型为 ns^1，在元素周期表中是同周期元素中最活泼的元素，在化合物中的氧化态为+1。

碱土金属元素属ⅡA 族，包括铍、镁、钙、锶、钡、镭 6 种元素，其中镭为放射性元素。碱土金属元素原子核外价层电子的构型为 ns^2，在元素周期表中是同周期元素中次活泼的元素，在化合物中的氧化态为+2。

氢属ⅠA 族，但其性质与碱金属相差甚远，是典型的非金属元素。

稀有气体元素包括氦、氖、氩、氪、氙、氡 6 种元素。其中氡为放射性元素。稀有气体元素基态的价电子构型除了氦为 $1s^2$ 以外，其余均为 ns^2np^6。

14.1　碱　金　属

14.1.1　单质

碱金属单质均为银白色，有金属光泽和良好的导电性、延展性，硬度低，熔点低，密度小。锂的熔点 180.5℃，其余碱金属的熔点都低于 100℃，铯的熔点最低，仅 28.44℃。碱金属的硬度都小于 1。碱金属的密度都较小，属于轻金属，其中锂、钠、钾的密度比水还小，Li 是最轻的金属。

碱金属都是活泼金属，具有很强的还原性，能够与许多非金属单质直接化合，生成离子型化合物，如 Li 在加热时与 N_2 反应生成 Li_3N。利用碱金属的强还原性可以制备贵金属或稀有金属。

除 Li 外，碱金属与水发生剧烈反应，有大量氢气生成而易发生爆炸。碱金属在高温下与 H_2 反应生成离子型氢化物，如 380℃可生成 NaH。其中，H 呈−1 氧化态。碱金属氢化物中，LiH 最稳定。

碱金属的挥发性化合物在高温火焰中可以使火焰呈现出特征的颜色，这种方法称为焰色实验。锂火焰为深红色，钠火焰为黄色，钾火焰为紫色，铷火焰为紫红色，铯火焰为蓝色。

工业上通常采用熔盐电解法和热还原法大量生产碱金属。

14.1.2　含氧化合物

碱金属与氧所形成的二元化合物包括普通氧化物、过氧化物、超氧化物和臭氧化物。过氧化物 M_2O_2 中的氧无单电子，为抗磁性物质。超氧化物 MO_2 中的氧有单电子，为顺磁性物质。臭氧化物 MO_3 中的氧有单电子，为顺磁性物质。

碱金属在充足的空气中燃烧，Li 生成普通氧化物 Li_2O，Na 生成过氧化物 Na_2O_2，K、Rb、Cs 分别生成超氧化物 KO_2、RbO_2、CsO_2。

氧化钠 Na_2O 可用叠氮化钠还原亚硝酸钠的方法制得，氧化钾(K_2O)可用单质钾还原硝酸钠的方法制得。

碱金属氧化物从 Li_2O 到 Cs_2O 颜色逐渐加深。Li_2O 和 Na_2O 呈白色，K_2O 呈淡黄色，Rb_2O 呈亮黄色，Cs_2O 呈橙红色。碱金属氧化物与水反应生成相应的氢氧化物，并放出大量的热。

所有的碱金属都能形成过氧化物(可看成 H_2O_2 的盐)，稳定性随碱金属离子的半径增大而增加。碱金属过氧化物与水或与稀酸作用，生成过氧化氢(H_2O_2)。

碱金属过氧化物显碱性，与 CO_2 发生反应生成碳酸盐并放出氧气。碱金属过氧化物具有强氧化性，同时也具有还原性，当遇到强氧化剂时被氧化。

Li^+和 Na^+半径小，极化能力强，所以锂不能形成超氧化物，钠的超氧化物也很不稳定。半径大的阳离子的超氧化物 KO_2、RbO_2 和 CsO_2 较稳定。超氧化物均有颜色，KO_2 呈橙色，RbO_2 呈暗棕色，CsO_2 呈橘黄色。

超氧化物吸收 CO_2 生成 K_2CO_3 并放出氧气，高温时分解为氧化物和氧气。超氧化物氧化性很强，与水或其他质子溶剂发生剧烈反应生成氧和过氧化氢。

Li 不能形成臭氧化物。干燥的 Na、K、Rb、Cs 的氢氧化物粉末与臭氧(O_3)反应可生成相应的臭氧化物(MO_3)。臭氧化物与水发生反应生成氢氧化物并释放出氧气。臭氧化物不稳定，室温条件下可缓慢分解为超氧化物并放出氧。

碱金属氢氧化物都是强碱，在空气中很容易吸潮，易溶于水同时放出大量的热。氢氧化物的溶解度随着碱金属离子半径的增大而增加。

14.1.3 盐类

锂盐的溶解性较特殊，强酸盐较易溶于水而一些弱酸盐溶解性较差，如 LiF、Li_2CO_3、Li_3PO_4 溶解度较小。其他碱金属盐绝大多数都溶于水，均为离子型化合物。

碱金属难溶盐主要有：$NaBiO_3$，$Na[Sb(OH)_6]$；$KClO_4$，$K_3[Co(NO_2)_6]$(黄色)，酒石酸氢钾 $KHC_4H_4O_6$，$K[B(C_6H_5)_4]$，K_2PtCl_6(黄色)；Rb_3SnCl_6，$CsClO_4$。

半径小的碱金属对水分子的引力较大，容易形成结晶水合盐。但碱金属卤化物一般不带结晶水。例如，硝酸盐中只有硝酸锂有结晶水($LiNO_3·H_2O$，$LiNO_3·3H_2O$)；有结晶水的碱金属硫酸盐只有 $Li_2SO_4·H_2O$ 和 $Na_2SO_4·10H_2O$。半径略大的 K^+的盐较钠盐更不易潮解。

除锂外，碱金属离子能形成一系列复盐。复盐的溶解度比简单盐小是复盐能够形成的主要因素，如 $K_2SO_4·Al_2(SO_4)_3·24\ H_2O$，$K_2SO_4·MgCl_2·6H_2O$，$K_2SO_4·Cr_2(SO_4)_3·24H_2O$ 等。

碱金属离子的极化能力影响着其含氧酸盐的热稳定性。碱金属离子的半径越小，极化能力越强，其含氧酸盐越不稳定，分解温度越低。例如，Li_2CO_3、Na_2CO_3、K_2CO_3 分解温度逐渐升高。

碱金属盐中最重要的是 NaCl(俗称食盐、岩盐)、碳酸钠 Na_2CO_3(俗称苏打、纯碱)、碳酸氢钠 $NaHCO_3$(俗称小苏打)、无水硫酸钠 Na_2SO_4(俗称元明粉)、$Na_2SO_4·10H_2O$(俗称芒硝)，硝酸钾 KNO_3。

14.2 碱土金属

14.2.1 单质

碱土金属单质均为银白色，有金属光泽，具有良好的导电性和延展性。碱土金属的熔沸点、硬度、密度都比碱金属高很多。

碱土金属从 Be 到 Ba 金属的活泼性依次增强，其活泼性表现在强的还原性。能够与许多非金属单质直接化合，生成离子型化合物，如 Mg_3N_2、CaH_2 等。利用碱土金属的强还原性可制备贵金属或稀有金属。

钙、锶、钡与水反应比较温和。原因是金属熔点较高，与水反应不熔化；氢氧化物的溶解度小，生成的氢氧化物覆盖在金属表面阻碍金属与水的接触而减缓了反应速率。Be 和 Mg 因表面形成了致密的氧化物保护膜，常温下不与水反应。

碱土金属的挥发性化合物在高温火焰中也呈现出特征的颜色，如钙呈橙红色，锶呈洋红色，钡呈绿色。

所有的碱土金属均可以采用电解熔融的氯化物的方法制得。金属铍可以由电解熔融的 $BeCl_2$ 的方法制得，生产过程中需加入 NaCl 或 $CaCl_2$ 以增加熔盐的导电性。金属铍也可以使用热还原法制得，通常用金属镁在高温下还原 BeF_2 进行制备。

14.2.2 化合物

碱土金属与氧形成的二元化合物有普通氧化物、过氧化物、超氧化物。

碱土金属在充足的空气中燃烧，Be、Mg、Ca、Sr 都生成普通氧化物 BeO、MgO、CaO、SrO；Ba 生成过氧化物 BaO_2。

碱土金属氧化物均呈白色，熔点比碱金属氧化物要高得多。经过煅烧的 BeO 和 MgO 极难与水反应，而且熔点很高。

碱土金属过氧化物中，BeO_2 并不存在，无水 MgO_2 只能从液氨中获得。SrO_2 可由 Sr 与高压氧气直接化合而获得。BaO_2 可由 Ba 在充足的空气中燃烧生成。

无水过氧化钙(CaO_2)可通过间接的方法制得。在低温和碱性条件下，用氯化钙与过氧化氢反应可以制得接近白色的含结晶水的 $CaO_2·8H_2O$，脱水即得黄色 CaO_2。

碱土金属过氧化物可与水或与稀酸作用，生成 H_2O_2。实验室常用 BaO_2 热分解得到较纯的 O_2。

Ca、Sr、Ba 能够生成黄色的超氧化物。

多数碱土金属氧化物与水反应生成相应的氢氧化物，并放出热量。碱土金属氢氧化物碱性的强弱可以由金属阳离子的离子势 Φ 值的大小来确定。按经验公式计算，$Be(OH)_2$ 为两性氢氧化物，而 $Mg(OH)_2$、$Ca(OH)_2$、$Sr(OH)_2$、$Ba(OH)_2$ 都为碱性氢氧化物。

碱土金属的盐都是离子化合物，与一价阴离子形成的盐一般易溶于水。硝酸盐、氯酸盐、乙酸盐、酸式碳酸盐、磷酸二氢盐等都易溶于水。卤化物中只有氟化物难溶。

碱土金属与负电荷高的阴离子形成的盐溶解度一般都较小。例如，碳酸盐、磷酸盐和草酸盐都难溶。$BeSO_4$ 和 $MgSO_4$ 易溶于水，$CaSO_4$、$SrSO_4$、$BaSO_4$ 难溶；$BeCrO_4$ 和 $MgCrO_4$ 易溶于水，$CaCrO_4$、$SrCrO_4$、$BaCrO_4$ 难溶。

碱土金属离子的电荷比碱金属高，盐带结晶水的趋势更大，如 $MgCl_2·6H_2O$、$CaCl_2·6H_2O$、$MgSO_4·7H_2O$、$CaSO_4·2H_2O$、$BaCl_2·2H_2O$。

14.2.3　锂与镁的相似性

在元素周期表中，Mg 处于 Li 的右下方，即两者处在斜线的位置，使二者离子的离子势 Φ 值相近，即离子的电场强度相近。故 Mg 和 Li 的单质及化合物的性质有许多相似之处。这种处于周期表中斜线位置(左上右下)的几对元素的单质及化合物性质相似的现象称为斜线规则或对角线规则。

锂与镁的相似性体现在以下几个方面：空气中燃烧均生成普通氧化物；与 N_2 反应产物比同族其他半径大的元素的氮化物稳定；相应的盐的溶解性相似；氢氧化物溶解度小且受热易脱水生成氧化物(而 NaOH 和 KOH 受热熔化但不脱水)；硝酸盐热分解均生成金属氧化物、二氧化氮和氧；离子极化能力强，Li_2O_2 和 MgO_2 稳定性差，易分解。

14.3　氢

氢在大多数化合物中通过共用电子对形成共价键，如 CH_4、HF、H_2O、NH_3 等。氢与活泼金属结合时得到一个电子，形成含 H^- 的氢化物，如 NaH、CaH_2 等。强酸中以极性共价键结合的氢，在水中解离出 H^+ 或 H_3O^+。在硼氢化合物或多核配位化合物中形成氢桥键。与半径小且电负性大的原子结合的氢能够形成氢键，如 HF、H_2O、NH_3 分子间的氢键。

氢分子中 H—H 键的键能较大，常温下氢分子具有一定程度的惰性，与许多物质反应很慢。H_2 在加热的条件下可还原氧化铜。

氢化物包括离子型氢化物、分子型氢化物和金属型氢化物。

氢与碱金属及多数碱土金属在较高的温度下直接化合，生成离子型氢化物。熔融态的离子型氢化物导电。电解熔融的氢化物，阳极产生氢气，这一事实可以证明 H^- 的存在。

离子型氢化物遇水发生剧烈反应，生成氢氧化物并放出氢气；与一些缺电子化合物结合生成复合氢化物，如 $LiAlH_4$ 和 $LiBH_4$。离子型氢化物以及复合氢化物均具有很强的还原性，是很好的还原剂。

元素周期表中 p 区元素的氢化物属于分子型晶体，这类氢化物熔沸点低，通常条件下多为气体，故称为分子型氢化物，如 HX、H_2S、NH_3、PH_3、SiH_4 和 B_2H_6 等。

d 区元素和 f 区元素的氢化物基本上保留着金属光泽、导电性等金属特有的物理性质，故称为金属型氢化物。

14.4　稀有气体

稀有气体属单原子分子，分子间仅存在着微弱的范德华力，因此，稀有气体的蒸发热和在水中的溶解度都很小。液氦具有许多反常的性质，如超导性、黏滞性等。

比氢气安全得多的氦气在冶炼金属时提供惰性环境以避免高温下生成的金属与空气中的氧气或氮气发生反应，液氦可被用于维持超低温。氖和氩在光源方面有着重要用途。

14.4.1　稀有气体化合物

目前，研究较多的稀有气体化合物主要是 Xe 的化合物，而其他稀有气体的化合物稳定性差，数量也不多。

常温下，XeF_2、XeF_4 和 XeF_6 均为固态。随着氟个数增多，熔点反而依次降低。在光照下，F_2 和 Xe 的混合气体可以直接化合生成 XeF_2 固体。在一定温度和压力下，Xe 和 F_2 直接化合即可获得氙的三种氟化物 XeF_2、XeF_4 和 XeF_6。

由 XeF_6 和 SiO_2 反应可最终生成易爆炸的 XeO_3，因此，XeF_6 不能盛放在玻璃容器中。

$$2XeF_6 + 3SiO_2 = 2XeO_3 + 3SiF_4$$

三种氙的氟化物均能够与水发生反应，均具有强氧化性，能够与许多还原性物质发生反应。例如

$$2XeF_2 + 2H_2O = 2Xe + O_2 + 4HF$$

$$6XeF_4 + 12H_2O = 2XeO_3 + 4Xe + 24HF + 3O_2$$

$$XeF_4 + 2ClO_3^- + 2H_2O = Xe + 2ClO_4^- + 4HF$$

$$XeF_4 + Pt = Xe + PtF_4$$

氙的含氧化物主要有 XeO_3、XeO_4、Na_4XeO_6、Na_2XeO_4 等。XeO_3 为白色固体，极易爆炸分解生成 Xe 和 O_2。XeO_3 具有强氧化性，在酸性介质中能够将 Mn^{2+} 氧化。向 XeO_3 的水溶液中通入 O_3 可制得高氙酸(H_4XeO_6)，其盐 Na_4XeO_6 的氧化性极强，很容易将 Mn^{2+} 氧化。

14.4.2　稀有气体化合物的结构

由价层电子对互斥理论可判断分子的几何构型，用杂化轨道理论可以探讨分子的成键情况并解释几何构型。XeF_2 的电子对构型为三角双锥形，而分子构型为直线形，Xe 采取 sp^3d 不等性杂化；XeF_4 电子对构型为正八面体形，分子构型为正方形，Xe 的原子轨道采取 sp^3d^2 不等性杂化；XeF_6 分子中，Xe 的价层电子对数为 7，成键电子对数为 6，有 1 个孤电子对。XeF_6 的分子构型为变形八面体，孤电子对可能指向一个边的中心，Xe 采取并不常见的 sp^3d^3 不等性杂化，即有 3 个 5p 电子激发到 5d 轨道上。$XeOF_4$ 电子对构型为正八面体形，分子构型为四角锥形，Xe 的原子轨道采取 sp^3d^2 不等性杂化。

二、习 题 解 答

1. 完成并配平下列化合物与水反应的方程式。

(1) K_2O　(2) K_2O_2　(3) KO_2　(4) KO_3　(5) XeF_2

(6) XeF_4　(7) XeF_6　(8) $XeOF_4$　(9) NaH　(10) Mg_3N_2

解　(1) $K_2O + H_2O = 2KOH$

(2) $K_2O_2 + 2H_2O = 2KOH + H_2O_2$

(3) $2KO_2 + 2H_2O = O_2 + H_2O_2 + 2KOH$

(4) $4KO_3 + 2H_2O = 4KOH + 5O_2$

(5) $2XeF_2 + 2H_2O = 2Xe + O_2 + 4HF$

(6) $6XeF_4 + 12H_2O = 2XeO_3 + 4Xe + 24HF + 3O_2$

(7) $XeF_6 + 3H_2O = XeO_3 + 6HF$

(8) $XeOF_4 + 2H_2O = XeO_3 + 4HF$

(9) $NaH + H_2O = H_2 + NaOH$

(10) $Mg_3N_2 + 6H_2O = 3Mg(OH)_2 + 2NH_3$

2. 完成并配平下列化合物吸收 CO_2 反应的方程式。

(1) K_2O　(2) K_2O_2　(3) KO_2　(4) KO_3

解　(1) $K_2O + CO_2 = K_2CO_3$

(2) $2K_2O_2 + 2CO_2 = 2K_2CO_3 + O_2$

(3) $4KO_2 + 2CO_2 = 2K_2CO_3 + 3O_2$

(4) $4KO_3 + 2CO_2 = 2K_2CO_3 + 5O_2$

3. 完成并配平下列化合物受热分解反应的方程式。

(1) $NaNO_3$　(2) $LiNO_3$　(3) $Mg(NO_3)_2$　(4) CaO_2　(5) KO_2

(6) KO_3　(7) $MgCl_2·6H_2O$　(8) $CaCl_2·6H_2O$　(9) Na_2CO_3　(10) $MgSO_4$

解　(1) $2NaNO_3 = 2NaNO_2 + O_2$

(2) $4LiNO_3 = 2Li_2O + 4NO_2 + O_2$

(3) $2Mg(NO_3)_2 = 2MgO + 4NO_2 + O_2$

(4) $2CaO_2 = 2CaO + O_2$

(5) $4KO_2 = 2K_2O + 3O_2$

(6) $2KO_3 = 2KO_2 + O_2$

(7) $MgCl_2·6H_2O = Mg(OH)Cl + 5H_2O + HCl$

(8) $CaCl_2·6H_2O = CaCl_2 + 6H_2O$

(9) $Na_2CO_3 = Na_2O + CO_2$

(10) $MgSO_4 = MgO + SO_3$

4. 给出下列矿物的名称。

(1) $NaNO_3$　(2) $NaCl$　(3) $KCl·MgCl_2·6H_2O$　(4) $Be_3Al_2Si_6O_{18}$

(5) $MgCO_3$　(6) $CaCO_3$　(7) $MgCO_3·CaCO_3$　(8) $CaSO_4·2H_2O$

(9) CaF_2　(10) $SrSO_4$　(11) $BaSO_4$　(12) $BaCO_3$

解　(1) 硝石　(2) 岩盐　(3) 光卤石　(4) 绿柱石

(5) 菱镁矿　(6) 方解石　(7) 白云石　(8) 石膏

(9) 萤石　(10) 天青石　(11) 重晶石　(12) 毒重石

5. 给出下列物质的化学式。

(1) 纯碱　(2) 烧碱　(3) 芒硝　(4) 泻盐　(5) 卤水

解　(1) Na_2CO_3　(2) $NaOH$　(3) $Na_2SO_4·10H_2O$

(4) $MgSO_4·7H_2O$　(5) $MgCl_2$

6. 请解释：$Be(OH)_2$ 溶于 NaOH 溶液，$Mg(OH)_2$ 不溶于 NaOH 溶液却溶于 NH_4Cl 溶液。

解　$Be(OH)_2$ 为两性氢氧化物，溶于 NaOH 溶液。

$$Be(OH)_2 + 2NaOH = Na_2[Be(OH)_4]$$

而 $Mg(OH)_2$ 为碱性氢氧化物，不溶于 NaOH 溶液。但是 $Mg(OH)_2$ 的 K_{sp} 不是很小，因此，可以溶于酸性的 NH_4Cl 溶液。

$$Mg(OH)_2 + 2NH_4Cl = MgCl_2 + 2NH_3 + 2H_2O$$

7. 按标准电极电势大小应是锂比钠活泼，为什么与水作用时钠却比锂要剧烈？

解　标准电极电势的大小反映的是反应的热力学问题，决定反应的可能性；而反应速率是动力学问题，决定反应实现的难易。金属钠与水作用时比锂的剧烈是因为：①锂的熔点较高，不易熔化，而钠的熔点低，钠与水反应放出的热量使钠熔化，增大了反应面积而提高了反应速率；②反应产物 LiOH 溶解度较小，易覆盖在锂表面上，阻碍反应的进行，而 NaOH 的溶解度大，反应产物不影响反应的继续进行。

8. 请解释在水中的溶解度大小次序。

(1) $LiClO_4>NaClO_4>KClO_4$　　(2) $LiF<NaF<KF$

解　(1) 溶解过程较为复杂，一般规律是：晶体的晶格能越大，水破坏晶格变难而溶解度越小；构成晶体的离子水合放热越多，盐的溶解度越大。与半径大的阴离子形成的盐，阳离子的半径小则阴离子之间斥力大或相切，晶格能较小，溶解度较大；即盐的阴阳离子的半径严重不匹配，则盐的稳定性差，溶解度较大。这就解释了在水中的溶解度大小顺序为 $LiClO_4>NaClO_4>KClO_4$。再如，在水中的溶解度：$LiI>NaI>KI$。

(2) 若阴离子的半径小，与半径小的金属阳离子静电引力大，形成的盐晶格能大，因而盐的溶解度随着金属阳离子的半径增大而增大，这就解释了在水中的溶解度大小顺序为 $LiF<NaF<KF$。

9. 比较化合物热稳定性(用“>”或“<”表示)。

(1) Li_2CO_3 和 Na_2CO_3　(2) $NaHCO_3$ 和 Na_2CO_3　(3) Na_2CO_3 和 $MgCO_3$

(4) Li_3N 和 Na_3N　(5) Ba_3N_2 和 Ca_3N_2　(6) LiH 和 NaH

(7) NaI_3 和 KI_3　(8) Na_2O_2 和 Li_2O_2

解　(1) $Li_2CO_3<Na_2CO_3$　(2) $NaHCO_3<Na_2CO_3$

(3) $Na_2CO_3>MgCO_3$　(4) $Li_3N>Na_3N$

(5) $Ba_3N_2<Ca_3N_2$　(6) $LiH>NaH$

(7) $NaI_3<KI_3$　(8) $Na_2O_2>Li_2O_2$

10. 用两种方法区分下列各对物质。

(1) Na_2CO_3 和 $MgCO_3$　(2) $BaCO_3$ 和 $MgCO_3$

(3) LiCl 和 NaCl　(4) KCl 和 NaCl

解　(1) 易溶于水的是 Na_2CO_3，难溶于水的是 $MgCO_3$；

用煤气灯加热，分解的是 $MgCO_3$，不分解的是 Na_2CO_3。

(2) 用稀硫酸处理，溶解的是 $MgCO_3$，不溶解而转化为 $BaSO_4$ 的是 $BaCO_3$；

用煤气灯加热，分解的是 $MgCO_3$，不分解的是 $BaCO_3$。

(3)配成稀水溶液后加入 NH_4F，有白色沉淀的是 LiCl，不生成沉淀的是 NaCl；

进行焰色实验，呈红色火焰的是 LiCl，呈黄色火焰的是 NaCl。

(4)配成稀水溶液后加入 $HClO_4$ 溶液，有沉淀生成的是 KCl，无沉淀生成的是 NaCl；

进行焰色实验，呈紫色火焰的是 KCl，呈黄色火焰的是 NaCl。

11. 设计方案将下列各组溶液中的离子分离。

(1) Mg^{2+}、Ca^{2+}、Ba^{2+}　(2) K^+、Na^+、Ag^+

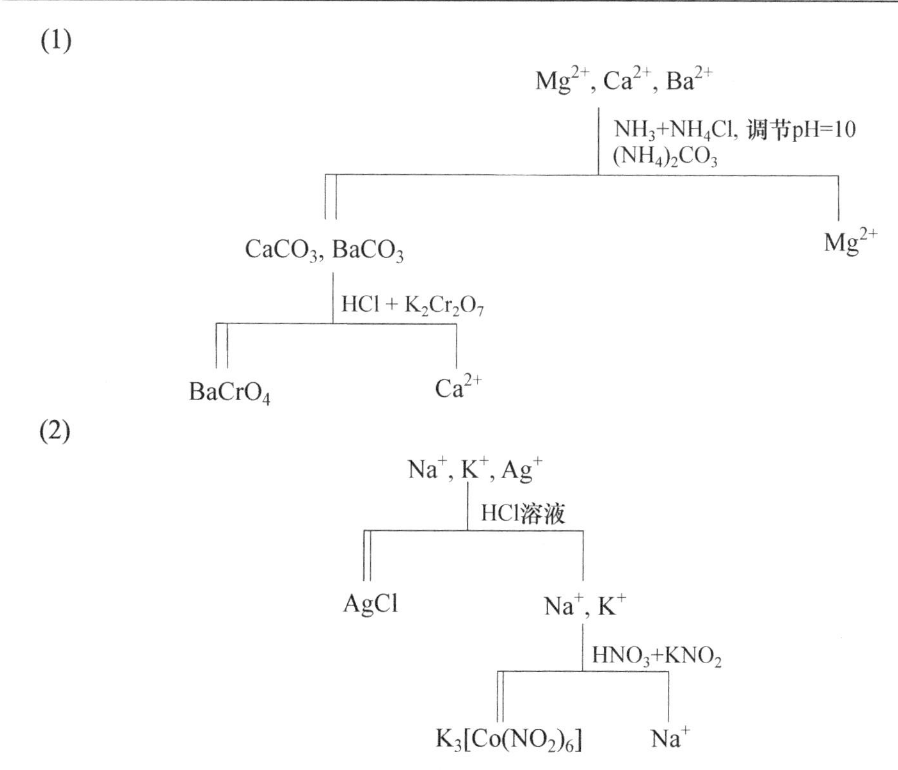

12. 有 5 瓶失落标签的白色固体试剂，分别是 Na_2CO_3、$BaCO_3$、$CaCl_2$、Na_2SO_4、$Mg(OH)_2$。试加以鉴别，并写出有关反应方程式。

解　用试管分别取少量白色固体，加入一定量水，白色固体不溶解的为 $Mg(OH)_2$ 或 $BaCO_3$；白色固体溶解的为 Na_2CO_3、$CaCl_2$、Na_2SO_4 中的一种。

分别取少量的不溶解的白色固体，向其中加入少量 HCl，固体溶解且有大量气泡产生的为 $BaCO_3$；固体溶解，但无气体产生的为 $Mg(OH)_2$。

$$BaCO_3 + 2HCl = BaCl_2 + H_2O + CO_2\uparrow$$

$$Mg(OH)_2 + 2HCl = MgCl_2 + 2H_2O$$

分别取少量的可溶于水的白色固体，并加少量水溶解；先分别向其中加入几滴 $BaCl_2$ 溶液，然后加入一定量的 HCl，其中有白色沉淀生成，且沉淀溶于 HCl，同时有气体产生的为 Na_2CO_3；有白色沉淀生成，但沉淀不溶于 HCl 的为 Na_2SO_4；溶液无反应现象的为 $CaCl_2$。

$$Na_2CO_3 + BaCl_2 = BaSO_4\downarrow + 2NaCl$$

$$BaCO_3 + 2HCl = BaCl_2 + H_2O + CO_2\uparrow$$

$$Na_2SO_4 + BaCl_2 = BaSO_4\downarrow + 2NaCl$$

或先向这三种溶液中滴加 HCl，有气泡产生的是 Na_2CO_3；然后向另两种溶液中加入几滴 $BaCl_2$ 溶液，白色沉淀生成的为 Na_2SO_4，溶液无反应现象的为 $CaCl_2$。

$$Na_2CO_3 + 2HCl = 2NaCl + H_2O + CO_2\uparrow$$

$$Na_2SO_4 + BaCl_2 = BaSO_4\downarrow + 2NaCl$$

13. 用反应方程式表示下列制备过程。

(1) 以重晶石为主要原料制备 $BaCl_2$ 和 BaO_2；

(2) 以 KCl 为主要原料制备 $KClO_3$ 和 O_2；

(3) 以 KCl 为原料制备 K_2O；

(4) 以单质 Xe 和 F_2 为原料制备 XeO_3 和 Na_4XeO_6。

解 (1) $BaSO_4$ 在高温下用 C 还原，得到易溶盐 BaS。

$$BaSO_4 + 2C \xlongequal{} BaS + 2CO_2$$

BaS 溶于盐酸，得到 $BaCl_2$。

$$BaS + 2HCl \xlongequal{} BaCl_2 + H_2S$$

在冰水冷却的条件下，向 $BaCl_2$ 溶液中滴加 H_2O_2-NH_3 混合溶液，析出 BaO_2。

$$BaCl_2 + H_2O_2 + 2NH_3 \xlongequal{} BaO_2 + 2NH_4Cl$$

(2) 电解 KCl 溶液，得到 Cl_2。

$$2KCl + 2H_2O \xlongequal{电解} Cl_2\uparrow + H_2\uparrow + 2KOH$$

将 Cl_2 通入热的 KOH 溶液，得到 $KClO_3$。

$$3Cl_2 + 6KOH \xlongequal{} KClO_3 + 5KCl + 3H_2O$$

用 MnO_2 作催化剂，加热分解 $KClO_3$ 得到 O_2。

$$2KClO_3 \xlongequal{MnO_2} 2KCl + 3O_2$$

(3) 以 KCl 和金属 Na 为原料，利用热还原法可制得单质 K。

$$Na(l) + KCl(l) \xlongequal{} NaCl(l) + K(g)$$

在隔绝空气的条件下，将硝酸钾和金属 K 一同加热，可制备 K_2O。

$$10K + 2KNO_3 \xlongequal{} 6K_2O + N_2\uparrow$$

(4) 在加热和加压条件下，将单质 Xe 与过量的单质 F_2 于镍制容器中反应制备 XeF_6。

$$Xe(g) + 3F_2(g) \xlongequal{} XeF_6(g)$$

低温下，使 XeF_6 完全水解生成 XeO_3。

$$XeF_6 + 3H_2O \xlongequal{} XeO_3 + 6HF$$

向 XeO_3 溶液中加热 NaOH 溶液，同时向其中通入 O_3，可制得 Na_4XeO_6。

$$XeO_3 + 4NaOH + O_3 + 6H_2O \xlongequal{} Na_4XeO_6 \cdot 8H_2O + O_2$$

14. 用价层电子对互斥理论讨论下列分子的几何构型。

(1) XeF_2　　(2) XeF_4　　(3) XeO_3　　(4) $XeOF_4$

解 四个化合物分子的几何构型见下图。

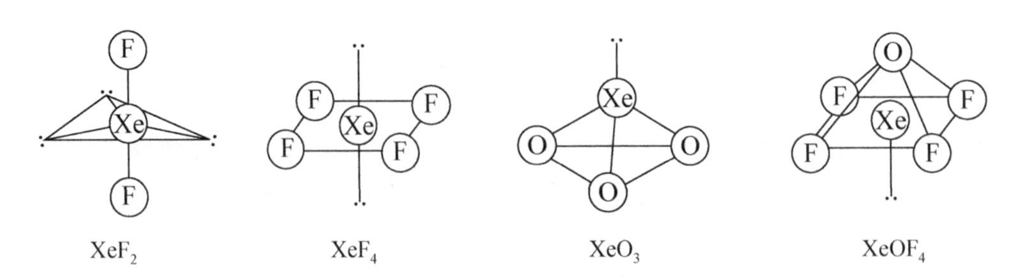

XeF_2　　XeF_4　　XeO_3　　$XeOF_4$

(1) XeF_2，价电子总数为 N=8+2=10。

电子对数为 5，电子对构型为三角双锥，孤电子对数为 3，分子构型为直线形。

(2) XeF_4，价电子总数为 N=8+4=12。

电子对数为 6，电子对构型为正八面体，孤电子对数为 2，分子构型为正方形。

(3) XeO_3，价电子总数为 $N=8+0=8$。

电子对数为 4，电子对构型为正四面体，孤电子对数为 1，分子构型为三角锥形。

(4) $XeOF_4$，价电子总数为 $N=8+4=12$。

电子对数为 6，电子对构型为正八面体，孤电子对数为 1，分子构型为四角锥形。

15. 用杂化轨道理论讨论下列分子的中心原子的轨道杂化方式及分子的成键情况。

(1) XeF_2　(2) XeF_4　(3) XeO_3　(4) $XeOF_4$

解　(1) XeF_2

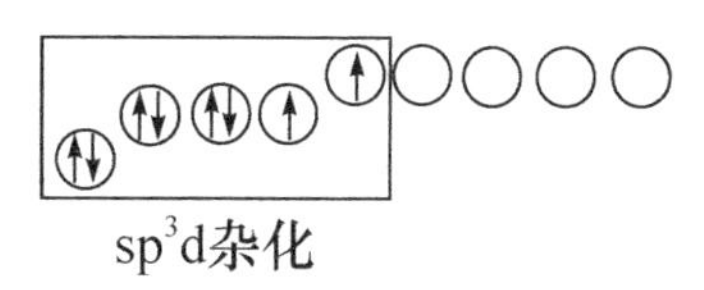

sp^3d杂化

基态 Xe 的电子经激发重排后采用 sp^3d 杂化，5 个杂化轨道在空间呈三角双锥分布，其中 2 个含有单电子的杂化轨道与 2 个 F 形成 σ 键，而余下 3 个轨道中为孤电子对，分子呈直线形。

(2) XeF_4

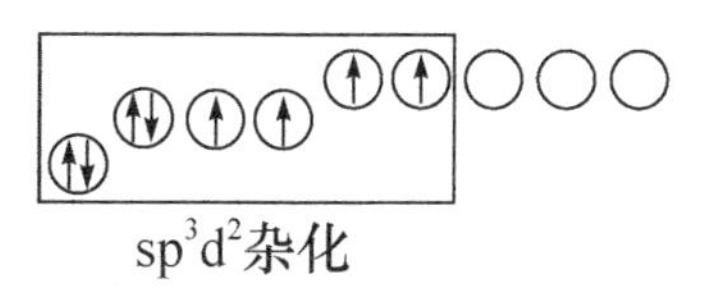

sp^3d^2杂化

基态 Xe 的电子经激发重排后采用 sp^3d^2 杂化，6 个杂化轨道在空间呈八面体分布，其中 4 个含有单电子的杂化轨道与 4 个 F 形成 σ 键，而余下 2 个轨道中含有孤电子对。

(3) XeO_3

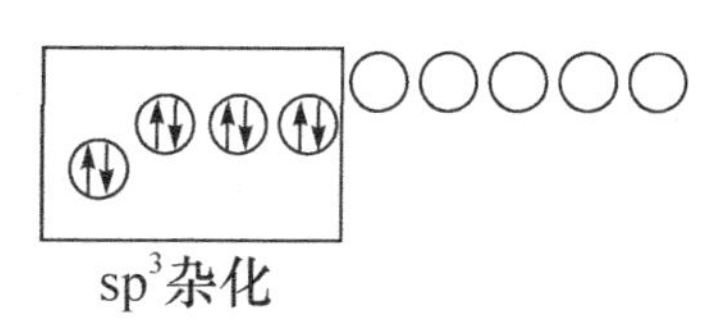

sp^3杂化

Xe 原子的 4 个含有对电子的轨道采用 sp^3 杂化，4 个杂化轨道呈四面体分布，其中 3 个含有对电子的杂化轨道分别与 3 个 O 成键，余下 1 个轨道中为孤电子对。

(4) $XeOF_4$

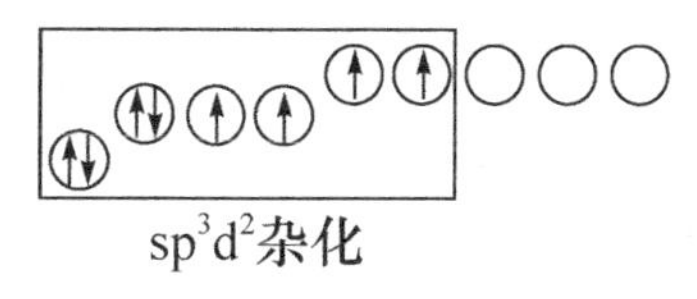

sp^3d^2杂化

基态 Xe 的电子经激发重排后采用 sp^3d^2 杂化，6 个杂化轨道在空间呈八面体分布，其中 4 个有单电子的杂化轨道和 1 个有对电子的杂化轨道分别与 4 个 F 和 1 个 O 成键，而余下 1 个轨道中为孤电子对。

16. 用分子轨道理论讨论下列分子或离子存在的可能性。

(1) HeH　(2) HeH^+　(3) He_2^+　(4) HeH^-

解　HeH、HeH^+、He_2^+和HeH^-的分子轨道图见下图，它们存在的可能性可以由其键级的大小决定，现分别讨论如下：

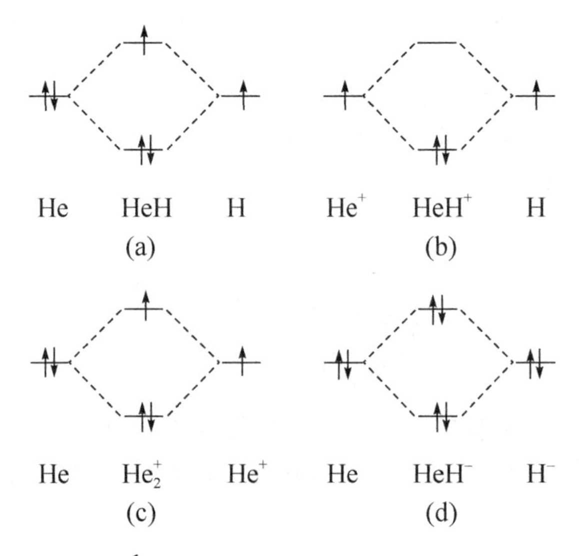

(1) 由图(a)，HeH 的键级为$\dfrac{1}{2}$，He 与 H 间的键较弱，但键级不为 0，因此，HeH 有存在的可能性。

(2) 由图(b)，HeH^+的键级为 1，He 与 H 间形成共价键，因此，HeH^+有存在的可能性。

(3) 由图(c)，He_2^+的键级为$\dfrac{1}{2}$，He 与 He 间共价键较弱，但键级不为 0，因此，He_2^+有存在的可能性。

(4) 由图(d)，HeH^-的键级为 0，He 与 H 间不存在共价键，因此，HeH^-没有存在的可能性。

17. 试探讨氙的化合物一般比其他稀有气体的化合物稳定的原因。

解　稀有气体的第一电离能[I_1/(kJ·mol^{-1})]分别为：He　2372.3，Ne　2080.7，Ar　1520.6，Kr　1350.7，Xe　1170.3，Rn　1037.1。由于 He、Ne、Ar 的电离能大，其化合物极难制得；而且化合物的稳定性差，必须在低温下保存。Rn 放射性强，半衰期很短。所以，对 Xe 以外的化合物研究较少。

18. 有一白色固体混合物，其中含有 KCl、$MgSO_4$、$BaCl_2$、$CaCO_3$ 中的一种或几种。根据下列实验现象判断混合物中含有哪些化合物，说明理由。

(1) 混合物溶于水，得到透明澄清溶液；

(2) 对溶液作焰色反应，通过钴玻璃观察到紫色；

(3) 向溶液中加碱，产生白色胶状沉淀。

解　溶液中含有 KCl、$MgSO_4$，不含有 $BaCl_2$、$CaCO_3$。

原因如下：实验(1)得到透明澄清溶液，说明混合物中没有难溶盐 $CaCO_3$，且不会同时含有 $MgSO_4$ 和 $BaCl_2$，否则将生成 $BaSO_4$ 白色沉淀。

实验(2)的焰色反应呈紫色，说明有 KCl。

实验(3)，几种物质中只有 $MgSO_4$ 与碱反应将生成白色胶状沉淀 $Mg(OH)_2$，$Ba(OH)_2$ 为强碱，溶解度较大，不会有白色沉淀生成。

19. 某金属单质 A 与水反应剧烈，生成的产物 B 呈碱性。B 与酸 C 反应得到溶液 D，D

在无色火焰中燃烧呈黄色焰色。在 D 中加入 $AgNO_3$ 溶液有白色沉淀 E 生成，E 溶于氨水。A 在空气中燃烧可得化合物 F，F 溶于水则得到 B 和 G 的混合溶液。化合物 G 可使高锰酸钾溶液褪色，并放出气体 H。试确定 A～H 代表何种物质，写出相关的反应方程式。

解　A. Na，B. NaOH，C. HCl，D. NaCl，E. AgCl，F. Na_2O_2，G. H_2O_2，H. O_2。

相关的反应方程式如下：

$$2Na + 2H_2O = 2NaOH + H_2\uparrow$$

$$NaOH + HCl = NaCl + H_2O$$

$$NaCl + AgNO_3 = NaNO_3 + AgCl\downarrow$$

$$AgCl + 2NH_3 = [Ag(NH_3)_2]^+ + Cl^-$$

$$2Na + O_2 = Na_2O_2$$

$$Na_2O_2 + 2H_2O = H_2O_2 + 2NaOH$$

$$5H_2O_2 + 2MnO_4^- + 6H^+ = 2Mn^{2+} + 5O_2\uparrow + 8H_2O$$

第 15 章　铜副族和锌副族

一、内 容 提 要

铜副族元素(ⅠB)包括铜、银、金三种元素，基态原子价层电子构型为$(n-1)d^{10}ns^1$。铜的常见氧化数为+1、+2，银为+1，金为+1、+3。氧化数为+1 的 Cu 在酸性溶液中不稳定，易发生歧化反应。铜副族元素都能形成稳定的配位化合物。

锌副族元素(ⅡB)包括锌、镉、汞三种元素，基态原子价层电子的构型为$(n-1)d^{10}ns^2$，锌和镉最常见的氧化数为+2，汞最常见的氧化数为+1 和+2。锌副族元素一般都能形成稳定的配位化合物。

15.1　铜副族元素

15.1.1　单质

在所有金属中，铜副族元素有最好的导电性和导热性(其中银占首位)，也有很好的延展性。铜副族元素容易形成合金，尤其以铜合金居多，如黄铜、青铜、白铜等。铜副族元素的金属性随着原子序数的增加而减弱，这与碱金属恰恰相反。

铜在干燥空气中比较稳定，但与含有二氧化碳的潮湿空气接触，在铜的表面会慢慢生成一层铜绿 $Cu(OH)_2 \cdot CuCO_3$。

银和金在空气中不发生反应。空气中若含有 H_2S 气体，与银接触后在表面很快生成一层 Ag_2S 黑色薄膜而使银失去银白色光泽。

铜、银、金与稀盐酸或稀硫酸都不发生反应。铜和银可溶于硝酸，与热的浓硫酸反应缓慢。金的活性最差，不溶于硝酸，只能溶于王水中。

铜在有强配体(如 CN^-)时可与水作用生成 Cu^+的配合物并放出 H_2，在氧气存在下 Cu 与配位能力较弱的配体也能反应。

$$2Cu + 8NH_3 + O_2 + 2H_2O \xlongequal{\quad} 2[Cu(NH_3)_4]^{2+} + 4OH^-$$

将矿石经过粉碎和浮选后得到的精矿进行焙烧，使部分硫化物变成氧化物并除去部分的硫和挥发性杂质(如 As_2O_3 等)；再将焙烧过的矿石与沙子混合，在反射炉中加热到 1000℃左右，形成熔渣($FeSiO_3$，因密度小而浮在上层)和“冰铜”(Cu_2S 和 FeS 熔融体，因密度大沉于下层)；将冰铜放入转炉熔炼得到粗铜。在盛有 $CuSO_4$ 和 H_2SO_4 混合溶液的电解槽中，以粗铜为阳极、纯铜为阴极进行电解，得到精铜。

将矿石中的银转化为氰化银，再用锌等较活泼的金属置换即可得到单质银，最后用电解法精炼得到纯银。

从矿石中炼金的方法有两种，即汞齐法和氰化法。汞齐法是将矿粉与汞混合使金与汞生成汞齐，加热使汞挥发掉即得单质金。氰化法是用氰化钠浸取矿粉将金溶出，再用金属锌进行置换得到单质金。

15.1.2　铜的化合物

1. 一价铜的化合物

在碱性介质中用葡萄糖还原 Cu(Ⅱ)溶液很容易得到红色的 Cu_2O 沉淀。高温下 CuO 分解也可得到 Cu_2O。Cu_2O 热稳定性高，在 1235℃熔化但不分解。Cu_2O 呈弱碱性，不溶于水，溶于稀酸并立即歧化为 Cu 和 Cu^{2+}。

Cu_2O 溶于氨水，生成无色的配离子，由于氨水中氧的氧化作用，Cu_2O 溶于氨水得到的是蓝色$[Cu(NH_3)_4]^{2+}$溶液。

CuCl、CuBr 和 CuI 均为白色难溶化合物且溶解度依次减小，可由二价铜离子在相应的卤离子存在的条件下被还原得到。

$$2Cu^{2+} + 4I^- = 2CuI + I_2$$

$$Cu^{2+} + Cu + 4Cl^- = 2[CuCl_2]^- \text{ (无色)}$$

用水稀释 $[CuCl_2]^-$ 溶液，得到难溶的 CuCl 白色沉淀。用 $SnCl_2$ 和 Na_2SO_3 等还原剂与卤化铜作用，也可以得到卤化亚铜。

由于配体浓度不同，Cu^+与单基配体形成配位数为 2～4 的配位化合物，如$[Cu(NH_3)_2]^+$、$[CuCl_2]^-$、$[CuCl_3]^{2-}$、$[CuCl_4]^{3-}$ 等，这些配离子均无色。

$[Cu(NH_3)_2]^+$不稳定，遇到空气则被氧化成深蓝色的$[Cu(NH_3)_4]^{2+}$，利用这个性质可除去气体中的痕量 O_2。$[Cu(NH_3)_2]^+$ 可吸收 CO 气体。

2. 二价铜的化合物

在可溶性铜(Ⅱ)盐溶液中加入强碱，得到浅蓝色的氢氧化铜 $Cu(OH)_2$ 沉淀。$Cu(OH)_2$ 溶于氨水得到深蓝色$[Cu(NH_3)_4]^{2+}$。$Cu(OH)_2$ 两性偏碱，既可溶于酸生成盐，也可溶于过量的强碱中生成蓝色的$[Cu(OH)_4]^{2-}$。

$Cu(OH)_2$ 的热稳定性较差，加热至 80℃以上脱水转变为黑色氧化铜 CuO。CuO 也可由某些含氧酸盐受热分解或在氧气中加热铜粉而制得。

CuO 为碱性氧化物，难溶于水，易溶于酸。CuO 具有氧化性，在高温下可被 H_2 等还原剂还原。CuO 的热稳定性较好，须加热到 1000℃时分解生成红色 Cu_2O。

Cu(Ⅱ)化合物配离子的颜色丰富多彩，如 CuF_2 白色，$CuCl_2$ 棕黄色，$CuBr_2$ 黑色；有结晶水的盐多为绿色，如 $CuCl_2 \cdot 2H_2O$。

无水 $CuCl_2$ 为无限长链结构。

```
 \   ↙Cl\   ↙Cl\   ↙Cl\   ↙Cl\   ↙Cl
  Cu      Cu      Cu      Cu      Cu
 /   ↖Cl/   ↖Cl/   ↖Cl/   ↖Cl/   ↖Cl
```

$CuCl_2$ 易溶于水，在很浓的 $CuCl_2$ 水溶液中，可形成黄色的$[CuCl_4]^{2-}$；$CuCl_2$ 稀溶液为蓝色，溶液中主要是$[Cu(H_2O)_4]^{2+}$。向盛 $CuCl_2$ 固体的试管中缓慢滴加水，依次观察到黄色、黄绿色、绿色、蓝绿色和蓝色。颜色变化的原因是溶液中黄色的$[CuCl_4]^{2-}$和蓝色的$[Cu(H_2O)_4]^{2+}$相对量不同所致，二者浓度相当时溶液为绿色。

$CuCl_2·2H_2O$受热时发生水解反应生成$Cu(OH)_2·CuCl_2$，故不能用脱水方法制备无水$CuCl_2$。水合硫酸铜$CuSO_4·5H_2O$呈蓝色，俗称胆矾。无水$CuSO_4$为白色粉末，有吸水性。

硫化铜CuS为黑色，难溶于水和盐酸，能溶于浓硝酸或氰化物溶液中。

$$3CuS + 8HNO_3 = 3Cu(NO_3)_2 + 3S + 2NO + 4H_2O$$

Cu^{2+}与单基配体形成正方形配离子，如黄色的$[CuCl_4]^{2-}$、蓝色的$[Cu(H_2O)_4]^{2+}$、深蓝色的$[Cu(NH_3)_4]^{2+}$和黄色的$[Cu(CN)_4]^{2-}$等。

3. Cu(Ⅰ)和Cu(Ⅱ)的相互转化

为使Cu^{2+}转变为Cu^+，既需要有Cu^{2+}的还原剂存在，还必须有Cu^+的沉淀剂或配体存在，以降低溶液中Cu^+的浓度，使之成为难溶盐或稳定的配位化合物。

$CuCl_2$溶液中加入铜屑和盐酸后煮沸，得到$[CuCl_2]^-$，再加入大量的水使Cl^-的浓度降低，则有白色CuCl沉淀析出；向热的$CuCl_2$溶液中通入SO_2，冷却后也析出CuCl。

$$Cu^{2+} + Cu + 4Cl^- = 2[CuCl_2]^-$$

$$[CuCl_2]^- = CuCl\downarrow + Cl^-$$

$$2CuCl_2 + SO_2 + 2H_2O = 2CuCl\downarrow + H_2SO_4 + 2HCl$$

在Cu^{2+}溶液中加入KI溶液，生成CuI沉淀，因沉淀中混有I_3^-，观察到的沉淀为黄色。

$$2Cu^{2+} + 5I^- = 2CuI\downarrow + I_3^-$$

在Cu^{2+}溶液中加入KCN溶液，生成白色CuCN沉淀，继续加入过量的KCN，则CuCN溶解生成配离子。

$$2Cu^{2+} + 4CN^- = 2CuCN\downarrow + (CN)_2\uparrow$$

$$CuCN + (x-1)CN^- = [Cu(CN)_x]^{1-x}\ (x=2\sim4)$$

Cu^+在溶液中不稳定，发生歧化反应生成Cu^{2+}和Cu，反应进行得很彻底。

$$Cu_2O + H_2SO_4\,(稀) = Cu + CuSO_4 + H_2O$$

CuCl暴露在空气中则缓慢被氧化，颜色逐步加深。

$$4CuCl + O_2 = 2CuCl_2 + 2CuO$$

15.1.3 银和金的化合物

1. 银的化合物

Ag^+与强碱作用生成白色AgOH沉淀，AgOH极不稳定，立即脱水转化为棕黑色Ag_2O。Ag_2O稳定性不高，在300℃即发生分解生成Ag和O_2。

Ag_2O溶于氨水生成无色的$[Ag(NH_3)_2]^+$，Ag_2O与盐酸作用转化为AgCl沉淀。

AgF为离子型化合物，易溶于水。AgCl、AgBr(浅黄色)、AgI(黄色)均难溶于水，卤化银有感光性，即在光的作用下分解为Ag和X_2。

黑色Ag_2S难溶于水，可溶于浓、热硝酸或氰化钠(钾)溶液中。

$$3Ag_2S + 8HNO_3\,(浓) = 6AgNO_3 + 3S + 2NO + 4H_2O$$

硝酸银($AgNO_3$)易溶于水，在光照或加热到440℃时分解。硫酸银(Ag_2SO_4)为白色，微溶于水。

AgCl能溶解在氨水中，AgBr能溶解在$Na_2S_2O_3$溶液中，而AgI能溶解在KCN溶液中。

Ag^+与单齿配体形成配位数为 2 的直线形配合物，如$[Ag(NH_3)_2]^+$、$[Ag(S_2O_3)_2]^{3-}$、$[Ag(CN)_2]^-$等均无色。

$[Ag(NH_3)_2]^+$与醛类在碱性条件下发生银镜反应。

$$2[Ag(NH_3)_2]^+ + RCHO + 3OH^- = 2Ag\downarrow + RCOO^- + 4NH_3 + 2H_2O$$

2. 金的化合物

金不溶于硝酸，溶于王水生成金酸 $H[AuCl_4]$，经蒸发浓缩后析出黄色的 $HAuCl_4 \cdot 4H_2O$。

$$Au + HNO_3 + 4HCl = H[AuCl_4] + NO + 2H_2O$$

$[AuCl_4]^-$和$[AuBr_4]^-$为正方形结构。向$[AuCl_4]^-$溶液中加碱得到 $Au_2O_3 \cdot H_2O$，若碱过量则生成$[Au(OH)_4]^-$。

金在化合态时的氧化数主要为+3。氧化数为+1 的化合物不稳定，很容易转化为氧化数为+3 的化合物。

金在 200℃下同氯气作用，得到反磁性的红色固体 $AuCl_3$。无论在固态还是在气态下，该化合物均为平面的二聚体。$AuCl_3$ 受热分解为 AuCl(黄色)和 Cl_2。

15.2　锌副族元素

15.2.1　单质

锌副族元素熔沸点较低。与铜副族元素相比，锌副族元素外层的单电子少，金属键弱；与过渡金属元素相比，锌副族元素次外层 d 轨道全充满，半径大，金属键弱。汞在室温下是液体。

汞蒸气有毒，在使用时注意实验室通风。如果不慎将汞撒落，要尽量收集起来，然后在有金属汞的地方撒上硫磺粉，使汞转化成 HgS。

汞可以溶解其他金属形成汞齐。因组成不同，汞齐可以呈液态和固态两种形式。利用汞能溶解金、银的性质，在冶金中用汞来提炼这些金属。锌、镉、汞与其他金属容易形成合金。

锌副族元素常形成氧化数为+2 的化合物。锌副族元素单质的化学活泼性比铜副族强，且随着原子序数的增大而递减，这与碱土金属恰好相反。

锌和镉为活泼金属，能从稀酸中置换出氢气，而汞为惰性金属。纯锌在稀酸中反应极慢，如果锌中含有少量金属杂质(如 Cu、Ag 等)则因氢的超电势小而加快反应速率。

过量的硝酸溶解汞生成硝酸汞，但过量的汞与稀硝酸反应得到的是硝酸亚汞。锌是两性金属，能溶于强碱溶液中，锌也能溶于氨水中。

浮选后的闪锌矿 ZnS 经焙烧转化为氧化锌，再把氧化锌和焦炭混合在鼓风炉中加热，将生成的锌蒸馏出来得到粗锌。通过精馏将铅、镉、铜、铁等杂质除掉，可得到纯度为 99.9%的锌。欲得到更纯的金属锌，可采用“湿法冶金”。将焙烧后的氧化锌及少量的硫化物用稀硫酸浸取，使 ZnO 转化为 $ZnSO_4$，调节溶液的 pH 使 Fe、As、Sb 等转化为沉淀除去。加入锌粉，使溶液中的 Cd、Cu 等杂质转化成金属进入残渣中除去。最后电解 $ZnSO_4$ 溶液可得到纯度为 99.99%的金属锌。

15.2.2　锌和镉的化合物

氢氧化锌 $Zn(OH)_2$，白色，两性物质，不仅溶于酸，也溶于强碱。氢氧化镉 $Cd(OH)_2$，白色，有微弱的两性但明显偏碱性。

纯 ZnO 为白色，稳定，无菌，加热则变为黄色。CdO 为棕褐色，较稳定，受热升华但不分解。CdO 属碱性氧化物，而 ZnO 属两性氧化物。$Zn(OH)_2$、$Cd(OH)_2$ 都可以溶于氨水中，形成无色的$[Zn(NH_3)_4]^{2+}$、$[Cd(NH_3)_4]^{2+}$。

锌和镉的强酸盐都易溶于水。$ZnCl_2$ 溶液因 Zn^{2+}的水解而显酸性。因此，通过蒸干溶液或加热含结晶水的 $ZnCl_2$ 晶体的方法得不到无水 $ZnCl_2$。在 $ZnCl_2$ 的浓溶液中，由于生成 $H[ZnCl_2(OH)]$而具有显著的酸性，它能溶解金属氧化物。

ZnS 是白色的，CdS 是黄色的，二者都难溶于水。ZnS 溶于稀盐酸，CdS 不溶于稀酸，但能溶于浓的强酸。通过控制溶液的酸度，可以用通入 H_2S 气体的方法使 Zn^{2+}、Cd^{2+}分离。

ZnS 同 $BaSO_4$ 共沉淀形成的混合物 $ZnS·BaSO_4$ 称为锌钡白，是白色颜料。CdS 被称为镉黄，可用作黄色颜料。

15.2.3 汞的化合物

1. 一价汞的化合物

氧化数为+1 的亚汞化合物都形成双聚体 Hg_2^{2+}。亚汞的卤化物均为直线形结构(X—Hg—Hg—X)，Hg_2Cl_2(白色)、Hg_2Br_2(白色)和 Hg_2I_2(黄色)均难溶于水。

氯化亚汞 Hg_2Cl_2 俗称甘汞，常被用来制作甘汞电极。Hg_2Cl_2 见光分解：

$$Hg_2Cl_2 = HgCl_2 + Hg$$

$Hg_2(NO_3)_2$ 为离子化合物，在水中溶解度较大，但部分水解生成 $Hg_2(OH)NO_3$，可加入稀硝酸抑制水解。

$Hg_2(NO_3)_2$ 和 Hg_2Cl_2 与氨水作用生成白色的氨基化合物和黑色的极为分散的单质汞，但黑色 Hg 的覆盖能力强，所以反应产物为黑灰色。

$$Hg_2Cl_2 + 2NH_3 = Hg(NH_2)Cl\downarrow + Hg + NH_4Cl$$

$$Hg_2(NO_3)_2 + 2NH_3 = Hg(NH_2)NO_3\downarrow + Hg + NH_4NO_3$$

Hg_2^{2+}在酸中不发生歧化反应，但在碱中歧化，向 $Hg_2(NO_3)_2$ 溶液中加入 KI 溶液，先生成黄色沉淀 Hg_2I_2，KI 过量则 Hg_2I_2 歧化。

$$Hg_2^{2+} + 2OH^- = HgO\downarrow + Hg\downarrow + H_2O$$

$$Hg_2^{2+} + 2I^- = Hg_2I_2\downarrow$$

$$Hg_2I_2 + 2I^- = [HgI_4]^{2-} + Hg$$

2. 二价汞的化合物

$Hg(NO_3)_2$ 易溶于酸性溶液中，在水中发生水解反应生成 $HgO·Hg(NO_3)_2$ 沉淀。

氯化汞 $HgCl_2$，白色，共价化合物，熔点较低，易升华，俗称升汞，略溶于水，有剧毒。HgI_2 在常温下为红色(加热后变为黄色)，难溶于水。

Hg^{2+} 溶液与强碱作用得到黄色沉淀 HgO。

$$Hg^{2+} + 2OH^- = HgO + H_2O$$

$Hg(NO_3)_2$ 晶体加热则得到红色 HgO。HgO 由于晶粒大小不同而显不同颜色，黄色 HgO

颗粒要小些。HgO 的热稳定性远低于 ZnO 和 CdO，在 300℃时分解生成 Hg 和 O_2。

氨水与 $HgCl_2$、$Hg(NO_3)_2$ 溶液反应分别生成白色沉淀氨基氯化汞、氨基硝酸汞。

$$HgCl_2 + 2NH_3 = Hg(NH_2)Cl\downarrow + NH_4Cl$$

$$Hg(NO_3)_2 + 2NH_3 = Hg(NH_2)NO_3\downarrow + NH_4NO_3$$

适量的 $SnCl_2$ 可将 $HgCl_2$ 还原为 Hg_2Cl_2 沉淀；如果 $SnCl_2$ 过量，Hg_2Cl_2 会继续被还原为金属汞。观察到的现象是先有白色沉淀生成，而后沉淀由白逐渐变灰，最后变黑。

$$2HgCl_2 + SnCl_2 = Hg_2Cl_2\downarrow + SnCl_4$$

$$Hg_2Cl_2 + SnCl_2 = 2Hg + SnCl_4$$

向 Hg^{2+}中滴加 KI 溶液，首先产生红色沉淀 HgI_2，沉淀溶于过量的 KI 中，生成无色的 $[HgI_4]^{2-}$。$[HgI_4]^{2-}$ 的碱性溶液称为奈斯勒试剂。奈斯勒试剂与微量的 NH_4^+或 NH_3 相遇立即生成特殊的红色沉淀$[Hg_2ONH_2]I$，常被用来鉴定 NH_4^+。

$$2[HgI_4]^{2-} + NH_4^+ + 4OH^- = \left[O\begin{matrix}\diagup Hg \diagdown \\ \diagdown Hg \diagup\end{matrix}NH_2\right]I\downarrow + 7I^- + 3H_2O$$

黑色的 HgS(天然辰砂 HgS 是红色的)加热到 386℃可以转变为比较稳定的红色变体。HgS 不溶于浓硝酸，但可溶于王水、过量的浓 Na_2S 或酸性 KI 溶液中。

$$3HgS + 8H^+ + 2NO_3^- + 12Cl^- = 3[HgCl_4]^{2-} + 3S\downarrow + 2NO\uparrow + 4H_2O$$

$$HgS\ (s) + Na_2S\ (浓) = Na_2[HgS_2]$$

$$HgS + 2H^+ + 4I^- = [HgI_4]^{2-} + H_2S\uparrow$$

Hg^{2+}与 CN^-、Cl^-、I^-、SCN^-、NH_3 等生成无色的四面体配离子。由于 Hg^{2+}的半径大，极化能力也强，与变形性大的配体形成的配合物相当稳定。

向 $HgCl_2$、$Hg(NO_3)_2$ 溶液中加入氨水，均析出大量白色沉淀($HgNH_2Cl$、$HgNH_2NO_3$)，反应主要产物不是$[Hg(NH_3)_4]^{2+}$；向 $Hg(NO_3)_2$ 溶液中加入氨-硝酸铵混合溶液没有白色沉淀析出，生成了$[Hg(NH_3)_4]^{2+}$。

向 $Hg(NO_3)_2$ 溶液中加入 KSCN 溶液，先有白色沉淀 $Hg(SCN)_2$ 生成，KSCN 溶液过量生成$[Hg(SCN)_4]^{2-}$则沉淀溶解，该溶液遇 Zn^{2+}生成白色沉淀 $Zn[Hg(SCN)_4]$，遇 Co^{2+}生成蓝色沉淀 $Co[Hg(SCN)_4]$。

3. Hg(Ⅰ)和 Hg(Ⅱ)的相互转化

Hg^{2+} 和 Hg_2^{2+} 是中等强度的氧化剂，控制还原剂的量可将 Hg^{2+}还原为 Hg_2^{2+}；加入氧化剂可将 Hg_2^{2+}氧化为 Hg^{2+}；在酸性介质中利用逆歧化反应使 Hg^{2+}转化为 Hg_2^{2+}；Hg_2^{2+}不会发生歧化反应，降低 Hg^{2+} 的浓度，可使平衡向有利于歧化反应的方向移动，如在 Hg_2^{2+}溶液中加入 Hg^{2+}的沉淀剂或过量配体时，促使歧化反应发生，使 Hg_2^{2+}转化为 Hg^{2+}。

$$HgCl_2 + Hg = Hg_2Cl_2$$

$$2HgCl_2 + SnCl_2 = Hg_2Cl_2 + SnCl_4$$

$$Hg_2^{2+} + 4I^- = [HgI_4]^{2-} + Hg$$

二、习 题 解 答

1. 给出下列物质的化学式。

(1) 黄铜矿　(2) 孔雀石　(3) 赤铜矿　(4) 黑铜矿

(5) 辉铜矿　(6) 胆矾　(7) 闪锌矿　(8) 菱锌矿

(9) 锌白　(10) 辰砂

解 (1) $CuFeS_2$　(2) $Cu_2(OH)_2CO_3$　(3) Cu_2O　(4) CuO

(5) Cu_2S　(6) $CuSO_4·5H_2O$　(7) ZnS　(8) $ZnCO_3$

(9) ZnO　(10) HgS

2. 完成并配平下列铜化合物反应的方程式。

(1) 用 $Na_2S_2O_3$ 溶液处理 CuI；

(2) 向 $CuSO_4$ 溶液中缓慢滴加氨水；

(3) 向 $CuSO_4$ 溶液中加入 KI 溶液；

(4) 将 SO_2 通入热的 $CuCl_2$ 溶液后冷却；

(5) 用稀硫酸溶解 Cu_2O；

(6) 向 $[Cu(NH_3)_4]Cl_2$ 溶液中缓慢滴加盐酸；

(7) 向 $CuSO_4$ 溶液中滴加 KCN 溶液；

(8) $Cu(NO_3)_2·3H_2O$ 受热分解。

解 (1) $CuI + 2S_2O_3^{2-} = [Cu(S_2O_3)_2]^{3-} + I^-$

(2) $2CuSO_4 + 2NH_3 + 2H_2O = Cu(OH)_2·CuSO_4\downarrow + 2NH_4^+ + SO_4^{2-}$

$Cu(OH)_2·CuSO_4 + 2NH_4^+ + 6NH_3 = 2[Cu(NH_3)_4]^{2+} + 2H_2O + SO_4^{2-}$

(3) $2Cu^{2+} + 4I^- = 2CuI\downarrow + I_2$

(4) $2Cu^{2+} + SO_2 + 2Cl^- + 2H_2O = 2CuCl\downarrow + SO_4^{2-} + 4H^+$

(5) $Cu_2O + H_2SO_4 = Cu + CuSO_4 + H_2O$

(6) $2[Cu(NH_3)_4]^{2+} + 6H^+ + 2Cl^- + 2H_2O = Cu(OH)_2·CuCl_2\downarrow + 8NH_4^+$

$Cu(OH)_2·CuCl_2 + 2H^+ = 2Cu^{2+} + 2Cl^- + 2H_2O$

(7) $2Cu^{2+} + 4CN^- = 2CuCN\downarrow + (CN)_2\uparrow$

$CuCN + (x-1)\,CN^- = [Cu(CN)_x]^{1-x}(x=2\sim4)$

(8) $2Cu(NO_3)_2·3H_2O = 2CuO + 4NO_2 + O_2 + 6H_2O$

3. 完成并配平下列银化合物的反应方程式。

(1) 向 $AgNO_3$ 溶液中滴加少量 $Na_2S_2O_3$ 溶液；

(2) 向 $Na_2S_2O_3$ 溶液中滴加少量 $AgNO_3$ 溶液；

(3) 用 N_2H_4 溶液处理 AgBr；

(4) 加热分解 Ag_2O；

(5) 向 $[Ag(S_2O_3)_2]^{3-}$ 溶液中加入稀盐酸；

(6) 用盐酸处理 Ag_2O。

解 (1) $2Ag^+ + S_2O_3^{2-} = Ag_2S_2O_3\downarrow$

$Ag_2S_2O_3 + H_2O = Ag_2S + H_2SO_4$

(2) $Ag^{+} + 2S_2O_3^{2-} = [Ag(S_2O_3)_2]^{3-}$

(3) $4AgBr + N_2H_4 = 4Ag + N_2 + 4HBr$

(4) $2Ag_2O = 4Ag + O_2$

(5) $2[Ag(S_2O_3)_2]^{3-} + 4H^{+} = Ag_2S\downarrow + 3S\downarrow + 3SO_2\uparrow + SO_4^{2-} + 2H_2O$

(6) $Ag_2O + 2HCl = 2AgCl + H_2O$

4. 完成并配平下列汞化合物的反应的方程式。

(1) 向 $HgCl_2$ 溶液中滴加 $SnCl_2$ 溶液；

(2) 向 $Hg(NO_3)_2$ 溶液中加入金属汞；

(3) 用过量 HI 溶液处理 HgO；

(4) 向 $Hg_2(NO_3)_2$ 溶液中加入盐酸；

(5) 向 $Hg_2(NO_3)_2$ 溶液中加入 NaOH 溶液；

(6) 向奈斯勒试剂中加少量铵盐。

解　(1) $2HgCl_2 + SnCl_2 = Hg_2Cl_2\downarrow + SnCl_4$

$Hg_2Cl_2 + SnCl_2 = 2Hg + SnCl_4$

(2) $Hg(NO_3)_2 + Hg = Hg_2(NO_3)_2$

(3) $HgO + 2HI = HgI_2\downarrow + H_2O$

$HgI_2 + 2I^{-} = [HgI_4]^{2-}$

(4) $Hg_2(NO_3)_2 + 2HCl = Hg_2Cl_2\downarrow + 2HNO_3$

(5) $Hg_2(NO_3)_2 + 2NaOH = HgO\downarrow + Hg + 2NaNO_3 + H_2O$

(6) $2[HgI_4]^{2-} + NH_4^{+} + 4OH^{-} = Hg_2O(NH_2)I\downarrow + 3H_2O + 7I^{-}$

5. 完成并配平下列金属溶解反应的方程式。

(1) 铜溶于氰化钠溶液；

(2) 银溶于稀硝酸；

(3) 金溶于王水；

(4) 锌溶于 NaOH 溶液；

(5) 汞溶于稀硝酸。

解　(1) $2Cu + 8CN^{-} + 2H_2O = 2[Cu(CN)_4]^{3-} + H_2\uparrow + 2OH^{-}$

(2) $3Ag + 4HNO_3 = 3AgNO_3 + NO + 2H_2O$

(3) $Au + 4HCl + HNO_3 = HAuCl_4 + NO\uparrow + 2H_2O$

(4) $Zn + 2NaOH + 2H_2O = Na_2[Zn(OH)_4] + H_2\uparrow$

(5) $6Hg + 8HNO_3 = 3Hg_2(NO_3)_2 + 2NO\uparrow + 4H_2O$

6. 完成并配平下列溶液与氨水反应的方程式。

(1) $CuCl_2$　(2) $AgNO_3$　(3) $ZnCl_2$　(4) $CdSO_4$　(5) $Hg_2(NO_3)_2$　(6) $HgCl_2$

解　(1) $CuCl_2 + 4NH_3 = [Cu(NH_3)_4]^{2+} + 2Cl^{-}$

(2) $AgNO_3 + 2NH_3 = [Ag(NH_3)_2]^{+} + NO_3^{-}$

(3) $ZnCl_2 + 4NH_3 = [Zn(NH_3)_4]^{2+} + 2Cl^{-}$

(4) $CdSO_4 + 4NH_3 = [Cd(NH_3)_4]^{2+} + SO_4^{2-}$

(5) $Hg_2(NO_3)_2 + 2NH_3 = Hg + Hg(NH_2)NO_3\downarrow + NH_4NO_3$

(6) $HgCl_2 + 2NH_3 = Hg(NH_2)Cl\downarrow + NH_4Cl$

7. 试选用合适的试剂将下列难溶于水的化合物溶解。

(1) CuCl　(2) AgCl　(3) AgBr　(4) AgI　(5) HgI_2　(6) Hg_2Cl_2

解　(1) $CuCl + 2S_2O_3^{2-} = [Cu(S_2O_3)_2]^{3-} + Cl^-$

(2) $AgCl + 2S_2O_3^{2-} = [Ag(S_2O_3)_2]^{3-} + Cl^-$ 或 $AgCl + 2NH_3 = [Ag(NH_3)_2]^+ + Cl^-$

(3) $AgBr + 2S_2O_3^{2-} = [Ag(S_2O_3)_2]^{3-} + Br^-$

(4) $AgI + 2CN^- = [Ag(CN)_2]^- + I^-$

(5) $HgI_2 + 2I^- = [HgI_4]^{2-}$

(6) $3Hg_2Cl_2 + 8H^+ + 2NO_3^- + 18Cl^- = 6[HgCl_4]^{2-} + 2NO + 4H_2O$

8. 用反应方程式表示下列制备过程。

(1) 由 $CuSO_4$ 溶液制备 $[Cu(CN)_4]^{2-}$ 溶液；

(2) 由 Cu 制备 CuI；

(3) 由 $CuSO_4$ 和 $ZnSO_4$ 混合溶液提取 Cu；

(4) 由 Hg 制备 Hg_2Cl_2。

解　(1) $2Cu^{2+} + 10CN^- = 2[Cu(CN)_4]^{3-} + (CN)_2\uparrow$

$2[Cu(CN)_4]^{3-} + H_2O_2 = 2[Cu(CN)_4]^{2-} + 2OH^-$

(2) $Cu + 2H_2SO_4 = CuSO_4 + SO_2\uparrow + 2H_2O$

$2Cu^{2+} + 5I^- = 2CuI + I_3^-$ 或 $2Cu^{2+} + 4I^- = 2CuI + I_2$

$Na_2SO_3 + I_2 + H_2O = Na_2SO_4 + 2HI$(除去 I_2)

(3) $CuSO_4 + Zn = Cu + ZnSO_4$(过量 Zn 用稀硫酸溶解)

或控制电压电解混合溶液得到金属铜。

(4) $6Hg + 8HNO_3 = 3Hg_2(NO_3)_2 + 2NO\uparrow + 4H_2O$ (硝酸不足量)

$Hg_2(NO_3)_2 + 2HCl = Hg_2Cl_2\downarrow + 2HNO_3$

9. 请解释下列实验现象。

(1) 稀释 $CuCl_2$ 浓溶液时，溶液的颜色依次是：黄色、黄绿、绿色、蓝绿、蓝色；

(2) 向 $Hg_2(NO_3)_2$ 溶液加入过量氨水生成黑灰色沉淀，而向 $Hg(NO_3)_2$ 溶液中加入氨水生成白色沉淀；

(3) 向 $Hg(NO_3)_2$ 溶液中加入金属汞并充分反应后，加入盐酸有白色沉淀生成；

(4) 用煤气灯加热 $Cu(NO_3)_2\cdot 4H_2O$ 晶体最终得到黑色产物，而用煤气灯加热 $CuSO_4\cdot 5H_2O$ 晶体最终得到白色产物；

(5) 在 $Cu(NO_3)_2$ 溶液中加入 KI 溶液可生成 CuI 沉淀，而加入 KCl 溶液不会生成 CuCl 沉淀。

解　(1) $CuCl_2$ 易溶于水，在很浓的 $CuCl_2$ 水溶液中，可形成黄色的 $[CuCl_4]^{2-}$：

$$Cu^{2+} + 4Cl^- = [CuCl_4]^{2-}$$

而 $CuCl_2$ 的稀溶液为蓝色，是因为溶液中存在 $[Cu(H_2O)_4]^{2+}$。

$$[CuCl_4]^{2-}(黄) + 4H_2O = [Cu(H_2O)_4]^{2+}(蓝) + 4Cl^-$$

稀释 $CuCl_2$ 浓溶液时，颜色的变化是含有 $[CuCl_4]^{2-}$、$[Cu(H_2O)_4]^{2+}$ 的相对含量不同所致。

(2) $Hg_2(NO_3)_2$ 遇氨水发生歧化反应，生成黑色的 Hg 沉淀和白色的 $Hg(NH_2)NO_3$ 沉淀，两种沉淀的物质的量比为 1 : 1，由于黑色的掩盖能力强，混合沉淀为黑灰色而不是灰色：

$$Hg_2(NO_3)_2 + 2NH_3 = Hg + Hg(NH_2)NO_3\downarrow + NH_4NO_3$$

$Hg(NO_3)_2$ 遇氨水发生氨解反应，生成白色的 $Hg(NH_2)NO_3$ 沉淀：

$$Hg(NO_3)_2 + 2NH_3 \xlongequal{} Hg(NH_2)NO_3\downarrow + NH_4NO_3$$

(3) 金属汞与 $Hg(NO_3)_2$ 溶液反应生成可溶性的 $Hg_2(NO_3)_2$，$Hg_2(NO_3)_2$ 遇盐酸生成 Hg_2Cl_2 白色沉淀：

$$Hg(NO_3)_2 + Hg \xlongequal{} Hg_2(NO_3)_2$$

$$Hg_2(NO_3)_2 + 2HCl \xlongequal{} Hg_2Cl_2\downarrow + 2HNO_3$$

(4) $Cu(NO_3)_2{\cdot}4H_2O$ 受热先发生水解反应，生成 $Cu(OH)NO_3$，继续加热则生成黑色的 CuO：

$$2Cu(NO_3)_2{\cdot}4H_2O \xlongequal{\triangle} 2CuO + 4NO_2\uparrow + O_2\uparrow + 8H_2O$$

加热 $CuSO_4{\cdot}5H_2O$ 脱水生成白色的 $CuSO_4$；$CuSO_4$ 较稳定，用煤气灯加热时不分解。

(5) CuI 的溶度积常数比较小，为 1.27×10^{-12}，使得 $E^{\ominus}(Cu^{2+}/CuI)>E^{\ominus}(I_2/I^-)$，故 Cu^{2+} 可以把 I^- 氧化，并形成 CuI 沉淀：

$$2Cu^{2+} + 4I^- \xlongequal{} 2CuI\downarrow + I_2$$

CuCl 溶度积常数为 1.72×10^{-6}，同时 Cl^- 的还原性较差，即 $E^{\ominus}(Cu^{2+}/CuCl) < E^{\ominus}(Cl_2/Cl^-)$，故 Cu^{2+} 不能氧化 Cl^- 生成 CuCl 沉淀。但 CuCl 可以溶于 KCl 溶液生成 $[CuCl_3]^{2-}$ 或 $[CuCl_4]^{3-}$，因此加入 KCl 溶液不会生成 CuCl 沉淀。

10. 向 $CuSO_4$ 溶液中加入 KI 溶液，有黄色沉淀生成；向黄色沉淀中加入过量 Na_2SO_3 溶液，沉淀转化为白色；向黄色沉淀中加入过量 $Na_2S_2O_3$ 溶液，沉淀消失，得到无色溶液。请解释实验现象并给出相关的反应方程式。

解　$CuSO_4$ 与 KI 反应生成白色的 CuI 和 I_2，I_2 与 I^- 生成黄色的 I_3^-，I_3^- 与 CuI 混在一起，看到的是黄色的产物：

$$2Cu^{2+} + 5I^- \xlongequal{} 2CuI\downarrow + I_3^-$$

再加入适量的 Na_2SO_3 溶液时，I_3^- 被还原为 I^-，而显示出 CuI 的白色：

$$SO_3^{2-} + I_3^- + H_2O \xlongequal{} SO_4^{2-} + 3I^- + 2H^+$$

加入 $Na_2S_2O_3$ 溶液，I_3^- 消失，沉淀转化为白色：

$$2S_2O_3^{2-} + I_3^- \xlongequal{} S_4O_6^{2-} + 3I^-$$

当 $Na_2S_2O_3$ 溶液过量时，与 CuI 生成可溶性配合物 $[Cu(S_2O_3)_2]^{3-}$，白色 CuI 沉淀溶解得到无色溶液。

$$CuI + 2S_2O_3^{2-} \xlongequal{} [Cu(S_2O_3)_2]^{3-} + I^-$$

11. 给出实验现象和反应方程式。

(1) 向 $AgNO_3$ 溶液中缓慢加入过量氨水，再加盐酸；

(2) 向 $[Zn(OH)_4]^{2-}$ 溶液中缓慢滴加盐酸直至过量；

(3) 向 $Hg_2(NO_3)_2$ 溶液中缓慢滴加 KI 溶液。

解　(1) 先有棕黑色沉淀生成：

$$2Ag^+ + 2NH_3 + H_2O \xlongequal{} Ag_2O\downarrow + 2NH_4^+$$

氨水过量，Ag_2O 溶解，得到无色溶液：

$$Ag_2O + 4NH_3 + H_2O \xlongequal{} 2[Ag(NH_3)_2]^+ + 2OH^-$$

再加入盐酸后，生成 AgCl 白色沉淀：

$$[Ag(NH_3)_2]^+ + Cl^- + 2H^+ = AgCl\downarrow + 2NH_4^+$$

(2) 先有白色沉淀生成：

$$[Zn(OH)_4]^{2-} + 2H^+ = Zn(OH)_2\downarrow + 2H_2O$$

盐酸过量则沉淀溶解，生成无色溶液：

$$Zn(OH)_2 + 2H^+ = Zn^{2+} + 2H_2O$$

(3) 先有黄色沉淀生成：

$$Hg_2(NO_3)_2 + 2KI = Hg_2I_2\downarrow + 2KNO_3$$

KI 的量逐渐增加时，沉淀进一步歧化为 Hg 和 HgI_2，颜色逐渐加深。KI 过量后，HgI_2 溶解使沉淀量减少，最后沉淀变为黑色:

$$Hg_2I_2 + 2I^- = [HgI_4]^{2-} + Hg$$

12. 简要回答下列各题。

(1) 为什么氯化亚汞的化学式写成 Hg_2Cl_2 形式，而不是 HgCl 形式?

(2) $AgNO_3$ 与 NH_3 和 AsH_3 反应，产物是否相同，为什么?

(3) 焊接铁皮时，为什么通常先用浓 $ZnCl_2$ 溶液处理铁皮表面?

(4) 金属活动顺序表中银排在氢后，但单质银却可以从 HI 溶液中置换出 H_2。

(5) 为什么向 $Hg_2(NO_3)_2$ 溶液中通入 H_2S 气体生成的是 HgS 和 Hg，而不是 Hg_2S。

(6) AgSCN 为折线形链状结构，画出加以解释;

(7) $Cu(Ac)_2\cdot H_2O$ 磁矩($1.4\mu_B$)明显比具有一个单电子化合物的磁矩小;

(8) 画出 $MCuCl_3$ 的二聚平面结构;

(9) 无水 $Cu(NO_3)_2$ 的熔点较低，真空时易升华。

解 (1) X 射线衍射实验结果表明，单个的 Hg^+ 是不存在的，只存在 Hg_2^{2+}，因此氯化亚汞的化学式为 Hg_2Cl_2，分子 Cl—Hg—Hg—Cl 是直线形的。

(2) 不同。在 $AgNO_3$ 溶液中，滴加 $NH_3\cdot H_2O$，先产生棕黑色沉淀 Ag_2O，继续滴加 $NH_3\cdot H_2O$ 到沉淀刚好消失时，生成银氨溶液$[Ag(NH_3)_2]^+$。反应式如下：

$$2Ag^+ + 2NH_3 + H_2O = Ag_2O\downarrow + 2NH_4^+$$

$$Ag_2O + 4NH_3 + H_2O = 2[Ag(NH_3)_2]^+ + 2OH^-$$

AsH_3 具有较强的还原性，与 $AgNO_3$ 反应生成单质银。反应式如下：

$$2AsH_3 + 12AgNO_3 + 3H_2O = As_2O_3 + 12HNO_3 + 12Ag\downarrow$$

(3) 焊接时使用 $ZnCl_2$ 浓溶液，是为了清除金属铁表面的氧化物。因为在 $ZnCl_2$ 浓溶液中，$ZnCl_2$ 水解生成具有显著酸性的二氯·羟合锌(Ⅱ)酸，能溶解金属表面的氧化物，而又不会腐蚀金属。反应式如下：

$$ZnCl_2 + H_2O = H[ZnCl_2(OH)]$$

$$FeO + 2H[ZnCl_2(OH)] = Fe[ZnCl_2(OH)]_2 + H_2O$$

(4) 因为 $E^\ominus(Ag^+/Ag) = 0.7996\ V > E^\ominus(H^+/H_2) = 0.0000\ V$，金属活动顺序表中银排氢后面，但加入 HI 溶液后，Ag^+浓度降低，银电极的电极电势降低。

$$Ag^+ + I^- = AgI\downarrow$$

当$[I^-] = 1\ mol·dm^{-3}$时，$E(Ag^+/Ag) = E^{\ominus}(AgI/Ag) = -0.1522\ V$，小于氢电极的电极电势，单质银的还原性增强，可将 H^+ 还原成 H_2。

(5) 向 $Hg_2(NO_3)_2$ 溶液中通入 H_2S 气体，Hg_2^{2+}发生歧化反应，生成 HgS 沉淀，Hg^{2+}浓度降低，有利于歧化反应进行。

$$Hg_2^{2+} + H_2S = HgS\downarrow + Hg\downarrow + 2H^+$$

(6) 直线形的 SCN^-中端原子 S 和 N 都可以配位，配位的 S 为 sp^2 杂化，故 AgSCN 为折线形链状结构：

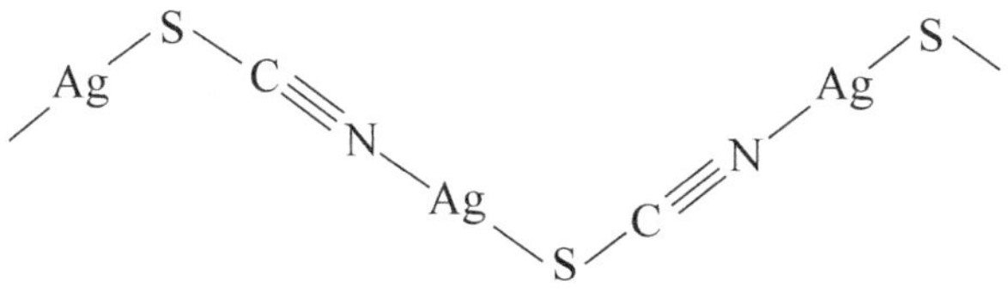

(7) 从无机化学的角度，磁矩为零意味着化合物中原子没有单电子，磁矩小于 $1.4\mu_B$ 说明单电子数比 1 小。

Cu^{2+} 的价电子构型为 $3s^23p^63d^9$，在 3d 轨道上有一个单电子，理论上磁矩为 $1.73\mu_B$。$Cu(Ac)_2·H_2O$ 磁矩减小说明 Cu^{2+}单电子部分共用，即存在弱的 Cu—Cu 键，$Cu(Ac)_2·H_2O$ 为二聚分子，采取“中国灯笼”式的结构，如下所示。

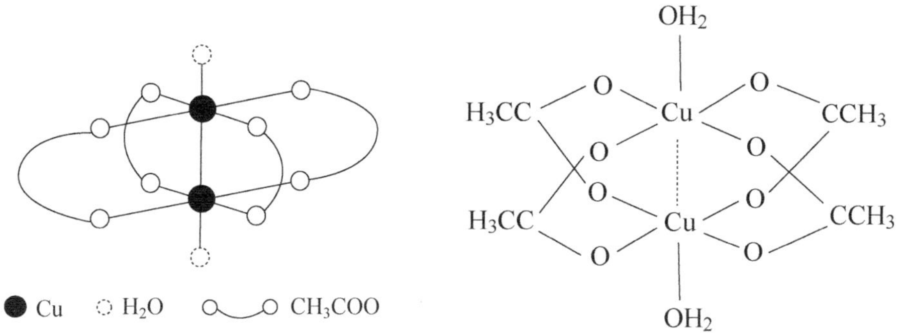

每个乙酸根的一个氧都与一个铜原子键连，两个五配位的铜原子之间的距离与金属铜中原子距离相近。这种二聚体结构单元结构中铜原子通过很弱的共价键结合，使得室温时磁矩为 $1.4\mu_B$，小于一个单电子化合物的磁矩。

(8) $MCuCl_3$ 中 M^+为平衡电荷离子，只需画出$[CuCl_3]^-$的结构。$[CuCl_3]^-$二聚的结构中需共用 Cl^-，形成平面结构：

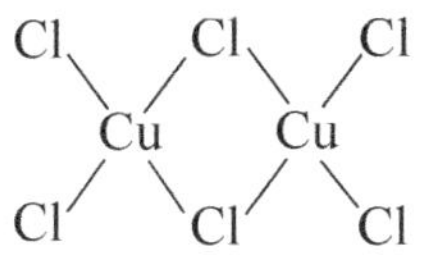

(9) 固态的 $Cu(NO_3)_2$ 中 NO_3^-作为桥连配体同时向 2 个金属铜配位，形成多聚体；气态的 $Cu(NO_3)_2$ 中 NO_3^-的两个氧向 1 个金属铜配位，形成单体。加热时 $Cu(NO_3)_2$ 由多聚体向单体转化，气态单体间相互作用力比较小：

加热 ⇌ 冷却

z

13. 设计方案将溶液中的离子分离。

(1) Cu^{2+}、Ag^{+}、Zn^{2+}、Cd^{2+}、Hg_2^{2+}　　(2) Al^{3+}、Sn^{2+}、Cu^{2+}、Zn^{2+}、Hg^{2+}

解　(1)

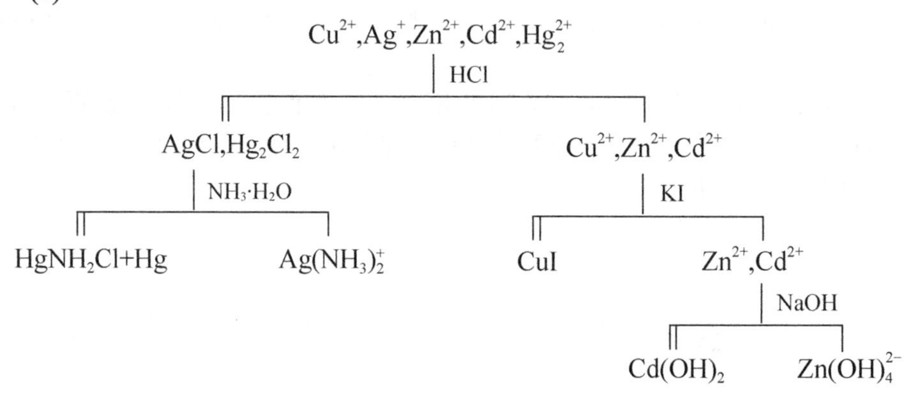

(2)

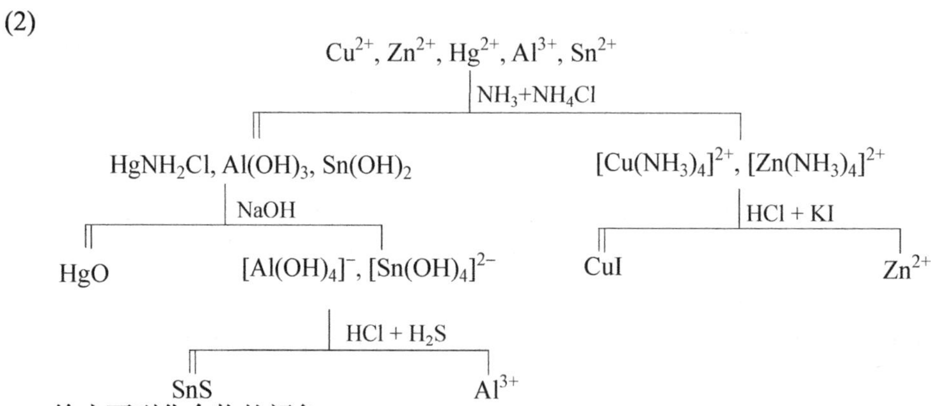

14. 给出下列化合物的颜色。

CuO，Cu_2O，Ag_2O，ZnO，CdO，HgO，$AgBr$，AgI，HgI_2，$CuCl_2$，$CuSO_4$，$Cu(OH)_2$，$Cd(OH)_2$，$CuCl_2·2H_2O$，$CuSO_4·5H_2O$

解　CuO 黑色；Cu_2O 红色；Ag_2O 棕黑；ZnO 白色；CdO 褐色；HgO 红色或黄色；$AgBr$ 浅黄；AgI 黄色；HgI_2 红色；$CuCl_2$ 棕黄；$CuSO_4$ 白色；$Cu(OH)_2$ 浅蓝；$Cd(OH)_2$ 白色；$CuCl_2·2H_2O$ 绿色；$CuSO_4·5H_2O$ 蓝色。

15. 给出下列配合物或配离子的颜色。

$[CuCl_2]^-$，$[Cu(NH_3)_2]^+$，$[Cu(S_2O_3)_2]^{3-}$，$[Cu(H_2O)_4]^{2+}$，$[CuCl_4]^{2-}$，$[Cu(NH_3)_4]^{2+}$，$[HgI_4]^{2-}$，

$[Cu(CN)_4]^-$

解　$[CuCl_2]^-$ 无色；$[Cu(NH_3)_2]^+$ 无色；$[Cu(S_2O_3)_2]^{3-}$ 无色；$[Cu(H_2O)_4]^{2+}$ 蓝色；$[CuCl_4]^{2-}$ 黄色；$[Cu(NH_3)_4]^{2+}$ 深蓝；$[HgI_4]^{2-}$ 无色；$[Cu(CN)_4]^-$ 黄色或无色。

16. 三种不溶于水的黄色粉末 AgI、Hg_2I_2、CdS，请通过实验加以区分。

解　加入浓盐酸，溶解的是 CdS：

$$CdS + 2HCl = CdCl_2 + H_2S$$

再加入 KCN 溶液，溶解的是 AgI：

$$AgI + 2CN^- = [Ag(CN)_2]^- + I^-$$

17. 试比较 Ag(Ⅰ)和 Hg(Ⅰ)的相似性和不同点。

解　(1) Ag (Ⅰ)与 Hg(Ⅰ)的相似性：

① 与卤素均形成难溶盐，且颜色相似。

AgCl	(白)	AgBr	(浅黄)	AgI	(黄)
Hg_2Cl_2	(白)	Hg_2Br_2	(白)	Hg_2I_2	(黄)

② 卤化物不稳定易分解，但二者分解方式不同。

$$2AgCl = 2Ag + Cl_2$$

$$Hg_2Cl_2 = Hg + HgCl_2$$

③ 氢氧化物不稳定，但二者分解方式的不同。

$$2Ag^+ + 2OH^- = Ag_2O + H_2O$$

$$Hg_2^{2+} + 2OH^- = HgO + H_2O + Hg\downarrow$$

(2) Ag (Ⅰ)与 Hg(Ⅰ)的不同点：

① 与 NH_3 反应的产物不同。

$$AgCl + 2NH_3 = Ag(NH_3)_2Cl$$

$$Hg_2Cl_2 + 2NH_3 = Hg + Hg(NH_2)Cl + NH_4Cl$$

② 对氧化剂的作用不同，Ag^+和氧化剂一般不反应，Hg_2^{2+}可以与氧化剂反应。

$$Hg_2Cl_2 + Cl_2 = 2HgCl_2$$

$$Hg_2(NO_3)_2 + 4HNO_3(浓) = 2Hg(NO_3)_2 + 2NO_2 + 2H_2O$$

18. 白色固体 A 溶于水后加入盐酸，有白色沉淀 B 生成。用过量 $SnCl_2$ 溶液与 B 作用，B 最后转化为黑色的 C。B 溶于过量硝酸生成无色溶液，再加入过量 NaOH 溶液有黄色沉淀 D 析出。D 不溶于氨水和 NaOH 溶液，但易溶于硝酸。用 HI 溶液处理 D 先有红色沉淀 E 生成，HI 溶液过量则沉淀消失得无色溶液。请给出 A～E 的化学式，并写出相关反应的化学方程式。

解　A. $Hg_2(NO_3)_2$，B. Hg_2Cl_2，C. Hg，D. HgO，E. HgI_2。

各步反应的化学方程式如下：

$$Hg_2(NO_3)_2 + 2HCl = Hg_2Cl_2\downarrow + 2HNO_3$$

$$Hg_2Cl_2 + SnCl_2 = 2Hg + SnCl_4$$

$$Hg_2Cl_2 + 6HNO_3 = 2Hg(NO_3)_2 + 2NO_2\uparrow + 2H_2O + 2HCl$$

$$Hg^{2+} + 2OH^- = HgO + H_2O$$

$$HgO + 2HI = HgI_2\downarrow + H_2O$$

$$HgI_2 + 2I^- == [HgI_4]^{2-}$$

19. 用煤气灯加热晶体 A 得到黑色固体 B 和棕色气体 C，C 能部分溶于氢氧化钠溶液。将 C 通入 $KMnO_4$ 溶液有棕褐色沉淀 D 生成，C 过量后 D 消失得无色溶液。若将 C 通入碘化钾溶液，则溶液变黄，说明有 E 生成。将 B 溶于浓盐酸得黄色溶液 F，再通入二氧化硫并加热则溶液变为无色，冷却后有白色沉淀 G 生成。将 G 用氢氧化钠溶液处理得到红色沉淀 H。给出 B～H 的化学式。

解　B. CuO，C. NO_2，D. MnO_2，E. I_2 或 I_3^-，F. $[CuCl_4]^{2-}$，G. CuCl，H. Cu_2O。

20. 化合物 A 为白色粉末，不溶于水。A 溶于盐酸得无色溶液 B。向 B 中加入适量 NaOH 溶液得白色沉淀 C。C 经高温加热又得到 A。C 溶于过量 NaOH 溶液得无色溶液 D。向溶液 D 中通入 H_2S 有白色沉淀 E 生成，E 不溶于水但易溶于稀盐酸。C 溶于氨水生成无色溶液 F，向溶液 F 中缓慢滴加稀盐酸，先有白色沉淀生成，盐酸过量则白色沉淀溶解。给出 A～F 的化学式，并写出相关反应的化学方程式。

解　A. ZnO，B. $ZnCl_2$，C. $Zn(OH)_2$，D. $[Zn(OH)_4]^{2-}$，E. ZnS，F. $[Zn(NH_3)_4]^{2+}$。

各步反应的化学方程式如下：

$$ZnO + 2HCl == ZnCl_2 + H_2O$$

$$Zn^{2+} + 2OH^- == Zn(OH)_2 \downarrow$$

$$Zn(OH)_2 + 2OH^- == [Zn(OH)_4]^{2-}$$

$$[Zn(OH)_4]^{2-} + 2H_2S == ZnS \downarrow + 4H_2O + S^{2-}$$

$$ZnS + 2H^+ == Zn^{2+} + H_2S$$

$$Zn(OH)_2 + 4NH_3 == [Zn(NH_3)_4]^{2+} + 2OH^-$$

$$[Zn(NH_3)_4]^{2+} + 2H^+ + 2H_2O == Zn(OH)_2 \downarrow + 4NH_4^+$$

$$Zn(OH)_2 + 2H^+ == Zn^{2+} + 2H_2O$$

21. 一种固体混合物可能含有 $AgNO_3$、CuS、$AlCl_3$、$KMnO_4$、K_2SO_4、$ZnCl_2$。将此混合物加水，并用少量盐酸酸化后，得白色沉淀物 A 和无色溶液 B。白色沉淀 A 溶于氨水中[实验(1)]。滤液 B 分成两份，一份中加入少量氢氧化钠溶液，有白色沉淀生成，该沉淀溶于过量氢氧化钠[实验(2)]。另一份中加入少量氨水，也产生白色沉淀，当加入过量氨水时，沉淀溶解[实验(3)]。试确定在混合物中，哪些物质肯定存在？哪些肯定不存在？哪些可能存在？说明理由，并用化学方程式表示。

解　肯定存在的有 $AgNO_3$、$ZnCl_2$；肯定不存在的有 CuS、$KMnO_4$、$AlCl_3$；可能存在的有 K_2SO_4

CuS 为黑色物质，溶度积很小，不溶于稀盐酸，根据题意，加入稀盐酸酸后得到白色沉淀，说明不含 CuS；$KMnO_4$ 在酸性溶液有很强的氧化性，能将 Cl^-氧化成氯气，题中加入盐酸后，未有气体产生，另外，$KMnO_4$ 为紫色溶液，如果存在也不能看到白色沉淀，因此认为混合物中不含 $KMnO_4$；由实验(1)可知白色沉淀为 AgCl，混合物中含有 $AgNO_3$。反应式如下：

$$Ag^+ + Cl^- == AgCl \downarrow$$

$$AgCl + 2NH_3 == [Ag(NH_3)_2]^+ + Cl^-$$

由实验(2)可知，溶液中可能有 $ZnCl_2$ 和 $AlCl_3$，由实验(3)加入少量氨水，也产生白色沉淀，当加入过量氨水时，沉淀溶解。这说明不含 $AlCl_3$，因为 $AlCl_3$ 与氨水反应可以生成白色 $Al(OH)_3$ 沉淀，但 $Al(OH)_3$ 不能溶于氨水。

$$Zn^{2+} + 2OH^- = Zn(OH)_2 \downarrow$$

$$Zn(OH)_2 + 2OH^- = [Zn(OH)_4]^{2-}$$

$$Zn^{2+} + 2NH_3 + 2H_2O = Zn(OH)_2 \downarrow + 2NH_4^+$$

$$Zn(OH)_2 \downarrow + 4NH_3 = [Zn(NH_3)_4]^{2+} + 2OH^-$$

22. 金属单质 A 与其盐 B 的溶液经酸化后一起加热一段时间后冷却，生成一种白色沉淀 C。C 与氢氧化钠溶液共热则转化不溶于水的棕红色沉淀 D。C 溶于浓盐酸变为无色溶液 E；用大量水稀释溶液 E 时生成白色沉淀 C。C 溶于氨水生成无色溶液 F；F 在空气中迅速变成深蓝色溶液 G；A 不溶于盐酸和氢氧化钠溶液，但可溶于硝酸中生成蓝色溶液 I。试给出 B～I 的化学式，并写出相关反应的化学方程式。

解　B. $CuCl_2$，C. $CuCl$，D. Cu_2O，E. $[CuCl_2]^-$，F. $[Cu(NH_3)_2]^+$，G. $[Cu(NH_3)_4]^{2+}$，I. $Cu(NO_3)_2$。

各步反应的化学方程式如下：

$$Cu^{2+} + Cu + 2Cl^- \xlongequal{\triangle} 2CuCl \downarrow$$

$$2CuCl + 2NaOH \xlongequal{\triangle} Cu_2O + 2NaCl + H_2O$$

$$2CuCl + 2Cl^- = 2[CuCl_2]^-$$

$$[CuCl_2]^- \xlongequal{稀释} CuCl \downarrow + Cl^-$$

$$CuCl + 2NH_3 = [Cu(NH_3)_2]^+ + Cl^-$$

$$4[Cu(NH_3)_2]^+ + O_2 + 8NH_3 + 2H_2O = 4[Cu(NH_3)_4]^{2+} + 4OH^-$$

$$3Cu + 8HNO_3(稀) = 3Cu(NO_3)_2 + 2NO \uparrow + 4H_2O$$

第16章 过渡元素

一、内容提要

过渡元素都是金属元素，包括ⅢB～ⅦB 和Ⅷ族元素，有时也把过渡元素的范围扩大到镧系元素和锕系元素(也称内过渡元素)。有人建议把铜副族和锌副族元素也归入过渡元素的范畴。

本章讨论的元素主要是钛副族元素(Ti、Zr、Hf)、钒副族元素(V、Nb、Ta)、铬副族元素(Cr、Mo、W)、锰副族元素(Mn、Tc、Re)、铁系元素(Fe、Co、Ni)、铂系元素(Ru、Rh、Pd、Os、Ir、Pt)。

16.1 过渡元素通性

16.1.1 单质的物理性质

过渡金属都有金属光泽，延展性、导电性和导热性好。过渡金属之间能形成多种合金。过渡金属的密度大，其中铼、锇、铱、铂的密度超过 20 $g\cdot cm^{-3}$，锇是密度最大的金属单质。

过渡金属的 s 和 d 轨道电子都参与成键，因而熔点、沸点较高。钽、钨、铼、锇的熔点都在 3000℃以上。钨是熔点最高的金属，约为 3422℃。

过渡金属的硬度高，铬、锰、钼、钌、钨、钽、铼、锇的莫氏硬度都超过 6。其中金属铬 Cr 最高，莫氏硬度为 9，在单质中仅次于金刚石的硬度。

16.1.2 氧化态与颜色

过渡元素的 d 电子参与化学键的形成，所以在它们在化合物中常表现出多种氧化态，最高氧化态从ⅢB 族元素(Sc、Y、La)的+3 价到Ⅷ族元素(Ru、Os)的+8 价。

同族中，随着周期数增加，高氧化态趋于稳定。例如，铬稳定氧化态为+3，+6 氧化态不稳定；而钼和钨稳定氧化态为+6；铁、钌、锇这族中，铁的最高氧化态是+6，而锇则达到+8。

过渡金属化合物、水合离子和配离子一般都有颜色，显色原因可归结为金属的 d-d 跃迁和正、负离子间的电荷迁移。

16.2 钛副族元素

16.2.1 钛副族元素的单质

金属钛的主要特点是密度小、强度大，兼有钢(强度高)和铝(质地轻)的优点。纯净的钛有良好的可塑性和韧性，耐热和抗腐蚀性也很好。

金属钛熔点高，高温下易与氧气、氮气、碳和氢气反应，因而不容易提取。钛铁矿经富集得到钛精矿，再用硫酸处理得到 $TiOSO_4$，经加热水解得到 H_2TiO_3，加热脱水得到 TiO_2；

将 TiO_2 与碳、氯气共热生成 $TiCl_4$，然后在氩气氛中用镁或钠还原得到金属钛。

钛是活泼金属，但在常温或低温是钝化的，因为金属表面生成了一层薄的难渗透的氧化膜。钛能缓慢地溶解在热的浓酸中，生成 Ti^{3+}。钛可溶于热的硝酸中生成 $TiO_2{\cdot}nH_2O$，锆也能溶于热的浓 H_2SO_4 或王水中。

钛副族金属均可溶于氢氟酸中。在高温时，钛副族金属都很活泼，可以直接化合生成氧化物 MO_2、卤化物 MX_4、间充型氮化物 MN 和间充型碳化物 MC 等。

钛可以与多种金属形成合金。钛镍合金是最佳形状记忆合金。钛铌合金在温度低于临界温度 4 K 时，呈现出零电阻的超导功能。

锆粉有较好的吸收气体性能，可吸收氧气、氢气、氮气、一氧化碳和二氧化碳等。锆与锡、铁、锇、铌等元素所形成的合金具有良好的耐蚀性和较高的强度。

除氢氟酸外，铪只溶于浓硫酸，在普通酸、碱介质中，腐蚀速率极低，是很好的耐腐蚀材料。铪及其化合物还具有熔点高、抗氧化性强的特点，是很好的耐高温材料。

16.2.2 钛副族元素的化合物

钛最重要的化合物是二氧化钛(TiO_2)和四氯化钛($TiCl_4$)。

纯净的二氧化钛不溶于水，也不溶于稀酸，但能缓慢地溶解在氢氟酸和热的浓硫酸中。从溶液中析出的是白色的 $TiOSO_4{\cdot}H_2O$ 而不是 $Ti(SO_4)_2$。二氧化钛不溶于碱性溶液，但能与熔融的碱作用生成偏钛酸盐，表明二氧化钛是两性氧化物。

二氧化钛的水合物 $TiO_2{\cdot}nH_2O$，也常写成 H_2TiO_3(偏钛酸)或 $Ti(OH)_4$(钛酸)。将 TiO_2 与浓 H_2SO_4 作用所得的溶液加热、煮沸，得到不溶于酸、碱的水合二氧化钛(β 型钛酸)。当把碱加入新制备的酸性钛盐溶液时，所得的水合二氧化钛则被称为 α 型钛酸。α 型钛酸比 β 型钛酸的活性大，既能溶于稀酸，也能溶于浓碱，具有两性。它溶于浓 NaOH 溶液，得到钛酸钠水合物($Na_2TiO_3{\cdot}nH_2O$)结晶。

将二氧化钛与碳酸钡一起熔融(加入氯化钡或碳酸钠作助熔剂)得偏钛酸钡。

$$TiO_2 + BaCO_3 = BaTiO_3 + CO_2\uparrow$$

$BaTiO_3$ 具有高的介电常数和显著的“压电性能”(加压后产生电势差)。

Ti(Ⅳ)盐的溶液与 H_2O_2 反应生成特征的橘黄色$[TiO(H_2O_2)]^{2+}$。这个反应可用于 Ti(Ⅳ)或 H_2O_2 的比色分析。在强酸性溶液中，则生成$[Ti(O_2)OH(H_2O)_4]^+$而显红色。

四氯化钛 $TiCl_4$ 常温下为无色液体，极易水解；在浓盐酸中生成 $H_2[TiCl_6]$，加入 NH_4^+则析出黄色的$(NH_4)_2[TiCl_6]$晶体。

工业上通过 TiO_2 与碳、氯气共热来制备 $TiCl_4$，高温下用 $COCl_2$、$SOCl_2$、$CHCl_3$ 或 CCl_4 等氯化 TiO_2 也可制备 $TiCl_4$。

16.3 钒副族元素

16.3.1 钒副族元素的单质

钒副族单质在高温下有较强的反应活性，都很难提取。纯钒可以利用金属 Na 或 H_2 还原 VCl_3、单质 Mg 还原 VCl_4 来获得。所有的钒副族金属均可以通过电解熔融氟的配位化合物来制备。

钒副族单质均为银白色，有金属光泽。常温下钒的活性较低，不与空气、水、碱反应；

钒与 HNO_3、浓 H_2SO_4 和王水反应，非氧化性酸只与 HF 生成 VF_3。

铌具有良好的耐腐蚀性。钽的活性低，不会被人体排斥。铌和钽极不活泼，除 HF 以外不与其他酸作用。

16.3.2 钒副族元素的化合物

1. 氧化物

五氧化二钒(V_2O_5)颜色从橙黄色到深红色(一般为橙黄色)，无臭、无味、有毒、微溶于水。可由 NH_4VO_3 加热分解得到 V_2O_5。

$$2NH_4VO_3 = V_2O_5 + 2NH_3 + H_2O$$

V_2O_5 两性偏酸，易溶于 NaOH，得到近无色的钒酸盐 Na_3VO_4 或偏钒酸盐 $NaVO_3$；V_2O_5 也溶于强酸中生成淡黄色的二氧基阳离子 VO_2^+：

V_2O_5 氧化性较强，与浓盐酸反应生成氯气。

$$V_2O_5 + 6HCl = 2VOCl_2 + Cl_2\uparrow + 3H_2O$$

深蓝色的 VO_2 可由 V_2O_5 缓慢还原得到，VO_2 溶于酸生成蓝色的 VO^{2+}。酸性介质中 $KMnO_4$ 定量与 VO^{2+} 反应。

$$MnO_4^- + 5VO^{2+} + H_2O = Mn^{2+} + 5VO_2^+ + 2H^+$$

Nb_2O_5 和 Ta_2O_5 都是白色固体，两性偏碱，活性低，除 HF 以外不与其他酸作用。Nb_2O_5、Ta_2O_5 与 NaOH 共熔分别生成相应的含氧酸盐。

2. 含氧酸盐

钒酸盐有正钒酸盐(如 Na_3VO_4)和偏钒酸盐(如 $NaVO_3$)。VO_4^{3-} 或 VO_3^- 仅存在于强碱性溶液中，随着 pH 的降低，会逐步聚合。随着 H^+ 浓度的增加，多钒酸根中的氧逐渐被 H^+夺走而使钒与氧的比值依次下降。pH≈2 时，析出橙黄色的 V_2O_5，pH<1 后溶液中主要是淡黄色的 VO_2^+。

VO_2^+可以被 Fe^{2+}、I^-等还原为 VO^{2+}，草酸能将 VO_2^+还原为 V^{3+}，有些强还原剂还能将 VO_2^+ 还原为 V^{2+}：

$$VO_2^+(\text{黄色}) + Fe^{2+} + 2H^+ = VO^{2+}(\text{蓝色}) + Fe^{3+} + H_2O$$

$$2VO_2^+ + 2I^- + 4H^+ = 2VO^{2+} + I_2 + 2H_2O$$

$$VO_2^+ + H_2C_2O_4 + 2H^+ = V^{3+}(\text{绿色}) + 2CO_2 + 2H_2O$$

$$2VO_2^+ + 3Zn + 8H^+ = 2V^{2+}(\text{紫色}) + 3Zn^{2+} + 4H_2O$$

+5 价钒溶液与 H_2O_2 发生过氧链转移反应，产物及颜色与溶液的酸碱性有关。在碱性和中性溶液中生成黄色的$[VO_2(O_2)_2]^{3-}$，在强酸性溶液中主要生成红色的$[V(O_2)]^{3+}$。

16.4 铬副族元素

16.4.1 铬的单质

铬是硬度最大的金属，熔点和沸点都较高。常温下，铬化学性质稳定，在潮湿空气中不会被腐蚀，能保持光亮的金属光泽。但在高温下铬的反应活性增强，可与多种非金属反应。

铬与浓硝酸或王水作用被钝化。铬可溶于稀盐酸生成蓝色 $CrCl_2$ 溶液，Cr^{2+}不稳定，很快被氧化为 Cr^{3+}。

16.4.2 三价铬的化合物

深绿色的 Cr_2O_3 熔点很高，微溶于水，具有两性。$Cr(OH)_3$ 也具有两性，溶于酸和强碱。高温灼烧过的 Cr_2O_3 不溶于酸和碱，需与 $K_2S_2O_7$ 共熔才能转化为易溶于水的盐。

$$Cr_2O_3 + 3K_2S_2O_7 = Cr_2(SO_4)_3 + 3K_2SO_4$$

常见的 Cr(Ⅲ)的盐有氯化铬、硫酸铬和铬钾矾。这些盐类多带结晶水，组成与相应的铝盐类似，如 $CrCl_3 \cdot 6H_2O$、$Cr_2(SO_4)_3 \cdot 18H_2O$、$K_2SO_4 \cdot Cr_2(SO_4)_3 \cdot 24H_2O$。

$CrCl_3 \cdot 6H_2O$ 是常见的铬盐，由于内界配体不同而有不同的颜色，如$[Cr(H_2O)_6]Cl_3$(紫色)，$[Cr(H_2O)_4Cl_2]Cl \cdot 2H_2O$(暗绿)，$[Cr(H_2O)_5Cl]Cl_2 \cdot H_2O$(浅绿)。

若$[Cr(H_2O)_6]^{3+}$内界的 H_2O 逐步被 NH_3 取代后，配离子颜色发生变化，如$[Cr(H_2O)_6]^{3+}$(紫色)，$[Cr(NH_3)_2(H_2O)_4]^{3+}$(紫红)，$[Cr(NH_3)_3(H_2O)_3]^{3+}$(浅红)，$[Cr(NH_3)_4(H_2O)_2]^{3+}$(橙红)，$[Cr(NH_3)_5(H_2O)]^{3+}$(橙黄)，$[Cr(NH_3)_6]^{3+}$ (黄色)。

Cr^{3+}与氨的配合反应是不彻底的，分离 Al^{3+}和 Cr^{3+}时不能用 $NH_3 \cdot H_2O$，而是利用在碱性溶液中 Cr(Ⅲ)的还原性，使其转化为可溶性的 CrO_4^{2-}，生成 $BaCrO_4$ 等沉淀实现分离。

Cr(Ⅲ)在碱性溶液中有较强的还原性，易被氧化；在酸性溶液中需强氧化剂才可被氧化。

$$2CrO_2^- (\text{绿色}) + 3H_2O_2 + 2OH^- = 2CrO_4^{2-}(\text{黄色}) + 4H_2O$$

$$10Cr^{3+} + 6MnO_4^- + 11H_2O = 6Mn^{2+} + 5Cr_2O_7^{2-}(\text{橙色}) + 22H^+$$

$CrCl_3 \cdot 6H_2O$ 受热脱水时水解生成 $Cr(OH)Cl_2$。在 Na_2CO_3、Na_2S 等碱性溶液中水解生成灰蓝色沉淀 $Cr(OH)_3$。

16.4.3 六价铬的化合物

常见铬(Ⅵ)的化合物有黄色的铬酸盐、橙色的重铬酸钾、深红色的三氧化铬(CrO_3)和氯化铬酰(CrO_2Cl_2)。

向 CrO_4^{2-} 溶液中加酸则转化为二聚的 $Cr_2O_7^{2-}$，酸的浓度大则析出红色针状 CrO_3 晶体，浓的强酸中有过氧基离子 CrO_2^{2+}。若向 $Cr_2O_7^{2-}$ 溶液中加碱，又转化为 CrO_4^{2-} 溶液。CrO_2Cl_2 极易水解生成 $H_2Cr_2O_7$ 和 HCl。

常见的难溶铬酸盐有：砖红色的 Ag_2CrO_4 和黄色的 $PbCrO_4$、$BaCrO_4$、$SrCrO_4$。Ag_2CrO_4 溶于硝酸，与 NaOH 溶液作用转化为 Ag_2O，与盐酸作用转化为 AgCl。$PbCrO_4$ 既溶于硝酸又溶于强碱。$BaCrO_4$ 溶于盐酸和硝酸，不溶于强碱，与硫酸作用转化为 $BaSO_4$。

$$2PbCrO_4 + 4HNO_3 = 2Pb(NO_3)_2 + H_2Cr_2O_7 + H_2O$$

$$PbCrO_4 + 4NaOH = Na_2[Pb(OH)_4] + Na_2CrO_4$$

$$2BaCrO_4 + 2H_2SO_4 = 2BaSO_4 + H_2Cr_2O_7 + H_2O$$

向 CrO_4^{2-} 或 $Cr_2O_7^{2-}$ 溶液中加入 Ba^{2+}、Pb^{2+}、Ag^+等，均生成铬酸盐沉淀，因为铬酸盐比重铬酸盐的溶解度小。

CrO_3 有强的氧化性，受热易分解放出 O_2。$K_2Cr_2O_7$ 是常用的氧化剂，酸性条件下有较强的氧化性：

$$K_2Cr_2O_7 + 14HCl \longrightarrow 2KCl + 2CrCl_3 + 3Cl_2\uparrow + 7H_2O$$

用稀硫酸酸化含 $K_2Cr_2O_7$ 溶液，加入 H_2O_2 溶液有蓝色 CrO_5 生成，这是检验铬(Ⅵ)或过氧化氢的一个灵敏反应。

$$Cr_2O_7^{2-} + 4H_2O_2 + 2H^+ \longrightarrow 2CrO_5 + 5H_2O$$

CrO_5 在水中稳定性较差，很快分解生成绿色的 Cr^{3+} 并放出 O_2，若向生成 CrO_5 溶液中加入乙醚或戊醇，有机层呈蓝色。CrO_5 在有机溶剂中较稳定，分解速率较慢。

16.4.4 钼和钨

钼和钨是熔点和沸点较高的重金属，其中钨是熔点最高的金属。钼和钨的最常见氧化态为+6 价，钼和钨与 KNO_3、$KClO_3$ 或 Na_2O_2 共熔被氧化成 MoO_4^{2-} 和 WO_4^{2-}。

将钼酸盐或钨酸盐溶液酸化，可得到黄色的“钼酸”($H_2MoO_4 \cdot H_2O$)或白色的“钨酸”($H_2WO_4 \cdot xH_2O$)沉淀。钼酸和钨酸在一定条件下缩水还能形成同多酸(两个或多个同种简单含氧酸分子缩水而成的酸)，能够形成同多酸的元素有 V、Cr、Mo、W、B、Si、P、As 等。

钼酸铵与磷酸根离子可生成 $(NH_4)_3PO_4 \cdot 12MoO_3$ 的黄色沉淀，这一反应可用来鉴定 PO_4^{3-}。

$$H_3PO_4 + 12(NH_4)_2MoO_4 + 21HNO_3 \longrightarrow (NH_4)_3PO_4 \cdot 12MoO_3\downarrow + 21NH_4NO_3 + 12H_2O$$

由两种不同元素含氧酸分子缩水而成的酸称为杂多酸。人们对钼和钨的磷、硅杂多酸研究较多。杂多酸是一类特殊的配合物，其中的 P 或 Si 是配合物的中心原子，多钼酸根或多钨酸根为配位体，它们是固体酸。

16.5 锰副族元素

块状锰为银白色，粉末状的锰为灰色。锰比较活泼，与非氧化性稀酸反应放出氢气。在空气中锰易被氧化，加热时生成 Mn_3O_4；高温下可与卤素、硫、碳、磷作用。锰与镁相似，溶于热水生成 $Mn(OH)_2$ 并放出氢气，但不溶于冷水。

锰常见的化合物有 Mn(Ⅱ)盐类、MnO_2 和高锰酸盐。

16.5.1 Mn(Ⅱ)的化合物

Mn(Ⅱ)的强酸盐易溶，其水合晶体为浅红色，无水盐为白色。Mn(Ⅱ)的弱酸盐和氢氧化物难溶，如 $MnCO_3$(白色)、$Mn(OH)_2$(白色)。无水 MnS 是绿色，带结晶水的 $MnS \cdot nH_2O$ 呈淡粉红色。MnS 难溶于水，但易溶于弱酸(如 HAc)中。

在碱性溶液中，Mn(Ⅱ)的还原性较强，极易被氧化成棕褐色的 $MnO(OH)_2$(或 MnO_2)。

$$Mn^{2+} + H_2O_2 + 2OH^- \longrightarrow MnO(OH)_2 + H_2O$$

$$2Mn(OH)_2 + O_2 \longrightarrow 2MnO(OH)_2$$

在酸性溶液中，Mn^{2+} 的还原性较弱，只有强氧化剂如 $(NH_4)_2S_2O_8$、$NaBiO_3$、PbO_2、H_5IO_6 等能将其氧化为 MnO_4^-。MnO_4^- 有颜色，故可用生成 MnO_4^- 反应鉴定 Mn^{2+}。

$$2Mn^{2+} + 5NaBiO_3 + 14H^+ \longrightarrow 2MnO_4^- + 5Na^+ + 5Bi^{3+} + 7H_2O$$

锰(Ⅱ)盐受热分解时，若酸根有氧化性则 Mn(Ⅱ)被氧化：

$$Mn(NO_3)_2 \longrightarrow MnO_2 + 2NO_2$$

$$Mn(ClO_4)_2 \longrightarrow MnO_2 + Cl_2 + 3O_2$$

16.5.2 其他氧化数的化合物

最重要Mn(Ⅳ)的化合物是MnO_2，较稳定，不歧化，不溶于水、稀酸和稀碱。MnO_2是两性氧化物，可以与浓酸、浓碱缓慢反应而部分溶解(不能利用其两性溶于酸、碱)。

$$MnO_2 + 4HCl(浓) = MnCl_4 + 2H_2O$$

$$MnO_2 + 2NaOH\ (浓) = Na_2MnO_3 + H_2O$$

MnO_2在酸中有氧化性，加热时MnO_2与浓盐酸作用生成氯气(实验室制备氯气方法)，与浓硫酸作用生成氧气。

$$MnO_2 + 4HBr = MnBr_2 + Br_2 + 2H_2O$$

$$MnO_2 + 4HCl(浓) = MnCl_2 + 2H_2O + Cl_2\uparrow$$

$$4MnO_2 + 6H_2SO_4\ (浓) = 2Mn_2(SO_4)_3(紫红) + 6H_2O + O_2\uparrow$$

$$2Mn_2(SO_4)_3 + 2H_2O = 4MnSO_4 + 2H_2SO_4 + O_2\uparrow$$

在碱性条件下熔融，MnO_2可被氧化至深绿色的Mn(Ⅵ)。

$$3MnO_2 + 6KOH + KClO_3 = 3K_2MnO_4 + KCl + 3H_2O$$

在弱碱、中性及酸中MnO_4^{2-}均歧化，只有在相当强的碱中才稳定。

高锰酸钾($KMnO_4$)，紫黑色晶体，是最重要的Mn(Ⅶ)化合物。其水溶液的颜色与浓度有关，随着溶液由浓至稀，呈紫黑色、紫色、紫红色、红色、浅红色。

$KMnO_4$是最重要和最常用的氧化剂，它的氧化能力和还原产物因介质的酸碱程度不同而有显著差别。

酸性 $2MnO_4^- + 5SO_3^{2-} + 6H^+ = 2Mn^{2+} + 5SO_4^{2-} + 3H_2O$

中性 $2MnO_4^- + 3SO_3^{2-} + H_2O = 2MnO_2\downarrow + 3SO_4^{2-} + 2OH^-$

碱性 $2MnO_4^- + SO_3^{2-} + 2OH^- = 2MnO_4^{2-} + SO_4^{2-} + H_2O$

实验室经常用酸性条件下$KMnO_4$与$H_2C_2O_4$定量反应来标定$KMnO_4$溶液的浓度。

$$2MnO_4^- + 6H^+ + 5H_2C_2O_4 = 2Mn^{2+} + 10CO_2\uparrow + 8H_2O$$

高锰酸盐氧化性强，热力学上不稳定，在酸性溶液中明显分解，在中性或微碱性溶液中缓慢分解。高锰酸盐固体稳定性较高，但温度高于200℃时分解。

$$4MnO_4^- + 4H^+ = 4MnO_2 + 3O_2\uparrow + 2H_2O$$

$$4MnO_4^- + 4OH^- = 4MnO_4^{2-} + O_2\uparrow + 2H_2O$$

$$2KMnO_4(s) = K_2MnO_4 + MnO_2 + O_2\uparrow$$

$KMnO_4$与冷的浓硫酸作用生成绿褐色油状Mn_2O_7。Mn_2O_7受热爆炸分解。

$$2KMnO_4 + H_2SO_4 = Mn_2O_7 + K_2SO_4 + H_2O$$

16.6 铁系和铂系元素

16.6.1 铁系元素的单质

铁系元素单质都是银白色具有光泽的金属，都有强磁性，许多铁、钴、镍合金是很好的磁性材料。铁和镍有很好的延展性，钴则硬而脆，低纯度的铸铁也是脆性的。依铁、钴、镍顺序，原子半径依次减小，密度依次增大。

铁、钴、镍活泼性依次降低，都能与稀酸反应置换出氢气。经过浓硝酸或浓硫酸处理过的铁表面可形成一层致密的氧化膜，能保护铁表面免受潮湿空气的锈蚀。钴和镍被空气氧化可生成薄而致密的膜，这层膜可保护金属使之不被继续腐蚀。

铁系金属都难与强碱发生反应。其中，镍对碱的稳定性最高，可以使用镍制坩埚熔融强碱。铁在常温下不易与非金属单质反应，但在红热情况下，与硫、氯、溴等发生激烈作用。

16.6.2　铁系元素的化合物

铁系金属的强酸盐都易溶于水，如硫酸盐、硝酸盐和氯化物。铁系元素的弱酸盐、氢氧化物和氧化物等不溶于水。$Co(OH)_2$ 和 $Ni(OH)_2$ 易溶于氨水，$Fe(OH)_2$ 和 $Fe(OH)_3$ 不溶于氨水。

铁系元素的水合离子有特征的颜色，水合离子 $[Fe(H_2O)_6]^{2+}$ 显浅绿色，$[Fe(H_2O)_6]^{3+}$ 显淡紫色，$[Co(H_2O)_6]^{2+}$ 显粉红色，$[Ni(H_2O)_6]^{2+}$ 显亮绿色。

加热 $CoCl_2 \cdot 6H_2O$ 逐步失去全部结晶水而不水解。$FeCl_2 \cdot 6H_2O$ 和 $NiCl_2 \cdot 6H_2O$ 加热则得不到无水盐。

高电荷的 Fe^{3+} 水解能力强，其盐的水溶液显强酸性。向 $FeCl_3$ 溶液与氨水、碳酸盐溶液，都生成氢氧化物 $Fe(OH)_3$ 沉淀。三价铁的强酸盐溶于水，得不到淡紫色的 $[Fe(H_2O)_6]^{3+}$，而是淡黄色溶液。

三价铁盐是一种中等偏弱的氧化剂，$E^{\ominus}(Fe^{3+}/Fe^{2+}) = 0.77\ V$，能将强还原剂 KI、$H_2S$、$SO_2$、$Sn^{2+}$ 等氧化，能够腐蚀金属铜。

三价钴和三价镍在酸性条件下是强氧化剂，能将 HCl、Mn^{2+} 等氧化，在水溶液中不稳定。

$$2Co(OH)_3 + 6HCl = 2CoCl_2 + Cl_2\uparrow + 6H_2O$$

$$5Co(OH)_3 + Mn^{2+} + 7H^+ = 5Co^{2+} + MnO_4^- + 11H_2O$$

碱性条件下，碘水、过氧化氢和空气中的氧等很容易将 $Fe(OH)_2$ 和 $Co(OH)_2$ 氧化为 $Fe(OH)_3$ 和 $Co(OH)_3$，但不能将 $Ni(OH)_2$ 氧化，用溴水和氯水等强氧化剂才能氧化 $Ni(OH)_2$。

强碱中 $Fe(OH)_3$ 可以被 Cl_2 或 ClO^- 氧化生成紫红色的 FeO_4^{2-}；FeO_4^{2-} 在酸性条件下不稳定，氧化能力极强；FeO_4^{2-} 与 Ba^{2+} 生成红棕色 $BaFeO_4$ 沉淀。

$$2Fe(OH)_3 + 3ClO^- + 4OH^- = 2FeO_4^{2-} + 3Cl^- + 5H_2O$$

铁系元素重要的盐有：$FeSO_4 \cdot 7H_2O$ 显绿色，俗称绿矾。$FeSO_4 \cdot (NH_4)_2SO_4 \cdot 6H_2O$ 显浅蓝绿色(莫尔盐)。FeF_3 显白色；$FeCl_3 \cdot 6H_2O$ 呈橘黄色；$FeCl_3$ 呈棕黑色(气态时为二聚体)，易溶于乙醇。FeO 为黑色粉末，白色 $Fe(OH)_2$ 与空气中的氧作用迅速转变为灰蓝绿色，全部被氧化后为棕色 $Fe(OH)_3$，$Fe(OH)_3$ 脱水生成红棕色 Fe_2O_3。

CoF_2 为粉红色，$CoCl_2$ 为蓝色，$CoBr_2$ 为绿色，CoI_2 为蓝色。水合盐 $CoCl_2 \cdot 6H_2O$ 和 $CoSO_4 \cdot 7H_2O$ 为粉红色。$CoCl_2 \cdot H_2O$ 为蓝紫色，$CoCl_2 \cdot 2H_2O$ 为紫红色，CoO 为灰绿色。

向 Co^{2+} 盐溶液中加入 NaOH 先生成蓝色不稳定的 $Co(OH)_2$ 沉淀，放置或加热转化为粉红色 $Co(OH)_2$，$Co(OH)_2$ 在空气中缓慢被氧化为棕黑色的 $Co(OH)_3$(或 $Co_2O_3 \cdot nH_2O$)。

Ni^{2+} 水合盐晶体多为绿色，如氯化物 $NiCl_2 \cdot 6H_2O$、硫酸盐 $NiSO_4 \cdot 7H_2O$、硝酸盐 $Ni(NO_3)_2 \cdot 6H_2O$。$Ni(OH)_2$ 为淡绿色，NiO 为暗绿色。

16.6.3 铁系元素的配合物

1. 铁的配合物

Fe^{3+}溶液与 Cl^-生成黄色的$[FeCl_4]^-$和$[FeCl_4(H_2O)_2]^-$；与 F^-生成无色的$[FeF_5(H_2O)]^{2-}$；与 SCN^-生成红色的$[Fe(SCN)_n(H_2O)_{6-n}]^{3-n}$ 或$[Fe(SCN)_n]^{3-n}$($n=1\sim6$)，随着溶液中配合物浓度增大，溶液的颜色从浅红到暗红。

$K_3[Fe(C_2O_4)_3]\cdot3H_2O$ 为绿色晶体，具有光学活性，光照则分解为 $FeC_2O_4\cdot2H_2O$。FeC_2O_4 溶于过量 $K_2C_2O_4$ 溶液生成可溶性的 $K_2[Fe(C_2O_4)_2]$。

$K_4[Fe(CN)_6]\cdot3H_2O$ 晶体为黄色，俗称黄血盐。$K_3[Fe(CN)_6]$ 晶体为红色，俗称赤血盐。将 Fe^{3+}与黄血盐溶液或 Fe^{2+}与赤血盐溶液混合，均生成蓝色的 $K[FeFe(CN)_6]$，CN^-的 N 原子向 Fe^{3+}配位而 C 原子向 Fe^{2+}配位。

二价铁与 1,10-二氮菲(记为 phen)的配合物$[Fe(phen)_3]^{2+}$(红色)比三价铁的配合物$[Fe(phen)_3]^{3+}$(蓝色)稳定，因而$[Fe(phen)_3]^{2+}$的还原性比 Fe^{2+}差。

利用 Fe^{2+} 与 NO 在酸性条件下反应生成棕色的$[Fe(NO)]^{2+}$或$[Fe(NO)(H_2O)_5]^{2+}$，可以鉴定 NO_3^- 和 NO_2^-。

二茂铁$[Fe(C_5H_5)_2]$为橙黄色固体，具有夹心型结构。研究证明，二茂铁既不是重叠型构型，也不是交错型构型，而是介于二者之间。

一定条件下 Fe 能与 CO 反应生成单核、双核和多核配合物，如黄色液体$[Fe(CO)_5]$、黄色固体$[Fe_2(CO)_9]$(共面八面体结构)。

2. 钴和镍的配合物

$[Co(H_2O)_6]^{2+}$粉红色，$[Co(NH_3)_6]^{2+}$和$[Co(NH_3)_6]^{3+}$棕黄色，$[Co(SCN)_4]^{2-}$蓝色。无色的 $Na_3[Co(NO_2)_6]$易溶于水，与 K^+作用生成溶解度小的 $K_3[Co(NO_2)_6]$。Co^{2+}与过量氨水作用生成棕黄色$[Co(NH_3)_6]^{2+}$，在空气中缓慢被氧化为$[Co(NH_3)_6]^{3+}$。

Co^{3+}氧化能力强，在水溶液中不稳定。但 Co(Ⅲ)配合物一般比 Co(Ⅱ)配合物稳定。

向绿色 Ni^{2+}溶液中滴加氨水，先生成绿色的 $Ni(OH)_2$ 沉淀，氨水过量得到蓝色$[Ni(NH_3)_6]^{2+}$溶液。绿色 $Ni(CN)_2$ 不溶于水，溶于氰化钾溶液得到黄色$[Ni(CN)_4]^{2-}$(正方形结构)溶液；氰化钾溶液过量最后生成红色$[Ni(CN)_5]^{3-}$(三角双锥结构)溶液。

钴和镍能形成一系列羰基配合物，如$[Ni(CO)_4]$、$[Co_2(CO)_8]$、$K[Co(CO)_4]$等。Ni 粉末与 CO 在 50℃反应生成无色$[Ni(CO)_4]$液体；经分离后得到纯净的$[Ni(CO)_4]$，在 200℃分解$[Ni(CO)_4]$可制备高纯 Ni。Fe 和 Co 等高纯金属也可用类似的方法制备。

16.6.4 铂系元素

1. 铂系元素的单质

铂系元素在地壳上的含量均较低，都为稀有元素，与金、银一起统称贵金属。除锇为蓝灰色外，其余的铂系金属均为银白色。钌和锇硬度大而脆，其余四种铂系金属都有延展性。

铂系金属均为高熔点金属。铂系元素中高周期的三种金属的密度都在 20 $g\cdot cm^{-3}$ 以上。

铂系元素的单质均为惰性金属，最活泼的 Pd 也不与非氧化性酸作用，Pd 缓慢溶于硝酸和热的浓硫酸。Pt 不溶于硝酸，溶于王水生成配合酸 H_2PtCl_6。Ru、Rh、Os 和 Ir 与王水作用极其缓慢。在与碱和氧化剂 KNO_3、$KClO_3$、Na_2O_2 共熔时，铂系金属都能被氧化。

2. 铂系元素的化合物与配合物

铂系金属中，Os 的卤化物最丰富，氧化数从+2～+7 的卤化物都有。Ru、Rh、Ir 稳定氧化态为+3，能与所有卤素形成三卤化物。RuO_4 和 OsO_4 为共价化合物，易挥发，剧毒。Pt 稳定氧化态为+4 和+2，能与所有卤素形成四卤化物。Pd 稳定氧化态为+2，能与所有卤素形成二卤化物。

高价金属的卤化物不稳定，氧化能力强。PtF_6 是已知的最强的氧化剂，能将 O_2 氧化生成 $O_2^+[PtF_6]^-$，将 Xe 氧化生成 $Xe[PtF_6]$。

将 CO 通入 $PdCl_2$ 溶液立即生成黑色单质 Pd 沉淀，可以用来鉴定 CO 的存在。

$H_2PtCl_6·6H_2O$ 为棕红色晶体，$K[Pt(C_2H_4)Cl_3]·H_2O$ 为橙黄色晶体(Pt 采取 dsp^2 杂化，C_2H_4 占据平面四边形的一个顶点)，$[Pt(NH_3)_4]Cl_2·H_2O$ 为无色晶体，$K_2[PtCl_6]$为微溶盐。

Pt(Ⅱ)四配位配合物一般为平面四边形结构，$[Pt(NH_3)_2Cl_2]$为黄色，$[PtCl_4]^{2-}$为红色，$[Pt(NH_3)_4]^{2+}$和$[Pt(CN)_4]^{2-}$为无色，而$[Pt(NH_3)_4][PtCl_4]$是绿色的。

铂溶于王水得到 H_2PtCl_6，由此可制备铂的其他化合物。

$$3Pt + 4HNO_3 + 18HCl \longrightarrow 3H_2PtCl_6 + 4NO + 8H_2O$$
$$H_2PtCl_6 + 2K^+ \longrightarrow K_2[PtCl_6] + 2H^+$$
$$K_2[PtCl_6] + K_2C_2O_4 \longrightarrow K_2[PtCl_4] + 2KCl + 2CO_2$$

16.7 内过渡元素

16.7.1 镧系元素

1. 金属单质

镧系 15 种元素，常用 Ln 表示。镧系与同族的钪(Sc)和钇(Y)共 17 种元素称为稀土元素。虽然稀土元素在地壳中的丰度很高，但由于分布比较分散，性质彼此又十分相似，因此，提取和分离比较困难。

镧系金属为银白色，质地较软，具有延展性，但抗拉强度低。镧系金属都具有较强的顺磁性和吸收气体的能力。

稀土金属还原性强，一般采用熔盐电解法制备金属单质。

稀土金属均为活泼金属，在空气中可缓慢被氧化，都易溶于稀酸置换出氢，但不溶于碱。

镧系元素常见氧化态是+3，有些元素还存在除+3 以外的稳定氧化态，如 Ce、Pr、Tb、Dy 常呈现出+4 氧化态，而 Sm、Eu、Tm、Yb 则有+2 氧化态。

从 La 到 Lu 15 种镧系元素的金属半径递减累积达 9 pm，称为镧系收缩。镧系收缩使镧系元素后的元素与同族上一周期元素原子半径和离子半径相近，性质相似，分离困难。

镧系元素之间半径相近，性质相似，容易共生，很难分离。

2. 化合物

化合物中镧系金属电子构型为 $4f^{1\sim13}$ 的离子 4f 电子吸收可见光发生 f-f 跃迁，一般都有颜色，而具有 f^0 和 f^{14} 结构的 La^{3+} 和 Lu^{3+} 则无色。高氧化态金属离子极化能力较强而产生电荷迁移，如 $Ce^{4+}(4f^0)$ 离子的橙红色就是由电荷迁移引起的。

含有未成对电子的物质具有顺磁性或铁磁性，$f^{1\sim13}$ 构型的原子或离子都是顺磁性的。稀土元素具有优异的发光性能，可用来制造发光材料、电光源材料和激光材料等。

Ln_2O_3 难溶于水或碱性介质，即使经过灼烧的 Ln_2O_3 也能溶于强酸中。镧系元素的氢氧化物溶解度小于碱土金属。

在镧系金属卤化物中，LnF_3 为难溶盐，不溶于稀 HNO_3。向镧系金属氢氧化物、氧化物、碳酸盐中加盐酸就可得到易溶于水的氯化物。从水溶液中析出的氯化物结晶都是水合晶体，$LnCl_3 \cdot nH_2O(n=6$ 或 $7)$。多数水合氯化物晶体在加热时发生水解。

由于 Ce^{4+} 有很强的氧化性，反应速率快，分析化学常用作氧化还原滴定剂。

$$2CeO_2 + 6HCl + H_2O_2 \longequal 2CeCl_3 + 4H_2O + O_2$$

$$2Ce(OH)_4 + 8HCl \longequal 2CeCl_3 + 8H_2O + Cl_2$$

稀土硫酸盐和碱金属硫酸盐易形成稀土硫酸复盐 $xLn_2(SO_4)_3 \cdot yM_2SO_4 \cdot zH_2O$，式中 M 为 K^+、Na^+、NH_4^+。条件不同，x、y、z 值不同。

镧系元素的草酸盐难溶于水，也难溶于酸。向镧系金属硝酸盐或氯化物的溶液中加硝酸和草酸混合溶液可得到草酸盐沉淀。

Ln^{3+} 半径比过渡元素大，所以镧系元素生成配合物能力小于过渡金属。镧系金属离子半径大、外层空的轨道多，Ln^{3+} 的配位数一般比较大，可以为 6～12。

16.7.2 锕系元素

锕系元素单质都是具有银白色光泽的放射性金属。与镧系金属相比，锕系金属熔点、密度稍高，金属结构变体多。

锕系元素同镧系元素的价电子结构相似。锕系元素也有同镧系收缩类似的“锕系收缩”现象。

除锕和钍外，锕系前半部分元素在水溶液中具有几种不同的氧化态，这是因为金属 7s、5f、6d 电子都可以作为价电子参与成键。随着原子序数的递增，5f 和 6d 轨道能量差变大，5f 电子不易失去或参与成键，使得从 Am(镅)开始，+3 为稳定氧化态。

当 Ac、Th、Pa、U 所有的价电子都用于成键时，它们所表现的最稳定氧化态分别为+3、+4、+5 和+6。氧化态为+7 的 Np 不稳定而其最稳定氧化态为+5。Pu 的稳定氧化态为+4。从 Am 到 Lr 九种元素最稳定氧化态都是+3。

锕系元素在化合物中配位数主要是 6 或 8，还有较高的配位数如 10、11、12。

二、习题解答

1. 给出下列矿物主要成分的化学式。

(1) 金红石　(2) 钛铁矿　(3) 钙钛矿　(4) 锆英石
(5) 斜锆石　(6) 铬铁矿　(7) 铬铅矿　(8) 辉钼矿
(9) 钼铅矿　(10) 白钨矿　(11) 黑钨矿　(12) 软锰矿
(13) 黑锰矿　(14) 赤铁矿　(15) 磁铁矿　(16) 菱铁矿

解　(1) TiO_2　(2) $FeTiO_3$　(3) $CaTiO_3$　(4) $ZrSiO_4$

(5) ZrO_2　(6) $FeCr_2O_4$　(7) $PbCrO_4$　(8) MoS_2

(9) $PbMoO_4$　(10) $CaWO_4$　(11) $(Fe,Mn)WO_4$　(12) MnO_2

(13) Mn_3O_4　(14) Fe_2O_3　(15) Fe_3O_4　(16) $FeCO_3$

2. 完成过量稀硝酸与下列金属反应的方程式。

(1) Ti　(2) V　(3) Cr　(4) Mn　(5) Fe　(6) Ni

解　(1) $3Ti + 4HNO_3 + 4H_2O == 3H_4TiO_4 + 4NO$

(2) $V + 4HNO_3 == V(NO_3)_3 + 2H_2O + NO$

(3) $Cr + 4HNO_3 == Cr(NO_3)_3 + 2H_2O + NO$

(4) $Mn + 8HNO_3 == 3Mn(NO_3)_2 + 2NO + 4H_2O$

(5) $Fe + 4HNO_3 == Fe(NO_3)_3 + NO + 2H_2O$

(6) $3Ni + 8HNO_3 == 3Ni(NO_3)_2 + 2NO + 4H_2O$

3. 完成氨水与下列化合物反应的方程式。

(1) $FeCl_2$　(2) $CrCl_3$　(3) $MnCl_2$　(4) $NiCl_2$　(5) $CoCl_2$

解　(1) $Fe^{2+} + 2NH_3 + 2H_2O == Fe(OH)_2 + 2NH_4^+$

(2) $Cr^{3+} + 3NH_3 + 3H_2O == Cr(OH)_3 + 3NH_4^+$

$Cr(OH)_3 + 2NH_3 + 4H_2O == [Cr(NH_3)_2(H_2O)_4]^{3+} + 3OH^-$

(3) $Mn^{2+} + 2NH_3 + 2H_2O == Mn(OH)_2 + 2NH_4^+$

(4) $Ni^{2+} + 6NH_3 == [Ni(NH_3)_6]^{2+}$

(5) $Co^{2+} + 6NH_3 == [Co(NH_3)_6]^{2+}$

4. 完成浓盐酸与下列化合物反应的方程式。

(1) V_2O_5　(2) CrO_3　(3) MnO_2　(4) $KMnO_4$　(5) Co_2O_3

解　(1) $V_2O_5 + 6HCl(浓) == 2VOCl_2 + Cl_2\uparrow + 3H_2O$

(2) $2CrO_3 + 12HCl(浓) == 2CrCl_3 + 3Cl_2\uparrow + 6H_2O$

(3) $MnO_2 + 4HCl(浓) == MnCl_2 + Cl_2\uparrow + 2H_2O$

(4) $2KMnO_4 + 16HCl(浓) == 2MnCl_2 + 5Cl_2\uparrow + 2KCl + 8H_2O$

(5) $Co_2O_3 + 6HCl(浓) == 2CoCl_2 + Cl_2\uparrow + 3H_2O$

5. 完成浓硫酸与下列化合物反应的方程式(必要时可加热)。

(1) TiO_2　(2) V_2O_5　(3) MnO_2(加热)　(4) $Co(OH)_3$　(5) $Ni(OH)_3$

解　(1) $TiO_2 + H_2SO_4(浓) == TiOSO_4 + H_2O$

(2) $V_2O_5 + H_2SO_4(浓) == (VO_2)_2SO_4 + H_2O$

(3) $4MnO_2 + 6H_2SO_4(浓) == 2Mn_2(SO_4)_3 + O_2\uparrow + 6H_2O$

(4) $4Co(OH)_3 + 4H_2SO_4(浓) == 4CoSO_4 + O_2\uparrow + 10H_2O$

(5) $4Ni(OH)_3 + 4H_2SO_4(浓) == 4NiSO_4 + O_2\uparrow + 10H_2O$

6. 完成反应的方程式：下列溶液或固体与过量 NaOH 溶液反应后产物暴露在空气中。

(1) $CrCl_3$　(2) $MnCl_2$　(3) $FeCl_2$　(4) $CoCl_2$　(5) $NiCl_2$

解　(1) $Cr^{3+} + 3OH^- == Cr(OH)_3\downarrow$

$Cr(OH)_3 + OH^- == [Cr(OH)_4]^-$

(2) $MnCl_2 + 2NaOH = Mn(OH)_2\downarrow + 2NaCl$

$2Mn(OH)_2 + O_2 = 2MnO(OH)_2$

(3) $FeCl_2 + 2NaOH = Fe(OH)_2\downarrow + 2NaCl$

$4Fe(OH)_2 + O_2 + 2H_2O = 4Fe(OH)_3$

(4) $CoCl_2 + 2NaOH = Co(OH)_2\downarrow + 2NaCl$

(5) $NiCl_2 + 2NaOH = Ni(OH)_2\downarrow + 2NaCl$

7. 完成下列物质的热分解反应的方程式。

(1) NH_4VO_3 (2) $(NH_4)_2Cr_2O_7$ (3) CrO_3 (4) $KMnO_4$ (5) Mn_2O_7 (6) Co_2O_3

解 (1) $2NH_4VO_3 = V_2O_5 + 2NH_3\uparrow + H_2O$

(2) $(NH_4)_2Cr_2O_7 = Cr_2O_3 + N_2\uparrow + 4H_2O$

(3) $4CrO_3 = 2Cr_2O_3 + 3O_2\uparrow$

(4) $2KMnO_4 = K_2MnO_4 + MnO_2 + O_2\uparrow$

(5) $2Mn_2O_7 = 4MnO_2 + 3O_2\uparrow$

(6) $2Co_2O_3 = 4CoO + O_2\uparrow$

8. 解释下列实验现象。

(1) V_2O_5溶于硫酸得黄色溶液；再加入过量锌粒后充分反应，溶液变为紫色。在酸性的紫色溶液中缓慢滴加$KMnO_4$溶液，则溶液由紫色依次变为绿色、蓝色、绿色、黄色。

(2) 将V_2O_5溶于NaOH溶液后加入H_2O_2，溶液变为黄色；而将V_2O_5溶于H_2SO_4溶液后加入H_2O_2，溶液变为红色。

(3) 向K_2MnO_4溶液中缓慢通入NO_2，先有棕黑色沉淀生成，NO_2过量则沉淀消失得到无色溶液。

(4) 向$K_2Cr_2O_7$溶液中滴加过量$KHSO_3$溶液得到绿色溶液；然后将溶液加热一段时间后冷却，溶液变为蓝紫色。

(5) 向含有少量NH_4Cl的$CoCl_2$溶液中加入氨水，先生成蓝色沉淀，继续加入氨水，沉淀溶解为棕黄色溶液。在空气中放置后，溶液的颜色略加深。

(6) 酸性介质中用锌还原$Cr_2O_7^{2-}$，溶液颜色由橙色变绿色再变成蓝色。放置后，又变为绿色。

(7) 向$(NH_4)_2S_2O_8$酸性溶液中加入$MnSO_4$溶液并加热，生成棕色沉淀；若反应前向体系中加少许$AgNO_3$，则溶液很快变为紫红色。

解 (1) V_2O_5与过量硫酸反应生成黄色的VO_2^+：

$$V_2O_5 + 2H^+ = 2VO_2^+ + H_2O$$

VO_2^+被锌粉依次还原为蓝色的VO^{2+}、绿色的V^{3+}、紫色的V^{2+}：

$$2VO_2^+ + Zn + 4H^+ = 2VO^{2+} + Zn^{2+} + 2H_2O$$

$$2VO^{2+} + Zn + 4H^+ = 2V^{3+} + Zn^{2+} + 2H_2O$$

$$2V^{3+} + Zn = 2V^{2+} + Zn^{2+}$$

紫色的V^{2+}被$KMnO_4$先氧化为绿色的V^{3+}，V^{3+}继续被$KMnO_4$氧化先生成蓝色的VO^{2+}：

$$5V^{3+} + MnO_4^- + H_2O = 5VO^{2+} + Mn^{2+} + 2H^+$$

继续滴加 $KMnO_4$，VO^{2+}被氧化为黄色的 VO_2^+，当蓝色的 VO^{2+}和黄色的 VO_2^+ 浓度相当时，溶液显绿色：

$$5VO^{2+} + MnO_4^- + H_2O = 5VO_2^+ + Mn^{2+} + 2H^+$$

当 VO^{2+}全部被氧化为 VO_2^+后，溶液为黄色。

(2) 在碱性条件下 V(Ⅴ)与 H_2O_2 反应生成黄色的$[VO_2(O_2)_2]^{3-}$：

$$VO_4^{3-} + 2H_2O_2 = [VO_2(O_2)_2]^{3-} + 2H_2O$$

在强酸性条件下 V(Ⅴ)与 H_2O_2 反应生成红色的$[V(O_2)]^{3+}$：

$$VO_2^+ + H_2O_2 + 2H^+ = [V(O_2)]^{3+} + 2H_2O$$

(3) 向 K_2MnO_4 溶液中缓慢通入 NO_2，溶液显酸性，K_2MnO_4 歧化，有棕黑色沉淀生成：

$$3NO_2 + H_2O = 2HNO_3 + NO$$

$$3MnO_4^{2-} + 4H^+ = 2MnO_4^- + MnO_2 + 2H_2O$$

NO_2 通入过量时，MnO_4^- 和 MnO_2 被还原，得到无色的 Mn^{2+}：

$$MnO_4^- + 5NO_2 + H_2O = Mn^{2+} + 5NO_3^- + 2H^+$$

$$MnO_2 + 2NO_2 = Mn^{2+} + 2NO_3^-$$

或

$$3MnO_4^- + 5NO + 4H^+ = 3Mn^{2+} + 5NO_3^- + 2H_2O$$

$$3MnO_2 + 2NO + 4H^+ = 3Mn^{2+} + 2NO_3^- + 2H_2O$$

(4) $K_2Cr_2O_7$溶液与 $KHSO_3$溶液反应生成 Cr^{3+}，新生成的 Cr^{3+} 溶液为绿色；将溶液加热促进 Cr^{3+}水解，溶液变为蓝紫色。

$$Cr_2O_7^{2-} + 3HSO_3^- + 5H^+ = 2Cr^{3+} + 3SO_4^{2-} + 4H_2O$$

(5) 向 $CoCl_2$溶液中加入氨水，先生成蓝色沉淀 $Co(OH)_2 \cdot CoCl_2$：

$$2CoCl_2 + 2NH_3 + 2H_2O = Co(OH)_2 \cdot CoCl_2 \downarrow + 2NH_4Cl$$

氨水过量时蓝色沉淀溶解，生成棕黄色$[Co(NH_3)_6]^{2+}$溶液：

$$Co(OH)_2 \cdot CoCl_2 + 12NH_3 = 2[Co(NH_3)_6]^{2+} + 2Cl^- + 2OH^-$$

在空气中放置一段时间后，$[Co(NH_3)_6]^{2+}$被氧气氧化为$[Co(NH_3)_6]^{3+}$，两者均为棕黄色，后者颜色略深。

$$4[Co(NH_3)_6]^{2+} + O_2 + 2H_2O = 4[Co(NH_3)_6]^{3+} + 4OH^-$$

(6) 酸性介质中金属锌可将 $Cr_2O_7^{2-}$先还原为 Cr^{3+}，溶液的颜色由橙色变为绿色：

$$Cr_2O_7^{2-} + 3Zn + 14H^+ = 2Cr^{3+} + 3Zn^{2+} + 7H_2O$$

过量的锌可继续将 Cr^{3+}还原为 Cr^{2+}，溶液变为蓝色：

$$2Cr^{3+} + Zn = 2Cr^{2+} + Zn^{2+}$$

空气中放置后，Cr^{2+}又被氧化为 Cr^{3+}，溶液变回绿色。

$$4Cr^{2+} + O_2 + 4H^+ = 4Cr^{3+} + 2H_2O$$

(7) 将$(NH_4)_2S_2O_8$加入 $MnSO_4$中，发生反应

$$Mn^{2+} + S_2O_8^{2-} + 2H_2O = MnO_2 + 2SO_4^{2-} + 4H^+$$

反应产物 MnO_2 为棕色沉淀。由 MnO_2 生成 MnO_4^- 的速率较慢，因而只看到 MnO_2 生成。

若反应前向反应体系中加入几滴 $AgNO_3$ 溶液，由于 Ag^+ 对 $(NH_4)_2S_2O_8$ 氧化 $MnSO_4$ 生成 MnO_4^- 的反应有催化作用，则很快生成 MnO_4^-，溶液变红。

$$2Mn^{2+} + 5S_2O_8^{2-} + 8H_2O = 2MnO_4^- + 10SO_4^{2-} + 16H^+$$

9. 用三种方法鉴别下列各对物质。

(1) MnO_2 和 CuO (2) K_2MnO_4 和 $NiSO_4 \cdot 7H_2O$

(3) Cr_2O_3 和 NiO (4) Co_2O_3 和 Ni_2O_3

(5) Pt 和 Cr (6) $NiSO_4 \cdot 7H_2O$ 和 $FeSO_4 \cdot 7H_2O$

解 (1) 方法一 加入稀盐酸，黑色固体溶解的是 CuO。

$$CuO + 2HCl = CuCl_2 + H_2O$$

方法二 加入浓盐酸，黑色固体溶解，并有黄绿色气体放出的是 MnO_2。

$$MnO_2 + 4HCl(浓) = MnCl_2 + 2H_2O + Cl_2\uparrow$$

方法三 加入浓硫酸，黑色固体溶解，并有无色气体放出的是 MnO_2。

$$2MnO_2 + 2H_2SO_4(浓) = 2MnSO_4 + 2H_2O + O_2\uparrow$$

(2) 方法一 加入硫酸，有紫红色溶液生成并有黑色沉淀析出的是 K_2MnO_4。

$$3MnO_4^{2-} + 4H^+ = 2MnO_4^- + MnO_2\downarrow + 2H_2O$$

方法二 加入氨水，有蓝色溶液生成的是 $NiSO_4 \cdot 7H_2O$。

$$Ni^{2+} + 4NH_3 = [Ni(NH_3)_4]^{2+}$$

方法三 加水，生成绿色溶液的是 $NiSO_4 \cdot 7H_2O$，而有紫红色溶液生成并有黑色沉淀析出的是 K_2MnO_4。

$$3MnO_4^{2-} + 4H^+ = 2MnO_4^- + MnO_2\downarrow + 2H_2O$$

(3) 方法一 加入 NaOH 溶液，生成绿色溶液的是 Cr_2O_3。

$$Cr_2O_3 + 2NaOH = 2NaCrO_2 + H_2O$$

方法二 先加入硫酸使固体溶解，再加入过量 NaOH 溶液，有绿色沉淀生成的是 NiO，生成绿色溶液的是 Cr_2O_3。

$$Cr_2O_3 + 6H^+ = 2Cr^{3+} + 3H_2O$$

$$Cr^{3+} + 4OH^- = [Cr(OH)_4]^-$$

$$NiO + 2H^+ = Ni^{2+} + H_2O$$

$$Ni^{2+} + 2OH^- = Ni(OH)_2\downarrow$$

方法三 先加入硫酸使固体溶解，再加入氨水，有灰蓝色沉淀生成的是 Cr_2O_3，而有蓝色溶液生成的是 NiO。

$$Cr_2O_3 + 6H^+ = 2Cr^{3+} + 3H_2O$$

$$Cr^{3+} + 3NH_3 + 3H_2O = Cr(OH)_3\downarrow + 3NH_4^+$$

$$NiO + 2H^+ = Ni^{2+} + H_2O$$

$$Ni^{2+} + 6NH_3 = [Ni(NH_3)_6]^{2+}$$

(4) 方法一 加入浓盐酸，生成蓝色溶液的是 Co_2O_3，而生成绿色溶液的是 Ni_2O_3。

$$Co_2O_3 + 6HCl = 2CoCl_2 + Cl_2\uparrow + 3H_2O$$

$$CoCl_2 + 2Cl^- = [CoCl_4]^{2-}$$

$$Ni_2O_3 + 6HCl = 2NiCl_2 + Cl_2\uparrow + 3H_2O$$

方法二　在酸性条件下，与 $MnSO_4$ 溶液反应后加入 NaOH 溶液，有粉色沉淀生成的是 Co_2O_3，而生成绿色沉淀的是 Ni_2O_3。

$$5Co_2O_3 + 2Mn^{2+} + 14H^+ = 10Co^{2+} + 2MnO_4^- + 7H_2O$$

$$Co^{2+} + 2OH^- = Co(OH)_2\downarrow$$

$$5Ni_2O_3 + 2Mn^{2+} + 14H^+ = 10Ni^{2+} + 2MnO_4^- + 7H_2O$$

$$Ni^{2+} + 2OH^- = Ni(OH)_2\downarrow$$

方法三　高温加热，变成绿色粉末的是 Ni_2O_3。

$$2Ni_2O_3 = 4NiO + O_2$$

(5) 方法一　加入稀盐酸，先有蓝色溶液生成，后迅速变绿的是 Cr，不反应的是 Pt:

$$Cr + 2HCl = CrCl_2 + H_2\uparrow$$

$$4CrCl_2 + 4HCl + O_2 = 4CrCl_3 + 2H_2O$$

方法二　加入王水，溶解的是 Pt，钝化的是 Cr。

$$3Pt + 4HNO_3 + 18HCl = 3H_2[PtCl_6] + 4NO + 8H_2O$$

方法三　高温条件下，与 S 反应生成黑色物质的是 Cr。

$$2Cr + 3S = Cr_2S_3$$

(6) 方法一　加入 NaOH 溶液，生成绿色沉淀的是 $NiSO_4{\cdot}7H_2O$，而先有白色沉淀后又变黄的是 $FeSO_4{\cdot}7H_2O$。

$$Ni^{2+} + 2OH^- = Ni(OH)_2\downarrow$$

$$Fe^{2+} + 2OH^- = Fe(OH)_2\downarrow$$

$$2Fe(OH)_2 + O_2 + H_2O = 2Fe(OH)_3\downarrow$$

方法二　加入过量氨水，生成蓝色溶液的是 $NiSO_4{\cdot}7H_2O$，而生成白色沉淀的是 $FeSO_4{\cdot}7H_2O$。

$$Ni^{2+} + 6NH_3 = [Ni(NH_3)_6]^{2+}$$

$$Fe^{2+} + 2NH_3 + 2H_2O = Fe(OH)_2\downarrow + 2NH_4^+$$

方法三　溶于水后加入邻菲咯啉溶液，生成红色溶液的是 $FeSO_4{\cdot}7H_2O$。

$$Fe^{2+} + 3phen = [Fe(phen)_3]^{2+}$$

10. 用反应方程式表示下列物质的制备过程。

(1) 由 TiO_2 制备 Ti　　(2) 由 Cr_2O_3 制备 $K_2Cr_2O_7$；

(3) 由 MnO_2 制备 $KMnO_4$　　(4) 由 Fe 制备 $K_3[Fe(C_2O_4)_3]{\cdot}3H_2O$

(5) 由 $CoCl_2$ 制备 $[Co(NH_3)_6]Cl_3$　　(6) 由 Fe 制备 $(NH_4)_2SO_4{\cdot}FeSO_4{\cdot}6H_2O$

(7) 由 NiS 制备 $[Ni(CO)_4]$　　(8) 由 Pt 制备顺铂 $[Pt(NH_3)_2Cl_2]$

解　(1) 将 TiO_2 与碳、氯气共热，生成 $TiCl_4$；

$$TiO_2 + C + 2Cl_2 = TiCl_4 + CO_2$$

在氩气氛中用 Mg 或 Na 热还原得到金属钛。

$$TiCl_4 + 2Mg = Ti + 2MgCl_2$$

(2) 在浓 NaOH 体系下，用 H_2O_2 氧化 Cr_2O_3 得到 $NaCrO_2$。

$$Cr_2O_3 + 2NaOH = 2NaCrO_2 + H_2O$$

$$NaCrO_2 + H_2O_2 + NaOH = Na_2CrO_4 + H_2O$$

加酸得到 $Na_2Cr_2O_7$，

$$2Na_2CrO_4 + 2H^+ = Na_2Cr_2O_7 + H_2O + 2Na^+$$

加入 KCl，利用 $K_2Cr_2O_7$ 溶解度随温度变化很大，溶液蒸发浓缩后趁热过滤除去 NaCl 等，将滤液冷却后析出 $K_2Cr_2O_7$ 晶体。

$$Na_2Cr_2O_7 + 2KCl = K_2Cr_2O_7 + 2NaCl$$

(3) 将氧化剂 $KClO_3$(或 KNO_3)和 MnO_2、KOH 按一定比例混合，用固相熔融法制备 K_2MnO_4：

$$3MnO_2 + KClO_3 + 6KOH = 3K_2MnO_4 + KCl + 3H_2O$$

K_2MnO_4 在酸性条件下歧化或碱性条件下用 Cl_2 氧化得到 $KMnO_4$。

$$3K_2MnO_4 + 4H^+ = 2KMnO_4 + MnO_2 + 2H_2O + 4K^+$$

$$2K_2MnO_4 + Cl_2 = 2KMnO_4 + 2KCl$$

(4) 稀硫酸与铁作用生成 $FeSO_4$：

$$Fe + H_2SO_4 = FeSO_4 + H_2\uparrow$$

加入过量 KCN 溶液生成 $K_4[Fe(CN)_6]$ 溶液：

$$FeSO_4 + 6KCN = K_4[Fe(CN)_6] + K_2SO_4$$

向 $K_4[Fe(CN)_6]$ 溶液中加入 H_2O_2 小心氧化，蒸发、浓缩、冷却，得到目标产物晶体：

$$2K_4[Fe(CN)_6] + H_2O_2 = 2K_3[Fe(CN)_6] + 2KOH$$

(5) 向 $CoCl_2$ 溶液中加入适量氨水，有蓝绿色沉淀 $Co(OH)_2 \cdot CoCl_2$ 生成：

$$2CoCl_2 + 2NH_3 + 2H_2O = Co(OH)_2 \cdot CoCl_2\downarrow + 2NH_4Cl$$

氨水过量，沉淀溶解，生成棕黄色溶液：

$$Co(OH)_2 \cdot CoCl_2 + 12NH_3 = 2[Co(NH_3)_6]^{2+} + 2OH^- + 2Cl^-$$

在空气中 $[Co(NH_3)_6]^{2+}$ 被氧化为 $[Co(NH_3)_6]^{3+}$，颜色没有明显变化：

$$4[Co(NH_3)_6]^{2+} + O_2 + 2H_2O = 4[Co(NH_3)_6]^{3+} + 4OH^-$$

(6) 稀硫酸与铁作用生成 $FeSO_4$：

$$Fe + H_2SO_4 = FeSO_4 + H_2\uparrow$$

溶液过滤后加入适量$(NH_4)_2SO_4$晶体，蒸发、浓缩、冷却，析出莫尔盐晶体：

$$FeSO_4 + (NH_4)_2SO_4 + 6H_2O = (NH_4)_2SO_4 \cdot FeSO_4 \cdot 6H_2O$$

(7) 将 NiS 在空气中煅烧得到 NiO：

$$2NiS + 3O_2 = 2NiO + 2SO_2$$

利用水煤气(主要成分为 H_2 和 CO)或 H_2 在 400℃下还原 NiO 得到粗镍：

$$NiO + H_2 = Ni + H_2O$$

在 50℃下将粗镍与 CO 反应生成液态的$[Ni(CO)_4]$。

$$Ni + 4CO \longrightarrow [Ni(CO)_4]$$

(8) 将金属 Pt 溶于王水后，得到 $H_2[PtCl_6]$溶液：

$$3Pt + 4HNO_3 + 18HCl \longrightarrow 3H_2[PtCl_6] + 4NO + 8H_2O$$

向 $H_2[PtCl_6]$溶液中加入 KCl 后得到微溶的 K_2PtCl_6：

$$H_2[PtCl_6] + 2KCl \longrightarrow K_2[PtCl_6] + 2HCl$$

利用 $K_2C_2O_4$ 将 $K_2[PtCl_6]$还原得到 $K_2[PtCl_4]$：

$$K_2[PtCl_6] + K_2C_2O_4 \longrightarrow K_2[PtCl_4] + 2CO_2 + 2KCl$$

然后用氨水处理 $K_2[PtCl_4]$，利用反位效应可得顺铂。

$$K_2[PtCl_4] + 2NH_3 \longrightarrow [Pt(NH_3)_2Cl_2] + 2KCl$$

11. 给出下列铁的配合物的颜色。

(1) $K_3[Fe(C_2O_4)_3]\cdot 3H_2O$　　(2) $K_4[Fe(CN)_6]\cdot 3H_2O$

(3) $K_3[Fe(CN)_6]$　　(4) $Fe(C_5H_5)_2$

(5) $K[FeFe(CN)_6]$　　(6) $K_3[Fe(SCN)_6]$

解　(1) 绿色　(2) 黄色　(3) 红色　(4) 橙黄色　(5) 蓝色　(6) 红色

12. 设计方案分离溶液中的离子。

(1) Fe^{3+}、Cr^{3+}、Ni^{2+}、Zn^{2+}

(2) Al^{3+}、Zn^{2+}、Cu^{2+}、Cr^{3+}、Mn^{2+}

(3) Al^{3+}、Zn^{2+}、Fe^{3+}、Ni^{2+}、Cu^{2+}

(4) Cr^{3+}、Mn^{2+}、Fe^{3+}、Ni^{2+}、Zn^{2+}

解　(1)

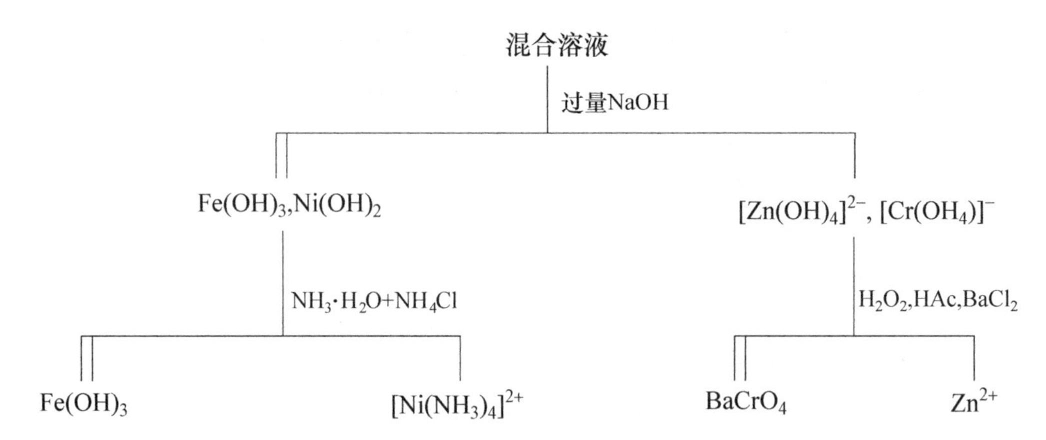

(2)

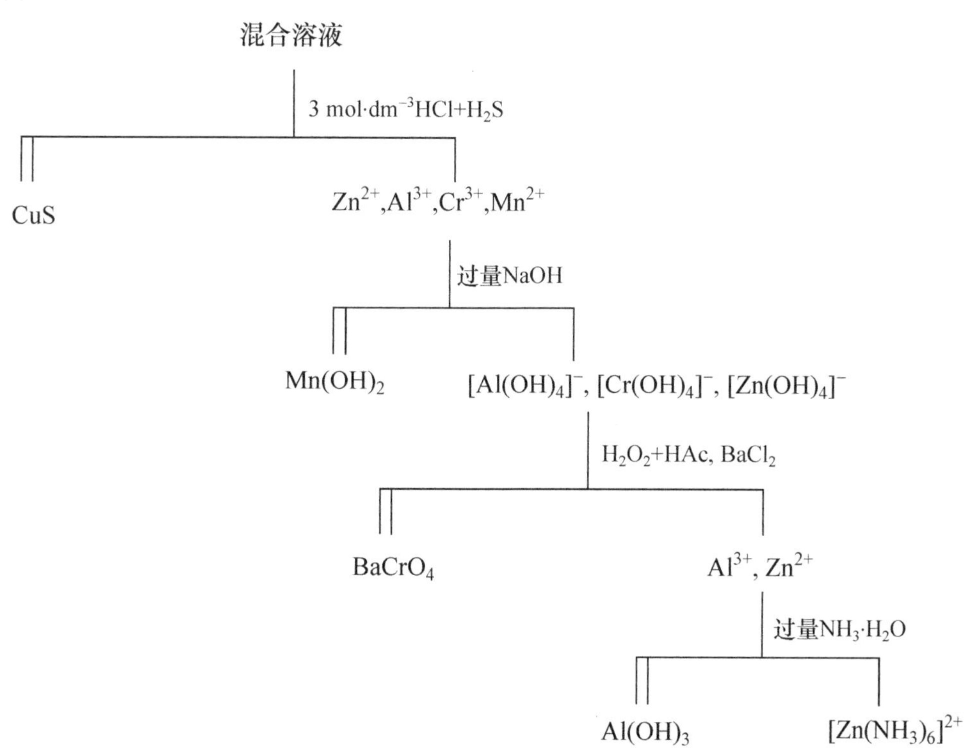
混合溶液
3 mol·dm⁻³HCl+H₂S
CuS
Zn²⁺,Al³⁺,Cr³⁺,Mn²⁺
过量NaOH
Mn(OH)₂
[Al(OH)₄]⁻, [Cr(OH)₄]⁻, [Zn(OH)₄]⁻
H₂O₂+HAc, BaCl₂
BaCrO₄
Al³⁺, Zn²⁺
过量NH₃·H₂O
Al(OH)₃
[Zn(NH₃)₆]²⁺

(3)

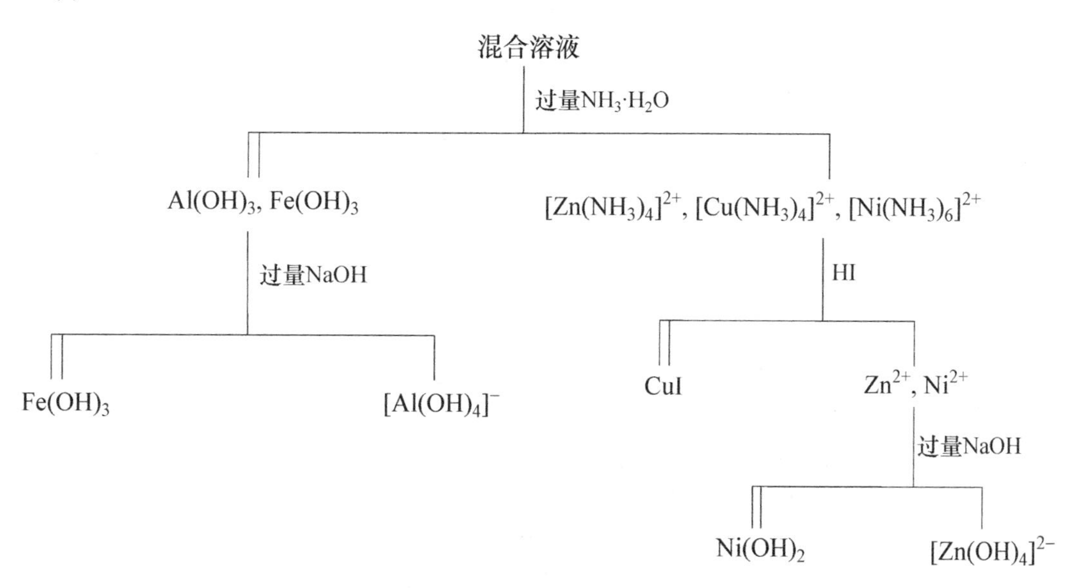
混合溶液
过量NH₃·H₂O
Al(OH)₃, Fe(OH)₃
[Zn(NH₃)₄]²⁺, [Cu(NH₃)₄]²⁺, [Ni(NH₃)₆]²⁺
过量NaOH
Fe(OH)₃
[Al(OH)₄]⁻
HI
CuI
Zn²⁺, Ni²⁺
过量NaOH
Ni(OH)₂
[Zn(OH)₄]²⁻

(4)

混合溶液

- 过量NaOH
  - 沉淀：$Fe(OH)_3$, $Ni(OH)_2$, $Mn(OH)_2$
    - $Na_3 \cdot H_2O + NH_4Cl$
      - 沉淀：$Fe(OH)_3$, $Mn(OH)_2$
        - 饱和NH_4Cl
          - 沉淀：$Fe(OH)^3$
          - 溶液：Mn^{2+}
      - 溶液：$[Ni(NH_3)_6]^{2+}$
  - 溶液：$[Cr(OH)_4]^-$, $[Zn(OH)_4]^-$
    - $H_2O_2 + HAc$, $BaCl_2$
      - 沉淀：$BaCrO_4$
      - 溶液：Zn^{2+}

13. 有四瓶失落标签的黑色粉末，分别为 MnO_2、Fe_3O_4、PbO_2 和 Co_3O_4，试加以鉴别，并写出相关的反应方程式。

解　取少许粉末加入稀 HCl 溶液，若黑色粉末不溶(即无明显的反应现象)，则粉末为 MnO_2。进一步验证，可取少许该粉末加入浓盐酸，加热后放出黄绿色气体，可证明为 MnO_2 粉末。

$$MnO_2 + 4HCl = MnCl_2 + Cl_2\uparrow + 2H_2O$$

加入稀 HCl 溶液，若黑色粉末溶解，但无气体放出，同时溶液为黄色，则此粉末为 Fe_3O_4。

$$Fe_3O_4 + 8HCl = FeCl_2 + 2FeCl_3 + 4H_2O(FeCl_3\text{溶液为棕黄色})$$

加入稀 HCl 溶液，若黑色粉末溶解，同时有黄绿色气体放出，且溶液为粉色，则此粉末为 Co_3O_4。

$$Co_3O_4 + 8HCl = 3CoCl_2 + Cl_2\uparrow + 4H_2O$$

同样加入稀 HCl 溶液后，黑色粉末溶解，并有黄绿色气体放出，但溶液无明显颜色变化，则此粉末为 PbO_2。

$$PbO_2 + 4HCl = PbCl_2 + Cl_2\uparrow + 2H_2O$$

14. 解释下列事实。

(1) $Fe(OH)_2$、$Mn(OH)_2$ 为白色而 $Fe(OH)_3$ 和 $MnO(OH)_2$ 颜色较深；

(2) $CrCl_3 \cdot 6H_2O$ 为绿色，而 $Cr(NO_3)_3 \cdot 9H_2O$ 为紫色；

(3) $[CoF_6]^{3-}$ 为顺磁性物质，而$[Co(CN)_6]^{3-}$ 为抗磁性物质；

(4) 向 $CoCl_2$ 溶液中加稀 KSCN 溶液，溶液不变蓝；再加入乙醚则有机层变蓝；

(5) Co^{3+} 和 Cl^-不能共存于同一溶液中，而$[Co(NH_3)_6]^{3+}$和 Cl^-却能共存于同一溶液中。

解　(1) Fe^{3+}、Mn^{4+}电荷高，半径小，极化能力强；而 Fe^{2+}、Mn^{2+} 电荷低，半径较大，极化能力弱。极化能力强的 Fe^{3+}、Mn^{4+}与配体或阴离子间容易发生电荷跃迁，因而 Fe^{3+}、Mn^{4+}化合物颜色一般都较深；电荷低的 Fe^{2+}、Mn^{2+}与配体或阴离子间难以发生电荷跃迁，只有 d-d

跃迁，因而化合物的颜色都较浅。

(2) $CrCl_3\cdot 6H_2O$ 可以写成$[CrCl_3(H_2O)_3]\cdot 3H_2O$，而 $Cr(NO_3)_3\cdot 9H_2O$ 可以写成$[Cr(H_2O)_6](NO_3)_3\cdot 3H_2O$，显然，两个配合物的晶体场不同，前者由 3 个 H_2O 和 3 个 Cl^-构成八面体场，后者由 6 个 H_2O 构成八面体场。形成晶体场的配体不同，分裂能Δ大小不同，d-d 跃迁时吸收可见光的能量不同，因而颜色不同。

Cl^-为弱场，分裂能Δ很小，$CrCl_3\cdot 6H_2O$ 吸收能量低的光即可实现 d-d 跃迁，因而，化合物为绿色。$Cr(NO_3)_3\cdot 9H_2O$ 中的配体为 H_2O，比 Cl^- 场强，Δ较大，$Cr(NO_3)_3\cdot 9H_2O$ 吸收能量较高的可见光才能实现 d-d 跃迁，因而 $Cr(NO_3)_3\cdot 9H_2O$ 的颜色与溶液中$[Cr(H_2O)_6]^{3+}$的颜色相同，为紫色。

(3) 配合物中心金属有单电子时则有顺磁性，否则无顺磁性。F^-为弱配体，不能使钴的 d 电子发生重排，$[CoF_6]^{3-}$为外轨型配合物，中心有单电子，具有顺磁性。CN^-为强配体，能使钴的 d 电子发生重排，$[Co(CN)_6]^{3-}$为内轨型配合物，重排后中心没有单电子，为抗磁性物质。

(4) 由于$[Co(SCN)_4]^{2-}$稳定常数较小，在稀溶液中观察不到$[Co(SCN)_4]^{2-}$的蓝色，但加入乙醚或戊醇，$[Co(SCN)_4]^{2-}$萃取到有机层中，有机层变蓝。

(5) Co^{3+}在酸性条件下有很强的氧化性 $E^\ominus(Co^{3+}/Co^{2+})=1.92\ V$，而 $E^\ominus(Cl_2/Cl^-)=1.36\ V$，其可以将 Cl^-氧化生成 Cl_2，故 Co^{3+} 和 Cl^-不能共存于同一溶液中。

当形成配合物后，由于$[Co(NH_3)_6]^{3+}$的稳定性远远大于$[Co(NH_3)_6]^{2+}$的稳定性，所以 $E^\ominus([Co(NH_3)_6]^{3+}/[Co(NH_3)_6]^{2+})=0.11\ V$，即$[Co(NH_3)_6]^{3+}$的氧化能力很弱，其不能氧化 Cl^-，故$[Co(NH_3)_6]^{3+}$和 Cl^-能共存于同一溶液中。

15. 简要回答下列问题。

(1) 向 $KHSO_3$ 溶液、K_2SO_3 溶液中加 $KMnO_4$ 溶液，实验现象有何不同?

(2) 向两份 $CrCl_3$ 溶液分别滴加氨水和 NaOH 溶液，实验现象有何不同?

(3) 向 $CrCl_3$ 溶液中滴加 Na_2CO_3 溶液和向 Na_2CO_3 溶液中滴加 $CrCl_3$ 溶液观察到的实验现象是否相同? 为什么?

(4) 解释下列卤化物的熔点变化。

TiF_4 284℃，$TiCl_4$ −25℃，$TiBr_4$ 29℃，TiI_4 150℃。

(5) 分别向 $FeSO_4$、$CoSO_4$ 和 $NiSO_4$ 溶液中滴加氨水，实验现象有何不同?

(6) 在制备 $TiCl_4$ 时，为什么不能直接用 Cl_2 与 TiO_2 作用，而需要加入焦炭粉参与反应?

(7) 为什么在化工生产中一般不采用生成 $Fe(OH)_3$ 沉淀的方法来除铁杂质?

(8) 将铂粉与固体氢氧化钠和过氧化钠共熔后，再将熔体溶于浓盐酸中，在此溶液中铂形成了什么化合物?

解 (1) $KMnO_4$ 的氧化能力和还原产物因介质的酸碱程度不同而有显著差别。

$KHSO_3$ 溶液呈酸性，与 $KMnO_4$ 反应生成无色的 Mn^{2+}:

$$2MnO_4^- + 6H^+ + 5SO_3^{2-} = 2Mn^{2+} + 5SO_4^{2-} + 3H_2O$$

K_2SO_3 溶液呈碱性，与 $KMnO_4$ 反应生成绿色的 MnO_4^{2-}:

$$2MnO_4^- + SO_3^{2-} + 2OH^- = 2MnO_4^{2-} + SO_4^{2-} + H_2O$$

(2) $CrCl_3$ 与氨水反应生成 $Cr(OH)_3$ 沉淀:

$$Cr^{3+} + 3NH_3 + 3H_2O = Cr(OH)_3\downarrow + 3NH_4^+$$

加热后 NH_3 向上运动，溶液上部 NH_3 浓度增大，生成 $[Cr(NH_3)_2(H_2O)_4]^{3+}$，溶液为紫红色：

$$Cr(OH)_3 + 2NH_3 + 4H_2O = [Cr(NH_3)_2(H_2O)_4]^{3+} + 3OH^-$$

$CrCl_3$ 与 NaOH 反应先有灰蓝色沉淀生成：

$$Cr^{2+} + 3OH^- = Cr(OH)_3\downarrow$$

继续滴加 NaOH 溶液，灰蓝色沉淀逐渐溶解，得到绿色溶液：

$$Cr(OH)_3 + OH^- = [Cr(OH)_4]^-$$

(3) 不相同。向 $CrCl_3$ 溶液中滴加 Na_2CO_3 溶液时，先生成灰蓝色沉淀 $Cr(OH)_3$，随着 Na_2CO_3 溶液的增加，沉淀逐渐溶解成绿色 $[Cr(OH)_4]^-$ 溶液；而向 Na_2CO_3 溶液中滴加 $CrCl_3$ 溶液时，由于碱过量，局部生成的灰蓝色沉淀立即溶解成绿色溶液，随着 $CrCl_3$ 溶液的增加，逐渐生成灰蓝色沉淀 $Cr(OH)_3$。

(4) 四价钛的极化能力很强，但 F^- 变形性很小，TiF_4 为离子化合物，熔点高。而其他几个卤化物均为共价化合物，熔点低于 TiF_4。按 Cl^-、Br^-、I^- 的顺序，半径依次增大，即按 $TiCl_4$、$TiBr_4$、TiI_4 的顺序，分子半径依次增大，分子间范德华力增大，熔点依次升高。

(5) 向 $FeSO_4$ 溶液中缓慢滴加氨水，先有白色沉淀生成，然后迅速变成灰绿色，最终变成红棕色的沉淀：

$$Fe^{2+} + 2NH_3\cdot H_2O = Fe(OH)_2(\text{白色})\downarrow + 2NH_4^+$$

$$4Fe(OH)_2 + O_2 + 2H_2O = 4Fe(OH)_3(\text{红棕色})$$

向 $CoSO_4$ 溶液中滴加氨水，先析出蓝绿色沉淀，氨水过量时沉淀溶解，生成棕黄色溶液，在空气中放置，溶液逐渐变成棕褐色：

$$Co^{2+} + 2NH_3\cdot H_2O = Co(OH)_2\downarrow + 2NH_4^+$$

$$Co(OH)_2 + 2NH_4^+ + 4NH_3 = [Co(NH_3)_6]^{2+} + 2H_2O$$

$$4[Co(NH_3)_6]^{2+} + O_2 + 2H_2O = 4[Co(NH_3)_6]^{3+}(\text{棕褐色}) + 4OH^-$$

向 $NiSO_4$ 溶液中缓慢滴加氨水，先有绿色沉淀生成：

$$NiSO_4 + 2NH_3 + 2H_2O = Ni(OH)_2\downarrow + (NH_4)_2SO_4$$

氨水过量则绿色沉淀溶解，生成蓝色 $[Ni(NH_3)_6]^{2+}$ 溶液：

$$Ni(OH)_2 + 6NH_3 = [Ni(NH_3)_6]^{2+} + 2OH^-$$

(6) Ti 为亲氧元素，其在自然界中可以金红石(TiO_2)矿物存在可知 TiO_2 的稳定性比 $TiCl_4$ 高。同时，由热力学数据可知反应：

$$TiO_2(s) + 2Cl_2(g) = TiCl_4(g) + O_2(g)$$

$$\Delta_r G_m^\ominus = (149-0.041T)\text{kJ}\cdot\text{mol}^{-1}$$

若使反应能够自发进行，转换温度要达到 3634 K，实际操作中很难达到这样的高温。

而加入焦炭粉后，反应变为

$$TiO_2(s) + 2Cl_2(g) + 2C(s) = TiCl_4(g) + 2CO(g)$$

$$\Delta_r G_m^\ominus = (-72.1-0.220T)\text{kJ}\cdot\text{mol}^{-1} \ll 0$$

故该反应能够自发进行，可实现 TiO_2 的氯化。

(7) 由于 $Fe(OH)_3$ 沉淀很易形成胶体，$Fe(OH)_3$ 不仅沉淀速率慢，过滤困难，还会吸附一些溶液中的物质，导致物质损失。因此一般不采用生成 $Fe(OH)_3$ 沉淀的方法来除铁杂质。虽然长时间加热煮沸或加入一些凝聚剂等可破坏 $Fe(OH)_3$ 胶体，但当 Fe^{3+}浓度较大时，从溶液中分离仍然很困难。

(8) 铂粉与固体氢氧化钠和过氧化钠共熔后，被氧化为 $PtO_2(PtO_2\cdot 3H_2O)$，其易溶于盐酸，形成 $H_2[PtCl_6]$。

16. 化合物 A 为无色液体，在空气中迅速冒白烟。A 的盐酸溶液与金属锌反应生成紫色溶液 B，加入 NaOH 至溶液呈现碱性后，产生紫色沉淀 C。沉淀 C 用稀 HNO_3 处理，得无色溶液 D。将 D 逐滴加入沸腾的热水中得白色沉淀 E，将 E 过滤后灼烧，再与 $BaCO_3$ 共熔，得一种压电性的产物 F。试确定 A、B、C、D、E、F 的化学式，写出相关的反应方程。

解 A. $TiCl_4$，B. $TiCl_3$，C. $Ti(OH)_3$，D. $Ti(NO_3)_4$，E. H_2TiO_3，F. $BaTiO_3$。

$$2TiCl_4 + Zn = 2TiCl_3 + ZnCl_2$$
$$TiCl_3 + 3NaOH = Ti(OH)_3 + 3NaCl$$
$$3Ti(OH)_3 + 13HNO_3 = 3Ti(NO_3)_4 + NO + 11H_2O$$
$$Ti(NO_3)_4 + 3H_2O = H_2TiO_3 + 4HNO_3$$
$$TiO_2 + BaCO_3 = BaTiO_3 + CO_2\uparrow$$

17. 化合物 A 为白色晶体，A 受热分解生成橙黄色固体 B 和无色气体 C。B 与 $NaHSO_3$ 溶液作用得到蓝色溶液 D。D 能使酸性 $KMnO_4$ 溶液褪色，使 D 转化为 E。气体 C 通入 $NiCl_2$ 溶液中生成绿色沉淀 F，继续通入气体 C 至过量则绿色沉淀消失，生成蓝色溶液 G。请给出各字母所代表的物质，给出相关反应的方程式。

解 A. NH_4VO_3，B. V_2O_5，C. NH_3，D. VO^{2+}，E. VO_2^+，F. $Ni(OH)_2$，G. $[Ni(NH_3)_6]^{2+}$。

$$2NH_4VO_3 = V_2O_5 + 2NH_3 + H_2O$$
$$V_2O_5 + 4H^+ + SO_3^{2-} = 2VO^{2+} + SO_4^{2-} + 2H_2O$$
$$5VO^{2+} + MnO_4^- + H_2O = 5VO_2^+ + Mn^{2+} + 2H^+$$
$$Ni^{2+} + 2NH_3 + 2H_2O = Ni(OH)_2 + 2NH_4^+$$
$$Ni(OH)_2 + 6NH_3 = [Ni(NH_3)_6]^{2+} + 2OH^-$$

18. 化合物 A 为黄色晶体。向 A 的溶液中加入 $Pb(NO_3)_2$ 溶液得黄色沉淀 B。B 溶于 KOH 溶液得到黄色溶液 C，而溶于硝酸溶液则得到橙色溶液 D。向 A 的饱和溶液中加入浓硫酸，有深红色物质 E 析出。E 溶于 KOH 溶液后，蒸发、浓缩则析出晶体 A。E 溶于稀硫酸后加入 H_2O_2 溶液得到蓝色物质 F。请给出 A、B、C、D、E、F 的化学式。

解 A. K_2CrO_4，B. $PbCrO_4$，C. $[Pb(OH)_4]^{2-} + CrO_4^{2-}$，D. $PbCr_2O_7$，E. CrO_3，F. CrO_5。

19. 白色固体 A 溶于水后加入 $BaCl_2$ 溶液有不溶于酸、碱的白色沉淀 B 生成。向 A 的水溶液中加入 NaOH 溶液，生成白色沉淀 C，C 暴露在空气中则逐渐变为棕黑色的 D。D 不溶于稀酸和稀碱，D 与酸性的 H_2O_2 溶液作用则溶解。将 A 的水溶液用硫酸酸化后加入 $NaBiO_3$ 则溶液变红，说明有 E 生成。$NaHSO_3$ 溶液能够使 E 褪色。D 与 KOH、$KClO_3$ 混合后共熔生成绿色产物 F。将 F 投入大量水中，则转化为 D 和 E。请给出 A、B、C、D、E、F 的化学式和相关转化反应的化学方程式。

解 A. $MnSO_4$，B. $BaSO_4$，C. $Mn(OH)_2$，D. MnO_2，E. $NaMnO_4$，F. K_2MnO_4。

$$MnSO_4 + BaCl_2 = BaSO_4 + MnCl_2$$
$$MnSO_4 + 2NaOH = Mn(OH)_2 + Na_2SO_4$$

$$2Mn(OH)_2 + O_2 = 2MnO(OH)_2$$

$$MnO(OH)_2 + H_2SO_4 + H_2O_2 = MnSO_4 + O_2 + 3H_2O$$

$$4MnSO_4 + 10NaBiO_3 + 14H_2SO_4 = 4NaMnO_4 + 5Bi_2(SO_4)_3 + 3Na_2SO_4 + 14H_2O$$

$$2NaMnO_4 + 5Na_2SO_3 + 3H_2SO_4 = 2MnSO_4 + 6Na_2SO_4 + 3H_2O$$

$$3MnO_2 + KClO_3 + 6KOH = 3K_2MnO_4 + KCl + 3H_2O$$

20. 绿色水合盐 A 在一定温度下脱水得到白色固体 B。B 在更高的温度下分解生成红棕色固体 C 和气体 D，气体 D 能使 $KMnO_4$ 溶液褪色。C 溶于盐酸后加入 KSCN 溶液得红色溶液 E。向溶液 E 中加入 NaOH 溶液生成棕色沉淀 F。F 溶于 KHC_2O_4 溶液得到黄色溶液，经蒸发、浓缩后冷却，析出绿色水合晶体 G。F 溶于 $KHSO_3$ 溶液后，将溶液浓缩则有 A 析出。请给出 A、B、C、D、E、F、G 的化学式及相关反应的化学方程式。

解　A. $FeSO_4·7H_2O$，B. $FeSO_4$，C. Fe_2O_3，D. SO_2，E. $[Fe(SCN)]^{2+}$，F. $Fe(OH)_3$，G. $K_3Fe(C_2O_4)_3·3H_2O$。

$$FeSO_4·7H_2O = FeSO_4 + 7H_2O$$

$$4FeSO_4 = 2Fe_2O_3 + 4SO_2 + O_2$$

$$5SO_2 + 2H_2O + 2MnO_4^- = 2Mn^{2+} + 5SO_4^{2-} + 4H^+$$

$$Fe^{3+} + SCN^- = [Fe(SCN)]^{2+}$$

$$Fe(OH)_3 + 3KHC_2O_4 = K_3Fe(C_2O_4)_3·3H_2O$$

21. 粉红色晶体 A 易溶于水。向 A 的溶液中加入氨水生成绿色沉淀，氨水过量则沉淀溶解得到棕黄色溶液 B。向溶液 B 中加入少量碘水，充分作用后加入 CCl_4 但 CCl_4 层不变色，说明 B 转化为 C。向 A 的溶液中加入 NaClO 溶液，生成棕褐色沉淀 D。D 溶于稀盐酸得到粉红色溶液，该溶液浓缩后冷却则析出 A。晶体 A 受热转化为蓝色的固体 E。给出 A、B、C、D、E 的化学式和各步反应的方程式。

解　A. $CoCl_2·6H_2O$，B. $[Co(NH_3)_6]^{2+}$，C. $[Co(NH_3)_6]^{3+}$，D. Co_2O_3，E. $CoCl_2$。

$$2CoCl_2 + 2NH_3 + 2H_2O = Co(OH)_2·CoCl_2 + 2NH_4Cl$$

$$Co(OH)_2·CoCl_2 + 12NH_3 = 2[Co(NH_3)_6]^{2+} + 2OH^- + 2Cl^-$$

$$2[Co(NH_3)_6]^{2+} + I_2 = 2[Co(NH_3)_6]^{3+} + 2I^-$$

$$2Co^{2+} + 2ClO^- + 2OH^- = Co_2O_3 + 2Cl^- + H_2O$$

$$Co_2O_3 + 2Cl^- + 6H^+ = 2Co^{2+} + Cl_2 + 3H_2O$$

$$CoCl_2·6H_2O = CoCl_2 + 6H_2O$$

22. 绿色固体 A 不溶于水和 NaOH 溶液。A 缓慢溶于氨水生成蓝色溶液 B。用 NaClO 溶液与 A 作用，沉淀颜色加深，最后转化为棕黑色的 C。C 溶于 HCl 溶液得绿色溶液 D 和气体 E。向溶液 D 中加入 NaOH 溶液生成沉淀 F，F 与 H_2O_2 不反应。加热 F 则转化为 A。给出 A、B、C、D、E、F 的化学式。

解　A. NiO，B. $[Ni(NH_3)_6]^{2+}$，C. Ni_2O_3，D. $NiCl_2$，E. Cl_2，F. $Ni(OH)_2$。

23. 某溶液可能含有 Fe^{3+}、Al^{3+}、Zn^{2+}、Cu^{2+}、Ag^+。若向溶液中滴加过量的氨水得白色沉淀和深蓝色溶液。分离后，白色沉淀溶于过量的 NaOH 溶液，并得到无色溶液。将深蓝色溶液用稀 HCl 调至强酸性，则溶液呈浅蓝色并有白色沉淀析出。试判断此溶液中哪些离子肯定存在？哪些离子可能存在？哪些离子肯定不存在？简单说明理由。

解　溶液中肯定存在的离子有 Al^{3+}、Cu^{2+}、Ag^+；肯定不存在的离子有 Fe^{3+}；可能存在的

离子有 Zn^{2+}。

理由如下：① 溶液中滴加过量的氨水有白色沉淀说明溶液中有不溶于氨水的 Al^{3+}存在，而 Fe^{3+}遇到氨水将生成红棕色的 $Fe(OH)_3$ 沉淀，故溶液中肯定不存在 Fe^{3+}；同时得到蓝色溶液说明溶液中还有 Cu^{2+}，Cu^{2+}遇到过量的氨水将生成蓝色的$[Cu(NH_3)_4]^{2+}$。Zn^{2+}、Ag^+遇到过量的氨水都将生成无色的配离子，故此处无法判断。② 向白色沉淀可溶于过量的 NaOH 溶液，并得到无色溶液，进一步证实了溶液中存在 Al^{3+}。白色沉淀 $Al(OH)_3$ 不溶于氨水，但可溶于强碱 NaOH 中。③ 深蓝色溶液用稀 HCl 调至强酸性，则溶液呈浅蓝色并有白色沉淀析出。这说明溶液中有可与 Cl^-生成不溶于酸的白色沉淀的离子，其为 Ag^+，故原溶液中肯定存在 Ag^+。

同时蓝色溶液也可进一步说明溶液中含有 Cu^{2+}。而溶液中是否存在 Zn^{2+}无法判断，因为 Zn^{2+}即可与氨水生成无色溶液，也可与 HCl 作用生成无色的 Zn^{2+}，均不存在明显的现象，故无法判断。